U0181224

大数据技术

主编　朱扬勇

上海科学技术出版社

图书在版编目（CIP）数据

大数据技术 / 朱扬勇主编. -- 上海 : 上海科学技术出版社, 2023.4
ISBN 978-7-5478-6098-4

Ⅰ. ①大… Ⅱ. ①朱… Ⅲ. ①数据处理 Ⅳ. ①TP274

中国国家版本馆CIP数据核字(2023)第043224号

大数据技术

主编 朱扬勇

上海世纪出版(集团)有限公司
上 海 科 学 技 术 出 版 社 出版、发行
(上海市闵行区号景路 159 弄 A 座 9F－10F)
邮政编码 201101 www.sstp.cn
上海中华印刷有限公司印刷
开本 787×1092 1/16 印张 20.25
字数：500 千字
2023 年 4 月第 1 版 2023 年 4 月第 1 次印刷
ISBN 978－7－5478－6098－4/TP・83
定价：118.00 元

本书如有缺页、错装或坏损等严重质量问题，请向工厂联系调换

内容提要

本书全面介绍了数据开发利用技术，包括大数据计算、大数据管理、大数据安全、大数据可视化、数据自治、数据爬虫、知识图谱、大数据挖掘、深度学习、区块链等技术，还特别介绍了数据产品生产技术。这些技术涵盖了数据获取与管理、数据分析与应用、数据安全与流通等数据开发利用的各个环节，形成一个较为完整的大数据技术体系。

本书的读者对象为数据科学与大数据技术学科专业的高等院校师生，以及从事各个领域大数据和数字化转型的工程技术人员。

《大数据技术》编写人员名单

第 1 章　朱扬勇

第 2 章　童维勤

第 3 章　王鹏

第 4 章　韩伟力

第 5 章　姜忠鼎　陈为

第 6 章　朱扬勇　熊贇

第 7 章　梁家卿　肖仰华

第 8 章　肖仰华　梁家卿　徐波

第 9 章　熊贇

第10章　邱锡鹏

第11章　凌力

第12章　叶雅珍　朱扬勇

序

2017 年完成《大数据资源》后，我就开始着手组织《大数据技术》的撰写工作，在推进过程中，发现区分大数据技术和信息化技术不是一件容易的事，这导致《大数据技术》的目录框架一直确定不下来。我一贯的观点：信息化是将现实事物信息化成网络空间中的数据，大数据是开发利用网络空间中的数据以服务现实；因此信息化技术是生产数据的技术，而大数据技术则是开发数据的技术。

基于该观点，我选择了一批能够实现数据开发利用的相关技术形成大数据技术的完整体系，包括大数据计算、管理、安全、可视化、流通、挖掘分析等技术。其中，选择大数据计算、大数据管理和大数据安全等作为大数据的基础性技术；选择数据可视化技术是因为数据开发利用需要看见数据，看见数据是探索网络空间的基本要求，也是数据科学的基本要求；从数据开发应用流通需求出发，选择数据自治作为大数据流通应用的框架性技术，数据自治框架不仅适合市场主体之间的数据流通，也适合国与国之间的数据流通；选择数据爬虫作为从网络空间获取数据的技术，而其他数据开放共享、数据交易则更多地表现为市场方式而非技术手段获取数据，因此没有作为数据获取技术；选择知识图谱技术作为数据逻辑组织技术以支持各种数据分析技术的高效实现；选择大数据挖掘、深度学习作为数据分析技术，这是两大类最常用和最典型的数据分析技术，也是数据利用的核心技术；选择区块链作为数据流通过程中的认证、跟踪技术；最后，特别对数据产品生产技术进行了阐述，这是数据开发利用过程的必然选择，也是数据市场建设发展的必然选择。显然，还有一些大数据技术或大数据相关的技术没有选入本书。

《大数据技术》是在过去三年抗击新冠肺炎疫情期间完成的，很不容易。参加撰写的人员有童维勤、王鹏、韩伟力、陈为、姜忠鼎、熊贇、肖仰华、梁家卿、徐波、邱锡鹏、凌力、叶雅珍等，他们克服各种困难完成各个章节的撰写工作，感谢这些作者的辛勤劳动。

2023 年将开始组织编写《大数据应用》。2017 年，我曾认为，“很多关于大数据的美丽故事，离我理解的大数据还有差距。现在还没有让我满意的大数据应用案例，希望在未来两年能够收集到足够好的大数据应用案例。”然而，到了2023年，涌现出太多的大数据应用案例，如何选择典型的大数据应用案例反而成了新的问题。

《大数据技术》即将交付印刷了，所有参与的作者都非常努力和认真、表现出高水平，但限于本人知识水平和组织能力，书稿还是有许多不满意和遗憾，在此我向读者表示歉意、向参与的作者表示歉意。有位编辑说过这样一句话，“写本书能引起大家批评也不错”。因此，欢迎读者批评指正，并感谢。

信息化是“技术进步促进数据增长”，而大数据是“数据增长促进技术进步”。面对日益增长的数据规模，大数据技术对人类社会的发展意义重大。三年抗击新冠肺炎疫情进入新阶段，2023年开始，以数据为关键要素的数字经济必将快速发展，数据资源开发利用技术需求迫切，希望《大数据技术》能为数字经济的发展提供系统性的数据开发利用技术知识。

朱扬勇

目录

第1章
绪　论

信息化的本质是生产数据的过程，数据被大量生产并在网络空间中积累而形成了数据资源，数据从信息化的副产品逐步变成了数字经济的关键要素，信息技术发展出新的技术分支——大数据技术；对数据界的探索发展成为一个新的科学——数据科学。大数据之前，信息、信息科学、信息技术、信息产业和信息经济是一组相互联系的概念；大数据出现后，数据、数据科学、数据技术、数据产业和数字经济是新的一组相互联系的概念。大数据技术是与开发利用数据资源相关的技术，主要包括数据计算、数据管理、数据安全、数据获取、数据分析、数据流通等技术。本章介绍大数据技术的相关概念，作为本书的导引，给出大数据技术的整体轮廓。

1.1　大数据的技术挑战

大数据首先是一个技术术语，来自技术领域，更准确地是来自互联网技术(information technology，IT)领域。1997年，Michael Cox和David Ellsworth在提出“大数据”术语时指出，“数据大到内存、本地磁盘，甚至远程磁盘都不能处理，这类数据可视化的问题称为大数据”[1]。在大数据发展演变过程中，始终被提及的大数据问题是指“现有技术所不能处理的数据集”，即从技术视角看，大数据是一个技术挑战[2]。

数据通常可以分成电子数据和非电子数据两大类。非电子数据主要是指纸质媒介中的数据，如图书馆、档案馆里面的数据；电子数据是指计算机系统中存储的数据。由于电子数据和非电子数据不论在规模上还是在流通方式上都存在本质区别，而且“大数据”的含义只是指电子数据[2-4]，因此，本书讨论的数据限定在电子数据的范畴而不考虑非电子数据。

1.1.1　大数据的“大”

2008年，朱扬勇和熊赟提出，“数据资源是重要的现代战略资源，其重要程度将越来越显现，在21世纪有可能超过石油、煤炭、矿产，成为最重要的人类资源”[5]。2012年，Amazon前首席科学家Andreas Weigend表示，“数据是原油，但石油需要加以提炼后才能使用，从事海量数据处理的公司就是炼油厂”。2012年，瑞士达沃斯召开的世界经济论坛上，大数据是讨论的主题之一，这个论坛上发布的一份题为《大数据，大影响》(*Big Data*, *Big Impact*)的报告[7]宣称，数据已经成为一种新的经济资产类别，就像货币或黄金一样。

大数据是数据资源开发利用的一种表现形式，即数据资源已经存在于网络空间，大数据是对网络空间数据资源的开发利用。从早期的数据仓库和数据挖掘技术的提出，到决策支持系统和商业智能的应用，都是数据资源的开发利用工作。直到大数据的出现，数据资源的开发利用工作从量变发展到了质变：数据资源开发利用发展成为一个新的领域、行业和产业，并形成了以数据为关键要素的数字经济。

大数据是指为决策问题提供服务的大数据集、大数据技术和大数据应用的总称。其中，大数据集是指一个决策问题所用到的所有可能的数据，通常数据量巨大、来源类型多样；大数据技术是指大数据资源获取、存储管理、挖掘分析、可视展现等技术；大数据应用是指用大数据集和大数据技术来支持决策活动，是新的决策方法[2]。

1）大数据“大”的两个含义

（1）大数据集应该要有来源多样类型多样的数据。由于决策的复杂性困难性，为满足决策需求，大数据集通常由来源多样和类型多样的数据构成，使用跨界数据，开展跨界应用。数据来源多样的一个要点是除了决策者/决策机构自身积累之外，这会给数据获取、数据分析技术带来挑战，来源多样通常也意味着类型多样。例如，环境生态研究是进化论、基因组学、地理学、海洋学、气候学、流行病学和经济学的综合研究，其研究工作需要有来源多样的数据。2010年位于墨西哥湾的“深水地平线(deepwater horizon)”钻井平台爆炸溢油长达80 mi(1 mi＝1.609 km)。溢油带来的生态影响(例如对海岸、海平面、海底的影响，对鱼、虾、昆虫、植物、鸟类、鲸鱼、海龟等的影响等)研究是一个重要课题，需要深海浮游生物(planktonic)和远洋生物(pelagic organisms)、化学[油和分散剂(dispersants)]、毒理学(toxicology)、海洋学(oceanography)和天文学等多源数据支持。灾难发生后，美国国家海洋和大气管理局派出科考船，对污染海域进行取样；美国宇航局利用卫星上的中解析度成像光谱仪对海上石油污染进行监测；科学家们还在陆地上收集了相关数据；英国石油公司也展开了对该地区空气、水质等方面的测试。

（2）大数据集通常要有PB级别的数据规模。PB级别的数据规模是传统数据库管理系统(database management system, DBMS)软件所不能有效存放的，因此，PB级别数据规模需要新型的数据管理技术，于是出现分布式文件系统(hadoop distributed file system, HDFS)。这只是初步解决了数据存储问题，数据计算、数据分析、数据展现等方面还有很多技术问题。2008年*NATURE*大数据专刊的封面中，除了醒目的“BIG DATA”外，还有一句话“Science in the Petabyte Era(科学处在PB时代)”，这个封面有两层意思：第一层意思是，科学研究已经到了大数据时代；第二层意思是PB级数据是大数据规模的一个基本标志，即数据量足够大，使用时有技术难度。在实际中，很多成功的大数据应用的数据集规模都没有超过PB级别，但由于决策者所处的计算环境、资金支持所限，很多小于PB级别的数据集已经构成了技术挑战。PB级别的数据量可能会是科学研究领域的进行一项科学研究的常态，也可能是很多领域的决策应用的常态。例如，2013年3月14日，大约对200 PB的数据用150计算中心进行长达3年的计算分析，欧洲核子研究组织宣布确认希格斯玻色子。又如，美国斯坦福线性加速器中心(SLAC)国家加速器实验室(National Accelerator Laboratory)计划建造的大型综合巡天望远镜(Large Synoptic Survey Telescope, LSST)将每晚获取数据5～10 TB(而目前的SDSS仅有每晚200 GB)，计划获取60 PB影像数据[9]。

2）大数据“大”的双面性

大数据能否为一个决策问题提供服务的关键是：能否在决策希望的时间内有效地发现数据价值、服务决策过程？这个问题的关键技术挑战在于大数据的“大”，其是指一个数据量巨大、来源多样类型多样的数据集。数据“大”显然是一件好事，但也有坏的一面，即数据“大”到“当前技术不能处理”[2,7]。

(1) 好的一面，数据大就意味着数据相对全面、意味着包含有对一件事情做出决策所需要的数据，决策方式将发生重大变革：①可以用历史数据做决策；②可以用跨界数据做决策；③可以用足够的数据做决策。这样，大数据将对科学研究、政府治理、民生改善、产业发展等发挥革命性的作用，大数据改变了生产和生活方式。这是我们对大数据的希望。

(2) 坏的一面，数据大就意味着技术上有挑战、难以处理，包括机械硬盘数据访问的固有低效性，以计算为中心的计算机体系结构、大规模数据的网络传输、计算机操作系统、数据库管理系统等都需要重新设计开发。

通常说，从大数据里面发现价值，犹如“大海捞针”。很多时候，大数据不是不能处理，而是难以在希望的时间内处理，只要时间允许，“大海捞针”虽然费时费力，但只要海里有针，总是能够捞到的。而大数据的“大”正是“有针可捞”的保证，这是大数据的魅力。

那么大数据的技术挑战怎么解决呢？这个回答是消极的，其根源是数据增长速度远快于技术进步的速度，标志 IT 技术进步的摩尔定律①不能解决大数据的技术挑战。自从 PC 时代以来，每次技术进步所生产的计算机以亿台计，每台计算机都在生产数据。现在要将很多台计算机生产的数据集中起来处理和分析(所谓大数据)，显然是技术所不能的。随着移动设备和数字设备的大量生产，大数据的技术挑战愈演愈烈，而不会得到解决。进一步说，大数据的大是没有止境的，理论上一条线段就可以存满全球的所有存储设备。这是大数据技术挑战的本质。

1.1.2 数据“大”的技术挑战

PB 级别的数据规模是大数据的一个标志。1 PB 的数据其实并不大，大约需要 250 块 4 TB 的硬盘或 1 个 42 U 的标准存储机柜来存放。然而，换言之，1 PB 数据是挺大的，大致相当于 5.6 亿册图书，即 30 个中国国家图书馆的藏书量。试想一下，如果能够动用整个国家图书馆里面的数据做一个决策，那是多么兴奋的事情。

所谓“当前技术不能处理的数据集”的大数据技术挑战有两类：一类是完全不能处理；另一类是不能在希望的时间内处理，即不能有效处理。

完全不能处理的大数据问题是指当前的计算机不能处理的大数据问题。由于人类只是认识宇宙空间很小一部分，那么计算机也只是处理了宇宙空间的很小一部分“数据”，因此，计算机不能处理的大数据问题是非常多的。当然，技术进步就是问题导向的，大数据技术进步也当然是为了解决当前计算机所不能处理的大数据问题的。

---

① 摩尔定律是由英特尔(Intel)创始人之一戈登·摩尔(Gordon Moore)提出来的。其内容为：当价格不变时，集成电路上可容纳的元器件的数目，约每隔 18～24 个月便会增加一倍，性能也将提升一倍。换言之，每一美元所能买到的电脑性能，将每隔 18～24 个月翻一倍以上。这一定律揭示了信息技术进步的速度。

1）大数据问题示例

（1）例 1（SKA 科学数据处理问题），这是目前计算机所不能处理的大数据问题①。SKA 望远镜，最初设计是 300 TB/s，世界上没有计算机和存储设备能够接收并保存这些数据。SKA 科学数据处理第一阶段的计算需求是连续数据处理能力 80 PFlops（峰值为 800 PFlops），而中国最快的计算机的连续数据处理能力 93.3 PFlops（峰值为 125.4 PFlops），而 SKA 第一阶段需求仅处理 10%SKA 数据，处理平均每秒 8 TB 的数据，数据将沿着数百公里的光缆传输到分别位于珀斯和开普敦的称为科学数据处理器（SDP）的高性能超级计算机。为了处理如此庞大的数据量，两台 SDP 超级计算机的处理速度将分别达到约 135 PFlops，这将使它们成为截至 2022 年地球上最快的超级计算机的前三名。SKAO 每年总共将归档 710 PB 的数据。

（2）例 2（M87 星系黑洞照片数据处理）[8]，北京时间 2019 年 4 月 10 日 21 点整，天文学家召开全球新闻发布会，宣布首次直接拍摄到黑洞的照片。这第一张黑洞照片是由事件视界望远镜（Event Horizon Telescope，EHT）拍摄的距离地球 5 500 万光年的 M87 星系黑洞的照片。这张照片的“冲洗”就是数据处理的过程，耗时两年。天文学家动用了遍布全球的 8 个毫米/亚毫米波射电望远镜，组成了一个所谓“事件视界望远镜（EHT）”。在 2017 年 4 月的观测中，8 个台站在 5 天观测期间共记录约 4 PB 的数据。因为数据量庞大到不可能靠网络传递，所以 EHT 用硬盘记录每个台站的原始观测数据，再把硬盘寄到数据处理中心。数据中心经过两年的数据分析才让我们一睹黑洞的真容。超级计算机需要获取相同的信号到达两个望远镜的时刻差（时延）以及时延随着时间的变化快慢（时延率），校正射电波抵达不同望远镜的时间差，最后综合两个望远镜的位置信息、信号的强度以及上述两个参数——时延、时延率，就可以对该天体的射电辐射强度和位置进行分析。这个过程中涉及数据量之多，处理难度之大都是前所未有的。即使现在人类的运算能力已经非常强大，这张照片还是花费了近两年时间“冲洗”——从 2017 年 4 月开始，科学家们就开始对这些数据进行后期处理和分析，终于在北京时间 2019 年 4 月 10 日 21 点整发布了首张黑洞照片。

（3）例 3（发现黑格斯玻色子）[8]为于 2008 年建成运行的欧洲强子对撞机装置。每一次正负电子的对撞，都产生了巨量的数据。科学家们经过不懈的努力，用了 150 个计算站点对 200 PB 数据进行了 3 年时间的分析，科学家发现了“上帝粒子（希格斯玻色子）”。

给定一个大数据集，当没有大数据技术能够在希望的时间内开发其价值，那么该大数据是一个技术挑战，否则就是一个大数据应用。需要注意的是，一个大数据应用可能会转化成大数据的技术挑战。

（4）例 4（自动驾驶问题），无人驾驶汽车在道路上行驶时，需要综合分析汽车自身的工作数据（行驶速度、油量、发动机工作状态等）、地图及实时路况数据、道路管理数据（红绿灯、限速等）等，快速做出驾驶决策。假设汽车平均百公里制动距离为 45 m，那么当汽车时速小于 60 km/h 时，发现 50 m 外车道上有行人后，经过 2 s 的数据分析得出需要制动的结论是可以接受的，因此是一个成功的大数据应用；但当车速提高到 100 km/h 时，数据分析的时间就得小于 0.18 s，这就变成了技术挑战。反之，一个大数据挑战也同样可以变成一个大数据应

① SKA 国际天文界计划建造的世界最大综合孔径射电望远镜，接收面积达一平方公里，称为平方公里射电望远镜阵列 SKA。SKA 是提高认知宇宙能力的关键途径，是国际合作科学超大规模科学工程。

用，如果市内汽车限速为小于 50 km/h，那么 2 s 的数据分析技术就可以使用，就会有成功的大数据应用。事实上，如果所有的汽车车速在 10 km/h，自动驾驶已经实现。也就是说，自动驾驶是可以实现的，只是不能有效地实现。

2）硬件方面的技术挑战

PB 是一个从量变到质变：从 IT 角度来看，PB 数据量对于计算机的硬件和软件都带来挑战。从硬件方面来看，主要有以下技术挑战：

（1）机械硬盘问题。由于价格和持久性要求，大部分存储设备都是用的机械硬盘，这类硬盘一次读写需要至少 6 ms 的机械臂运动，对于 PB 级别的数据来说，这是一个大问题，固态硬盘之类的新存储技术是解决机械硬盘速度问题的一个途径；此外，还要考虑是造一个巨大的盘还是用很多盘在组成盘阵？显然是用很多盘组成盘阵比较好，这样，产生另一个问题，即每个盘多大是合适的？

（2）体系结构问题。长期以来计算机的体系结构都是从有利于计算的角度来设计的，如何从有利于大数据分析的角度来设计，使得大数据在众多存储设备和服务器计算能力有效运动，快速形成分析结果？

（3）大数据的移动是一个大问题。在同一个计算中心，数据如何在存储设备和服务器之间有效运行？而对于跨数据中心（如上海到北京）的远程数据计算，数据不移动是否可以？是否可以有“多地计算”或“异地计算”？这样的计算是否能够发明出来？

3）软件方面的技术挑战

（1）数据文件系统问题。一个大数据应用，其数据规模会随着应用的推进逐步增长。传统以单机为核心的文件系统技术无法应对大数据应用在数据规模上的可持续扩展性的要求，解决方式是分布式文件系统。分布式文件系统实现了“能够存储大数据”。然而，对于跨数据中心的数据还是没有解决办法。

（2）计算框架问题。为实现大数据计算，在分布式文件系统基础上，设计了 HADOOP/MAP-REDUCE 计算框架，实现了“能够计算大数据”，其性能远达不到大数据分析的要求，数据为中心的计算框架是什么？什么样的计算框架是有利于大数据的？

（3）数据管理问题。DBMS 难以处理 100 台以上服务器集群的数据，并且处理的数据类型单一，不能适应大数据处理。设计了基于分布式文件系统的 NOSQL、NEWSQL 数据库管理系统实现了“能够管理大数据”，这类系统牺牲了传统 DBMS 效率并且没有数据代数的支撑。另外，如何设计适合数据流通的数据管理系统是一个大问题。

1.1.3 大数据决策的技术挑战

从古到今，无论在战场战争、商业竞争、科学研究、日常生活中，取胜的重要因素是比别人知道得更多、比别人更快地做出正确的决策。计算机出现之前的决策是人工方式：依靠手工收集和分析信息、依靠决策者的经验和直觉；后来有了计算机决策支持系统（decision support system，DSS），再后来有商业智能（business intelligence，BI），这个时候就可以利用自身信息化积累的数据来开展决策[9]。然而，自身的数据积累是一个漫长、费钱和困难的工作，只有政府或大型企业有能力这样做。

随着技术进步和互联网的普及应用，不论政府、组织、企业，还是个人都越来越有能力获得决策需要的各种数据，这些数据来源多样、类型多样，甚至超过早期大型企业自身的积累，并且数据分析技术也取得了长足进步，人们可以通过分析这些数据来得到决策依据。这样，一种新型的决策方式就产生了，这就是大数据决策。由于这是一个从量变到质变的过程，不能简单地说之前的BI不是大数据，也不能简单地说BI是大数据。

大数据形成决策依据的三种重要方式是：从精确分析到近似分析，从样本分析到总体分析，从因果分析到关联分析[10]。大数据决策主要体现在“通过分析不同来源的各种可能的数据来支持决策活动”。由于大数据过于庞大和复杂，难以弄清数据之间的因果，因此大数据决策常又表现出“知其然就可以做出决策，而可以不知其所以然”[9]。

那么如何来实施大数据决策呢？首先，需要获取决策相关的数据，并进行数据清洁和整合，形成一个决策需要的大数据集，当然，这个数据集也可以是流式数据；其次，要根据决策问题和数据集的内容，设计开发大数据分析算法；然后工程化实现算法使得算法能够在决策希望的时间内执行完毕，形成决策依据；最后，解释和展示算法执行的结果，实施大数据决策。

给定一个大数据决策问题，主要有以下6个方面的技术挑战[2]：

1）数据不够用问题及其技术挑战

获取尽可能多的数据（决策素材），是一种直觉上的追求，即数据越多对决策越有利，或至少要比别人知道得更多，因此大数据应用的第一个问题是“数据不够用”。至于数据达到多少就够用了，应该说到目前为止还没有一个科学的界定。

针对数据不够用问题，需要研究使用数据获取技术。如何获取足够的数据，是大数据决策的第一个技术挑战。大数据需要从数据界获取跨领域行业、多类型的数据，而不是从自然界获取数据，因此，网络空间的何处有所需的数据、如何拿到等都是主要的技术挑战，数据搜索和数据爬取是常见的数据获取技术。

2）数据不可用及其技术挑战

在数据够用的情况下，还会遇到数据不可用问题。数据不可用是指拥有数据但访问不到。例如，某个公共决策需要用到民政局、公安局、社保局和税务局的数据，这些数据在各部门都有，但是数据不在一个系统里，是一个个数据孤岛，并不能用来做大数据决策，即数据事实上是不可用的；又如，一些交易系统只保留活跃用户数据，不活跃用户的数据被备份到备份系统中，而访问备份系统数据是一件费时费力的工作，甚至是不可能的工作。

针对数据不可用问题，需要研究新的数据储备和管理技术。数据不可用问题对技术的挑战是：巨量数据存储与管理、跨地域数据访问与计算。分布式文件系统、Hadoop是当前较多采用的技术。

3）数据不好用及其技术挑战

面对足够的、可用的数据资源，下一个问题是数据不好用问题，即数据质量有问题。例如，信用判定应用中，发现一些持卡人的登记信息缺失（如没有职业数据）或不正确（如收入数据不对），这些问题会直接影响决策依据的获得；又如，在战场环境中，由于敌方的有意伪装和干扰，获得的数据是非合作数据，质量更差。

针对数据不好用问题，需要研究数据质量技术。数据不好用问题对技术的挑战是：数据质量判定、数据质量提升、数据质量控制。数据清洁是当前采用的数据质量技术，但效果有限。在大数据应用环境，数据的质量需求从“自用需要”到“他用需求”“监管需求”的转变。在建立起数据流通体系的情况下，数据质量将形成数据产品质量管理体系，由数据产品生产商的内部全面质量管理控制、外部的用户和政府质量监管两个部分组成。

4) 数据不会用及其技术挑战

数据不会用问题是指不懂大数据分析技术、不会将业务问题转化为数据分析问题，而这正是大数据决策的核心。由于数据分析技术门槛很高，能够使用大数据分析技术的人很少，因此要将业务问题转化为数据分析问题，更需要数据科学家创造性的劳动。例如，在网站上做精准广告是一个业务问题，在理解业务问题的基础上，用大数据技术实现需要对用户的购买喜好和需求进行聚类分析，将广告簇和用户簇进行对照，好的精准广告可以针对每个用户来做。数据科学家极其短缺使得数据不会用问题在实际中表现非常严重。

针对数据不会用问题，需要研究使用数据分析技术。数据不会用问题需要既能理解业务需求又懂得数据分析技术的数据科学家，其技术挑战包括数据挖掘算法的设计和实现、在可接受的时间完成计算。面对PB级别以上的复杂数据，还缺少有效的数据挖掘算法和软件工具。

5) 数据不敢用及其技术挑战

数据不敢用是指因为怕担责任而将本该用起来的数据束之高阁。在"谁拥有谁负责，谁管理谁负责"的体制下，很多政府数据资源之所以没有很好地开发利用，其中一个主要原因是数据拥有部门不敢将数据用于非本部门业务目的，怕承担丧失数据安全(所有权和数据秘密)的责任。

针对数据不敢用问题，需要研究使用数据开放共享技术。如果技术做得好，这个问题是有希望解决的。例如，在传统数据管理系统软件中，数据管理员管理着整个数据库，但是他并不具备访问具体数据的权限，因此他并不能知晓数据秘密。之前，大部分数据都不开放，因此相应的技术研究有很多空白。数据不敢用的技术挑战是在保护数据安全(所有权和数据秘密)的前提下实现数据开放共享。数据自治模式是一种有效的数据管理新模式。

6) 数据不能用及其技术挑战

数据不能用有两个方面，一个是数据权属问题，即数据不属于使用者；另一个是国家数据安全和个人隐私保护问题。第一，没有使用权的数据肯定是不能用的；第二，涉及国家数据安全和个人隐私的数据需要严格遵守《数据安全法》和《个人信息保护法》；第三，一些涉及伦理等社会问题的数据也不能用，例如信用评分中的种族民族、性别等数据就不能用。

针对数据不能用问题，需要研究使用数据的合法合规性技术。由于数据量巨大，因此需要有技术手段来判断数据使用的合法合规性，例如人口统计数据，做总体分析不能做个体分析是否可以？数据不能用的主要技术挑战有：数据权属的认证和判别技术、隐私保护技术、数据合法合规判别技术等。由于大数据之前，大部分数据都是使用者自己生产、自己保管的，数据不能用问题不严重，因此针对数据不能用的技术研究几乎是空白。

1.1.4 数据安全的技术问题

数据安全有两个方面，一方面是数据资源的安全问题；另一方面是数据流通的安全问题。早期的数据安全主要指的是数据资源安全，保护好数据免遭黑客入侵、网络攻击而造成数据泄露、数据损毁等。这是数据封闭环境下的数据安全观，狭义地看是数据安全防御，即重点在防御。当前，数据作为数字经济的关键要素，数据在全网络流通、全球流通的大趋势下，数据安全有了全新的内容，即数据流通的安全问题，主要是保护国家数据安全和个人隐私、企业的数据价值等。数据开放流通环境下的数据安全新问题包括：

1）数据生产方的数据安全问题

数据生产方有两大类，第一类是信息化工作带来的数据生产，第二类是专门的数据生产。

（1）第一类数据生产方：目前，大部分数据生产方为第一类数据生产方。自从信息化开始以来，几乎每一个信息系统都在将业务信息化的同时，不断地生产数据。从计算机的视角看，信息化就是生产数据的过程。由于信息化涉及全社会，因此个人、法人和非法人机构等任何主体都是数据的生产方。信息化的目的是解决业务的问题，数据只是信息化的副产品，直到数据积累到大量规模变成数据资源，才引起重视，即所谓大数据的由来。

（2）第二类数据生产方：当数据的价值被认识后，专门生产数据就成了一些企业的牟利手段。这类数据生产方也是专门的数据供给方，他们生产数据的目的就是向市场供给数据。传统的数据安全技术主要是保护第一类数据生产方的数据，早期的目的是保护商业秘密或商业竞争力，现在延伸到了保护数据的价值，更重要的是数据生产是否安全？是否获得相关数据的生产许可？

2）数据供给方的数据安全问题

数据供给方是指向市场提供数据（包括数据产品或数据服务）的市场主体。数据私用和向市场提供数据是完全不同的概念。信息化过程中生产的数据在主体内部私用总体问题不大，一旦向市场供给数据，就意味着数据公开，意味着新的数据安全问题出现。第一是国家数据安全问题，第二是个人隐私问题，第三是数据价值保护问题。国家数据安全典型的情况是：在国外上市公司向上市国证券监管部门提交数据是否侵害到国家数据安全？这么多数据如何审查？个人隐私问题并不是简单地采用匿名化、脱敏、安全计算等技术就能够解决的。还有，作为数据供给方，实现数据价值才是数据供给的目的。数据安全新问题是：数据供给出去后，如何防止数据不被超范围使用、不被广泛传播？即数据价值保护问题。

现行的数据安全技术主要是面向数据封闭环境的，数据流通环境下的数据安全是新问题，需要新技术来解决。新技术需要解决：如何保护数据稀缺性不丧失、数据安全和隐私有保障的前提下实现数据合法有序流通。数据自治开放是指数据由数据拥有者在法律框架下自行确权和管理、自行制定开放规则（所谓数据自治），然后将数据开放给使用者，包括上载数据应用软件使用数据或下载数据到使用者的设备中（使用者没有数据治理权）。其具体技术有：数据盒技术；数据权益保护、防泄露、防拼图等安全技术；数据使用标准、数据访问行为管控和数据使用审计等技术。

1.2 大数据计算

大数据计算技术主要包括大数据存储技术、大数据计算技术和大数据管理技术。

文件系统是计算机操作系统的重要组成部分，负责文件的增加、删除、查询、修改、管理等，数据文件用于存储数据，提供 Open、Read、Write、Seek、Close 等数据操作和访问。数据库管理系统是建立在文件系统之上，用于实现标准数据模型和查询语言，其使用更便捷。传统文件系统和数据库管理系统处理数据的规模受限于计算机寻址规模，不能满足大数据应用中的数据规模持续增长，这也是大数据挑战的一个具体表现。处理大数据首先要从文件系统入手，然后在文件系统的基础上开发数据库管理系统。

大数据计算技术的主要突破由谷歌公司的科学家完成。2003 年,谷歌公司的科学家 Ghemawat S、Gobioff H、Leung S T 发表了关于 GFS(Google File System, Google 公司为了存储海量搜索数据而设计的专用文件系统)的著名论文[11],建立了分布式文件系统(HDFS),突破了之前文件系统对数据规模的限制,实现了大数据存储管理;2008 年,谷歌公司的科学家 Dean J、Ghemawat S 发表了 MapReduce 的著名论文[12],提出一种计算框架来规范各个数据服务器上的数据操作,实现数据的协调计算处理;2008 年,谷歌公司的科学家 Chang F、Dean J、Ghemawat S 等发表关于 BigTable 的著名论文[13],实现了首个针对大数据的数据库管理系统。

分布式文件系统和计算框架是大数据计算的标准配置,在此基础上,涌现出了大量大数据管理系统。

1.2.1 大数据文件

显然,一个大数据文件是不能存放在一台数据服务器上的,因此,用多台数据服务器存储一个大数据文件是必然的,这就是分布式文件。然而,用 K 台数据服务器存储一个大数据文件,就会形成 K 台服务器之间需要发生数据联系,这是一个完全图、指数级的复杂度。因此,分布式文件系统是一个非常复杂的系统,只能力争在可靠性、适用性、时间、空间等多个方面获得一个合理的平衡,分布式文件系统首先要考虑能不能处理大数据文件,然后再考虑能不能有效率地处理。

将数据文件分布到多个数据服务器,即将一个数据文件部署在成百上千的服务器之上,每个服务器上存储着文件系统的部分数据,这就是分布式文件系统的基本思想。分布式文件系统是针对大数据文件(数据文件大小在 TB 级别)设计的,通常将数据文件分成标准大小的数据块分布到各个数据节点,能在一个集群里扩展到数百个数据节点甚至更多。数据分布对用户是透明的,即用户并不需要知道自己的数据文件被分布到多少个数据节点,也不需要知道哪些数据块被分布到哪些数据节点,并能够以相同的方式方法访问本地文件和远程文件。

1) 可靠性问题

在客户/服务器模式流行的一个架构是“双机热备”,即用两台服务互为备份,以确保一台服务器故障的情况下系统能够正常运行,如果说一台服务器故障率为 1%,一年会有三次故障的话,两台服务器在一年内同时故障就几乎不会发生。“双机热备”由于故障率很低而备受推崇。当一个数据文件需要占用几百台、几千台数据服务器的时候,有一个问题就出现了:如果每台服务器故障率在 0.1%~1%之间,那么几百台、几千台服务器几乎每时每刻都会有某台服务器故障,即“故障是常态”。这样,一个大数据文件就一定会因某台服务器故障而损坏甚至没有用了。解决的办法是用空间换取可靠性,即冗余存储。通常的做法是将一个数据文件存储三份,互为备份,并且技术上需要快速地检测错误、自动恢复数据等。三备份的做法理论上能够容忍三分之一的数据节点发生故障,能够很好地保障了文件系统的可靠性。当然,冗余存储的做法对于大数据来说是矛盾的,越是大的文件越需要冗余存储,也就越需要更多的存储设备来存放。

2) 适用性问题

分布式存储、冗余存储解决了大数据可靠存储问题,但也产生了新问题。首先是不支持低延迟数据访问,分布式文件系统为了支持大数据访问的高吞吐量要求而采用了顺序数据访问方式,牺牲了数据访问的响应速度,而难以支持毫秒级的低延迟数据访问需求;其次是数据更新难,显然,在众多数据节点上对冗余存储的数据文件进行更新是非常困难的,分布式文件系统通常只支持单个写入者,且写操作总是以"添加"方式在文件末尾写数据,而不支持多用户写入,更不支持任意位置上的数据更新。

大数据是由数据积累形成的,主要用于决策支持,大数据文件主要供数据分析之用。分布式文件系统解决了大数据决策需要的大规模数据可靠存储问题、大数据分析需要的高数据吞吐量问题,但并不适合频繁更新的联机事务处理和低延时的实时数据处理。

1.2.2 大数据计算框架

大数据文件系统已经将大数据文件分布到多个数据节点了,接下来的问题是如何协调众多服务器进行数据计算(或数据处理)。分布式数据计算涉及存储系统访问、计算任务分工、计算负载均衡、数据移动、中间结果存放、计算机故障处理等,最后还要考虑计算优化、效能优化等。显然,大数据计算是一个复杂的系统工程,需要有一些基本规则和逻辑来确保数据计算可执行、可靠执行、可正确执行、可有效执行,于是便提出了大数据计算框架。

为保证大数据计算的可靠、正确、高效及方便,大数据计算框架需要考虑下列问题:

(1) 任务分配问题。当一个大数据计算任务到来时,如何将任务分解到各个服务器上形成子任务,然后如何将各个子任务的计算结果返回并融合形成最终计算结果?

(2) 数据来源问题。每个子任务的数据从哪里来? 数据计算结果到哪里去? 数据是主动发送还是请求时发送?

(3) 负载均衡问题。如何保持个服务器计算机任务的均衡,不至于忙得忙死、闲的闲死。

(4) 扩展实现问题。如果任务没有执行完就有新数据加载,数据计算如何累积或更新?扩展服务器或数据节点的数量是否能够提升整体效率? 能不能减轻其余服务器的负荷,从而缩短任务执行时间?

(5) 故障处理问题。发生节点故障时,它没有完成的任务该交给谁? 会不会遗漏计算结果或造成重复计算? 主节点(如果有的话)故障了又如何处理?

Apache Hadoop/MapReduce 是典型的大数据计算框架,初始包括分布式文件系统 HDFS 和计算框架 MapReduce 两部分,后来为了增加通用性和扩展性,把资源管理和任务调度功能从 MapReduce 中分离出来(称为 YARN),使得其他框架也能够像 MapReduce 那样运行在 Hadoop 之上。在开源社区的支持下,Hadoop 成了分布式计算事实上的标准。Hadoop/MapReduce 大数据计算框架的基本处理过程包括:①从 HDFS 文件系统读取数据集;②将数据集拆分成许多小块并分配给所有可用计算节点;③对每个计算节点上的数据块进行计算(计算的中间结果会重新写入 HDFS);④重新分配中间结果并按照键值对进行分组;⑤对每个节点计算结果进行汇总和组合对每个键的值进行"Reducing";⑥将最终结果重新写入 HDFS。

上述基于分布式文件系统的计算框架又称为数据批处理计算框架。

从当前数据处理应用来看,还有流式数据处理,对应流式计算框架。流式数据处理是指对快速到达的一个微小时间窗口的数据流进行实时处理,并不需要对整个数据集进行操作。

虽然流式数据处理可以处理持续到达的数据流，随着时间的推移可以处理无限量的数据，但在某一个时刻只能处理一个微小时间窗口的数据（称为微批处理）甚至只能处理一条数据（真正的流处理）。显然，这与前面讨论的批处理完全不同。

为了应对同时存在批处理和流式处理的数据计算应用，提出了混合数据处理框架。这类应用往往对批处理的性能要求也比较高，因此通常运用内存计算来实现批处理任务，以提高批处理任务的效率。此外，还有增量计算框架、新兴计算框架，可以预见，未来还会有更先进的计算框架被提出来，例如异地计算框架。

1.2.3 大数据管理

DBMS是在文件系统基础上发展出来的，DBMS将数据和程序分开以解决数据共享问题，采用统一数据模型以解决数据存储问题，提供数据索引和查询优化技术以解决数据快速访问题，提供查询语言以解决应用系统开发环境不友好问题等。其中，解决应用系统开发环境不友好问题是最本质的。各种计算机语言或软件，只要它们具有图灵机能力的，那么它们就没有能力上的差别，而只有使用它们方便程度上的差别。例如，机器语言和高级语言在能力上是一样的，但高级语言使用比较方便。面向事务处理的数据库管理系统和早期文件系统的根本差别在于，数据库管理系统提供了对数据库中任意部分数据快速准确访问的能力。

关系数据库管理系统在处理结构数据为主的联机事务处理应用方面效果优异，但在处理文本、图像等所谓非结构数据时只能进行外部文件映射，不能直接处理，造成数据访问效率低下及应用开发逻辑复杂化，因此并不适合作为大数据管理系统。那么，面对以数据分析为主要任务的大数据管理，从以HDFS为代表的大数据文件系统发展出来的大数据库管理系统是什么样的呢?

(1) 数据模型。典型的数据模型包括：键值对数据模型、基于列族的数据模型、基于文档的数据模型和图数据模型。谷歌公司的BigTable数据模型是首个用于大数据处理的数据模型。BigTable数据模型形式为row: string, column: string, time: int(64)。Bigtable中存储的表项都是未经解析的字节数组，并不是关系模型意义上的“表”。Bigtable按照行关键字的字典序组织数据，使数据访问具有良好的局部性；列关键字的集合称作列族，是数据访问的基本单位，数据必须创建列族才能存储，存储在同一列族下的数据属于相同类型，列族下的数据被压缩在一起存储；时间戳是64位整型，表项的不同版本按照时间戳倒序排列，即最新的数据排在最前面。

(2) 存储方式。表的数据通常分为行存储和列存储两种方式。行存储方式因为每行的数据都共同存放，所以单行的数据加载快速，很适合以增删改查操作为主的OLTP类应用，但不适用OLAP的应用（需要对单个列或少量列进行数据分析处理）；列存储方式将整个文件切割为若干列数据，每一列数据类型相同并且一起存储，能够实现较高的存储压缩比，并且避免了数据分析时读取不必要的列，适合OLAP应用。因此，大数据管理通常采用列存储方式存储数据。

(3) 查询语言。查询语言是数据库管理系统的标志，没有提供查询语言的就不是数据库管理系统。SQL已经是一个根深蒂固的数据库查询语言，以致不能接受没有SQL的数据管理系统，但SQL又明显是不足以表达大数据查询的，于是NoSQL、NewSQL之类的适用于大数据模型的查询语言被提了出来，但都还没有形成准确的定义，只是作为有别于关系型数据库的新型数据库查询语言提出来，其最大的特点是所谓模式无关性，可以用于键值对、文档和图等。

1.3 数据开发

长期以来，信息技术主要是用于信息化的，即生产数据的，而大数据是用于开发数据的。面对大数据决策的“6用问题”，之前的技术在数据获取、数据存储与管理、数据质量保障、数据安全与隐私保护等方面遇到了一系列新的技术挑战，需要专门的大数据技术来应对这些挑战，而以数据分析技术为核心的数据开发技术正逐步形成独立的技术分支。表1-1展示了生产数据与开发数据的技术差异[2]。

表1-1 生产数据与开发数据的技术差异

6用问题	数据技术	信息化（生产数据技术）	大数据（开发数据技术）
数据不够用	数据获取	从现实获取数据：通过数字化设备和I/O设备获得数据	从数据界获取数据：购买数据，或从各数据源通过下载、爬虫、分发等技术手段获得数据
数据不可用	数据存储管理	开发各种存储技术，包括存储设备、DBMS等各种存储技术	数据已经存在网络空间。主要技术包括数据搜索和访问技术、适合数据分析的存储技术
数据不好用	数据质量保障	内部数据：数据质量技术	有大量外部数据，数据质量问题较严重。需要新的数据质量技术
数据不会用	数据挖掘分析	数据挖掘分析技术分离出来形成数据开发技术的核心	统计分析、数据挖掘、深度学习等是数据开发的核心技术，还有数据勘探、可视化等
数据不敢用	数据开放共享	数据开放不多，技术有限	新技术：如保护数据安全（所有权和数据秘密）的前提下实现数据开放共享技术
数据不能用	数据安全隐私	内部数据：技术有限	有大量外部数据，数据权属的认证和判别技术、隐私保护技术等

其中，获取一个数据集、开展数据分析和将分析结果表达展现出来是数据开发最核心的工作。

1.3.1 数据获取

数据获取可分为技术方式和非技术方式。非技术方式包括从政府开放数据中获得、从数据共享联合体中获得、从数据市场购买等几种形式。技术方式主要包括共同体数据整合、网络爬取和木马植入等，下面对此进行详细介绍。

1）共同体数据整合

共同体数据整合通常是集团公司、地区政府通过数据管道整合下属部门数据形成数据资源汇聚。一般情况是这样的，一个领域或一个机构有多个确定的数据源，需要将这些数据源的全部或部分数据整合到一起,以方便进行数据分析(如业务智能BI)。这时,首先要做的工作是分析各个数据源,获得它们的元数据及其含义(如果有相应的技术文档,关于元数据的信息也可以从技术文档中直接获得)。然后根据数据整合的需要(主要是需要哪些数据),建立数据源的元数据和整合数据库的元数据之间的映射,便可以获取数据,主要使用的技术是ETL工具。

2) 网络爬取

网络爬取是一种常见的从互联网获取数据的方法,基本模式“搜索-下载(search and download)”,即用搜索引擎搜索到所需要的数据,然后链接到相应的数据源,然后下载或爬取所需要的数据。数据爬取需要链接到相应的数据源,分析并接入(有时候是入侵,可能涉及非法行为)该网站数据源,建立数据获取的元数据映射及相应的数据获取程序,定期从该数据源服务器获取需要的数据。

3) 木马植入

木马植入是将木马程序植入数据源服务器,监控数据源服务器的运行,发现有新的数据产生就将新数据发送到指定的目的服务器上,完成一次数据获取工作。许多APP就是通过植入木马程序来获得收集用户的许多数据的。木马植入技术也容易涉及非法行为。

1.3.2 数据分析

广义而言,所有的围绕数据的应用都是数据开发;所有发现数据价值的活动都是数据分析,数据分析技术主要有统计分析、数据挖掘和机器学习等。这些技术在大数据之前已经存在,统计分析已经有超过百年历史,数据挖掘有二十多年的历史,机器学习有四十多年的历史。面对大数据应用,这些技术同样面临着巨大挑战。

统计分析的大数据定理受到了挑战,数据的维度远大于样本的数量,使得以大数定理为核心的样本估计这一传统统计学理论不再有效。数据挖掘是通过分析每个数据从大量数据中寻找其规律的技术,主要有数据准备、规律寻找和规律表示三个步骤[3]。数据准备是从相关的数据源中选取所需的数据并集成用于数据挖掘的数据集;规律寻找是用某种方法将数据集所含的规律找出来;规律表示是尽可能以用户可理解的方式(如可视化)将找出的规律表示出来。大数据之前的数据挖掘基本都是内存算法,而大数据挖掘基本都是要运行在计算机集群上的,并且还出现了诸如大数据挖掘、特异群组挖掘等新的数据挖掘任务。机器学习是指通过算法分析有限样本数据得出一般性的规律(规则、知识)并将规律应用到整个数据集和新来的数据上。由于算力的限制加上样本数据不足,早期机器学习算法应用效果并不好。随着算力和样本数据都大规模提升,深度学习模型被提出来。深度学习是指样本的原始输入到输出目标之间的数据流经过多个线性或非线性的数据分析组件。因为每个组件都会对信息进行加工,并进而影响后续的组件,使得最终分析结果效果更好。目前比较好的模型是人工神经网络(artificial neural network, ANN)。

统计分析、机器学习、数据挖掘都是数据分析技术,通常并不严格区分它们,下面对它们做一些简单区分。

(1) 统计分析与数据挖掘:两者都是从数据中发现规律。统计学研究问题的结果通常得到一个统计模型,这个模型是普遍使用的;而数据挖掘得到的是某个数据集的规律,常常不具有普遍意义。统计分析主要是根据样本推断总体规律;数据挖掘直接找出总体规律。

(2) 机器学习与数据挖掘:在数据挖掘一词出现之前以及产生初期,机器学习(更广义下指人工智能)的研究主要聚焦模型的设计上,并不关注是否可以处理足够规模的数据,也不考虑应用领域产生的数据特征;随着数据库技术发展,需要分析的数据规模增大,数据挖掘技术发展迅速,而机器学习研究也开始转为面向数据(以数据驱动)来设计模型。在大数据环境下,机器学习和数据挖掘的相关研究人员的工作逐渐交叠相互推动。

如今,形成了"数据+算法+算力"的新型数据分析模式。

1.3.3 数据可视化

观察数据主要是通过显示器或打印出来的形式进行。然而,通常数据量是比较大,直接将数据集显示在显示器上或打印出来看都是比较困难的。这就需要对数据集进行可视化处理。可以通过观察数据集的可视化图表发现数据的规律,也可以通过各种图表的表现从不同的视角观察数据集,尽可能地发现数据集的规律。数据可视化是一个长期的话题,从古老的藏宝图到现在的各种类型的地图都是数据可视化的典型例子。在平面媒体上用两维或三维的图表形式的数据可视化是表达复杂数据的有效形式。

能可视化的数据类型分为离散型和连续型两种。离散型是指相应的数据值的个数是有限的,并且值与值之间是分离的、不连续的。例如,数据类型为字符串、整数或者将连续的数据值分成若干组的数据项。通常在一个数据集中,离散型数据项的值域有一个到上百个不同的值。连续型通常也称为数字或日期的类型,如果一个数据项称为连续字段,那么它的值域为一个完整区间,有不确定的值和不确定的值的个数。例如,数据类型为日期、双精度数或浮点数的数据项。表1-2是一些离散和连续的数据类型例子,表1-3是可视图表与数据类型之间的对照。

表1-2 离散字段和连续字段的例子

数据项	姓名	生日	性别	身高	职位
数据类型	离散型	连续型	离散型	连续型	离散型

可视化工作是将数据维上的业务数据影射到可视维上。可视维是指空间坐标系中图形的 X 轴、Y 轴和 Z 轴,或指图形对象的颜色、透明度、高度和尺寸。数据维指包含在业务数据集中的离散、连续字段或变量。

表1-3 可视图表与数据类型之间的对照

图表类型	数据类型
柱形图和条形图	用于比较离散值和连续值
面积图,堆积柱形图或条形图,折线图,盘高-盘低-收盘图,雷达图	用于在一个连续数据项上比较离散数据项的值
饼图,圆环图,直方图,分布图,箱图	用于比较离散数据项的不同值的分布情况
散点图	用于研究两个以上的连续字段之间的关系

数据可视化是人能够观察复杂的数据和众多的数据，如何从观察的获得科学只是就因人而异了。

1.4 数据产业支持

数据产业是网络空间数据资源开发利用所形成的产业，具备第一产业的资源性、第二产业的加工性和第三产业的服务性，是新兴战略性产业。其产业链主要包括：从网络空间获取数据并进行整合、加工和生产，数据产品传播、流通和交易，相关的法律和其他咨询服务等[2,5,7,14-16]。作为一个新兴产业，加之数据特性，数据资源、数据资产、数据要素、数据产品等概念都需要技术上的支撑，而数据流通交易、价值价格确定、市场监管、法律法规等也都是需要通过技术手段来实施的，这些相关技术被称为数据产业支持技术。

1.4.1 数据产业需要的技术支持

由于数据具有的物理属性、存在属性、信息属性和时间属性[3]，数据的经济活动与实物的经济活动、知识产权的经济活动都不一样。例如，数据资产具有无形资产和有形资产的双重特征[17-18]，如何计入会计报表？从数据流通交易、价值价格确定、市场监管、法律法规等重要的经济活动来看，有以下几个方面需要通过设计技术手段来实施。

一是数据权属问题。虽然目前法律尚未明确界定数据的权属，但数据确权问题是无法回避的，没有权属就没有数据资产，没有数据资产就没有数据产业。数据权属问题主要有数据权属规制、数据确权、数据版权、数据权转移等问题。无论将来法律上如何规制权属，只要数据进入经济市场，将一个数据权属赋予某个市场主体、将一个数据权属从一个市场主体转移到另一个市场主体的技术实现问题是必须要解决的。因此，数据权属的技术确认（例如用区块链确认 NFT 所有权）是数据产业支持技术。

二是数据资产化问题。自 1974 年理查德・彼得松（Richard Peterson）提出“数据资产”概念[19]以来，数据资产一直无法计入会计报表。数据不同于现实物体，也不同于知识产权，数据产品、数据商品、数据要素这些经济活动中的数据目前还都没有一个合适的计量计价方式，因此无法作为数据资产计入会计报表。需要从技术上设计出数据资产形态，以此为基础设计数据资产计量计价模型。数据资产的定义近些年逐渐明晰，数据资产框架也设计了出来。数据资产管理不是盖一个实体仓库来管理，数据资产仓库是一个计算机存储系统，也会需要给实体机房或机柜。数据资产仓库系统不是现有的数据仓库，数据资产质量监测、数据资产入库出库、数据资产折旧/增值等全周期数据资产管理都需要技术支持。这也涉及数据资产是实物资产还是无形资产的技术问题，即是否能够从技术上界定数据资产是实物资产还是无形资产？

三是数据商品流通问题。建立数据要素市场，实现数据流通。然而，什么样的数据可以流通？怎么流通？如何监管？首先，数据流通首先要有数据产品，由于数据的重要性，有些数据产品的生产需要有许可证，一般数据产品的生产也需要合法合规并符合数据产品的基本标准，因此首先需要设计出数据产品的形态，这个形态应该是可计量的、可标准化的和可检测的。合法合规的数据产品到市场上流通就是数据商品。数据商品流通模式主要有数据商品定价、数据市场运行模式、数据市场监管、数据市场税收等问题。自从 2014 年第一个大数据交易所成立以来，数据市场的实践探索已经有八年多历史了，中国已经成立了 30 家以上的数据交易机构，但普遍都遇到了数据定价难、数据防复制难(数据稀缺难以保障)和市场监管难等问题，而数据市场的税收问题就更加复杂。这其中，数据商品的定价还需要技术上对数据商品的形态和计量提出可行的技术方法。在数据市场税收方面，由于数据市场运行于网络上，数据的交易流通跨越地域，就会造成地税分配不合理的局面，这也是数字经济税收面临的挑战，并且这个挑战是全球性的。

四是数据监管问题。数据监管主要是监管数据的活动是否遵守《网络安全法》、《数据安全法》、《个人信息保护法》等法律。其中，对数据市场而言主要有国内数据市场监管、数据跨境流动监管两个主要方面。国内数据市场监管方面。核心工作是监管数据市场的合法合规性、市场三公原则、数据商品质量、市场主体利益保护等，包括数据的国有性、公共性、私有性问题，政府数据开放、共享、交易问题，以及由此带来的数据财政实现问题等。如果将政府和政府资金支持下生产的数据归为国有，那么这些数据如何变现？如何服务国民公众？这里面就有一个数据财政的实现问题，即政府通过财税手段将数据资产变现用于公共事业，促进社会发展，从而实现服务于国民公众。数据跨境监管方面。而数据跨境流动面临的问题有可能不仅是一个国家的资产流失，更有可能是国家秘密的丧失，但数据跨境流动是经济全球化、人类命运共同体建设之必须，因此需要探索合适的数据跨境流动方案，研究数据主权的实现、数据自治化方法。这些都需要数据技术的支持，例如如何保障不影响跨境商贸业务的情况下实现数据的本地化。

1.4.2 数据资产化

资产是一个经济学和会计学术语，根据国家会计准则，资产是指由会计主体(政府、企事业单位等)过去的交易或事项形成的、由会计主体拥有或者控制的、预期会给会计主体带来经济利益或产生服务潜力的经济资源。数据资产化就是要将数据资源转化成数据资产。那什么样的数据资源可以是数据资产呢？满足数据资产基本条件的数据资源是否就是数据资产了呢？

首先，数据是不是由会计主体过去的交易或事项形成的？①通过交易形成数据资产的探索方面，对数据交易定价进行了较多的研究。通过交易的方式形成数据资产的好处是市场化的交易价格解决了数据资产化过程中的数据资产价值评估问题，挑战是数据出售方需要先行完成数据资产化，才可能将数据拿到市场上交易。②通过事项形成数据资产的探索方面，绝大多数的数据资源拥有方(如商业银行、通信运营商、电商平台)是通过信息化的事项形成数据资源的，这些事项形成的数据资源是否可以变成数据资产呢？事实上，只有这些机构完成数据资产化，才能将数据加工成数据产品并在市场上流通。

其次，数据是否可以被会计主体拥有或控制？这总体上是一个法律问题，即数据的权属问题，一方面有待于法律界研究解决，另外一方面需要技术上能够支持法律的执行，或技术上提出一个可行的方案，法律界进行立法确立。

最后，数据是否预期会给会计主体带来经济利益？在当今数据价值被广泛认同的情形下，数据给会计主体带来经济利益是可以肯定的。存在的问题是如何给这些利益记账，即如何在会计报表中体现数据的利益？这需要设计数据计量计价方法。

四十多年来，数据资产进入会计报表还存在很多问题，可见数据资产化之难。从原理上看，有用的数据积累到一定的规模就可形成数据资源，数据资源在满足数据权属明确、成本或价值能够被可靠地计量、数据可机读等基本条件后，就可以成为数据资产，这可以作为数据资产化工作的依据[17,20]。由于数据不同于通常意义上的有形实物和无形知识产权，因此数据资产化还面临着诸多技术挑战。例如，数据资产的形态、计量和计价，数据资产流通的技术支撑，甚至连数据资产的定义都需要一个技术化的表述等。

1.4.3 数据产品及其质量

音乐、图片、电影等标准化的数据产品已在数据市场上有效流通，但一般意义上的、更大规模的大数据流通却面临困境和障碍。造成这个局面的主要原因是由于这类数据产品的标准化问题没有解决，不能准确地计量，因而也难以计价。

数据产品形态是数据产品得以计量计价的基础，如果能够设计出一个数据产品形态，那么数据产品的生产、流通、监管都将变得有效率。数据产品到底应该具备怎样的形态才可以被可靠地计量，以及计价，并得以在数据市场上有效流通呢？瓶装水和图书是两个可参考的形态设计。先看瓶装水，水到处都有，江河湖海的水显然不是流通水产品的形态，而每幢楼宇的水是公共品，真正在市场上流通水产品是瓶装水，即瓶装水是水产品的形态，有食品生产许可证、容量和成分含量等；再看图书，它是传播知识的，类似于现在的数据流通，图书将文字、图片和图形等知识（非电子数据）汇聚在一起，形成标准化产品，规定基础页码数量为49页并制定了外形要求、版权规则、国际统一书号等标准规范，图书就形成了一种标准化非电子数据产品形态。

朱扬勇等设计了一个数据盒模型，将结构化和非结构化的电子数据汇聚在一起形成外部可见、可用的数据产品形态雏形[21]；叶雅珍等提炼了音乐、图片、电影等单一类型数据产品的形态，参考图书的形态对数据产品形态要求进行了描述，基于数据盒模型设计了一种数据产品标准形态——盒装数据[22]。盒装数据包括盒内数据和盒外包装两个部分。其中，盒内数据是指“时间＋空间＋内容”三维度的数据立方体组织，一般包括图像、图形、视频、音频、文本和结构化数据等多种数据类型；盒外包装包括产品登记证、使用说明书、质量证书和合规证书等内容的数据盒外部形态。

任何一种在市场上流通的商品在上市前都需要满足一定的产品质量标准、规范或要求，数据产品亦不例外。因此，数据从自用到商品这个质的变化也必将表现在数据质量上，有关数据的质量研究和实践需要从关注原始数据质量到关注数据产品质量、从内部质量控制到外部质量检测，即数据用户和政府监管部门要对数据产品的质量提出要求并进行检测。

长期以来数据质量研究主要是为了满足组织自身信息系统正常运行的需求。随着数据要素市场的建设发展，数据的质量需求从“自用需要”到“他用需求”“监管需求”的转变[23]。数据市场中的数据产品质量问题是数据使用者（购买者）和市场监管者重点关注的内容。使用者需求是指数据产品是否满足使用者的需要，通常需要有一个数据产品说明书，使用者通过说明了解数据产品，因此数据产品和说明书的一致性是判断数据产品质量的关键指标。监管者需求是指数据产品质量可监管、可控制，包括：是否无证生产，数据产品是否合法合规、符合数据产品质量标准、符合产品说明书、具有可检测性和可溯源性等。蔡莉等人提出了一个数据产品质量框架，并针对盒装数据从时间、空间和内容完整性三个方面构建了对应的质量维度、质量指标和质量评测模型。

1.4.4 数据流通与安全

当数据资产、数据产品得以确认后，作为经济活动的数据商品的流通就可以开展。不同于实物产品，数据产品流通主要涉及数据商品的权力授予，总体以使用权授予、再生产权授予，较少涉及数据所有权的转移。

数据产品上市流通前应该获得数据产品登记证、数据合规证书和数据质量证书等[22]。数据卖方在某个交易市场（应该也可以自营）挂牌某一个权利，进行出售；数据交易市场提供撮合交易、交易登记和交易结算；交易完成，买方就获得了该数据产品的某一个权利（例如使用权）可以使用该数据产品。数据交易的全部流程都要受到相关政府部门的依法监管，主要涉及交易主管部门、市场主管部门、网信主管部门、产业主管部门、公安主管部门、财税主管部门等多个政府部门。整个数据产品交易过程都需要相应的技术支持，主要包括：数据产品登记、数据合法合规审查、数据质量检测、数据权利授予登记、数据产品售后跟踪和溯源等几个方面。

区块链技术被认为是数据资产、数据产品、数据商品等的登记和跟踪的一项重要技术。具体应用包括：数据存证、数据确权、数据流通与溯源、NFT 数字资产化等。例如，数据所有权人掌握私钥，并生成可公开的公钥和公钥地址，当需要对数据资产进行确权时，使用哈希算法生成数据指纹与公钥地址、当前时间组合为锁定交易，发布到区块链网络经共识予以确认；当需要进行数据资产确权验证时，资产所有权人只需提供公钥与数字签名，结合确权交易中的公钥地址，即可由区块链节点进行检验，而不掌握私钥者无法提供正确的证明信息。

当数据开放给外界后，尤其是数据流通到了使用方，数据会被怎样使用事先可能是不知道的，使用数据的软件也是事先不知道的、基本外部的。现有的数据库管理系统软件根本无法处理数据开放的应用需求，需要探索新型的数据资源管理技术和数据开放模式。数据自治由朱扬勇等于 2018 年提出[24-25]，主要用于解决数据开放共享过程中遇到的问题。数据自治是指数据由数据所有权人在法律框架下自行安排确权机制、管理手段、自行制定开放流通规则（所谓数据自治），然后将数据开放给使用者，包括上载数据应用软件使用数据和下载数据到使用者的设备中（使用者没有数据治理权）。

数据自治开放是一种数据流通使用的治理和技术框架。从数据治理框架来看，鉴于数据与土地、能源一样具有高度价值，是一个国家的新型基础性资源，数据资源的开发利用对一个国家经济发展、社会治理、人民生活都会产生重大影响，这意味着任何主体对数据的非法干预都可能构成对国家核心利益的侵害。数据应该在国家主权下行使数据主权，数据自治是数据主权的一种体现，在数据自治技术支撑下的一种数据治理框架。从技术框架来看，数据自治开放技术所要解决的问题是“数据拥有者如何控制数据使用者传播或滥用数据”，包括：

（1）如何做到数据自治又能够开放？这需要研究面向自治开放的数据资源组织理论，即需要有新的数据模型来组织数据资源。外界能够通过这个数据模型看到有哪些数据资源以确定是否要使用这些数据资源，系统能够承载使用者上载应用软件根据数据模型来使用数据。

（2）如何保护数据稀缺性不丧失、数据安全和隐私有保障？这需要研究面向自治开放的数据安全与隐私保护理论，确保数据使用者只能按约定使用数据，而不能传播和滥用数据。

数据自治开放模式有望成为数据开放的基本模式，是政府数据开放共享、企业及个人数据交易、国家数据主权实现的一种可行方法。

1.5 小结

大数据是决策方式的重大变革，改变了人类的生产、生活方式，实现政府、社会、经济、科教、人文的全面数字化转型。同时，大数据也带来了一系列技术挑战，包括大数据计算的挑战和大数据应用的挑战两个主要方面。由于数据增长远快于技术进步，因此彻底解决大数据技术问题是悲观的。事实上，技术进步和数据增长是交替发展、迭代前行的，即技术进步导致数据更快、更多地生产出来，数据增长则带来更多的技术挑战。因此，一方面需要持续发展新技术，提升计算机的计算能力、数据处理能力，即解决数据大的问题；另一方面需要在现有的计算环境和数据环境下，用数据解决实际决策问题，追求比竞争对手更快、更准确的数据分析算法和工程实现方案，这是大数据决策。

参◇考◇文◇献

[1] COX M, ELLSWORTH D. Application-controlled demand paging for out-of-core visualization[C]// Proceedings. Visualization' 97 (Cat. No. 97CB36155). IEEE, 1997:235-244.

[2] 朱扬勇，熊赟. 大数据是数据，技术，还是应用[J]. 大数据，2015,1(1):70-80.

[3] 朱扬勇，熊赟. 数据学[M]. 上海：复旦大学出版社，2009.

[4] 朱扬勇，熊赟. 论数据与信息的差别——从计算机的视角[J]. 数据法学，2021(1):122-139.

[5] 朱扬勇，熊赟. 数据资源保护与开发利用[M]//专家论城市信息化. 上海：上海科学技术文献出版社，2008.

[6] FEIGELSON E D, BABU G J. Big data in astronomy[J]. Significance, 2012, 9(4):22-25.

[7] 朱扬勇. 旖旎数据[M]. 上海：上海科学技术出版社，2019.

[8] AKIYAMA K, ALBERDI A, ALEF W, et al. First M87 event horizon telescope results. IV. Imaging the central supermassive black hole [J]. The Astrophysical Journal Letters, 2019, 875 (1):L4.

[9] 吴俊伟，朱扬勇. 汇计划在行动[M]. 上海：上海科学技术出版社，2015.

[10] MAYER-SCHÖNBERGER V, CUKIER K. Big data: A revolution that will transform how we live, work, and think [M]. Houghton Mifflin Harcourt, 2013.

[11] GHEMAWAT S , GOBIOFF H , LEUNG S T . The Google File System [C]// ACM. ACM, 2003: 29-43.

[12] DEAN J, GHEMAWAT S. MapReduce: simplified data processing on large clusters [J]. Communications of the ACM, 2008,51(1):107-113.

[13] CHANG F, DEAN J, GHEMAWAT S, et al. Bigtable: A distributed storage system for structured data [J]. ACM Transactions on Computer Systems (TOCS), 2008,26(2):1-26.

[14] 徐宗本，张维，刘雷，等. "数据科学与大数据的科学原理及发展前景"——香山科学会议第462次学术讨论会专家发言摘登[J]. 科技促进发展，2014(1):66-75.

[15] 朱扬勇. 加快推进数据资源开发[J]. 高科技与产业化,2017(6):4.
[16] 朱扬勇. 大数据资源[M]. 上海:上海科学技术出版社,2018.
[17] 朱扬勇,叶雅珍. 从数据的属性看数据资产[J]. 大数据,2018,4(06):65 - 76.
[18] 叶雅珍,朱扬勇. 数据资产[M]. 北京:人民邮电出版社,2021.
[19] PETERSON R E. A cross section study of the demand for money: the united states, 1960—1962 [J]. The Journal of Finance, 1974,29(1):73 - 88.
[20] 叶雅珍,刘国华,朱扬勇. 数据资产化框架初探[J]. 大数据,2020,6(3):12.
[21] 熊贇,朱扬勇. 面向数据自治开放的数据盒模型[J]. 大数据,2018,4(2):21 - 30.
[22] 叶雅珍,朱扬勇. 盒装数据:一种基于数据盒的数据产品形态[J]. 大数据,2022,8(3):15 - 25.
[23] 蔡莉,朱扬勇. 从数据质量到数据产品质量[J]. 大数据,2022,8(3):26 - 39.
[24] 朱扬勇,熊贇,廖志成,等. 数据自治开放模式简[J]. 大数据,2018,4(2):3 - 11.
[25] 朱扬勇. 数据自治[M]. 北京:人民邮电出版社,2020 年。

第2章 大数据计算

近年来，随着信息技术的发展，生产的数据与日俱增，并形成了一个个大规模的数据资源池。大数据应用已成为行业热点和产业发展新的增长点。数据科学与计算技术是计算机的前沿领域，其中，大数据计算分析为它们提供了核心的技术支撑。本章将从大数据计算的四个角度对数据访问、分布式文件系统、大数据计算模型和多地计算异地计算模式等内容进行综合性的介绍。

2.1 数据访问

随着大数据时代的到来，由于数据作为信息的重要载体，人们越来越意识到数据的重要性，也越来越重视挖掘数据中潜在的价值。大数据应用过程中需要使用爬虫工具等获取数据，使用分布式文件系统或数据仓库技术等存储数据，使用不同的计算模式或借助大数据计算框架等处理数据。同时，还需要保护大数据系统的安全，根据不同的数据存储结构和数据处理要求进行相应的数据访问操作。访问操作中数据的访问特性和访问控制技术就很重要，但是受大数据体量大、结构多样化、处理要求迅速等因素影响，数据访问也面临着严峻的挑战，大多数传统的数据访问技术不再适用于大数据环境。

数据的可访问性是指访问大数据系统的用户进行查询和修改数据的能力，数据访问控制技术用于控制用户可否进入大数据系统以及用户能够读写的数据集，系统通过不同的访问控制模型和访问控制策略来支配用户对大数据资源系统的安全访问活动，采用数据访问控制来防止用户对任何数据进行未授权的访问，从而使大数据系统在合法的范围内使用。访问控制通常用于系统管理员控制用户对大数据系统资源的访问。

访问控制技术涉及安全模型、访问控制策略、访问控制策略的实现、授权与审计等。

2.1.1 安全模型

安全模型是制定安全策略的依据，是指形式化地描述大数据系统安全的机密性、完整性和可用性及其与系统行为的关系，是建立和评估安全操作系统的重要依据。

安全模型主要包括访问控制模型和信息流模型。访问控制模型是从用户访问控制的角度描述数据安全系统，主要针对系统中用户对大数据系统资源的访问及其数据安全控制。

访问控制模型通常可分为自主访问控制和强制访问控制。信息流模型是访问控制模型的一种变形，主要是对大数据系统之间信息传输过程的控制。随着大数据系统安全需求的不断发展和变化，又出现了诸如基于角色的访问控制模型和 PDR 扩展模型(protection detection response 扩展模型，即保护检测响应扩展模型)等。

1) 自主访问控制

自主访问控制是由大数据系统的所有者对系统的访问控制进行管理，制定针对该系统的安全保护策略，由所有者决定是否将自己管理的系统访问权授予其他用户。这种控制访问方式是自主的，即系统所有者可以按自己的意愿，有选择地与其他用户共享大数据资源。自主访问控制根据用户指定方式或默认方式，阻止非授权用户访问大数据系统，没有存取权限的用户只允许由授权用户指定对大数据系统的访问权，阻止非授权用户读取敏感数据资源。

自主访问控制的优点是系统所有者对访问权限的授权过程具有极大的灵活性，其缺点是用户的权限过大而容易泄露信息，它能控制用户能否直接获得对大数据系统的访问权限，但不能控制用户间接地访问，其安全性能相对较低。系统需要维护不同用户对不同大数据系统的访问权限之间的关系，权限管理复杂性相对较高。

2) 强制访问控制

强制访问控制是基于自主访问控制方式，增加了对数据资源的访问安全属性划分，规定了不同安全属性下的访问控制权限。模型规定安全属性的级别为绝密级别、机密级别、秘密级别和无级别。模型将用户和大数据系统分配不同的安全属性，根据用户和大数据系统的级别标记来决定访问模式。

强制访问控制模型中规定了四种访问控制策略，包括下读、上写、下写和上读。其中，下读指用户级别高于数据级别的读操作，上写指用户级别低于数据级别的写操作，下写指用户级别高于数据级别的写操作，上读指用户级别低于数据级别的读操作。将强制访问控制关系分为：上读/下写，下读/上写。通过梯度安全标签实现单向信息流通模式。

强制访问控制的优点是在访问权限授予过程中，不仅需要检查用户是否对大数据系统具有操作权限，还需要检查用户和大数据系统的安全属性是否符合要求，来判定用户能否访问系统，使得访问权限授权过程更加安全。其缺点是权限管理系统必须按照系统规定为每个用户或大数据系统分配安全属性，并且需要仔细定义用户和大数据系统安全属性之间的对应关系，从而防止合法用户不能对授权数据系统进行操作、非法用户能够对未授权的数据系统进行操作的现象，其权限管理难度和实现代价较大。

3) 信息流模型

信息流模型主要是对大数据系统之间的信息传输过程的控制，它是访问控制模型的一种变形。信息流是信息根据某种因果关系的流动，信息流总是从旧状态的变量流向新状态的变量。信息流模型不校验用户对大数据系统的访问模式，而是试图控制从一个大数据系统到另一个大数据系统的信息流，强迫其根据两个数据系统的安全属性决定访问操作是否进行，模型通过对信息流向的分析，可以发现数据系统中存在的隐蔽通道并找到相应的防范对策。隐蔽通道就是指系统中非正常使用、不受强制访问控制和正规保护的通信方式，隐蔽通道的存在显然危及系统敏感信息的保护。信息流模型的出发点是彻底切断系统中信息流的隐蔽通道，防止对信息的窃取。

信息流模型需要遵守一定的安全规则，即在系统状态转换时，信息流只能从访问级别低的状态流向访问级别高的状态。信息流模型实现的关键在于对系统的描述，即对模型进行彻底的信息流分析，找出所有的信息流，并根据信息流的安全规则判断其是否为异常流。若是异常流就反复修改系统的描述或模型，直到所有的信息流都不是异常流为止。

4）基于角色的访问控制模型

基于角色的访问控制模型是访问控制过程与用户身份认证密切相关，基于用户角色对大数据系统执行访问控制，通过确定该合法用户的身份来确定用户在系统中对不同信息的访问权限。一个用户可以充当多个角色，一个角色也可以由多个用户担任，角色是指一个或一组用户在组织内可执行操作的集合，角色就充当着用户和大数据系统之间的关键桥梁，角色授权是指每个角色与一组有关的操作相互关联，角色所属的用户有权执行这些操作。

基于角色的访问控制模型的基本结构，是指以角色作为访问控制的核心，用户以不同的角色对数据资源进行访问，决定了用户拥有的访问权限以及可执行的访问操作。基于角色的授权规定对于用户是一种强制性的规定，用户不能自主地将访问权限传给他人。

在这个模型中，访问权限同用户角色关联，角色比用户本身更为稳定。用户和角色关联是指用户在系统里表现出一定的活动性质，这种活动性质表明用户充当了一定的角色。用户访问系统执行相关访问操作时，系统必须先检查用户的角色，核对该角色是否具有执行相关操作的权限。用户与角色关联的方式便于授权管理，以及根据工作需要分级管理。用户、角色、权限三者相互独立的结构保证了授权过程的灵活性。

5）PDR 扩展模型

PDR 模型是一种信息安全的动态模型，是保护（protection）、检测（detection）、响应（response）多环节保障体系，后来又融入了策略（policy）和恢复（restore）两个组件以后形成以安全策略为中心，集防护、检测、响应和恢复于一体的动态安全模型。

PDR 模型是一种基于闭环控制、主动防御的动态安全模型，在整体的安全策略控制和指导下，综合运用各种防护工具（如防火墙、系统身份认证等）的同时，利用检测工具（如漏洞评估、入侵检测等系统）了解和评估系统的安全状态，将系统调整到最安全的状态。保护、检测、响应和恢复组成了一个完整、动态的安全循环，从而在安全策略的指导下保证大数据系统的安全。

2.1.2　访问控制策略

访问控制策略是用来控制和管理用户对大数据系统访问的一系列规则，它反映了大数据系统对安全的需求。访问控制策略的制定和实施是围绕用户、大数据系统和安全控制规则集合三者之间的关系展开的。

访问控制策略有两种实现方式：基于身份的安全策略和基于规则的安全策略。基于身份的安全策略又包括基于个人的安全策略和基于组的安全策略。

访问控制策略的实现是研究如何表达和使用访问控制策略中的规则集合，常用的访问控制形式包括访问控制表、访问控制矩阵、访问控制能力列表和访问控制安全标签列表等。

1）基于身份的安全策略

基于身份的安全策略目的是过滤用户对数据系统的访问，只有能通过系统认证的用户才有可能正常使用大数据系统。基于身份的安全策略分为基于个人的策略和基于组的策略。

基于个人的策略是指以用户为中心建立的一种安全策略，这种策略由一些列表来组成，列表定义了授权用户、权限和文件之间的对应关系，这些列表限定了针对特定的大数据系统,不同用户可以对大数据系统实现不同的访问操作行为。

基于组的策略是基于个人的策略的扩充,是指一些用户被允许使用同样的访问控制规则访问同样的大数据系统。

2）基于规则的安全策略

基于规则的安全策略的授权通常依赖于数据的敏感性。在一个数据安全系统中,数据应该标注不同的安全标记,代表用户进行活动可以得到相应的安全标记。在这种策略的实现上,由系统通过比较用户和大数据系统资源的安全级别来判断是否允许用户进行访问。

2.1.3 访问控制与授权

授权是大数据系统资源的所有者准许其他用户访问该资源,这是实现访问控制的前提,授权是大数据系统所有者授予访问用户一定的访问权限,用户通过这种权利可以对大数据系统执行某种访问操作行为。授权行为是指用户履行被授予权利的活动。因此,访问控制与授权是密不可分的,授权表示一种信任关系,需要建立一种模型对这种关系进行描述,才能保证系统授权的准确性,特别是在大型数据系统的授权中,需要有信任关系模型做指导才能保证合理的授权行为。

信任模型是指建立和管理信任关系的框架,信任关系是指如果用户符合大数据系统所假定的期望值,那么称大数据系统对用户是信任的,信任关系可以使用信任度表示。用户和大数据系统之间建立信任关系的范畴称为信任域,也就是用户与大数据系统和信任关系的范畴集合,信任域是服从于一组公共策略的系统集。

2.1.4 访问控制与审计

审计是对系统访问控制管理的必要补充,是访问控制的一个重要内容。审计会对用户访问和使用的大数据资源、使用的时间以及如何使用大数据资源进行记录和监控。审计和监控是实现系统安全的最后一道防线,处于安全系统的最高层。审计与监控能够再现原有的进程和问题,这对于责任追查和数据恢复非常必要。审计内容包括个人职能、事件重建、入侵检测和故障分析。

审计跟踪是大数据系统活动的流水记录,该记录按事件从始至终的途径,顺序检查、审查和检验每个事件的环境及活动,审计跟踪记录系统活动和用户活动,系统活动包括操作系统和应用程序进程的活动;用户活动包括用户在操作系统和应用程序中的活动。通过借助适当的工具和规程,审计跟踪可以发现违反安全策略的活动、影响运行效率的问题以及程序中的错误等。审计跟踪通过书面方式提供相关责任用户的活动证据以支持访问控制职能的实现,这里的职能是指记录系统活动并可以跟踪到对这些活动相关责任用户的能力。审计跟踪不仅有助于系统管理员确保系统及其数据资源免遭非法授权用户的入侵,同时还能提供对数据恢复的帮助。

2.2 分布式文件系统

文件系统是计算机操作系统的重要组成部分,负责管理和存储文件信息的软件部分。文件系统由三个部分组成:文件系统的接口,对象及属性,对文件操纵和管理的软件集合。

其功能是负责操作系统中文件的增加、删除、查询、修改,转储文件,管理文件的存取权限。

传统的文件系统仅支持单机操作系统,为一个或多个存储设备提供访问和管理。随着互联网的高速发展,数据量呈爆发式增长,仅支持单台主机的文件系统的容量和操作速度已经无法满足很多应用的需求。因此能承载大容量且支持存储集群的分布式文件系统应运而生。分布式文件系统有效解决了无限增长的海量信息存储问题。在不同操作系统的文件系统存在着两个共性:数据是以文件的形式存在,提供 Open、Read、Write、Seek、Close 等 API(application programming interface,应用程序编程接口)进行访问;文件以树形目录进行组织,提供原子的重命名(Rename)操作,改变文件或目录的位置。分布式文件系统的优势在于对存储集群上的文件可以统一管理,屏蔽掉在不同节点上的文件操作细节,使文件管理及操作像单机文件系统一样快捷方便。分布式文件系统具有以下三个特点:

(1) 高可靠性。分布式文件系统通常能使用资源冗余技术或提供失效恢复服务,容忍单点甚至多点的失效,保障客户端或部分服务器出现故障的时候整个系统能够正常运行。

(2) 并发访问。分布式文件系统中为多个用户共享文件资源时,当不同的用户或进程并发访问文件资源,如何进行并发控制是分布式文件系统的核心问题。通过文件锁技术,分布式文件系统允许一个文件被多个用户同时访问且避免进程间出现冲突。

(3) 透明性。文件系统要使用户能够以相同的方式方法访问本地文件和远程文件,文件系统的节点数量和容量应该能被动态扩展且不影响系统运行和用户体验。

接下来将选取几个典型的分布式文件系统来剖析它们的架构和特性,旨在让读者对分布式文件系统有一个初步了解。国内近年来也出现了一些知名的分布式文件系统,例如 Baidu File System、Taobao File System,由于篇幅有限,这里就不一一介绍了。

2.2.1 GoogleFS

2.2.1.1 系统架构

GoogleFS 简称 GFS,是分布式文件系统中的先驱和典型代表,由早期的 BigFiles 发展而来。BigFiles/GFS 是为大文件优化设计的,不适合平均文件大小在 1 MB 以内的场景。GFS 的架构如图 2-1 所示,系统的节点可分为三种角色:GFS Master(主控服务器)、GFS ChunkServer(CS,数据块服务器)和 GFS 客户端。

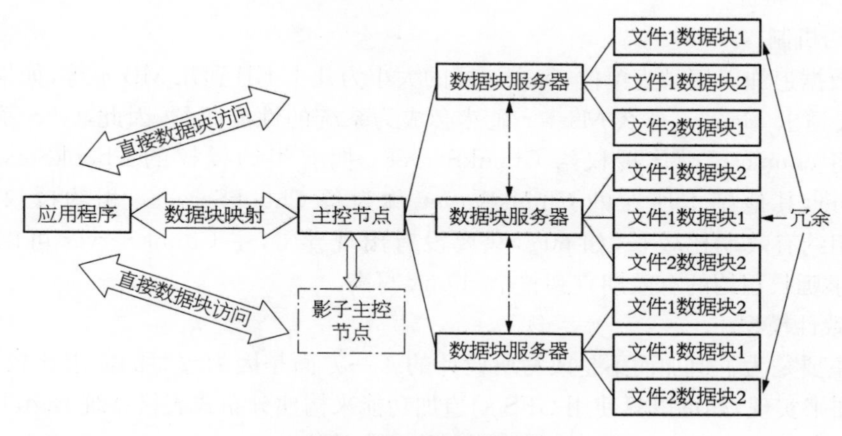

图 2-1 GFS 架构示意

主控服务器中维护系统的元数据，包括文件及数据块(chunk)命名空间、文件到 chunk 间的映射和 chunk 位置信息，它也负责整个系统的全局控制，如 chunk 租约管理、垃圾回收无用 chunk 和 chunk 复制等。主控服务器会定期与 ChunkServer 通过心跳的方式交换信息。

客户端是 GFS 提供给应用程序的访问接口，它是一组专用接口，不遵循 POSIX 规范，以库文件的形式提供。客户端访问 GFS 时，首先访问主控服务器节点，获取与其进行交互的 ChunkServer 信息，然后直接访问这些 ChunkServer，完成数据存取工作。客户端不缓存文件数据，只缓存主控服务器中获取的元数据，这是由 GFS 的应用特点决定的。GFS 最主要的应用有两个：MapReduce 和 Bigtable。对于 MapReduce，GFS 客户端使用方式为顺序读写，没有缓存文件数据的必要；而 Bigtable 作为分布式表格系统，内容实现了一套缓存机制。另外，如何维护客户端缓存与实际数据之间的一致性是一个极其复杂的问题。

GFS 文件被划分为固定 64 MB 大小的 chunk，由主控服务器在创建时分配一个 64 位全局唯一的数据块句柄。ChunkServer 以普通的 Linux 文件的形式将 chunk 存储在磁盘中，为了保证可靠性，chunk 在不同的机器中复制多份，默认为三份，但这是可配置的。高需求的文件可能具有较高的复制因子，而应用程序客户端使用严格存储优化的文件为了应对快速垃圾清理策略可能会复制不到三次。文件被划分成 chunk 存储到几个 ChunkServer 上时，文件只能追加写，这样则不用担心 chunk 的版本和一致性问题，因为可以用长度当作版本。

GFS 元数据和数据的设计让系统的复杂度大大简化，并增强了扩展能力。另外 GFS 放弃支持 POSIX 文件系统的部分功能，例如随机写、扩展属性、硬链接等，进一步简化了系统复杂度，以换取更好的系统性能、鲁棒性和可扩展性。它将服务器故障视为正常现象，通过软件的方式自动容错，使得 GFS 能在保证系统可靠性和可用性的同时大大降低系统的成本。

因为 GFS 的成熟稳定，所以使得 Google 能更容易地构建上层应用。Google Bigtable、Megastore、Percolator 均是直接或间接地构建在 GFS 之上。此后，Google 开发了拥有更强可扩展能力的下一代存储系统 Colossus，把元数据和数据存储彻底分离，实现了元数据的分布式，以及使用 Reed Solomon 编码来降低存储空间占用从而降低成本。

2.2.1.2 特性

1）租约机制

GFS 数据追加以记录为单位，每个记录的大小为几十 KB 到几 MB 不等，如果每次记录追加都需要请求 Master，那么 Master 显然会成为系统的性能瓶颈，因此，GFS 系统中通过租约机制将 chunk 写操作授权给 ChunkServer。拥有租约授权的 ChunkServer 称为主 ChunkServer，其他副本所在的 ChunkServer 称为备 ChunkServer。租约授权针对单个 chunk，在租约有效期比较长，如 60 s，只要没有出现异常，主 ChunkServer 可以不断地向 Master 请求延长租约的有效期直到整个 chunk 写满。

2）一致性模型

GFS 主要是为了追加而不是改写所设计的。一方面是因为改写的需求比较少，或者可以通过追加来实现，如可以只使用 GFS 的追加功能来构建分布式表格系统 Bigtable；另一方面是因为追加的一致性模型相比改写要更加简单有效。

3）追加流程

追加流程是GFS系统中最为复杂的地方，而且高效支持记录追加对基于GFS实现的分布式表格系统Bigtable是至关重要的。

4）容错机制

GFS容错机制包括Master和ChunkServer容错两部分。Master容错与传统方法类似，通过操作日志加checkpoint方式进行，保存了命名空间、文件到chunk之间的映射以及chunk副本的位置信息。ChunkServer容错通过复制多副本的方式实现：每个chunk有多个存储副本，分别存储在不同的ChunkServer上。

2.2.2 HDFS

2.2.2.1 系统架构

HDFS（Hadoop Distributed File System，Hadoop分布式文件系统）是Apache Hadoop的子项目，是一个高可靠、高可用、高容错和高可扩展性的分布式文件系统。它通常部署在低成本硬件组成的计算集群上，为数据密集型应用提供大数据集的流式访问，适用于具有大型数据集的应用程序。

图2-2是HDFS的架构示意。它采用主从架构，部署在由一台NameNode和多台DataNode构成的分布式集群上。集群中多台DataNode通过交换机相连部署在同一个机架。多个机架间通过核心交换机相连构成一个层次化的网络拓扑结构。

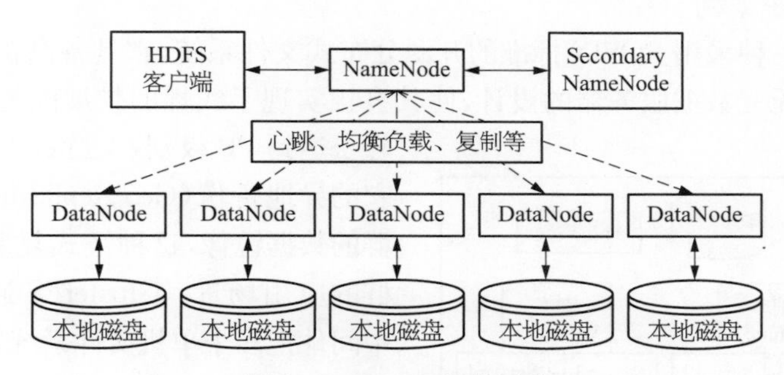

图2-2 HDFS架构示意

NameNode负责管理HDFS的元数据，元数据的核心内容为层次化的文件命名树，其中包括所有目录和文件的元数据信息，并维护着“文件名-数据块”“数据块-DataNode列表”等若干映射关系。为了保证元数据服务的质量，所有元数据以及相关信息都存储在NameNode的内存中。为了保证元数据的可靠性，对文件命名的空间树的变更会追加到EditLog中进行技术化。NameNode会借助SecondaryNameNode的帮助，周期性地重放EditLog中的操作，形成新的检查点文件FsImage，从而避免NameNode重启之后的恢复时间过长。关于集群中DataNode和数据块的信息，则是通过搜集DataNode的心跳信息获得的，这一部分信息只保留在内存中，并不进行持久化。

HDFS Client为用户提供与存储后端进行交互的接口。HDFS Client通过形如hdfs://namenode:port/dir-a/dir-b/dir-c/file.data路径形式的抽象目录树来访问文件，通过与NameNode交互实现元数据的操作，与DataNode交互实现数据的读写。元数据访问路径与数据访问路径的分离为HDFS保证了元数据服务的质量并提供了较大的聚合带宽。元数据也可以称为文件分块信息。

HDFS中的文件在物理上按数据块存储，块的大小可以通过配置参数 dfs. blocksize 来规定，默认大小在 hadoop2. x 版本中是 128M。目录结构及文件分块信息的管理由 NameNode 节点承担。NameNode 是 HDFS 集群主节点，负责维护整个 HDFS 文件系统的目录树，以及每一个路径和文件所对应的数据块信息，如 block id 及 block 所在的 Datanode 服务器。

DataNode 提供了一个执行数据块存储和检索的抽象，对上层屏蔽 HDFS 数据块在 DataNode 本地文件系统上的存储组织形式。每一个数据块可以在多个 DataNode 上存储多个副本，副本数据也可以通过 dfs. replication 设置。同时，DataNode 负责服务客户端、NameNode 以及其他 DataNode 的请求，并定期向 NameNode 汇报自身的当前状态。

2. 2. 2. 2 特性

HDFS具有强大的可扩容能力，能可靠地存储和处理PB级数据。服务器集群能由普通微型计算机组成，集群规模可达数千节点。Hadoop可以在数据所在的节点上并行地处理分发数据，从而提高处理效率。HDFS能使用自动数据备份的方式提高数据存储的可靠性，并且在任务失败后能自动地重新部署计算任务。

2. 2. 3 GlusterFS

2. 2. 3. 1 系统架构

GlusterFS是一种采用POSIX标准的开源分布式文件系统，它具备高扩展、高可用和高性能等特性，由于其无元数据服务器的设计，使其真正实现了线性的扩展能力，让存储总容量可轻松达到PB级别，支持数千客户端并发访问。它的异地备份(Geo-Replication)功能实现跨集群的数据镜像，这种链式复制非常适用于跨集群的应用场景。GlusterFS通过一个无状态的中间件把多个单机文件系统融合成统一的名字空间提供给用户。中间件是由一系列可叠加的转换器实现。每个转换器解决一个问题，例如数据分布、复制、拆分、缓存、锁等。用户可以根据具体的应用场景需要灵活配置。一个典型的GlusterFS分布式文件系统如图2-3所示。

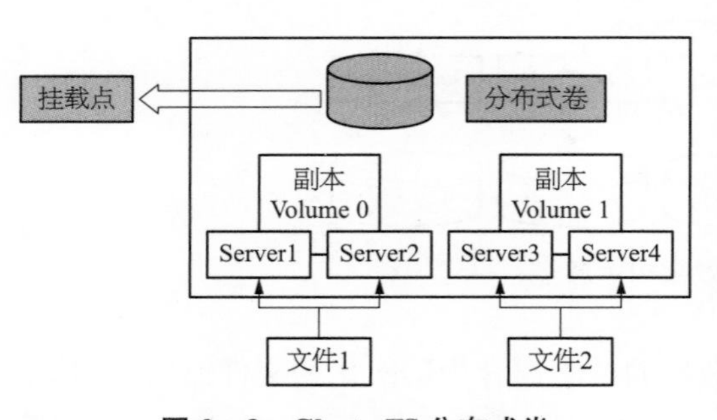

图2-3 GlusterFS分布式卷

Server1 和 Server2 构成 2 副本的 Volume 0，Server3 和 Server4 构成 Volume 1。Volume 0 和 Volume 1 再融合成有更大空间的分布式卷。GlusterFS 系统支持 POSIX 和 FUSE 挂载，使用多种访问协议，通用性比较高。系统通过支持再线扩容机制增强系统的可扩展性，实现了软 RAID，增强了系统的并发处理能力及数据容错恢复能力。系统还支持整个集群镜像拷贝，能根据业务压力增加集群节点。系统的文件数据最终以相同的目录结构保存在单机文件系统上，避免了文件系统失效导致的数据丢失。

GlusterFS的结构相对静态不易调整，要求各个存储节点有相同的配置。当数据或者访问不均衡时，系统无法进行空间或者负载调整。GlusterFS的故障恢复能力也比较弱，例如

Server1 故障时，Server2 上的文件就没办法在健康的 Server3 或者 Server4 上为保障数据的可靠增加数据备份。因为缺乏独立的元数据服务，要求所有存储节点都会有完整的数据目录结构，所以遍历目录或做目录结构调整时需要访问所有节点才能得到正确结果，这导致整个系统的可扩展能力有限，扩展到几十个节点时还行，很难有效地管理上百个节点。

2.2.3.2　特性

目前 GlusterFS 支持 FUSE 方式挂载，可以通过标准的 NFS/SMB/CIFS 协议像访问本体文件一样访问文件系统，同时其也支持 HTTP/FTP/GlusterFS 访问。最新版本支持接入 Amazon 的 AWS 系统，通过基于 SSH 的命令行管理界面，可以远程添加、删除存储节点，也可以监控当前存储节点的使用状态。GlusterFS 支持集群节点中存储虚拟卷的动态扩容，在分布式冗余模式下，具备自愈管理功能，在 Geo 冗余模式下，文件支持断点续传、异步传输及增量传送等特点。GlusterFS 在多集群部署的应用中存储容量可轻松达到 PB 级。

2.2.4　CephFS

2.2.4.1　系统构架

CephFS 是一个可以按对象/块/文件方式存储的开源分布式文件系统，目标是实现分布式的元数据管理以支持 EB 级别数据规模。该文件系统将单点故障作为首先要解决的问题，因此其具备高可用性、高性能和可扩展等特点。它支持高性能文件系统 BTRFS(B-tree FS，B-tree 文件系统)，同时支持按 OSD(Object Storage Device，对象存储设备)方式存储，因此其性能是很卓越的。因为该系统处于试商用阶段，所以须谨慎引入到生产环境。

CephFS 是一个分层的架构，底层是一个基于可扩展的伪随机数据分布算法(CRUSH)的分布式对象存储，上层提供对象存储(RADOSGW)、块存储(RDB)和文件系统(CephFS)三个 API，如图 2－4 所示。

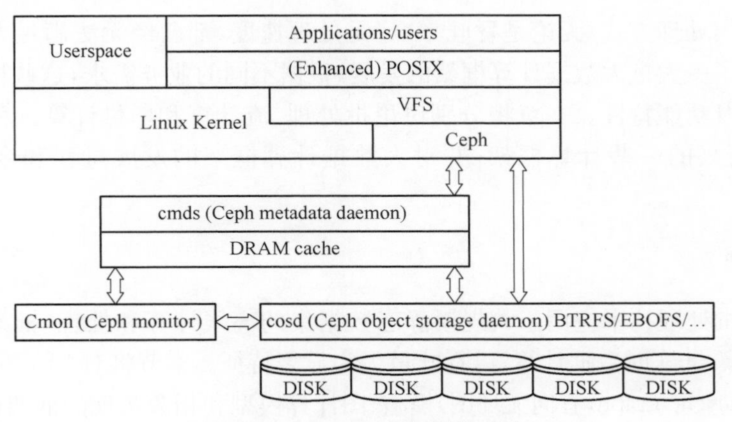

图 2－4　CephFS 组织结构示意

它用一套存储系统来满足虚拟机镜像、海量小文件和通用文件存储等多个不同场景的存储需求。因为系统的复杂性需要很强的运维能力才能支撑，实际上目前只有块存储还是比较成熟应用得比较多，对象存储和文件系统都不太理想。

CephFS 是由 MDS(metadata daemon，元数据守护程序)实现的，它是一个或多个无状态的元数据服务，从底层的 OSD 加载文件系统的元信息，并缓存到内存中以提高访问速度。因为 MDS 是无状态的，所以可以配置多个备用节点来实现 HA，其相对比较容易。备份节点没有缓存，需要重新预热，有可能故障恢复时间会比较长。

由于从存储层加载或写入数据比较慢，MDS 必须使用多线程来提高吞吐量，各种并发的文件系统操作导致复杂度大大上升，容易发生死锁，或因为 IO 比较慢导致性能大幅下降。为了获得比较好的性能，MDS 往往需要有足够多的内存来缓存大部分元数据，这也限制了它实际的支撑能力。

当有多个活跃的 MDS 时，目录结构中的一部分(子树)可以动态地分配到某个 MDS 并完全由它来处理相关请求，以达到水平扩展的目的。多个活跃之前，不可避免地需要各自锁机制来协商对子树的所有权，以及通过分布式事务来实现跨子树的原子重命名，这些实现起来都是非常复杂的。多个 MDS 的方式通常作为数据备份使用。

2.2.4.2 特性

Ceph 底层存储是基于 RADOS(reliable, autonomic distributed object store，可靠的自主分布式对象存储)，这是一种可靠的自动的分布式对象存储，提供了 LIBRADOS/RADOSGW/RBD/CEPH FS 方式访问底层的存储系统，具有强大的容错处理和自愈能力，支持在线扩容和冗余备份。通过 FUSE, Ceph 支持类似 POSIX 的访问方式。Ceph 支持分布式的 MDS 节点部署，无单点故障的问题，且处理性能大大提升。Ceph 通过使用 CRUSH 算法动态完成文件动态定位，即 inode number 到 object number 的转换，避免再存储文件 metadata 信息，提高了处理效率，增强了系统的灵活性。CephFS 主要应用于全网分布式部署的应用，对实时性、可靠性要求比较高。

2.3 大数据计算框架

传统的数据处理方式，无论是吞吐率，还是处理速度，都已经无法满足大数据时代的需求。因此催生了一大批大数据计算框架的发展，根据不同的业务需求，这些框架有着不同的数据处理方式及功能特性。本章将分别讨论批处理、流计算和增量计算三种类别的计算框架，以及目前新兴的一些计算框架，并对大数据计算框架的发展过程和今后的趋势进行阐述。

2.3.1 批处理

大数据的批处理技术应用于大规模静态数据集的离线计算和处理，框架设计的初衷是为了解决大规模、非实时数据计算，以吞吐量大为显著特征。本节将对 MapReduce 计算模型、DAG(directed acyclic graph，有向无环图)模型、图计算模型和相关实现的框架进行介绍。

2.3.1.1 MapReduce 计算模型

MapReduce 是由 Jeffrey Dean 设计的，封装了并行处理、容错处理、本地化计算和负载均衡的细节，并提供了简单而强大的编程接口。MapReduce 的设计理念是“计算向数据靠拢”，而不是“数据向计算靠拢”。MapReduce 将复杂的、运行于大规模集群上的并行计算过程高度地抽象到了两个函数：Map()和 Reduce()。使用简单的编程接口，不需要掌握分布式并行编程细节，可以很容易地将自己的程序运行在分布式系统上，完成海量数据的计算。

1) MapReduce 编程模型

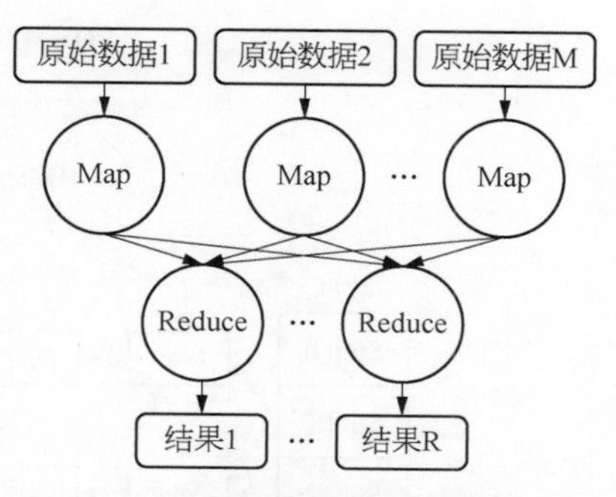

图 2-5 MapReduce 编程模型示意

MapReduce 编程模型示意图如图 2-5 所示。其中,Map 操作是对一部分原始数据进行对应的操作,每个 Map 操作都针对不同的原始数据,因此 Map 与 Map 之间是相互独立的,这使得他们可以充分的并行化。Reduce 操作是对每个 Map 所产生的一部分中间结果进行合并操作,每个 Reduce 所处理的 Map 中间结果是互不交叉的,所有 Reduce 产生的最终结果经过简单连接就形成了完整结果集。

开发者只需要编写两个函数:

$$\text{Map}(\text{in\_key},\ \text{in\_value}) \rightarrow \{(\text{key}_j,\ \text{value}_j) \mid j=1,\ \cdots,\ k\};$$

$$\text{Reduce}(\text{key},\ [\text{value}_1,\ \cdots,\ \text{value}_m]) \rightarrow (\text{key},\ \text{final\_value});$$

Map 的输入参数:in_key 和 in_value,它指明了 Map 需要处理的原始数据,Map 的输出结果:一组〈key, value〉对,这是经过 Map 操作后所产生的中间结果,用于后续 Reduce 的输入。Reduce 的输入参数:(key, [value1, …, valuem]),此操作是对这些对应相同 key 的 value 值进行归并操作,Reduce 的输出结果:(key, final_value),所有 Reduce 的结果并在一起就是最终结果。

接下来用一个简单的实例来对 MapReduce 的编程模型进行讲解。

假定给出了 10 万本长篇英文小说的文字,如何统计每个字母出现的次数?这个问题看似简单,但是如果使用传统的数据处理方式,在单机环境下想要快速的进行统计还是需要一些技巧的,主要原因是数据规模巨大,导致的处理速度慢和运行内存不足。MapReduce 计算模型下实现这个功能很简单直观,只要完成 Map 和 Reduce 操作的业务逻辑即可。这个任务对应的 Map 操作和 Reduce 操作见表 2-1。

表 2-1 Map 操作和 Reduce 操作

函数	输入	输出	说 明
Map	〈行号,"a b b c"〉	〈"a", 1〉 〈"b", 2〉 〈"c", 1〉	1. 将小数据集进一步分析成一批〈key, value〉对,输入 Map 函数中进行处理; 2. 每一个输入的键值对会输出一批〈k, v〉。〈k, v〉是计算的中间结果
Reduce	〈"a",〈1, 1, 1〉〉	〈"a", 3〉	输入的中间结果〈k, List(v)〉中的 List(v)表示是一批属于同一个 k 的 value

2) MapReduce 模型工作原理

MapReduce 模型工作原理如图 2-6 所示,其最初设计方案是将 MapReduce 模型运行在由低端计算机组成的大型集群上。集群中每台计算机包含一个工作节点(Worker)、一个较快的主内存和一个辅助存储器。其中,工作节点用于数据的处理;主内存用于暂存工作节点的输出数据;辅助存储器组成了集群的全局共享存储器,用于存储全部的初始数据

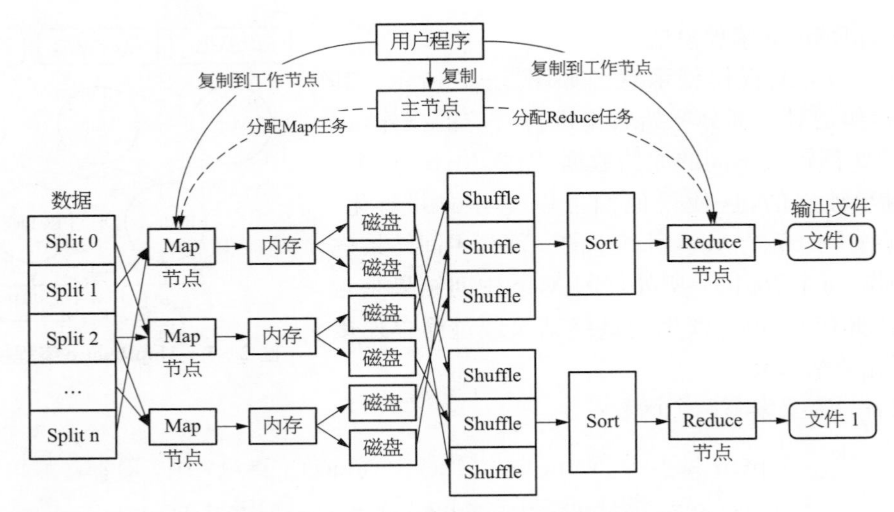

图 2-6 MapReduce 计算框架工作原理

和工作节点的输出数据，并且计算机之间可以通过底层网络实现辅助存储器的同步远程互访。

由图 2-6 可知，一个 MapReduce 作业是由 Map 和 Reduce 两个阶段组成，每一个阶段包括数据输入、计算处理和数据输出三个步骤。其中每一个阶段的输出数据被当作下一阶段的输入数据，而且只有当每一个计算机都将它的输出数据写入共享存储器并完成数据同步后，计算机才可以读取它前一个阶段写入共享存储器的数据进行数据互相访问。除此方式以外，各个计算机之间不存在其他的数据交互方式（主节点 Master 除外）。

3）MapReduce 模型优缺点

（1）优点。①硬件要求低，MapReduce 模型的设计是面向由数千台中低端计算机组成的大规模集群，并能够保证在现有的异构集群中运行；②接口化，MapReduce 模型通过简单的接口实现了大规模分布式计算的自动并行化，屏蔽了需要大量并行代码去实现的容错、负载均衡和数据分布等复杂细节，程序员只需关注实际操作数据的 Map 函数和 Reduce 函数；③编程语言多样化，MapReduce 模型支持 Java、C、C＋＋、Python、Shell、PHP、Ruby 等多种开发语言；④扩展性强，MapReduce 模型采用的 Shared-Nothing 结构保证了其良好的伸缩性，同时，使其具有了各个节点间的松耦合性和较强的容错能力，节点可以被任意地从集群中移除，几乎不影响现有任务的执行；⑤数据分析低延迟，基于 MapReduce 模型的数据分析，无需复杂的数据预处理和写入数据库的过程，而是直接基于平面文件进行分析[3]，这种移动计算而非移动数据的计算模式可以将分析延迟最小化。

（2）缺点。①无法达到数据实时处理，MapReduce 模型设计初衷是为解决大规模、而非实时数据问题，因此在大数据时代，MapReduce 并不能满足大数据实时处理的需求；②程序员负担增加，MapReduce 模型将文件存储格式的设计、模式信息的记录以及数据处理算法的实现等工作全部交由程序员完成，从而导致程序员的负担过重；③I/O（input or output，输入输出）代价较高，MapReduce 的输入数据并不能“贯穿”整个 MapReduce 流程[3]，在 Map 阶段结束后数据由内存写入本地存储，Reduce 阶段的输入数据需要从本地存储重新读取，这种基于扫描的处理模式和对中间结果步步处理的执行策略，导致了较高的 I/O 代价。

2.3.1.2 DAG 模型

MapReduce 虽然解决了批处理领域中的部分需求，可是它也存在或多或少的局限性，比如 I/O 代价较高。为了弥补这些不足，行业中衍生出了另一类基于 DAG（Directed Acyclic Graph，有向无环图）计算模型的大数据计算框架。在数据结构领域里我们很早就接触过 DAG 这个概念，在大数据领域，DAG 计算模型往往指将计算任务在内部分解为若干个子任务，这些子任务之间由逻辑关系或运行先后顺序等因素被构建成有向无环图结构。

本节将以 Spark 计算框架为例，介绍在批处理领域中 DAG 模型的工作原理。DAG 是在分布式计算中非常常见的一种结构，因为其通用性强，所以表达能力自然也强。比如前面介绍的 MapReduce 计算模型，在本质上是 DAG 模型的一种特例。

1) Spark 运行架构

Spark 运行架构如图 2-7 所示，其中包括集群资源管理器（Cluster Manager）、运行作业任务的工作节点（Worker Node）、每个应用的任务控制节点（Driver）和每个工作节点上负责具体任务的执行进程（Executor），资源管理器可以用自带的、Mesos 或 YARN（yet another resource negotiator，另一种资源协调者）。

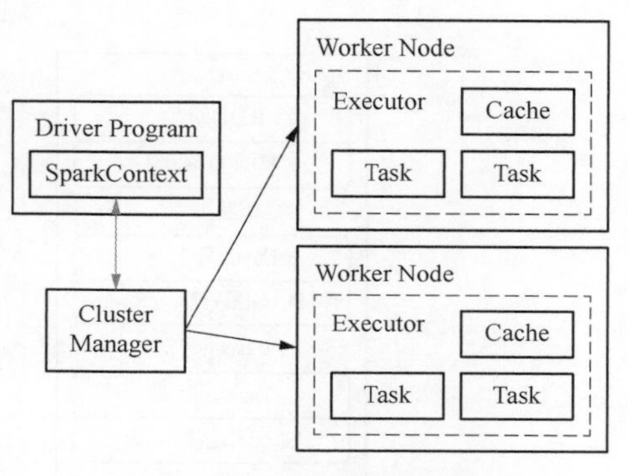

图 2-7　Spark 运行架构图

对架构进行讲解之前先简单介绍一些基本概念，部分概念在后面会详细解释。

(1) Application：用户编写的 Spark 应用程序。

(2) Driver：Spark 中的 Driver 即运行上述 Application 的 main 函数并创建 SparkContext。

(3) Cluter Manager：指的是对集群进行资源管理的外部服务。

(4) Executor：是运行在工作节点（Worker Node）的一个进程，负责运行 Task。

(5) Task：运行在 Executor 上的工作单元。

(6) RDD（resillient distributed dataset，弹性分布式数据集）：分布式内存的一个抽象概念，提供了一种高度受限的共享内存模型。

(7) Job：一个 Job 包含多个 RDD 及作用于相应 RDD 上的各种操作。

一个 Application 由一个 Driver 和若干个 Job 构成，一个 Job 由多个 Stage 构成，一个 Stage 由多个没有 Shuffle 关系的 Task 组成，包含关系如图 2-8 所示。

当执行一个 Application 时，Driver 会向集群管理器申请资源，启动 Executor，并向 Executor 发送应用程序代码和文件，然后在 Executor 上执行 Task，运行结束后，执行结果会返回给 Driver，或者写到 HDFS 或者其他数据库中。

与 MapReduce 计算框架相比，Spark 所采用的 Executor 有两个优点：①利用多线程来执行具体的任务减少任务的启动开销；②Executor 中有一个 BlockManager 存储模块，会将内存和磁盘共同作为存储设备，有效减少 I/O 开销。

2) Spark 运行流程

Spark 的运行基本流程图如图 2-9 所示。分为以下 4 步进行解释：

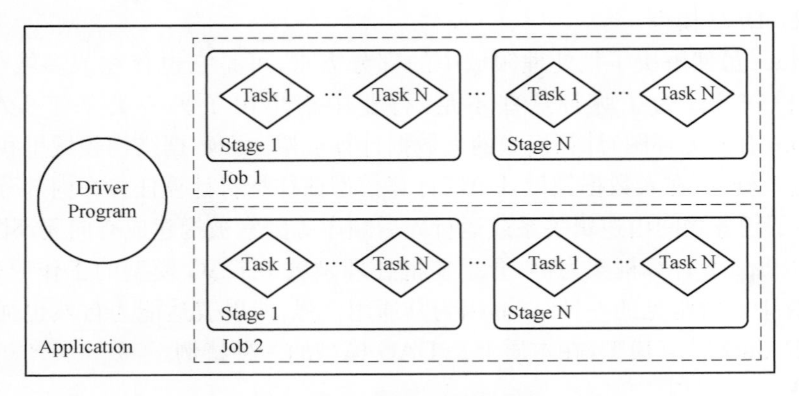

图 2-8 Application 结构图

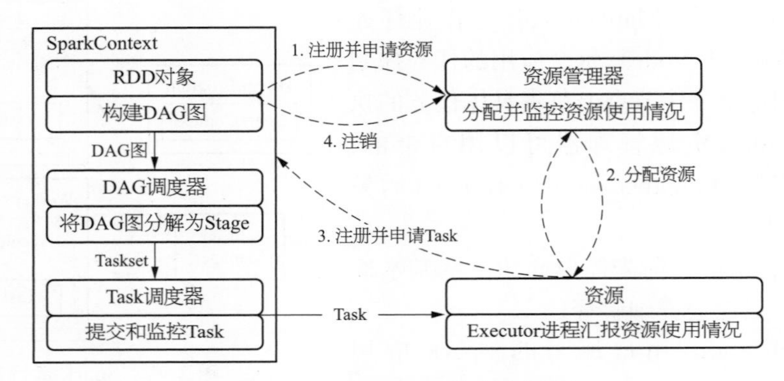

图 2-9 Spark 运行基本流程图

(1) 首先为应用构建起基本的运行环境,即有 Driver 创建一个 SparkContext,进行资源申请、任务分配和状态监控。

(2) 资源管理器为 Executor 分配资源,并启动 Executor 进程。

(3) SparkContext 根据 RDD 的依赖关系构建 DAG 图,DAG 图提交给 DAG Scheduler 解析成 Stage,然后把一个个 TaskSet 提交给底层调度器 Task Scheduler 处理;Excutor 向 SparkContext 申请 Task, Task Scheduler 将 Task 发放给 Executor 运行,并提供程序代码。

(4) Task 在 Excutor 上运行,把执行结果反馈给 Task Scheduler,然后反馈给 DAG Scheduler,运行完毕后写入数据并释放所有资源。

总体而言,Spark 运行架构具有以下特点:①每个 Application 都有自己专属的 Executor 进程,并且该进程在 Application 运行期间一直驻留,Executor 进程以多线程的方式运行 Task;②Spark 运行过程与资源管理器无关,只要能够获取 Executor 进程并保持通信即可;③BlockManager 将中间数据存储于内存或磁盘,实现缓存机制;④Task 采用了数据本地性和推测执行等优化机制。

3) RDD 间依赖关系及 Stage 划分

RDD 依赖关系,也就是有依赖的 RDD 之间的关系,比如 RDD1→RDD2(RDD1 生成 RDD2),RDD2 依赖于 RDD1。这里的生成也就是 RDD 的 Transformation 操作。

RDD 之间的依赖关系分为窄(narrow)依赖[图 2-10(a)]和宽(shuffle/wide)依赖[2-

10(b)]。窄依赖表现为一个父 RDD 的分区对应于一个子 RDD 的分区,或多个父 RDD 的分区对应于一个子 RDD 的分区。宽依赖则表现为存在一个父 RDD 的一个分区对应一个子 RDD 的多个分区。

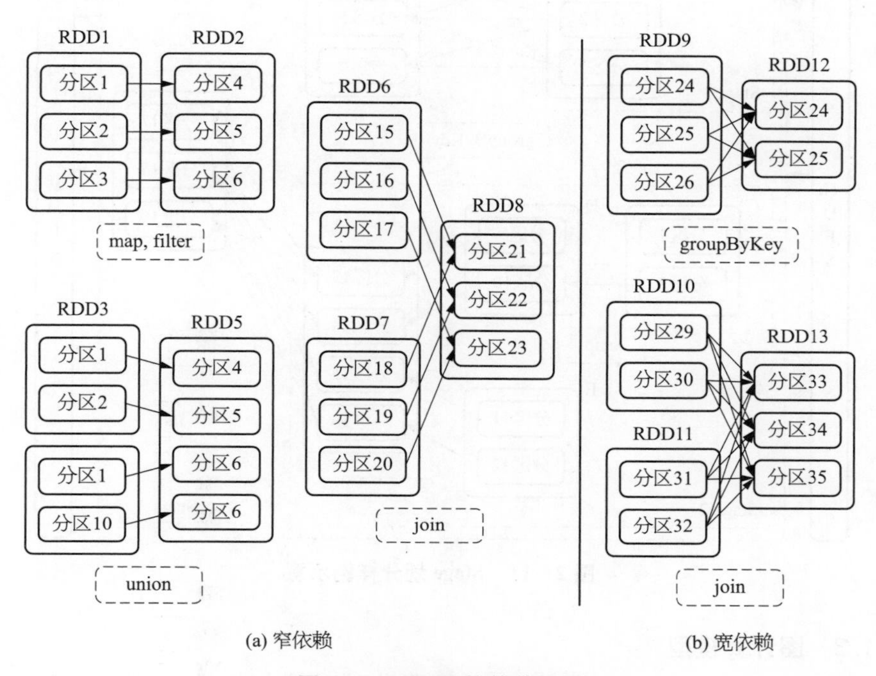

图 2-10 RDD 依赖关系图

Stage 是 Job 的基本调度单位,一个 Job 会分为多组 Task,每组 Task 被称为 Stage,或者也被称为 TaskSet,代表一组关联的,是相互之间没有 Shuffle 依赖关系的任务组成的任务集。

Stage 的划分主要有三大原则:①将窄依赖的 RDD 归并到同一个 Stage 中;②将宽依赖的 RDD 前后拆分为两个 Stage,前一个 Stage 写完文件后,下一个 Stage 才能开始;③进行 Action 操作时,相关 RDD 会归并在同一个 Stage 中,这个 Stage 称为 ResultStage,没有输出,而是直接产生结果或进行存储。除 ResultStage 外,称为 SuffleStage。

下面用一个例子进行讲解,如图 2-11 所示为一个 Stage 划分的示意。其中的 RDD 被划分为 3 个 Stage,在 Stage2 中,从 map 到 union 都是窄依赖,这两步操作可以形成一个流水线操作:分区 7 通过 map 操作生成分区 9,可以不用等待分区 8 到分区 10 这步 map 操作的计算结束,而是继续进行 union 操作,得到分区 13。这样流水线执行大大提高了程序的计算效率。

至此,Spark 的运行原理由整体到局部已解释完毕,从中不难看出,Spark 使用的 DAG 计算模式较之 MapReduce 有着诸多优势:①不局限于 Map 和 Reduce 两个算子,编程模型更灵活,表达能力更强;②Spark 提供了内存计算,可以将 SuffleStage 产生的中间结果保存在内存中,较之磁盘而言,迭代的效率更高;③DAG 计算模型将 Tasks 分为不同 Stage,同一个 Stage 中的任务可以并行计算,极大地提高了程序的计算效率。

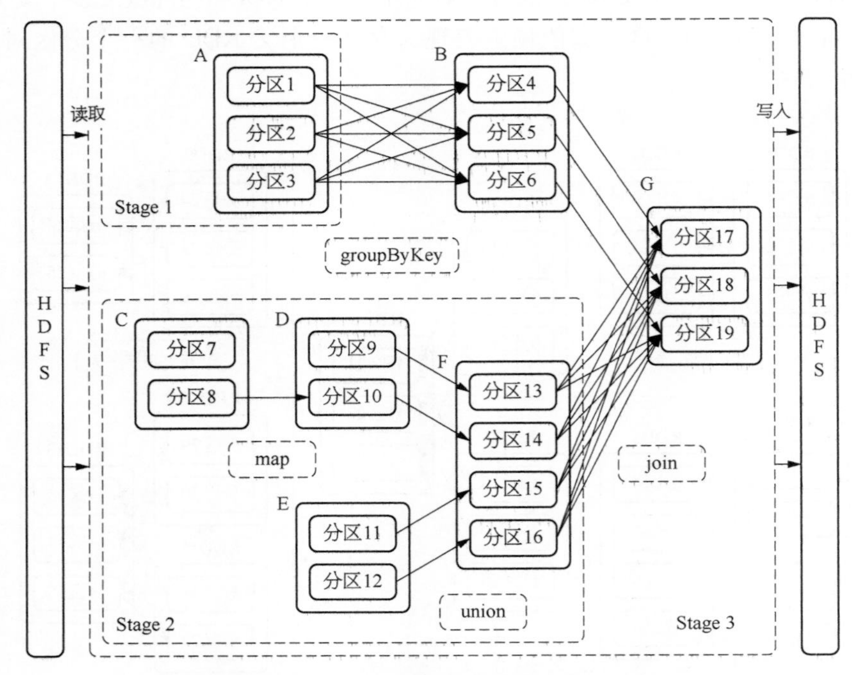

图 2-11　Stage 划分样例示意

2.3.1.3　图计算模型

图计算是一类在实际应用中非常常见的计算类别，当数据规模达到一定规模时，如何对其进行高效计算即成为迫切需要解决的问题。最常见的大规模图数据的例子就是互联网网页数据，网页之间通过链接指向形成规模超过 500 亿节点的巨型网页图。如果简单地像 MapReduce 那样用边或点的哈希值对其进行随机划分的话很容易造成负载的不均匀，以及极为庞大的通信量等诸多问题。同时，由于图算法在计算时数据局部性不好的特点，如果不进行特定的优化的话也经常会使得系统的 cache 利用率不高，从而极大地影响效率。针对这一类的问题，许许多多的图计算框架被提出和实现。

本小节将以 Pregel 为例，对图计算模型的框架原理，同步与异步模式的对比和图的划分进行介绍。

1）Pregel 框架

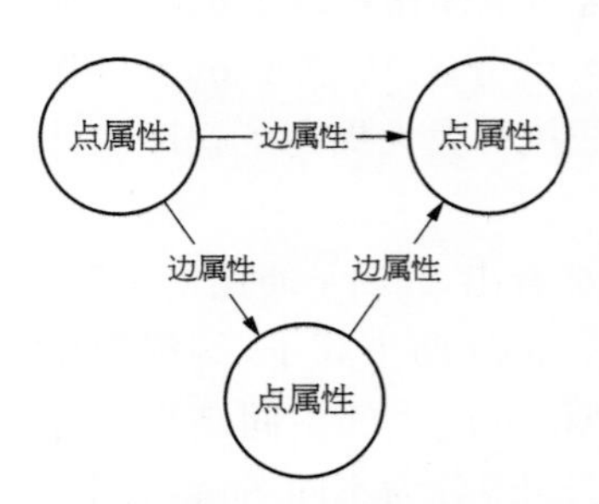

图 2-12　Data Graph(有向图)示意

Pregel 框架是一个大规模分布式图计算平台，专门用来解决网页链接分析、社交数据挖掘等实际应用中涉及的大规模分布式图计算问题。其定义的数据图和编程模型 Vertex-centric Programming 目前仍然是各个后续系统参考和借鉴的对象。具体来说，所谓数据模型就是定义了如何将一个具体的问题表示成图的形式的方法，而在 Pregel 系统中所有处理的数据都必须要存放在一张 Data Graph 里。如图 2-12 所示，Data Graph 是一张有向图，其在各个点之间的拓扑关系(Topology)的基础上还允许用户为每一个点或者边定义属性(Property)，例如在最常见的PageRank算法的例子中，各个点的权值一般就是它的PageRank值，而边的权值在一些应用中则可以被定义为距离(Distance)。

在这一数据模型的基础上，用户只需要通过Pregel提供的以点为中心的编程接口(Vertex-centric Programming)进行编程就可以实现各种算法，而无须考虑底层的通信等具体实现。一般来说，这一类的编程方法被称之为"Think as a Vertex"。它要求用户所实现的Vertex Program的操作范围仅为对应点的临域(即自己的点权和所有相连的边权)，而且只被允许读取入边上的值和修改出边上的值。这些限制的主要目的在于方便并行的实现，理论上只要没有操作到共享的数据对应两个点的Vertex Program就可以并行地执行。

2) 同步模式与异步模式

Pregel计算系统遵循BSP(bulk synchronous parallell，批量同步并行)的计算模式，它将图计算过程分为多个超步(super step)，每个超步又分成本地并发计算、全局通信和同步三个步骤。在本地计算时，各个节点并行地执行相应的Vertex Program，带到所有节点计算完成，进入下一个步骤；在全局通信时，计算节点之间进行非本地节点通信，进行数据交换；同步阶段即是等待全局通信结束，数据同步完毕。

这种计算模式便属于同步计算模式，其好处在于非常的简单，基本不需要做任何的并发控制，同时也便于实现基于checkpoint的容错机制。同时缺点也显而易见，数据同步必须等待所有计算节点计算完成，同步的开销大，如果负债不均衡的话很容易得到次佳的执行效率。

为了解决这一问题，以GraphLab为代表的一系列系统都支持被称之为"异步"的计算模式。在异步模式下不存在"超步"的概念，每一个计算节点各自维护一个调度队列包含可以被执行的点，其保证：①每一个点Vertex Program只有当其入边的值被修改了或被显示地通知了的时候才会被执行；②如果两个点间有边相连，那么它们不会被同时并行地执行。前者减少了不必要的开销而后者则保证了不会产生数据读写上的冲突。

可见同步模式与异步模式各有优劣，异步模式可以减少节点负债不均衡带来的性能损失，而在负债基本均衡的情况下，同步的模式由于其更小的调度开销速度更快，而在一些特殊的应用中，有可能在不同的执行阶段其最佳的执行模式也是不同的。为了利用这两方的优点，一种基于预测的智能切换方法(SYNC or ASYNC: Time to Fuse for Distributed Graph-parallel Computation)被提出，可达到73%的加速。

3) 图的划分

在分布式环境下，对图进行划分是必要的步骤，评判划分是否合理主要考虑两个因素：机器负载均衡和网络通信总量。如果单独考虑机器负载均衡，那么只需将图数据均匀地分配到各个机器，但这样网络通信总量可能会很大，增加数据通信时间开销；如果单独考虑网络通信总量，那么可以将密集的连通子图的所有节点放在一台机器上，但是机器之间的负载则非常不均衡，导致数据同步等待。因此，需要在这两者之间找一个平衡点，以期系统的整体性能最优。基本上有两种切分方式：边切分(edge-cut)和点切分(vertex-cut)。

通过边切分之后，图的顶点只会被分配到一台机器上，切断的边会同时保存在两台机器上，由于被保存在两台机器上，这就意味着需要数据同步，也即机器间网络通信。在基于边的操作时，对于两个顶点分到两个不同的机器的边来说，需要进行网络传输数据。显然，系统的额外存储开销和网络开销取决于被切割边的数量。

点切分在切割图的时候，是将图的顶点进行切分(可以切2个以上)，被切割线切割的图节点可能同时出现在多个被切割后的子图中。与边切分相反，点切分后，每条边只会保存在一台机器上，但是被切割的顶点会被重复存储在多台机器上，这也导致了系统的额外存储开销。同样，被重复存储即意味着数据同步，无可避免地导致额外的网络开销。

然而，到底选哪种图划分方法呢？现实世界中的大多数图的边分布都遵循 power law 法则(即存在一定数量的点占据了绝大数量的边)，理论与实践已经证明，对于遵循这一法则的图数据来说，属于点切分方法要比边切分方法强，其计算效率要高出至少一个数量级。故一般情况下采用点切分方法进行图划分。

2.3.2 流数据计算

MapReduce 是一种很好的集群并行编程模型，加之有 Hadoop 这样强大的开源实现，能满足很多应用的需求。但是这类批处理系统处理的是离线静态数据，对于持续生成动态新数据的很多场景，这类批处理系统不够实时，需要进行流数据处理。

流数据是一组顺序、大量、快速、连续到达的数据序列。一般情况下，数据流可被视为一个随时间延续而无限增长的动态数据集合。流数据一般在线实时产生，通常以元组为单位，源源不断的元组构成了流数据。流处理需要摄取一个数据序列，增量式更新指标、报告和汇总统计结果，以响应每个到达的数据记录。这种处理方法更适合实时监控和响应函数，其广泛应用于网络监控、传感器网络、航空航天、气象测控和金融服务等领域。

1) 大数据背景下的流数据通常具有的四个特点

(1) 数据实时到达。

(2) 数据到达次序独立，不受应用系统所控制。

(3) 数据规模宏大且不能预知其最大值。

(4) 数据一经处理，除非特意保存，否则不能被再次取出处理，或者再次提取数据代价昂贵。

2) 流数据的传递形式的分类

(1) 最多一次(At-most-once)：消息可能会丢失，这通常是最不理想的结果。

(2) 最少一次(At-least-once)：消息可能会再次发送(没有丢失的情况，但是会产生冗余)。在许多用例中已经足够。

(3) 恰好一次(Exactly-once)：每条消息都被发送过一次且仅一次(没有丢失，没有冗余)。这是最佳情况，尽管很难保证在所有用例中都实现。

当前常见的流数据计算框架有 Apache Strom、Apache Spark Streaming 等。

2.3.2.1 Apache Storm

Storm 是一种开源的分布式实时大数据处理框架，后归于 Apache 社区，被业界称为实时版 Hadoop。它在实时分析、在线机器学习、连续计算等很多应用场景下有广泛的应用。Storm 通过 Trident 提供了几种不同级别的机制保证消息处理，包括最大努力(best effort)、最少一次和恰好一次。

Storm 结构简单，可以兼容多种开发语言，其集群类似于 Hadoop 集群，不同之处在于 Hadoop 集群运行 MapReduce Job，而 Storm 运行 Topologies。Job 和 Topologies 的差异主要是：MapReduce Job 最终会被完成，而 Topologies 进程将一直运行，除非该进程被杀死。

在Storm集群中存在两个节点：主节点和工作节点。主节点上运行着一个守护进程Nimbus，它类似于Hadoop的JobTracker，主要负责为集群分配代码、将任务分派到机器、检测失败等。每一个工作节点上运行着一个守护进程Supervisor，主要负责监听分派给机器的工作以及根据需求开始或停止Nimbus分配给它的进程，同时每一个工作节点进程执行着一个由分布在多个机器上的工作节点进程组成的Topologies子集。Storm的结构如图2-13所示。

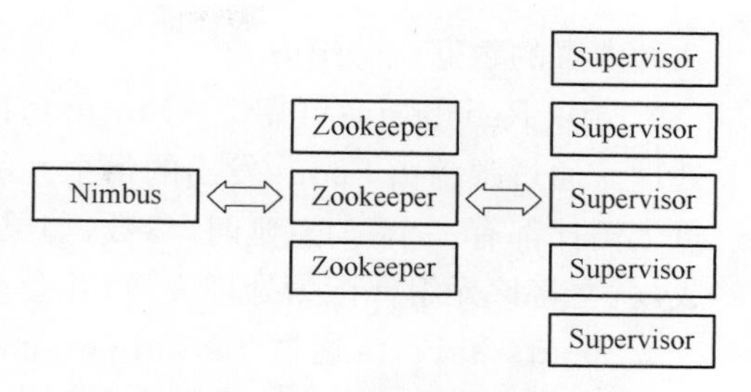

图2-13 Storm架构图

由图2-13可知，Storm通过Zookeeper协调Nimbus和Supervisors调度关系，并且由于Nimbus和Supervisor守护进程均无状态（所有的状态保存在Zookeeper或者锁在磁盘中），因此当杀掉一个Nimbus或者Supervisor进程时，它们像未被“杀掉”一样立即开始对Nimbus或者Supervisor进程进行备份，此设计提高了Storm的健壮性。

Storm的核心组件如下所述。

（1）Nimbus：即Storm的Master，负责资源分配和任务调度。一个Storm集群只有一个Nimbus。

（2）Supervisor：即Storm的Slave，负责接收Nimbus分配的任务，管理所有Worker，一个Supervisor节点中包含多个Worker进程。

（3）Worker：工作进程，每个工作进程中都有多个Task。

（4）Task：任务，在Storm集群中每个Spout和Bolt都由若干个任务（tasks）来执行。每个任务都与一个执行线程相对应。

（5）Topology：计算拓扑，Storm的拓扑是对实时计算应用逻辑的封装，它的作用与MapReduce的任务（Job）很相似，区别在于MapReduce的一个Job在得到结果之后总会结束，而拓扑会一直在集群中运行，直到人为手动去终止它。拓扑还可以理解成由一系列通过数据流分组（Stream Grouping）相互关联的Spout和Bolt组成的拓扑结构。

（6）Stream：数据流（Streams）是Storm中最核心的抽象概念。一个数据流指的是在分布式环境中并行创建、处理的一组元组（tuple）的无界序列。数据流可以由一种能够表述数据流中元组的域（fields）的模式来定义。

（7）Spout：数据源（Spout）是拓扑中数据流的来源。一般Spout会从一个外部的数据源读取元组然后将其发送到拓扑中。根据需求的不同，Spout既可以定义为可靠的数据源，也可以定义为不可靠的数据源。一个可靠的Spout能够在它发送的元组处理失败时重新发送该元组，以确保所有的元组都能得到正确的处理；相对应地，不可靠的Spout就不会在元组发送之后对元组进行任何其他的处理。一个Spout可以发送多个数据流。

（8）Bolt：拓扑中所有的数据处理均是由Bolt完成的。通过数据过滤（filtering）、函数处理（functions）、聚合（aggregations）、联结（joins）、数据库交互等功能，Bolt几乎能够完成任何一种数据处理需求。一个Bolt可以实现简单的数据流转换，而更复杂的数据流变换通常需要使用多个Bolt并通过多个步骤完成。

（9）Stream grouping：为拓扑中的每个Bolt的确定输入数据流是定义一个拓扑的重要环节。数据流分组定义了在Bolt的不同任务（tasks）中划分数据流的方式。在Storm中有八种内置的数据流分组方式。

(10) Reliability:可靠性。Storm 可以通过拓扑来确保每个发送的元组都能得到正确地处理。通过跟踪由 Spout 发出的每个元组构成的元组树可以确定元组是否已经完成处理。每个拓扑都有一个“消息延时”参数,如果 Storm 在延时时间内没有检测到元组是否处理完成,就会将该元组标记为处理失败,并会在稍后重新发送该元组。

Spouts 和 Bolts 通过 Stream Grouping 链接在一起,组成一个被封装在 Topology 里的网状图,因此一个 Topology 可被定义为一个 Stream 的转化图,图中每一个节点代表一个 Spout 或 Bolt。图的边缘指定了 Bolts 和 Stream 的指向关系,当一个 Spout 或者 Bolt 向 Stream 发送一个元组时,Storm 将元组发送到每一个 Bolt,由相应的 Bolt 指向元组所属的 Stream。Topology 网状图如 2－14 所示。

在一个 Topology 中,Tuples 在两个组件之间的传送主要是基于 Stream Grouping,原理如图 2－15 所示。

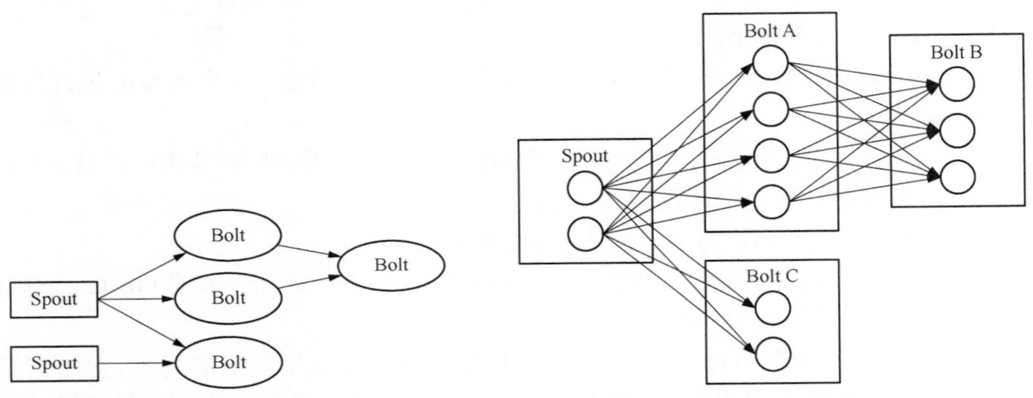

图 2－14 Topology 的网状图　　图 2－15 Stream Grouping 原理图

2.3.2.2 Apache Spark Streaming

在处理迭代问题以及一些低延迟问题上,Spark 性能要高于 MapReduce。Spark 包括 Spark SQL、MLlib、GraphX 和 Spark Streaming 等一系列工具。

Spark Streaming 是 Spark 核心 API 的一个扩展,实现可扩展的、高吞吐量的、具备容错机制的实时流数据处理。其支持从多种数据源获取数据,包括 HDFS、Flume、Kafka、Twitter、ZeroMQ,也可以定制自己的数据源。从数据源获取数据之后,可以使用诸如 map、reduce、join 和 window 等高级函数进行复杂算法的处理。最后还可以将处理结果存储到文件系统、数据库和现场仪表盘(live dashboards)。在“One Stack rule them all”的基础上,还可以使用 Spark 的其他子框架,如机器学习、图计算等,对流数据进行处理。

Spark Streaming 处理的数据流图如图 2－16 所示。

Spark Streaming 的内部的处理机制是接收实时流数据,并根据一定的时间间隔拆分成一批批的数据,然后通过 Spark Engine 处理这些批数据,最终得到处理后的相应结果数据。对应的批数据,在 Spark 内核对应一个 RDD 实例,因此,对应流数据的 DStream 可以看成是一组 RDDs,即 RDD 的一个序列。通俗而言,在流数据分成一批一批后,通过一个先进先出的队列,然后 Spark Engine 从该队列中依次取出一个个批数据,把批数据封装成一个 RDD,

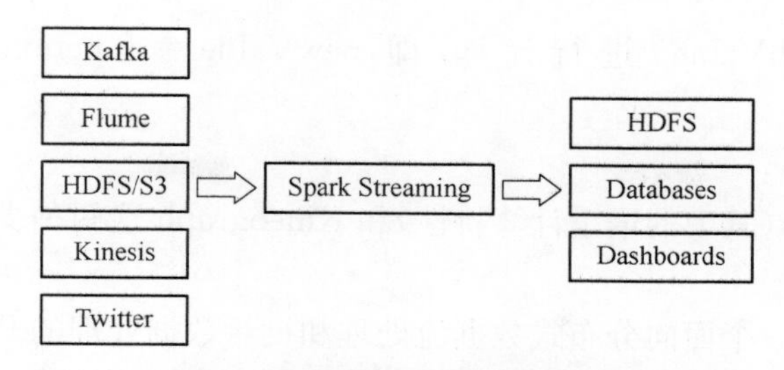

图 2-16　Spark Streaming 数据流图

然后进行处理，这是一个典型的生产者消费者模型，对应的就有生产者消费者模型的问题，即如何协调生产速率和消费速率。

2.3.2.3　Storm 与 Spark Streaming 比较

Storm 与 Spark Streaming 虽然都可以做流数据计算，但是它们的实现机制和使用上还是有所差别。

1）处理模型及延迟

虽然两框架都提供了可扩展性和可容错性，但是它们的处理模型从根本上说是不一样的。Storm 可以实现亚秒级时延的处理，每次只处理一条 Event，而 Spark Streaming 可以在一个短暂的时间窗口内处理多条 Event。因此，Storm 可以实现亚秒级时延的处理，而 Spark Streaming 则有一定的时延。

2）容错和数据保证

就容错时的数据保证而言，Spark Streaming 的容错为有状态的计算提供了更好的支持。在 Storm 中，每条记录在系统的移动过程中都需要被标记跟踪，因此 Storm 只能保证每条记录最少被处理一次，但是允许从错误状态恢复时被处理多次。这意味着可变更的状态可能被更新两次从而导致结果不正确。而 Spark Streaming 仅需要在批处理级别对记录进行追踪，所以它能保证每个批处理记录仅被处理一次，即使是节点挂掉。虽然 Storm 的 Trident library 可以保证一条记录被处理一次，但是它依赖于事务更新状态，而这个过程是很慢的，并且需要由用户去实现。

3）批处理框架集成

Spark Streaming 的一个很棒的特性就是它是在 Spark 框架上运行的。这样你就可以像使用其他批处理代码一样来写 Spark Streaming 程序，或是在 Spark 中交互查询。

2.3.3　增量计算模型

大多数大数据处理任务的数据采集是一个数据增量采集和更新的过程。例如购物商城根据用户的操作（购买、点击、分享、收藏等）对商品在页面上的 Rank 值进行计算，对于这个例子，可以根据时效性采取两种计算方式：一种是按照一定的周期进行全量计算，由于数据量庞大，这个周期一定不会短；另一种则是将每次计算的状态进行保存，对于新到的用户操作数据，亦按照一定的周期（准实时级，甚至更高），结合上一次计算的状态进行计算。显然，由于第二种方式每次只需要对新数据进行计算，节省了大量的计算资源，计算结果的时效性也更高。

增量计算的核心就是需要记录历史计算的状态（oldValue），并加入下一次计算中结合新数据(currentBatchValue)进行计算,即 newValue = function(currentBatchValue, oldValue)。

2.3.3.1 Flink

本小节将对 Flink(其中的增量计算特性)和 Kineograph 这两种支持增量计算模型的框架进行介绍。

Apache Flink 是一个面向分布式数据流处理和批量数据处理的开源计算平台。其在实现流处理和批处理时,与传统的一些方案完全不同,即无论是流处理还是批处理,数据都是以数据流的方式输入到计算模型中进行计算,批处理被作为一种特殊的流处理,只是它的输入数据流被定义为有界的。基于同一个 Flink 运行时(Flink Runtime),分别提供了流处理和批处理 API(Application Programming Interface,应用程序编程接口),而这两种 API 也是实现上层面向流处理、批处理类型应用框架的基础。

由于本小节介绍的是增量计算模型,就不展开讨论 Flink 的完整架构,此处仅讨论 Flink 中的增量计算模型部分。增量计算模型属于 Flink 中的迭代计算机制,迭代计算机制包含简单迭代(Iterate)和增量迭代(Delta Iterate),为了方便理解,接下来将对这两种机制都进行讲解。

1) 简单迭代(Iterate)

Iterate Operator 是一种简单的迭代形式,其具体执行流程如图 2-17 所示。首轮迭代,Step 函数的输入初始的整个数据集,以后每轮迭代的输入都是上一轮迭代的结果,通过当前轮迭代计算出下一轮计算所需要的输入(也称为 Next Partial Solution),满足迭代的终止条件后,会输出最终迭代结果。

图 2-17 Iterate 执行流程示意

下面通过官网给出的例子来说明 Iterate Operator,如图 2-18 所示。输入数据为数组[1, 2, 3, 4, 5],Step 函数就是一个简单的 map 函数,会对数组中的每个数字进行加 1 处理,而 Next Partial Solution 对应于经过 map 函数处理后的结果,例如第一轮迭代,中间结果为[2, 3, 4, 5, 6],这个数组会作为第二轮迭代的输入。迭代终止条件为进行 10 轮迭代,则最终的结果为[11, 12, 13, 14, 15]。

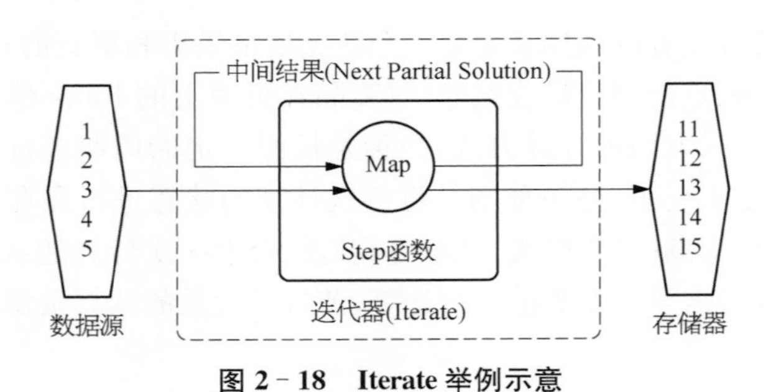

图 2-18 Iterate 举例示意

2）增量迭代(Delta Iterate)

Delta Iterate Operator 即增量迭代器，其工作原理如图 2－19 所示。①输入：首轮迭代以初始工作集（initial workset）和初始解集（initial solution set）作为输入，初始工作集即表示新到的增量数据，初始解集表示历史计算结果数据；它们从数据源或上一步操作器的结果中读取；②Step 函数：Step 函数将在每次迭代中执行，它可以是由 map、reduce、join 等操作组成的操作链（operator chains），根据你的任务特点来决定；③中间结果（Next Workset）和解集的更新：Next Workset 作为迭代的中间计算结果驱动迭代计算的进行，并参与下一轮迭代，与简单迭代（iterate operator）不同的是，每轮迭代将会更新解集，更新后的解集亦将参与到下一轮的迭代计算中；④迭代结果（iteration result）：最后一轮迭代计算完成后，解集将会被写入数据仓库中或作为下一个 Operator 的输入继续进行计算。

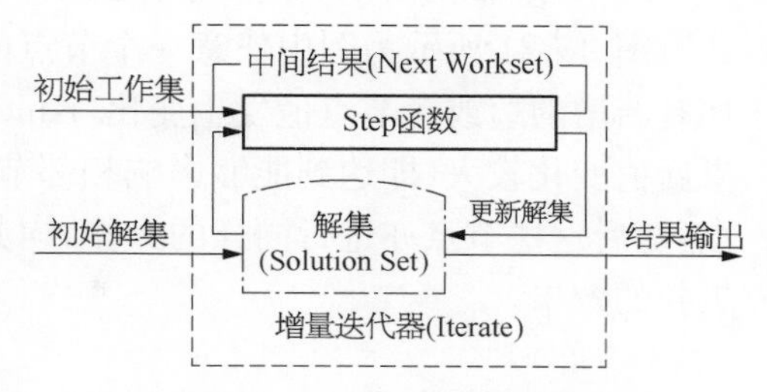

图 2－19　Iterate 举例示意

例如，现在已知一个 Solution 集合中保存的是已有商品分类的大类中商品的综合 Rank 值，Workset 输入的是来自线上实时交易数据、用户的实时点击数据及收藏（取消收藏）数据，经过计算会生成新的商品分类大类中商品的综合 Rank 值，并更新 Solution Set 中的结果（原来 Rank 值最高的商品，经过增量迭代计算，可能已经不是最多），最后会输出最终的 Rank 结果集。

2.3.3.2　Kineograph

除了 2.3.3.1 小节介绍的例子中为代表的业务需求，还有一种具有代表性的需求，即新数据会和旧数据发生关联关系，如计算网页的 pageRank 时，新网页中会有链接指向旧网页，这会影响旧数据的计算结果。故对于这种类型的需求，增量计算要同时考虑新数据以及由于新数据加入而受影响的旧数据，并对这些受影响的数据重新进行计算。

Kineograph 是一个支持增量计算的分布式低延时流式图计算框架，其架构如图 2－20 所示。原始数据通过一系列接收节点进入系统，节点接收后分析到来的数据，据此创建关于图更新操作的事务，并为事务创建唯一的序列号，将带有序列号的事务所涉及的多个操作分发给图节点。图节点集群内的每个机器不仅存储图节点的信息，还存储以邻接表形式表示的图结构，且图结构信息和应用数据信息分开存储。图节点存储新增的图数据，每个接收节点向全局的进度表汇报当前图更新操作的进度，进度表存储的各个图节点进度指示向量作为一个全局的逻辑时钟。“快照器”按照一定周期指示图节点中各个存储引擎根据进度表中的事务序列号向量所指明的进度进行快照操作，将内存里的增量数据输出到磁盘形成一份新的增量快照。这份快照中图结构的变化将会触发增量计算引擎。

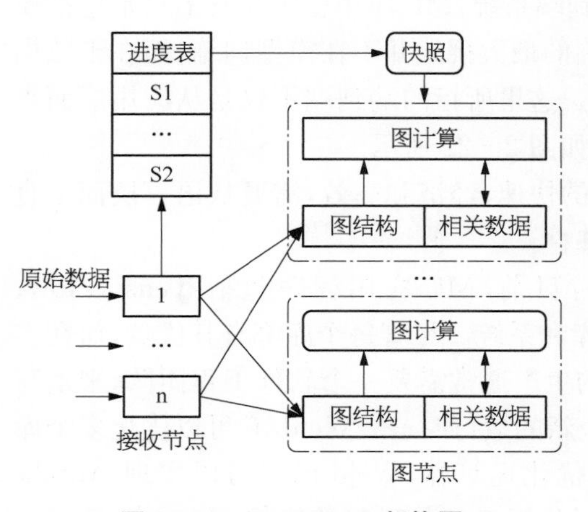

图 2－20　Kineograph 架构图

Kineograph 采用以节点为中心的计算机制，其增量计算过程采用了典型的“变化传播模式”，图 2－21 所示为图中任意一个节点的增量计算过程示意图。如果节点结构发生变化，如有新增的边或者节点值发生变化，Kineograph 调用用户自定义函数来计算节点新值。如果新值变化较大（即达到能够影响相邻节点的程度），则将此变化的相关信息通知给相关节点，随后这些节点亦进行同样的操作，向其周围进行变化传播，最终达到对整个图进行局部更新的效果。

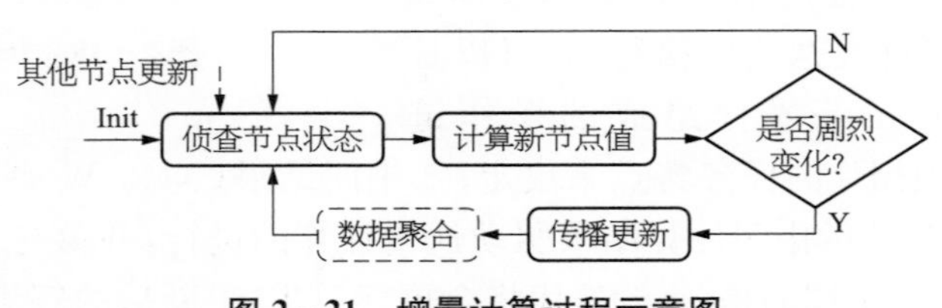

图 2－21 增量计算过程示意图

2.3.4 新兴计算框架

上面所述的计算框架基本上都是属于数据处理的一个小组件，在进行数据处理时，需要根据自己的需求对这些组件进行组合，搭建出一个相应的环境，然后还要花大量时间对数据进行清洗，才能进入计算框架被处理。与前面所述的传统计算框架不同，新兴的计算框架大多侧重于“端到端”的工作流程，即从数据进入系统，到结果输出，一步到位，中间不需要或不需要很多的数据处理专业人才参与。

本节将对 Stanford 开源的 DAWN 和 UC Berkeley 开源的 Ray 进行介绍。

2.3.4.1 DAWN

尽管最近机器学习有了令人难以置信的进展，但机器学习应用程序仍然令人望而却步，除了那些训练有素、资金充足的工程机构，它们对于普通公司来说耗时大且成本昂贵。应用机器学习的成本高昂不是因为需要新的机器学习算法，而是缺乏从数据准备和标签，到生产和销售监控的系统和工具，用于支持端到端机器学习应用开发。

DAWN（Data Analytics for What’s Next，下一代数据分析）的目标是建立一个覆盖 ML（machine learning，机器学习）整个工作流程的端到端系统，ML 应用程序开发不只是包括模型训练。因此，现在开发新的 ML 应用程序所面临的最大挑战并不在模型训练，而在于数据准备、特征选择/提取和生产（服务、监控、调试等）。这里所指的端到端不仅是从应用层面来说，还包括从硬件、系统、算法到接口的整个体系，如图 2－22 所示。

为了能够使数据计算和模型训练的过程更加的快速、经济和高效，需要从语言层面上直接支持分布式运行时，以及加速硬件等新的计算基材。

（1）端到端编译器优化（特征工程、生产）：目前，ML 应用程序包括 TensorFlow、Apache Spark、scikit-learn、Pandas 等多样化的库和系统。尽管每个库都有其优点，而在实际工作流程中往往需要结合多个库，因此大规模的生产通常需要一个软件工程团队，来重写整个应用程序的底层代码。DAWN 正在开发一个新的运行时——Weld，它可以优化多个库的数据密集型代码，并自动生成 ML 训练。通过优化运算器，Weld 已经可以实现 Apache Spark、Pandas、Apache、TensorFlow 等现代数据分析工具的运行速度提高 10 倍，跨库工

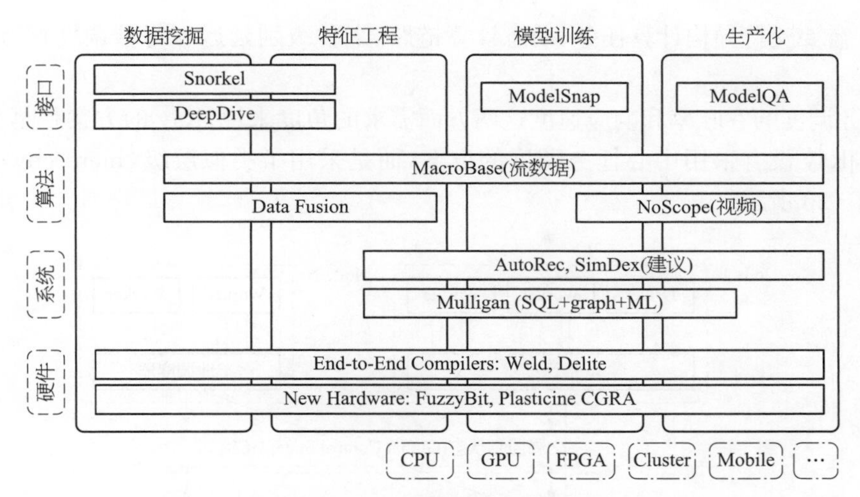

图 2-22 The Dawn Stack

作负载速度提高 30 倍。此外，Weld 的设计还能实现异构硬件，如 GPU(graphics processing unit，图形处理器)、CPU(central processing unit，中央处理器)和 FPGA(field-programmable gate array，现场可编程门阵列)的移植。

(2) 精度降低处理(生产)：众所周知，ML 运算具有随机性和概率性，通过将随机性控制在 bit 级，以提高性能、降低能耗：设计专门用于 ML 的芯片，在低耗能的前提下，进行低精度运算，也可以产生高效的结果。

(3) 内核可重构硬件(特征工程、生产)：目前用 FPGA 来编程很困难，且成本高昂。考虑到即将到来的 CPU 和 FPGA 之间的竞争，具有高级可编程功能的可重配置硬件将会越来越重要。除了支持 FPGA，DAWN 正在开发新的可重构基材，可以轻松地用于模块化和高效的计算内核，这对提高耗电比来说意义非凡，特别是在软件堆栈的上层不断发展的情况下。

(4) 分布式运行时(生产)：DAWN 的研究对利用设备内(例如 FPGA、GPU 矢量化)和设备间(例如集群计算)并行性资源消耗(即自动和动态分配到群集内的不同硬件中)非常感兴趣。同时，一些理论证明，可以明确地为不同的硬件和计算网络自动调整匹配最优的基层学习算法(综合考虑能耗和执行效率)。

DAWN 不同于以往的大数据计算框架，它不再是一个系统中的某个实现特定功能的组件，而是可以完成整个业务流程的一个完整系统。

2.3.4.2 Ray

Ray 是 RISELab 实验室针对机器学习领域开发的一种新的分布式计算框架。按照官方的定义，“Ray is a flexible, high-performance distributed execution framework”。所谓“灵活的高性能分布式执行框架”与传统计算框架有何区别？

开发新的计算框架，因为既有系统无法满足特定业务需求，而 Ray 的目标问题主要是在类似增强学习这样的场景中所遇到的工程问题。因为没有预先可用的静态标签信息，所以通常需要引入实际的目标系统(为了加快训练，往往是目标系统的模拟环境)来获取反馈信息，用做损失/收益判断，进而完成整个训练过程的闭环反馈。这类场景，对分布式计算框架的任务调度延迟，吞吐量和动态修改 DAG 图的能力都可能有很高的要求。按照官方的设计目标,Ray 需要支持异构计算任务、动态计算链路、毫秒级别延迟和每秒调度百万级别任务的能力。

从任务调度的吞吐率和响应速度这两方面需求的角度来说,Ray 的方案就是分而治之,概括来说,Ray 没有采用中心任务调度的方案,而是采用了类似层级(hierarchy)调度的方案,如图 2-23 所示。

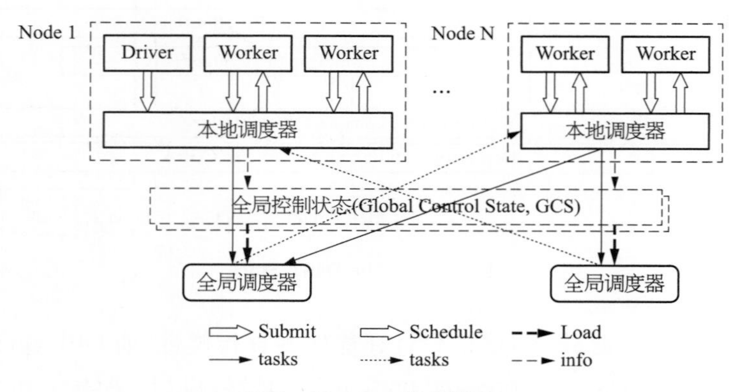

图 2-23 Ray 任务调度

与传统的自上而下分配调度任务的方式不同的是,Ray 采用了自下而上的调度策略。任务调度的发起,由任务执行节点直接提交给本地的调度器,本地的调度器如果能满足该任务的调度需求就直接完成调度请求,在无法满足的情况下,才会提交给全局调度器,由全局调度器协调转发给有能力满足需求的另外一个节点上的本地调度器去调度执行。这样做,一方面减少了跨节点的 RPC(remote procedure call,远程过程调用协议)开销,同时也能规避中心节点的瓶颈问题;而另一方面,由于缺乏全局的任务视图,任务的拓扑逻辑结构也就未必是最优的了。

从支持动态任务拓扑图和异构任务的角度来说,Ray 的思路基本是不在编程模型上做太多假定和约束限制,优先考虑灵活性进行。在单机环境下,这个要求是容易实现的,所谓的动态拓扑逻辑,根据当前程序的状态选择后续的执行路径;至于异构任务,即使是不同路径触发不同的函数,再引入多线程和异步调用等机制也可以实现。

然而,Ray 的基本设计思想,就是在分布式计算的环境下,实现类似单机执行程序的能力。让用户能在函数级别随意调用而不用操心这个函数具体执行的位置,不论从调用者的角度还是被调用者的角度,结合嵌套调用和本地任务调度的能力,整体上的执行流程也就不存在需要预先在中心节点进行规划部署的问题。

2.3.5 大数据计算框架的发展

自 Google 的三篇大数据论文(GFS、MapReduce 和 BigTable)发表以来,大数据计算框架迅猛发展。为了满足越来越大的数据吞吐量需求,越来越严格的实时需求,以及越来越复杂多样的各种特定业务需求,各类大数据计算框架不断出现,并且在行业使用过程中,会发现这些框架的性能短板,再经过开源社区的不断完善,这些框架更新迭代,功能越来越丰富,性能越来越优越。

图 2-24 展示了大数据计算框架十余年来的发展。由于在发展过程中，各大计算框架平台不断的扩展自己的应用领域，故图 2-24 中难免存在一些不严格的分类或箭头流向。

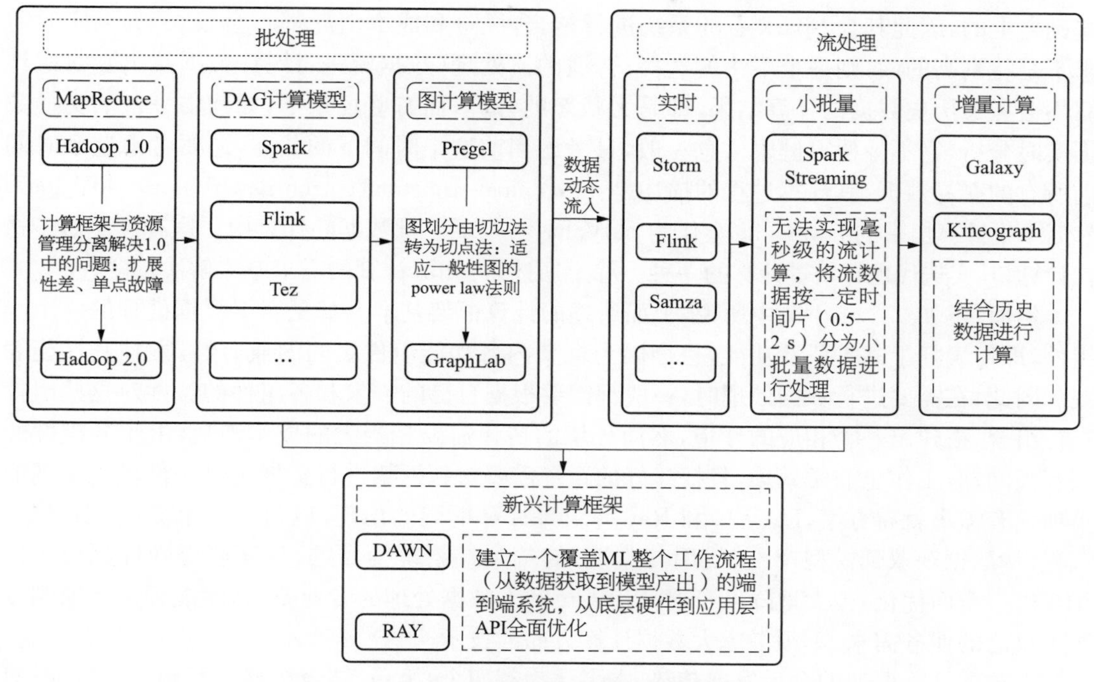

图 2-24 大数据计算框架发展图

可以看到，大数据发展之初，亟须解决的便是数据吞吐量和计算性能的问题。Hadoop 以 MapReduce 为计算模型，是对大数据时代的“三驾马车”(GFS、MapReduce 和 BigTable)的开源实现，随着它的出现，批处理系统开始迅猛发展，各种批处理框架不断出现；针对 Hadoop 的种种缺陷(中间存储代价过高、MapReduce 缺乏灵活性等)，Spark 出现在人们的视野中，由于其引入了内存计算机制，使用操作丰富且简单的 RDD 数据集进行数据处理，表达能力更强的 DAG 计算模型等，迅速获得业界认可；随着互联网的发展，网页及社交网络等数据爆炸式增长，对于这些有着图结构的数据，使用 MapReduce 和 DAG 计算模型无法进行计算或数据结构及计算操作表达起来很困难，为了适应这种新的需求，以 Pregel 为代表的图计算模型应运而生，在行业使用过程中，Pregel 所使用的边切分图划分方法并不能使分布式系统的性能完全发挥(power law 法则)，以 GraphLab 为代表的使用点切分作为图划分方法的框架出现并获得业界认可。至此，批处理形式的大数据处理中的行业痛点基本被很好地解决。

新的需求被提了出来。无论是互联网上的用户操作数据还是物联网中的各种设备、传感器所产生的数据，都是不断增加的，产生的速度也是极快的，而且这些数据需要被实时地进行处理，例如全国各地所有大桥的传感器监测数据，需要被实时处理，得到各种健康指标来判断桥梁是否健康，批处理技术已经无法满足这种需求，流处理技术出现。Storm 是一个分布式的、高容错的实时计算系统，可以做到毫秒级别的处理延时，其对于实时计算的意义就相当于 Hadoop 对于批处理计算的意义；然而由于较多公司已经使用诸如 Hadoop 和

Spark 这样的大数据计算框架进行生产使用，在原有系统上整合 Storm，风险和成本消耗都很大，而出现的 Spark Streaming 的思想是将实时流入的数据按一定时间片（通常在 0.5～2 s之间）组合成一小批一小批的数据，再使用批处理进行计算处理，由于其是构建在 Spark 基础之上的，因此其与 Spark 系的系统进行整合，风险和成本消耗都不会很大，如果实时需求不是特别高的话，则是个不错的选择；普通的流处理（数据流进，计算，数据流出），每次计算不会考虑历史数据的计算结果，即是无状态的计算，而有些场景下，如购物平台的交易数据实时分析，它不像桥梁健康信息一般，只考虑当前这个时间下的状态，还要考虑这个时间前所有的交易数据，其计算过程的描述是：newValue＝function(currentBatchValue，oldValue)，然后本批计算出来的 newValue 会作为 oldValue 参与下一批数据的计算中。这有点类似于迭代计算，其实迭代也算增量计算的一种。综上所述，可知流计算的需求基本解决。

然而，正如 2.3.4 小节中所说，上面所述的计算框架基本上都是属于数据处理的一个小组件，即便囊括了基本所有功能，也会因为框架内各功能组件之间的兼容性，牺牲其性能表现。因此，在需要进行数据处理时，一般都需要根据自己的需求和各组件的特性对这些组件进行组合，搭建出一个相应的环境，然而环境的搭建需要相当大的成本消耗，由于各组件的兼容性问题，工作也非常繁琐，且搭建好的系统需要对新框架进行扩展也是一件较难实现的事项。有需求就有方案，DAWN 和 Ray 等新兴计算框架的出现，以建立一个覆盖 ML 整个流程（从数据获取到模型产出、使用与监控）的端到端系统为目的，且从底层硬件到应用层 API 进行全面优化，极大地降低了对使用人员的大数据处理的专业要求，赋能领域专家则专注于自己的业务需求，不须考虑大数据计算方面的技术。

大数据计算框架的今后发展趋势，本书认为有四个：第一，结合机器学习和人工智能；第二，支持多种框架；第三，进行底层优化，对于设备内（CPU、GPU 和 FPGA 等）和设备间的异构支持，并根据资源消耗动态分配任务；第四，对于前述进行整合（DAWN）。

2.4 多地计算异地计算模式

2.4.1 概念

随着网络的快速发展，大数据时代已经来临。对于大型 IT 企业，如阿里、腾讯、百度、谷歌、Meta 等，数据量每天 PB 甚至 EB 级增加。为了缓解数据存储压力，数据中心往往采用异地/多地的方式部署。这种方式部署的数据中心有利于近地存储处理大数据，但也导致了单个数据中心的信息不完整性以及由数据规模问题产生的数据可移动/搬运性。

异地计算是指在全国乃至全球布局的具有计算、存储、应用核心能力的数据中心之间采用网络连接组成一个整体形成的开放平台中，服务请求端向一个或多个异地数据中心请求服务的过程。图 2－25 所示为异地计算。

对数据中心而言，异地计算意味着通过本地数据中心无法实现的功能或无法获取的数据交由异地数据中心处理，处理过程完毕后再交付本地数据中心。这无疑将大大提升数据中心的资源共享与互通有无，在单个数据中心数据量不变的情况下扩充数据中心的功能，使数据中心虚拟成更强大的云，为用户提供更强大的服务。需要强调的是，异地计算是执行于云基础设施内部的数据中心间的分布式计算，该过程对接入用户而言是屏蔽的。

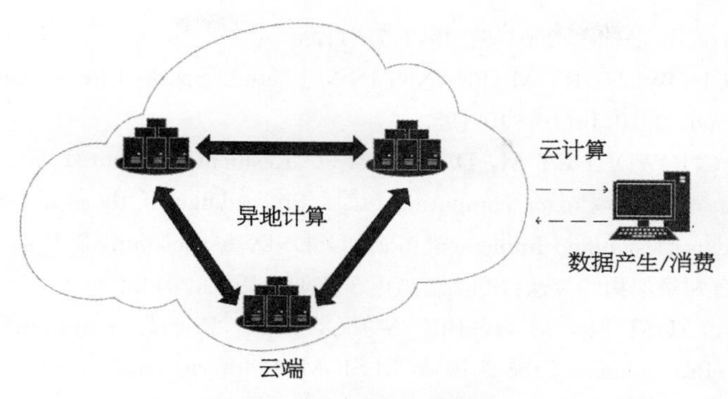

图 2-25　异地计算示意

2.4.2　计算模型

数据中心通常是服务器集群，异地计算发生在多个服务器集群间。若将图 2-25 的云端抽象为带权无向图 $G=(N, L, C)$。其中，$N=\{n_1, n_2, \cdots, n_i, \cdots, n_k\}$ 为顶点集，n_i 表示单个集群，k 表示集群数。$L=\{l_1, l_2, \cdots, l_i, \cdots, l_n\}$ 为相邻集群的边集合，边集合中每个元素 l_i 为顶点集合 N 中某两个相邻集群 n_i 和 n_j 之间的通信链路。$C=\{c_1, c_2, \cdots, c_i, \cdots, c_k\}$ 为相邻集群中的异地计算代价集合，代价集合中每个元素 c_i 为两个相邻集群 n_i 和 n_j 之间的异地计算代价。异地计算的代价可以由多种代价参数组成，比如网络传输参数：时延、带宽、时延抖动和丢包率；计算参数：排队时间、计算时间、计算优先级；能耗参数等。采用不同参数或调整参数的权重必然导致计算代价结果不同。

2.4.3　特点

异地计算是大数据时代的产物，促进了云计算发展。人们为实现某些功能已经无法满足用单个的数据中心进行存储处理大数据，必须采用异地分布式计算架构。异地计算的特色在于对全国乃至全球布局的数据中心进行支撑和管理，支持海量数据的挖掘，支持大规模数据中心间的计算和传输调度。

2.5　小结

本章从数据访问、分布式文件系统、大数据计算模型和多地计算异地计算模式等四个角度分析并阐述了大数据计算技术。众所周知，随着人们对大数据的掌握和挖掘的技术不断提高，众多领域产生数据的价值也得到不断显现，如气象预测、灾害预测、金融分析、医疗诊断和智慧交通等。随着大数据计算技术的不断发展，人们利用大数据的能力必将不断加强。

参◇考◇文◇献

[1] 童维勤. 数据密集型计算和模型[M]. 上海：上海科学技术出版社，2015.1.
[2] DEAN J, GHEMAWAT S. MapReduce: simplified data processing on large clusters [J].

Communications of the ACM, 2008,51(1):107 - 113.

[3] ZAHARIA M, CHOWDHURY M, FRANKLIN M J, et al. Spark: Cluster computing with working sets [J]. HotCloud, 2010,10(10 - 10):95.

[4] ZAHARIA M, CHOWDHURY M, DAS T, et al. Resilient distributed datasets: A fault-tolerant abstraction for in-memory cluster computing [C]//Proceedings of the 9th USENIX conference on Networked Systems Design and Implementation. USENIX Association, 2012:2 - 2.

[5] 张俊林. 大数据日知录架构与算法[M]. 北京:电子工业出版社,2014. 9.

[6] MALEWICZ G, AUSTERN M H, BIK A J C, et al. Pregel: a system for large-scale graph processing [C]//Proceedings of the 2010 ACM SIGMOD International Conference on Management of data. ACM, 2010:135 - 146.

[7] 丁鑫,陈榕,陈海波. 分布式图计算框架混合计算模式的研究[J]. 小型微型计算机系统,2015,36(4):665 - 670.

[8] 王童童,荣垂田,卢卫,等. 分布式图处理系统技术综述[J]. 软件学报,2018,29(3):569 - 586.

[9] CARBONE P, KATSIFODIMOS A, EWEN S, et al. Apache flink: Stream and batch processing in a single engine [J]. Bulletin of the IEEE Computer Society Technical Committee on Data Engineering, 2015,36(4).

[10] CHENG R, HONG J, KYROLA A, et al. Kineograph: taking the pulse of a fast-changing and connected world [C]//Proceedings of the 7th ACM european conference on Computer Systems. ACM, 2012:85 - 98.

[11] BAILIS P, OLUKOTUN K, RÉ C, et al. Infrastructure for Usable Machine Learning: The Stanford DAWN Project [J]. arXiv preprint arXiv:1705. 07538,2017.

[12] MORITZ P, NISHIHARA R, WANG S, et al. Ray: A Distributed Framework for Emerging AI Applications [J]. arXiv preprint arXiv:1712. 05889,2017.

[13] 杨传辉. 大规模分布式存储系统原理解析与构架实战[M]. 北京:北京机械工业出版社,2013. 9.

第3章 大数据管理

大数据管理是大数据技术中的核心部分。以互联网应用为主的新型应用类型对数据的规模、数据模型以及查询处理方式都提出了新的需求和挑战，2000年以后，随着谷歌的GFS[1]、MapReduce[2]、BigTable[3]等论文的发表，迅速涌现出了大量的分布式大数据管理系统。这些系统的数据组织方式、查询处理技术、容错技术等明显不同于传统的关系型数据管理系统。本章将选取典型的大数据管理系统进行介绍。

3.1 概述

在大数据时代，涌现出了大量的大数据管理系统，既包括面向文件的分布式文件管理系统，也包括面向不同数据模型的大数据管理系统。这些系统和传统的单机的文件系统或关系型数据管理系统存在的主要区别如下：

(1) 分布式存储。存储大规模数据往往需要分布式的数据管理系统。两种典型的分布式架构分别为主从式架构和P2P架构，前者由主节点进行元数据管理和客户请求的响应，后者没有主节点，所有节点角色相同。Hadoop相关的数据管理系统如HDFS、HBase等，均采用主从架构；Dynamo[4]和Cassandra等则采取P2P架构。主从架构的优点在于主节点可以实现更为复杂的数据分配策略，但缺点是可能存在主节点的单点故障而造成的整个管理系统不可用。P2P架构则正相反，没有单点故障的问题，但缺点是由于没有掌握所有元数据的节点，只能实现较为简单的数据分配策略。

(2) 更为丰富的数据模型。传统的关系型数据管理系统只支持"关系"数据模型。当采用这类型的管理系统来处理更为复杂的数据模型时，则需要进行数据模型映射，往往会造成存储和数据访问的效率低下，以及应用开发的复杂。然而在大数据时代，涌现出了针对不同数据模型的数据管理系统。典型的数据模型包括键值对数据模型、基于列族的数据模型、基于文档的数据模型和图数据模型。针对特定的数据模型设计的数据管理系统由于利用了数据的特点，往往更加高效。

(3) 数据访问模式的不同。关系型数据管理系统适用于处理联机事务处理(OLTP)应用场景。在大数据时代，很多数据管理系统针对的数据访问模式是联机分析处理(OLAP)。数据访问模式不同，适用的数据管理系统的架构等也将不同。典型的示例如Hadoop中的文件系统 HDFS 适用于访问整个数据进行复杂分析，而 HBase 则适用随机、低延迟的数据读写。

因此，为了理解每一个大数据管理系统的原理以及适用的应用场景，应关注这几个方面：

一是分布式环境下如何进行数据组织。首先，数据系统架构是采用主从架构还是 P2P 架构；其次，大规模的数据是如何在多个节点上进行分布式存储的。例如，HBase 采用主从架构，数据根据行键（rowkey）进行排序，然后分成多份（每份称为一个 region），不同的份存储在不同的节点上。而 Dynamo 采取 P2P 架构，所有的节点采用环状组织，数据采用一致性哈希分布到不同的节点上。理解数据组织可以帮助用户判断某种类型的数据访问是否高效。

二是针对不同的数据模型的数据组织方式。针对不同数据类型的数据管理系统具有非常不同的设计架构和数据组织方式。因此，理解每种数据管理系统是如何根据特定数据模型进行数据组织非常重要。如传统的采用行存储的关系型数据管理系统，处理单条数据的访问和修改非常高效，而处理整表的某列上的计算则效率较低。列式存储系统，如 Parquet，则处理单列数据时非常高效。键值对数据管理系统处理给定键的数据访问非常高效，但处理基于值的过滤则比较低效。因此，通过综合考虑数据组织方式、数据特点、典型查询特点，可以很好地对数据管理系统进行比较和刷选。

三是容错技术。在大规模集群上构建的分布式数据管理系统，往往面临多个节点或磁盘故障的情况，因此容错技术也是管理系统中一个非常重要的考虑因素。目前的大数据管理系统大多采用基于多副本的技术。但不同的管理系统可能采用不同的副本读写技术。与容错技术相关的是数据管理系统的一致性。有些系统提供类似关系型数据库的强一致性，如 HBase；而有些系统则提供更弱的一致性，如 Dynamo 提供最终一致性。

本章将首先介绍最基础的分布式文件管理系统 HDFS，然后介绍基于 HDFS 的列存储格式 Parquet，这两者一个为行存储，一个为列存储，但均为简单的存储格式，需结合上层的查询或者分析工具进行使用。NoSQL 数据库则同时具备数据管理和查询处理功能，且支持不同的数据模型。3.4 节将对 NoSQL 以及 4 种典型的数据模型进行介绍，然后在后续的小节中，分别对流行的 NoSQL 数据库代表，如 HBase、MongoDB、Redis、Dynamo、Neo4j 和 Cassandra 等，依次展开描述。

3.2 分布式文件系统 HDFS

Hadoop 分布式文件系统（简称为 HDFS）是近年来最为流行的分布式文件系统。主流的计算框架均以 HDFS 为主要的数据存储系统，如 MapReduce、Hive、Spark 等。同时，HDFS 的很多设计思想影响了后续大量的分布式数据管理系统，并且，很多数据管理系统的底层存储系统仍为 HDFS，如 HBase。本小节将介绍 HDFS 的设计前提、设计原理、架构以及容错机制等。

HDFS 既和现有的分布式文件系统有很多共同之处，同时，它和其他的分布式文件系统也有明显的区别。HDFS 有很好的容错性，适合于部署在通用的服务器上。HDFS 能提供高吞吐量的数据访问，非常适合应用于大规模数据集上。HDFS 在最开始作为 Apache Nutch 搜索引擎项目的基础架构而开发，现在 HDFS 是 Apache Hadoop Core 项目的一部分。

3.2.1 前提和设计目标

1) HDFS设计基于的若干假设

(1) 硬件错误是常态而不是异常。HDFS可能部署在成百上千的服务器之上,每个服务器上存储着文件系统的部分数据。而所要面对的现实是构成系统的组件数目是巨大的,且任一组件都有可能失效,这意味着总是有一部分HDFS的组件是不工作的。因此错误检测和快速、自动地恢复是HDFS最核心的架构目标。

(2) 顺序数据访问方式。运行在HDFS上的应用和普通的应用不同,需要流式访问它们的数据集。HDFS的设计中更多地考虑到了数据批处理,而不是用户交互处理。比之数据访问的低延迟问题,更关键的在于数据访问的高吞吐量。POSIX标准设置的很多硬性约束对HDFS应用系统不是必需的。为了提高数据的吞吐量,HDFS在一些关键方面对POSIX的语义做了一些修改。

(3) 大规模数据集。运行在HDFS上的应用具有很大的数据集。HDFS上的一个典型文件大小一般都在GB甚至TB大小。因此,HDFS被调节以支持大文件存储。它应该能提供整体上高的数据传输带宽,能在一个集群里扩展到数百个节点。一个单一的HDFS实例应该能支撑数以千万计的文件。

(4) 简单的一致性模型。HDFS应用需要一个"一次写入多次读取"的文件访问模型。一个文件经过创建、写入和关闭之后就不需要改变。这一假设简化了数据一致性问题,并且使高吞吐量的数据访问成为可能。MapReduce应用或网络爬虫应用都非常适合这个模型。目前还有计划在将来扩充这个模型,使之支持文件的附加写操作。

(5) 移动计算比移动数据更划算。一个应用请求的计算,离它操作的数据越近就越高效,在数据达到海量级别的时候更是如此。因为这样就能降低网络阻塞的影响,提高系统数据的吞吐量。将计算移动到数据附近,比之将数据移动到应用所在显然更好。HDFS为应用提供了将它们自己移动到数据附近的接口。

2) HDFS不适应的应用场景

(1) 低延迟(low latency)的数据访问。要求低时间延迟数据访问的应用,例如几毫秒到几十毫秒级别,不适合在HDFS上运行。HDFS是为高数据吞吐量应用设计的,而这一定程度上牺牲了数据访问的响应速度。对于这类型应用,HBase等系统是更好的选择。

(2) 大量的小文件。由于namenode将文件系统的元数据存储在内存中,因此该文件系统所能存储的文件总数受限于namenode的内存容量。大体而言,每个文件或目录的存储约为150 B。因此,如果是海量的小文件,将造成巨大的元数据存储空间。通常而言,HDFS更适合于管理"大文件",如百兆规模以上的文件。

(3) 多用户写入,任意修改文件。HDFS中的文件写入只支持单个写入者,且写操作总是以"添加"方式在文件末尾写数据。因此,它不支持多用户写入,也不支持任意位置上的数据的修改。对于这类型应用,同样HBase是一个很好的选择。

3.2.2 数据块

每个磁盘都有默认的数据块(data block)大小,这是磁盘进行数据读写的最小单位。文件系统通过磁盘块来管理管理文件系统中的块。磁盘块一般为512 B,而文件系统中的块为磁盘块的整数倍，通常为几千字节，如 Linux 操作系统的文件块默认大小为 4 096 B。

HDFS 作为一个面向大规模数据存储的分布式文件系统，同样有数据块(block)的概念。和传统文件系统中的块相比，HDFS 的块大得多，默认为 128 MB(从 Hadoop 2. X 开始，之前的版本数据块默认大小为 64 MB)。HDFS 中的文件由一个或多个数据块组合而成，每个数据块是一个独立的存储单元。HDFS 使用大数据块的原因是为了减少寻址开销。如果块足够大，则从磁盘传输数据的时间会明显大于寻址定位数据块的位置所需的时间。HDFS 的设计目标是寻址时间仅占传输时间的 1%，通过简单运算，则可得到数据块的大小应为百兆左右。

HDFS 的设计原理是：对于每个文件，将其分割成多个数据块，然后对这些数据块分布式的存储到数据节点之上。这样设计主要有很多好处。第一个好处是，文件的大小不受磁盘容量的限制。对于大容量文件和小容量文件，其区别只存在于占用的数据块的个数。第二个好处是，使用数据块而非整个文件作为存储单元，大大简化了存储子系统(datanode)的设计。例如，由于存储子系统只需要管理固定大小的数据块，HDFS 可以非常容易地计算每个 datanode 可以管理的数据块数量。第三个好处是，块非常适合进行数据备份并进而提供数据容错能力和提高系统可用性。HDFS 中默认每个数据块存储 3 份，这样可以确保当磁盘或者机器发生故障时数据不会丢失。如果发现一个数据块不可用，系统会从其他地方读取另一个副本。第四个好处是利用上层的分布式计算。由于文件的数据块分散在多个存储节点上，对一个文件进行访问时，可以由多个访问进程并行的访问不同的数据块，从而提高并行处理效率，并避免造成访问热点。

3. 2. 3 HDFS 架构

HDFS 采用主从架构(Master/Slave)，即 HDFS 集群由一个 Namenode 和多个 Datanode 组成。Namenode 是一个中心服务器，负责管理文件系统的命名空间(namespace)。它维护着文件系统树及文件和数据块的对应关系，并且 Namenode 也记录着每个文件中每个块所在的数据节点信息。但它并不持久化这部分信息，而是在每次系统启动时根据 Datanode 的信息重新进行构建的方式。

客户端(client)代表用户通过和 Namenode 以及 datanode 交互来以及客户端对文件访问时的寻址。通常 HDFS 集群的每个节点运行一个 Datanode 进程，其负责管理它所在节点上的数据块。HDFS 暴露了文件系统的命名空间，用户能够以文件的形式在上面存储数据。从内部看，一个文件其实被分成一个或多个数据块，这些块存储在一组 Datanode 上。Namenode 执行文件系统的名字空间操作，如打开、关闭、重命名文件或目录。它也负责确定数据块到具体 Datanode 节点的映射。Datanode 负责处理文件系统客户端的读写请求。在 Namenode 的统一调度下进行数据块的创建、删除和复制。HDFS 的架构如图 3 - 1 所示。

3. 2. 4 HDFS 容错机制

对于管理节点 Namenode，HDFS 采用 Secondary Namenode 进行容错。在早期的 HDFS 版本中，当 Namenode 发生故障时，元数据会全部丢失，从而造成整个系统不可用。为了保证 Namenode 和元数据不会丢失，元数据会定期同步到 Secondary Namenode。在 Namenode 正常的时候，Secondary Namenode 只做备份，不会接收请求，当 Namenode 发生

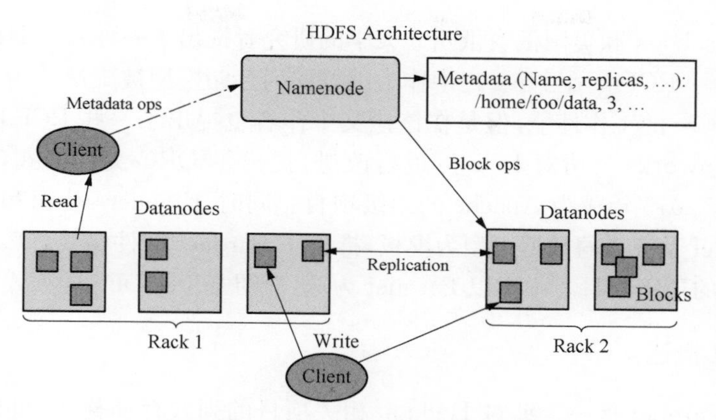

图 3-1 HDFS 架构图(来自 Hadoop 官网)

故障时，Secondary Namenode 会同步替换 Namenode。Secondary Namenode 保证 Namenode 高可用性。简单来说，Secondary Namenode 定期同步元数据映像文件和修改日志，Namenode 发生故障时，Secondary Namenode 会同步替换 Namenode。

对于数据节点 Datanode，则通过心跳机制保障节点的正常运行。Datanode 定期向 Namenode 发送心跳消息，在心跳信息中，Datanode 会向 Namenode 汇报自己的状况，状态会以心跳协议发送给 Namenode。通过心跳机制，Namenode 可以了解集群中哪些 Datanode 不可用。

当 Datanode 节点发生故障时，要保证数据不丢失，HDFS 采用多副本机制。每个数据块有多个副本(默认是 3 个)。在多机架集群中，三个副本中有两个在同一机架上面，还有一个在另外一个机架上面。这样某个节点不可用时，可以在相同机架上找到，如果整个机架发生故障，还可以在另外一个机架上找到。

3.3 列式存储格式 Parquet

3.3.1 行存储与列存储文件格式

HDFS 中的数据组织类似于关系型数据库管理系统，属于行存储结构，即将数据按照行来进行组织，每行数据(即每个 row)中的不同字段组织到一起，然后不同行的数据依次进行排放。行存储方式因为每行的数据都共同存放，所以单行的数据加载快速，很适合以增删改查操作为主的 OLTP 类应用。而其缺点也十分明显，即不适用于海量数据的存储的 OLAP 的应用场景：当仅对单个列，或少量列进行数据处理时，需要读取额外许多不必要的数据，从而产生极大的性能损耗。因为每次都加载了不必要的列，所以导致缓存被塞满无用的数据，并且随着数据量的增加，这种损耗是成倍增加的。并且，行存储的数据相似性很低，很难实现较高的数据压缩比例。

列存储结构将整个文件切割为若干列数据，每一列数据一起存储。这种方式可以避免行存储结构的缺点：一方面可以避免读取不必要的列，另一方面由于同一列的数据属于同一类型且取值类型，从而可以实现更高的压缩比例来达到节省空间的目的。

2011 年,Facebook 和美国俄亥俄州立大学的研究者提出了一种基于 HDFS 的列存储文件格式 RCFile[5]。RCFile 在 Hive 之中作为很好的列存储模型被广泛使用,虽然 RCFile 能够很好地提升 Hive 的工作性能,但是在该论文中作者也提出了一些 RCFile 值得改进的地方。随后 Hortonworks 公司对 RCFile 进行改进,提出了 ORC 文件格式(Optimized Row Columnar),并于 2015 年成为 Apache 的顶级项目。同时,Cloudera 公司和 Twitter 公司以 Google 的 Dremel 系统[9]的数据模型为模板,推出了 Parquet 文件格式。Parquet 同样 2015 年成为 Apache 的顶级项目。本章以 Parquet 为例,介绍基于 HDFS 的列式存储文件格式。

3.3.2 Parquet 概述

简而言之,Parquet 是一个针对 Hadoop 相关项目的列式存储格式,可以支持不同的数据处理框架、数据模型和编程语言。换言之,Parquet 是语言无关的,而且不与任何一种数据处理框架绑定在一起的,适配多种语言和组件,能够与 Parquet 配合的组件有:

(1) 查询引擎:Hive, Impala, Pig, Presto, Drill, Tajo, HAWQ, IBM Big SQL。

(2) 计算框架:MapReduce, Spark, Cascading, Crunch, Scalding, Kite。

(3) 数据模型:Avro, Thrift, Protocol Buffers, POJOs。

理解 Parquet 最为重要的是理解它的数据模型和存储格式。Parquet 的数据模型借鉴了 Google 于 2010 年发表的论文 *Dremel: Interactive Analysis of Web-Scale Datasets* 中描述的 Dremel 中的数据模型[6],这也是 Parquet 和 ORC 的最大区别。相比于 DBMS 支持的满足范式的表数据模型,Parquet 支持嵌套型的数据模型,并且每个字段允许取 0 个、1 个或多个值。Parquet 的存储格式在 RCFile 的基础上,进行了扩充,用于支持谓词下推、投影下推等查询优化。接下来的两节将分别对 Parquet 的数据模型和存储格式具体展开描述。

3.3.3 数据模型

接下来用下面的例子来说明 Parquet 的嵌套数据模型。假设我们要存储大规模的网页信息,每个网页表示为一个 Document,其包含的字段组织如下:

```
message Document{
  required int64 DocId;
  optional group Links{
    repeated int64 Backward;
    repeated int64 Forward; }
repeated group Name{
  repeated group Language{
    required string Code;
    optional string Country; }
  optional string Url; }}
```

这个模式(Schema)可以组织为一个树状结构,树的根叫做 message。树中的叶子节点表示原子类型的字段,且每个叶子节点对应一个列(column)。因此这个例子有 6 个列,分别为:DocId、Links.Backward、Links.Forward、Name.Language.Code、Name.Language.Country、Name.Url。

每个字段包含三个属性：repetition、type、name。repetition 表示这个字段允许的重复情况，有三种可能的取值：required（只能出现 1 次）、optional（可以出现 0 次或者 1 次）、repeated（可以出现 0 次或者多次）。Parquet 的原子字段类型包括 boolean、int、float、double、BYTE_ARRAY 等。

与传统 DBMS 中的表数据模型比，parquet 的数据模型具有更丰富的表达能力。另一方面，尽管 Parquet 不显式的支持 List、Set、Map 等数据结构，但可以通过重复字段来进行表示。

在很多查询中，仍然需要从 Parquet 的列式存储格式读取数据，并恢复成按行组织的形式。如果 Parquet 仅支持 DBMS 的表数据模型，则列格式转行格式的操作比较简单，而 Parquet 支持 optional 和 repeated 类型的字段，则列格式转行格式的操作需要更加复杂的机制来进行处理。Parquet 采用了 Dremel 的思想，使用 Repetition levels 和 Definition levels 来辅助这一操作。读者若想进一步了解这部分内容的细节，可以参考 Dremel 论文。

3.3.4 Parquet 文件的存储格式

当对数据进行物理存储时，所有的数据被水平切分成若干个 Row group，每个 Row group 包含这个 Row group 对应的区间内的所有列的 column chunk。每个 column chunk 负责存储某一列的数据，这些数据是这一列的 Repetition levels，Definition levels 和 values。一个 column chunk 又由多个 Page 组成，Page 是压缩和编码的单元，对数据模型来说是透明的。一个 Parquet 文件最后是 Footer 部分，存储文件的元数据信息和统计信息。Row group 是数据读写时候的缓存单元，因此推荐设置较大的 Row group 从而带来较大的并行度，当然也需要较大的内存空间作为代价。一般情况下推荐配置一个 Row group 大小 1 GB，一个 HDFS 块大小 1 GB，一个 HDFS 文件只含有一个块。图 3-2 给出了 Parquet 文件组织方式示意。

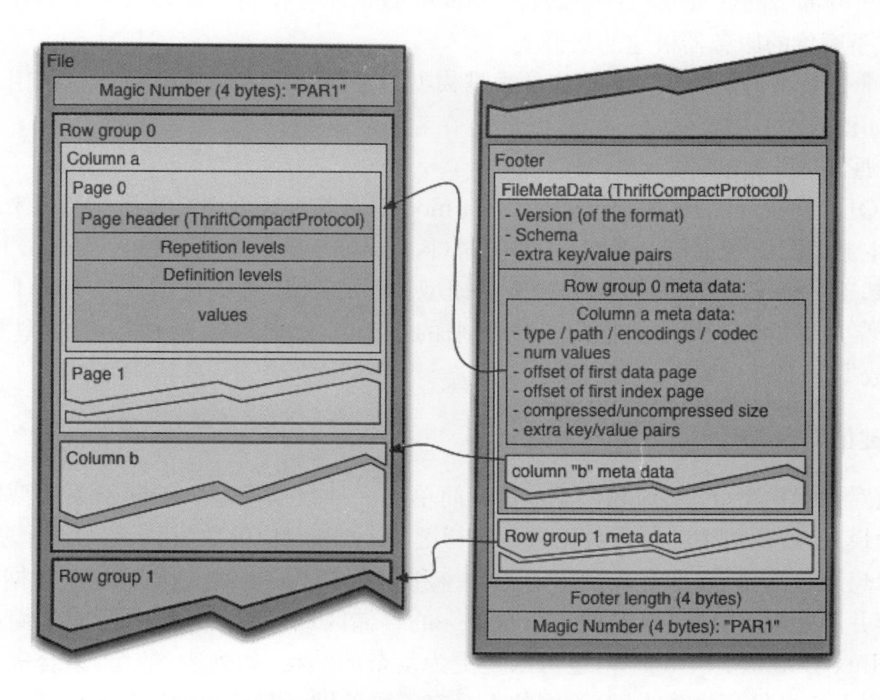

图 3-2 Parquet 文件组织方式(摘自 Parquet 官网)

以 3.3.3 小节中的 Document schema 为例，在任何一个 Row group 内，会顺序存储 6 个 column chunk。这 6 个 column 都是 string 类型。这个时候 Parquet 就需要把内存中的 Document 对象映射到 6 个 string 类型的 column 中。如果希望读取磁盘上的 6 个 column 并恢复出每个 Document 对象，则需要用到 Dremel 论文介绍的“record shredding and assembly”算法，具体可参考该论文。

事实上，在很多分布式数据管理系统中，都需要考虑多行和多列如何进行组织、切分并存储到分布式的节点上，如 HBase、MongoDB 等。对比不同系统针对的应用场景和行列组织，对于读者融会贯通地掌握大数据管理技术大有裨益。

3.4 NOSQL

3.2 和 3.3 节介绍了 HDFS 和 Parquet 这两种大数据存储格式，本节将进一步介绍支持不同数据模型的分布式数据管理系统，业界将这些系统统称为 NoSQL 数据库。NoSQL 没有准确的定义，这个术语源于 2009 年左右一群定期在湾区开会并讨论一些共同关注的可扩展的开源数据库的人们，其目的是为“设计新型数据库”这一主题加上一个名称，使之容易在社交网络上推广。NoSQL 更多的是代表一个趋势，而非对新型数据库进行严谨的分类和定义。有人将 NoSQL 解释为“No SQL”，更符合其含义的应该为“Not Only SQL”，即有别于传统的关系型数据库的新型数据库类型。

NoSQL 系统具有以下的一些特点：

(1) 模式无关的(schemaless)。不同于传统的关系型数据库，NoSQL 通常中的数据通常没有严格的模式。

(2) 集群部署的(cluster friendly)。NoSQL 数据库往往用于处理大规模的数据，因此，通常部署于廉价的服务器搭建的集群上。

(3) 非关系型的。关系型数据库的数据模型为关系型，而 NoSQL 数据库采用不同的数据模型，如键值对、文档、图等。

(4) 通常是开源的。

NoSQL 数据库可以根据数据模型(data model)对其进行分类。数据模型用来表征数据的特点，主流数据模型包括以下四类：键值对(key-value)数据模型、列族(column-family)数据模型、基于文档(document-based)的数据模型和图(graph)数据模型。对于这 4 类数据模型，都有着大量的 NoSQL 数据库。接下来的小节将分别对这 4 种数据模型及相应的 NoSQL 数据库进行介绍。

3.4.1 键值对数据库

键值对数据模型(Key-Value pair)是最简单的一种数据模型。不同于关系型数据库中的多字段模式，键值对中的每行数据只具有行键(Key)和对应的数值(Value)两个基本内容。其主要思想来自哈希表，即有一个特定的 Key 和一个 Value 指针，指向特定的数据。值中存储的内容并不是重点，值可以看作是一个单一的存储区域，即一个黑盒，可能是简单的原子类型，如 Int、Double、String 等，也可以是更为复杂的结构，如列表、数组、集合等。举例来说，可以用人的身份证号作为键，不同的人具有不同的键，值可以是姓名(String 类型)、年龄

(Int 类型)、住址(String 类型),也可以是照片等二进制数据。

通常,键值对数据模型的 NoSQL 数据库只提供 Get、Set 这样的操作,即根据键对数据进行快速定位,从而对相应的数值进行读取(Get)或者写入(Set)操作。其通过对键进行排序或哈希,实现快速的基于键的数据定位。

键值对模型的 NoSQL 数据库具有广泛的应用场景,举例如下:

(1) 电商应用。通过 ID 管理商品信息或商品图片,通过注册用户 ID 管理其购物车、收藏夹等。

(2) 搜索应用。通过网页 URL 保存网页内容。

(3) 图片应用。通过图片 ID 管理图片内容。

键值对模型对于大数据管理系统而言,最大的优势在于数据模型简单、易于实现。另一方面,其弱点也很明显:①不支持更为复杂的数据模型;②不适合于对大规模数据进行批量处理。

流行的键值对 NoSQL 数据库包括 Redis 和 Dynamo[4] 等。

3.4.2 基于列族的数据库

基于列族的数据模型源于 Google 的 BigTable,主要用于解决关系型数据库对关系中“列”的要求非常严格,添加或删除“列”非常不便的问题。BigTable 可以方便地存储上百万的列,并且不同行的数据可以有不同的列。

列族数据模型可以看作扩展版的键值对模型。和键值对模型类似,每行数据都有一个唯一的标识符,通常称为行键(Row-key)。不同之处在于被行键索引的值是多个列(column)的数据,这些列被组织到一个或多个列族(column family,简写为 cf)里面。并且,每一条数据还有一个时间戳(timestamp),即〈rowkey, cf, column〉索引的数据可能有多条,每条有一个不同的时间戳。举例而言,在网页存储应用中,行键对应网页的 URL,在“content”列族中,“link”列表示网页中的超链接。由于同一个网页的内容可能被更新过,因此在不同的时间段,“link”列的内容可能是不同的。在这种情况下,列族数据库会用不同的时间戳来分别存储不同时间点的内容。

在数据的物理存储中,不同列族中的数据独立存储,这种方式的好处在于当应用只希望访问某些列的数据时,可以只读取某个列族的数据,这样可以减少不必要的数据访问,从而降低应用的延迟。

流行的列族数据库包含 BigTable[3]、HBase 和 Cassandra 等。

3.4.3 基于文档的数据库

基于文档的数据库,也可以称作文档型数据库,可以看作键值数据库和传统的关系型数据库的扩展,其数据主要以 JSON 或者类 JSON 格式的文档来进行存储。基于文档的数据库可以看作是键值数据库的升级版,允许在存储的值中再嵌套键值对。另一方面,相比于关系型数据库只有一层的字段,文档型数据库可以有多层的字段,如“Book. Author. Firstname”表示“Book”字段下嵌套有“Author”字段,“Author”字段下嵌套有“Firstname”字段。从这点来说,文档型数据库的表达能力比关系型数据库更强。

同时,文档型数据库可以更好地解决关系型数据库中添加删除字段非常不方便的问题。

例如,在存储用户信息的应用中,用户希望自由定制自己的个人信息,这样显然不能预先制定好一个数据模式。这时文档数据模型就体现出了它特有的优势。

为了更好地帮助读者理解文档型数据库,下面结合最流行的文档型数据库 MongoDB,来介绍文档型数据库的 3 个重要概念:文档、集合和数据库。

(1) 文档(Document)是 MongoDB 的核心概念,是数据库的基本单元,类似于关系数据库中的行。在 MongoDB 中,文档表示为键值对的一个有序集。

(2) 集合(Collection)是一组文档构成的集合,相当于关系型数据库中的数据表。文档型数据库和关系型数据库一个很大的不同之处在于:集合里面的文档可以有不同的模式,而关系型数据库里面一个关系表里的每条记录都有严格的模式(Schema)。

(3) 数据库(Database)即是多个集合可以组成一个数据库。一个 MongoDB 实例可以承载多个数据库,互相之间彼此独立。开发中通常将一个应用的所有数据存放到同一个数据库中上,MongoDB 将不同数据库存放在不同文件中。

流行的文档型数据库包含 MongoDB 和 CouchDB 等。

3.4.4 基于图的数据库

基于图的数据库也可称为面向图(或基于图)的数据库,对应的英文是 Graph Database。顾名思义,图数据库是以“图”这种数据模型来存储和查询数据。这里首先介绍图数据模型。形式上,图由节点和边构成,即图就是一些节点和关联这些节点的联系的集合。图中的节点通常对应实体,边对应实体间的联系。接下来介绍一些典型的可以用图来表示数据的应用领域。

(1) 社交网络。例如微信、Facebook 这样的社交应用,最重要的数据就是社交网络数据,每个节点对应一个用户,用户之间的关系(比如关注、好友等)则用边来表示。

(2) 网络和 IT 运维。对于大型的 IT 应用,涉及大规模的硬件、软件和服务。每一台主机、每一个软件、每一个服务都对应图中的一个节点,网络连接、服务调用等则用边来表示。这种图也称为异构图,因为图中包含不同类型的节点。

目前最流行的图模型为带标签的属性图(Labeled property graph),其具有如下特征:①图包含节点和边;②节点上有属性;③节点可以有一个或多个标签;④边有名称和方向,总是有一个起始节点和一个目标节点;⑤边也可以有属性。

目前流行的图数据库包括 Neo4j、TigerGraph 等。接下来的小节将选择这四类 NoSQL 数据库中的主流系统,依次进行介绍。

3.5 键值数据库 Redis

3.5.1 Redis 简介

Redis 是一个开源的使用 ANSI C 语言编写、支持网络和可基于内存亦可持久化的日志型的键值数据库。Redis 如今已经成为开源社区中最火热的缓存数据库之一。随着互联网应用的蓬勃发展,网络数据快速增长,对高性能的读写需求也越来越多,而 Redis 的迅猛发展为这个领域注入了全新的思维。Redis 凭借其全面的功能得到越来越多的公司的青睐,从初创企业到BAT等这样拥有几百甚至上千台Redis服务器的大公司，都能看到Redis的身影。Redis也是一个名副其实的多面手，无论从存储、队列还是缓存系统，都有它的用武之地。

为了保证效率，Redis中数据都缓存在内存中，但Redis也会对数据进行持久化，即会周期性地把更新的数据写入磁盘或者把修改操作写入追加的记录文件，并在此基础上实现了主从(Master-Slave)同步。同时Redis能支持多种Value类型，包括String(字符串)、List(链表)、Set(集合)、Zset(有序集合)和Hash(哈希类型)。这些数据类型都支持Push/Pop，Add/Remove及取交集并集和差集及更丰富的操作，并且这些操作都是原子性的。

Redis是一个高性能的键值数据库，它的出现在很多场合能够对传统的关系型数据库起到很好的补充作用。同时Redis提供了支持如PHP、Python等多种语言的客户端，方便了用户的使用。在对分布式的支持上，Redis支持主从同步。数据可以从主服务器向任意数量的从服务器上同步，同时从服务器也可以是其他服务器的主服务器。

3.5.2 Redis数据类型

Redis的Value类型可以是String(字符串)、Hash(哈希)、List(列表)、Set(集合)及Zset(有序集合)五种数据类型中的一种。并且对于每种数据类型，Redis都有很丰富简便的操作给予支持。下面分别介绍这五种类型。

3.5.2.1 字符串类型

字符串类型是Redis中最基本的数据类型，它能够存储任意形式的字符串，例如用户邮箱、JSON化的对象甚至是一张图片。字符串数据类型是Redis其他四种数据类型的基础，其他数据类型和字符串类型的差别从某种角度来说只是组织字符串的形式不同。

对字符串类型常用的命令包括：

(1) 赋值：SET key value。

(2) 取值：GET key。

(3) 递增数字：INCR key(当且仅当Value存储的字符串是整数形式时)。

3.5.2.2 列表类型

列表类型可存储一个有序的字符串列表，常用的操作是向列表两端添加元素或获得列表的某一个片段。列表类型的内部使用双向链表实现，因此向列表两端添加元素或者删除元素的时间复杂度都是O(1)，并且越接近两端，获取元素的速度也就会越快。也就是说，即使是一个有几千万个元素的列表，获取头部或者尾部的10条记录也是非常快的。但同时，因为列表类型在Redis内部是用双向链表实现的，因此如果想要通过索引获取元素的速度是比较慢的，因为需要遍历链表找到索引对应的元素。这种特性使得列表类型能够非常快速地完成传统的关系型数据库难以应付的场景，如社交网站的新鲜事。因为人们关注的只是最新的内容，使用列表类型存储，即使新鲜事的总个数达到几千万个，获取其中最新的100条数据也是非常快的。同样，列表类型也适合用来记录日志，因为列表类型的特性，所以可以保证加入新的日志的速度不会受已有的日志数量的影响。

下面是列表类型的常用命令

(1) 向列表两端增加元素：

LPUSH key value [key value]

RPUSH key value [key value]

(2) 从列表两端弹出元素：

LPOP key

RPOP key

(3) 获取列表中元素的个数：LLEN key。

(4) 获取列表片段：LRANGE key start stop。

3.5.2.3 集合类型

Redis 中的集合类型与数学中的集合在定义上是类似的。集合包含不同的元素，且元素间没有顺序。集合类型的常用操作是向集合中加入或删除元素、判断某个元素是否存在等。集合类型在 Redis 中采用的是散列表来实现的，这些操作的时间复杂度是 O(1)。同时还可以很方便地进行集合的相关运算。

下面是集合类型的常用命令

(1) 增加/删除元素：

SADD key member

SREM key member

(2) 获取集合中所有的元素：SMEMBERS key

(3) 集合间运算：

计算不同：SDIFF key [key...]

计算交集：SINTER key [key...]

计算并集：SUNION key [key...]

3.5.2.4 有序集合类型

有序集合类型在集合类型的基础上为集合中的每个元素都关联了一个分数，这使得我们不仅可以完成集合的插入、删除、运算等等操作，还能获得分数最高的前 N 个元素、获取指定分数范围内的元素等操作。有序集合类型和列表类型有以下几个异同点：

1) 相同点

(1) 两者都是有序的。

(2) 两者都可以获得某一范围内的所有元素。

2) 不同点

(1) 列表类型是通过链表来实现的，获取靠近两端的数据的速度非常快，而元素增多后，访问中间数据的速度会较慢。所以它更加适合实现如"新鲜事"或"日志"这样很少访问中间元素的应用。

(2) 有序集合类型是使用散列表和跳跃表实现的，所以即使位于中间部分的数据速度也很快[时间复杂度是 O(Log(N))]。

(3) 列表中不能简单地调整某个元素的位置，但有序集合类型可以通过更改元素的分数来调整元素的位置。

(4) 有序集合类型比列表类型更耗费内存。

其中，有序集合类型的常用命令包括：①增加元素：ZADD key score member；②获取元素分数：ZSCORE key member；③获取排名在某个范围的元素列表：ZRANGE key start stop；④获取指定分数范围内的元素：ZRANGEBYSCORE key min max；⑤增加某个元素的分数:ZINCRBY key increment member。

3.5.2.5 哈希类型

Redis本身是按照字典结构以键值对形式存储的一种数据结构,而哈希类型的键值也是一种字典结构,其存储了字段和字段值的映射。字段值只能是字符串类型,而不能是其他数据类型,即哈希类型不能嵌套其他数据类型。

哈希类型的常用命令包括:

(1) 赋值:HSET key field value。

(2) 取值:HGET key field。

(3) 判断字段是否存在:HEXISTS key field。

(4) 当字段不存在时赋值:HSETNX key field value。

3.5.3 Redis事务

正如关系型数据库中可以用事务将多条命令作为一个原子操作一样,Redis也支持事务。Redis中的事务是一组命令的集合。事务同命令一样都是Redis的最小执行单位。一个事务中的命令要么都执行,要么都不执行。事务的原理是先将属于一个事务的命令发给Redis,然后让Redis依次执行这些命令。具体而言,首先通过MULTI命令告诉系统接下来所要执行的是一个事务,之后依次输入事务包含的多条命令,最后通过EXEC命令来执行这一组命令。

3.5.4 Redis持久化机制

Redis是一个能支持持久化的内存数据库,它通过定期将内存中的数据保存到磁盘中来实现数据持久化。Redis有两种持久化方式:快照(Snapshotting)和AOF(append-on file)。

快照方式是默认的持久化方式,它将内存中的数据以快照的方式写入到二进制文件dump.rdb中,用户可以通过配置文件来设置自动做快照的方式。AOF方式适合在对数据要求很高的场合下使用。在使用AOF持久化的方式时,Redis会将每个命令都追加到appendonly.aof文件中,当Redis意外关闭后,重启Redis后,它会通过执行appendonly.aof文件中的命令来在内存中重建数据库。

3.6 HBase

3.6.1 HBase简介

HBase[10]是一个高可靠性、高性能、面向列、可伸缩的分布式存储系统,可在廉价的PC服务器上搭建起大规模的HBase集群。HBase是Google BigTable的开源实现,类似Google BigTable利用GFS(Google File System)作为其文件存储系统,HBase利用Hadoop中的分布式文件系统HDFS作为其文件存储系统。Google运行MapReduce来处理BigTable中的海量数据,HBase同样利用Hadoop MapReduce来处理HBase中的海量数据。Google BigTable利用Chubby作为协同服务,HBase利用开源的Zookeeper作为对应。

3.6.2 HBase 访问接口

HBase 的访问接口，主要有以下 6 种：

(1) Native Java API。它是最常规和高效的访问方式，适合 Hadoop MapReduce Job 并行批处理 HBase 中的表数据。

(2) HBase Shell。它是 HBase 的命令行工具，最简单的接口，适合于 HBase 管理使用。

(3) Thrift Gateway。它利用 Thrift 序列化技术，支持 C++，PHP，Python 等多种语言，适合其他异构系统在线访问 HBase 表数据。

(4) REST Gateway。支持 REST 的 Http API 访问 HBase，解除了语言限制。

(5) Hive。Hive 是一种类 SQL 的查询语言，会将用户提交的查询转化为一个或多个 MapReduce Job 调用 Hadoop MapReduce 进行执行。

(6) Pig。Pig 是一种过程式编程语言，和 Hive 类似。其本质最终也是编译成 MapReduce Job 来处理 HBase 表数据，适合做数据统计。

3.6.3 HBase 数据模型

和关系型数据库类似，HBase 以表为单位对数据进行管理。数据模型由行键(Row-key)、列族(Column Family)、列(Column)、时间戳(Time stamp)和值(Value)组成，具体如下：

(1) Row-Key。行键，是表的主键。每行数据都有一个唯一的行键。Table 中的行记录按照行键升序排序。

(2) Column Family 和 Column。列簇，HBase 每个表的列组织成一个或者多个 Column Family，一个 Column Family 中可以有任意多个 Column，即 Column Family 支持动态扩展，无需预先定义 Column Family 中 Column 的数量以及类型。所有 Column 均以二进制格式存储，用户需要自行进行类型转换。

(3) Timestamp。时间戳，每次数据操作对应的时间戳，可以看作是数据的版本号(version number)。

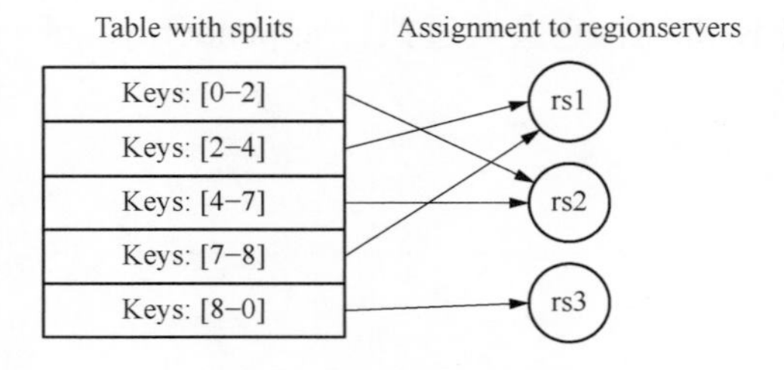

图 3-3 RegionServer

当表随着记录数不断增多而变大后，会逐渐进行分裂。分裂后的每个数据分片称为分区(Region)，一个分区由左闭右开区间[startkey, endkey)表示，不同的分区会被主节点(Master)分配给相应的 RegionServer 进行管理，如图 3-3 所示。

HBase 中有两张特殊的 Table："-ROOT-"表和".META."表。这两张表类似于多级索引，用来支持在多个分区中快速定位某个行键：①. META. 表。记录了用户数据中所有分区的信息。. META. 表本身可能包含多个分区；②-ROOT-表。记录了. META. 表的分区信息，-ROOT-表只有一个分区。

Zookeeper 中记录了-ROOT-表的存储位置。客户端访问用户数据之前需要首先从 Zookeeper 获取-ROOT-表的存储位置。然后访问-ROOT-表，接着访问. META. 表，最后才能找到用户数据的存储位置。由于该过程涉及多次网络操作，为了提高访问性能，客户端会对位置信息进行缓存。

3.6.4 HBase系统架构

HBase由HMaster、HRegionServer、Client以及ZooKeeper等部分组成，整体架构如图3-4所示。

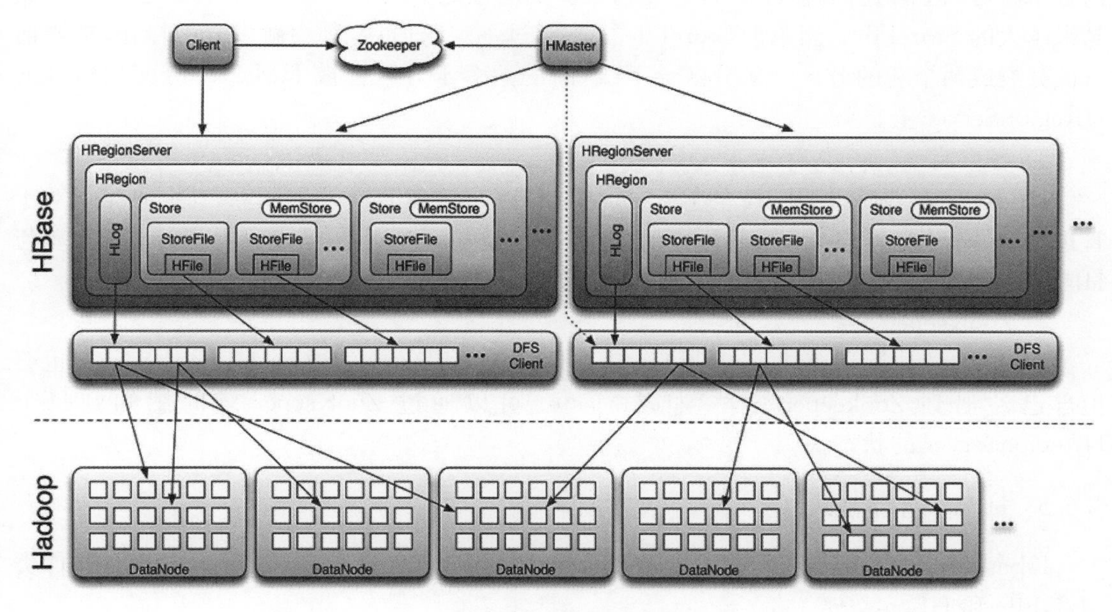

图3-4 HBase架构图

1）HMaster

HMaster没有单点问题，HBase中可以启动多个HMaster，通过Zookeeper的Master选举机制保证同时只有一个Master运行。HMaster在功能上主要负责数据表和分区的管理工作：

（1）管理用户对表的增、删、改、查操作。

（2）管理HRegionServer的负载均衡，调整分区的分布。

（3）在分区被分裂后，负责新的分区的分配。

（4）在HRegionServer停机后，负责将失效HRegionServer上的分区迁移到别的HRegionServer。

2）HRegionServer

HRegionServer主要负责响应用户I/O请求，和HDFS文件系统进行交互读写数据，是HBase中最核心的模块。

HRegionServer内部管理了一系列HRegion对象，每个HRegion对应了表中的一个分区。HRegion由多个HStore组成，每个HStore对应表中的一个列族，负责该分区中这个列族内的所有列的数据的存储。由此可以看出每个列族其实是一个独立的存储单元，因此比较好的设计方法是把具备共同访问特性的列放在一个列族中，这样可以避免不必要的数据访问。

HStore存储是HBase存储的核心，由两部分组成，分别是MemStore和StoreFile。

MemStore 是有序内存缓冲区(Sorted Memory Buffer)。用户写入的数据首先会放入 MemStore,当 MemStore 满了以后会一次性地写出成一个 StoreFile(底层实现是 HFile)。当 StoreFile 文件数量增长到一定阈值,会触发多个 StoreFile 的合并(Compact)操作,将多个 StoreFiles 合并成一个 StoreFile。合并过程中会进行版本合并和数据删除,即 HBase 所有的更新和删除操作都是在后续的合并操作过程中进行的,这使得用户的写操作只要进入内存中就可以立即返回,保证了 HBase 写数据的高性能。当 StoreFile 合并后,会逐步形成越来越大的 StoreFile。当单个 StoreFile 大小超过一定阈值后,则会触发分裂操作,把当前分区分裂成两个新的分区。父分区会下线,新的两个子分区会被 HMaster 分配到适合的 HRegionServer 上。

3) 客户端

HBase 客户端使用 HBase 的 RPC 机制与 HMaster 和 HRegionServer 进行通信。对于管理类型的操作,客户端与 HMaster 进行 RPC 交互。对于数据读写类操作,客户端与 HRegionServer 进行 RPC 交互。

4) ZooKeeper

ZooKeeper 中除了存储了-ROOT-表的地址和 HMaster 的地址,HRegionServer 也会把自己注册到 Zookeeper 中,这样 HMaster 可以通过 ZooKeeper 随时感知到每个 HRegionServer 的状态。

3.6.5 HBase 存储格式

HBase 中的所有数据文件都存储在 Hadoop HDFS 文件系统上。主要包括两种文件类型:HFile 和 HLog 文件。

1) HFile

HFile 是 HBase 中具体数据的存储格式,是 Hadoop 中的二进制格式文件(Sequence File)。实际上 StoreFile 就是对 HFile 做了轻量级包装,即 StoreFile 的底层就是 HFile。HFile 文件是不定长的,其内部长度固定的只有其中的两块:Trailer 和 FileInfo。Trailer 中有指针指向其他数据块的起始点。File Info 中记录了文件的一些元信息,例如 AVG_KEY_LEN、AVG_VALUE_LEN、LAST_KEY、COMPARATOR 和 MAX_SEQ_ID_KEY 等。除此之外还有 Data Index 和 Meta Index 块,记录了每个数据块(Data Block)和元数据块(Meta Block)的起始点。

数据块是 HBase I/O 的基本单元,为了提高效率,HRegionServer 中实现了基于 LRU 的块缓存机制。每个数据块的大小可以在创建表的时候通过参数指定,大粒度的数据块有利于高效的 Scan 操作,小的数据块有利于随机查询。每个数据块除了开头的 Magic 以外就是由键值对序列组成。Magic 内容就是一些随机数字,目的是防止数据损坏。接下来将介绍每个键值对的内部构造。

HFile 里面的每个键值对就是一个简单的字节数组。该字节数组有固定的结构,具体是:开头是两个固定长度的数值,分别表示键的长度和值的长度。紧接着是键的数据,由固定长度的表示行键长度的数值和具体的行键组成。后面是值的数据,依次是固定大小的列族的长度、列族数据、列数据,然后是两个固定长度的数值,分别表示时间戳和值的类型(Put 或 Delete)。Value 部分为纯粹的二进制数据。

2）HLog File

HLog文件是HBase中写前日志（Write Ahead Log）的存储格式，物理上是Hadoop的序列文件，也是键值对数据。它的键是HLogKey对象，HLogKey中记录了写入数据的归属信息，除了表和分区名外，同时还包括序列号和时间戳。键值对中的值是HBase的键值对对象，即对应HFile中的键值对数据。

3.7 Dynamo

Dynamo[4]也是键值数据模型的一个典型的NoSQL数据库，且它采用了很多和HBase等系统非常不同的技术。Amazon公司在2007年发表于SOSP的论文[4]中介绍了一种称为Dynamo的新的分布式键值对数据管理系统。后续Dynamo用于Amazon公司的Amazon Web Service（简称为AWS）云平台上，提供键值对数据管理服务（称为DynamoDB）。DynamoDB是一个完全托管的NoSQL数据库服务，可以提供快速的、可预期的性能，并且可以实现无缝扩展。

DynamoDB被设计用来解决数据库管理、性能、可扩展性和可靠性等核心问题。开发人员可以创建一个数据库表，该表可以存储和检索任何数量的数据，并且可以应付处理任何级别的请求负载量。DynamoDB会自动地把某个表的数据和负载分布到足够数量的服务器上，从而可以容纳用户指定的负载量和数据量，同时还能够维持一致性和高性能。所有的项目都是存储在SSD上，并且被自动复制到一个区域中多个可用的Zone上面，从而提供内在的高可用性和数据持久性。DynamoDB具有良好的可用性扩展性和性能，读写访问中99.9%的响应时间都在300 ms内。

3.7.1 Dynamo系统设计假设和前提

Dynamo的设计思路基于如下假设：

（1）基于键的查询。对数据的读/写通过一个主键唯一性标识。值存储为一个由唯一键确定的二进制对象。没有涉及多条数据的读写的操作。因此，不需要DBMS的表数据模型。这项假设是基于对Amazon的应用场景的深入分析，即相当一部分Amazon的服务可以使用简单的键值查询模型，并不需要任何关系数据模型。Dynamo的目标应用程序需要存储的对象都比较小（通常小于1 MB）。

（2）不需要支持完整的ACID特性。ACID（原子性、一致性、隔离性和持久性）是DBMS中保证数据库事务的基础。Amazon的经验表明，保证ACID特性的数据管理系统通常可用性较差。Dynamo的涉及目标是高可用性和弱一致性（ACID中的“C”）。Dynamo不提供任何数据隔离（Isolation）保证，只支持单条数据更新。

（3）高效率。系统须运作在商用服务器级的硬件基础设施上。Amazon平台的服务都有着严格的延时要求，一般延时所需要度量到分布的99.9%。在服务操作中鉴于对状态的访问起着至关重要的作用，存储系统必须能够满足那些严格的SLA，服务必须能够通过配置Dynamo，使他们不断达到延时和吞吐量的要求。因此，必须在成本效率和可用性之间做权衡。

（4）其他假设。Dynamo仅被Amazon内部的服务使用。它的操作环境被假定为不怀恶意的(non-hostile),即没有任何安全相关的身份验证和授权的要求。此外,由于每个服务使用其特定的Dynamo实例,它的最初设计目标的规模高达上百的存储主机。

3.7.2 Dynamo数据分布策略

为了避免主从架构中常见的主节点单点故障瓶颈,Dynamo采用无中心的P2P架构(peer-to-peer),这也意味着Dynamo需要和主从架构不同的数据分布策略。

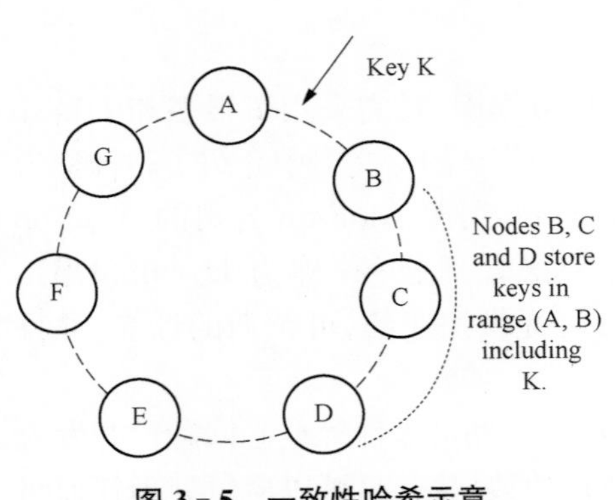

图3-5 一致性哈希示意

为了达到动态扩展的高可伸缩性,Dynamo采用一致性哈希(distributed hash table, DHT)来进行数据划分,通过MD5对键进行哈希以产生一个128位的标示符,并以此来确定该条数据所在的存储节点。在一致性哈希中,哈希函数的输出范围可表示为一个圆环,如图3-5所示。假设系统包含A、B、…、G等7个节点,每个节点映射到环中的某个位置。键也被哈希并映射到环中某个位置,并从其被映射的位置开始沿顺时针方向找到第一个位置比它大的节点作为其存储节点。换言之,即每个系统节点负责从其映射的位置起到逆时针方向的第一个系统节点间的区域。

一致性哈希最大的优点在于节点的扩容与缩容,只影响其直接的邻居节点,而对其他节点没有影响。基于物理节点构建一致性哈希还存在两个问题:节点数据分布不均匀和忽略节点间的性能差异。为了解决这两个问题,Dynamo对一致性哈希进行了改进,引入了虚拟节点。每个物理节点从逻辑上切分为多个虚拟节点,每个虚拟节点从逻辑上看像一个真实节点,这样每个物理节点对应环上多个节点而不是一个单点。

如同HDFS等系统的数据多副本机制,Dynamo也提供自身的数据多副本机制。具体而言,Dynamo将每条数据复制到N个节点之上,其中N是每个实例(per-instance)的配置参数,默认值为3。每条数据被分配到一个协调器(coordinator)节点,协调器节点管理其负责范围内的复制数据项,其除了在本地存储其责任范围内的每个键之外,还复制这些Key到环上顺时针方向的$N-1$个后继节点。这样,系统中每个节点负责环上从其自己位置开始到第N个前驱节点间的一段区域,具体逻辑如图3-5所示。例如,图中节点B除了在本地存储键K外,还在节点C和D处复制键K,这样节点D将存储落在范围(A, B]、(B, C]和(C, D]上的所有键。

3.7.3 CAP原理

不同于HDFS和HBase的强一致性,Dynamo采用最终一致性。在介绍Dynamo的一致性特点之前,先介绍CAP原理。在2000年,Eric A. Brewer教授在一次谈话中,基于他运作Inktomi以及在伯克利大学里的经验,总结出了CAP原理。CAP原理是指:对于分布式数据存储,最多只能同时满足一致性(consistency)、可用性(availability)和分区容忍性(partition tolerance)中的两者。其中:

(1) 一致性是指对于每一次读操作,要么都能够读到最新写入的数据,要么错。

(2) 可用性是指对于每一次请求，都能够得到一个及时的、非错的响应，但不保证请求的结果是基于最新写入的数据。

(3) 分区容忍性是指由于节点之间的网络问题，即使一些消息丢包或者延迟，整个系统仍能继续提供服务(提供一致性或者可用性)。

对于分布式系统，网络分区(network partition)是难以避免的，节点间的数据复制一定存在延迟。如果需要保证一致性(对所有读请求都能够读到最新写入的数据)，那么势必在一定时间内是不可用的(不能读取)，即牺牲了可用性，反之亦然。

不同的 NoSQL 数据库，在一致性和可用性二者间各有选择。例如 HBase 保证强一致性，其选择了一致性而一定程度上牺牲可用性。而 Dynamo 是以牺牲强一致性的代价来保证系统的高可用性。Dynamo 提供的一致性称为最终一致性(eventual consistency)。

3.7.4 Dynamo 的一致性实现技术

为了保证数据写入时多个副本间的一致性，Dynamo 采用类似 Quorum 系统的一致性协议，即通过三个关键参数：(N, R, W) 来控制读写的副本数，其中，N 是指数据对象存在 N 个副本，协调器负责将数据复制到 $N-1$ 个节点上，R 代表一次成功的读取操作中最小需要从 R 个节点读取数据，W 代表一次成功的写操作最小写入 W 个节点。只要保证 $R+W>N$，则会产生类似于 Quorum 的效果。该模型中，读(或写)延迟由最慢的 R(或 W)副本决定。为了得到比较小的延迟，R 和 W 通常设置为小于 N 的数。Dynamo 建议 (N, R, W) 设置为(3, 2, 2)以兼顾性能与可用性。R 和 W 直接影响性能、扩展性和一致性。通过设置不同的 R 和 W 值，可以在 Dynamo 上实现不同的读写性能，这也是 Dynamo 的特点之一。例如，如果 W 设置为 1，则只需将数据写入一个副本中，而为了保证 $R+W>N$，则读数据时需要同时读取所有的 N 个副本，这时系统体现为高写入效率、低读取效率。而如果 R 设置为 1，只要数据写入时需要同时写入 N 个副本，这时系统体现为低写入效率、高读取效率。

为了达到这一目标，Dynamo 采用了数据版本合并和向量时钟等技术。对此感兴趣的读者可以参考 Dynamo 的论文。

3.7.5 Dynamo 系统访问接口

Dynamo 提供简单的数据访问接口：get 操作和 put 操作。get(key)操作在存储系统中定位与 key 关联的对象副本，并返回一个对象或一个包含冲突的版本和对应的上下文对象列表。put(key, context, object)操作基于关联的 key 决定将对象的副本放在哪个节点，并将副本写入到磁盘。上下文信息(context)包含对象的系统元数据，对调用者是不透明的。上下文信息与数据对象一起存储，以便系统可以验证请求中提供的上下文的有效性。

Dynamo 中，键和值对象是字节数组。它使用 MD5 将键进行哈希产生一个 128 位的标识符，用于确定存储这条数据的协调者节点。

3.8 Cassandra

Cassandra[6]最初由 Facebook 开发，用于存储收件箱等简单格式数据，目前是 Apache 的顶级项目。它最大的特点是集 BigTable(即 HBase)的数据模型和 Amazon Dynamo 的

P2P 架构于一身。它的主要功能比 Dynamo 更加丰富,是一个网络社交云计算方面理想的 NoSQL 数据库。

Cassandra 使用了 BigTable 的数据模型,与传统的面向行的关系型数据库不同,是一种面向列的数据库,列被组织成列族。因此,和 HBase 一样,在 Cassandra 的数据库中增加列非常方便。对于搜索应用和一般的结构化数据存储应用,这个结构足够有效。

Cassandra 的系统架构与 Dynamo 一脉相承,是基于 DHT 的完全 P2P 架构。与传统的基于分片的数据库集群相比,Cassandra 几乎可以无缝地添加和删除节点,非常适用于节点规模变化比较快的应用场景。Cassandra 的数据会写入多个节点,来保证数据的可靠性。在一致性、可用性和分区容忍性的折衷问题上,Cassandra 提供和 Dynamo 相同的灵活性:用户在读取时可以指定要求所有副本一致、读到一个副本即可或通过选举来确认多数副本一致即可。这样,Cassandra 可以适用于有节点、网络失效以及多数据中心的场景。

对 Cassandra 的具体技术细节感兴趣的用户可参考 Cassandra 的 Apache 官网。

3.9 MongoDB

3.9.1 MongoDB 简介

在最新数据库排名(DB-Engine)中,MongoDB[11]是使用最广泛的 NoSQL 数据库,也是使用量排名前五的唯一的 NoSQL 数据库。MongoDB 如此受欢迎,很重要的原因是其采用的文档数据模型。文档数据模型和面向对象模型非常相似。传统数据库是以表来作为其存储结构的,并通过各表间的关系达到建模的目的。在使用传统数据库时,程序员面对的一个最大的也是很麻烦的问题就是对象-关系-对象间的来回变换。因此,从 20 世纪 90 年代开始,研究者们开始进行对象数据库的尝试,但仅是昙花一现,并未动摇关系型数据库的统治地位。到了 2000 年以后,以 MongoDB 为代表的文档型数据库出现,一定程度上可以视为第一个成功的对象型存储。

MongoDB 对于存储数据的数据结构带来了飞跃式的创新。同传统的二维表作为记录不同,MongoDB 能够收集丰富的文档对象作为记录。使用 MongoDB 的文档存储对实际问题进行建模时,其难度远低于使用传统数据库的难度。一方面它是无模式的,另一方面其更好地符合了面向对象的思维。它在数据模型上的创新,让使用者能够非常轻松直观地对事物进行建模,这对应用非常重要。同时,很多传统数据库中的表数据也能轻易地迁移到 MongoDB 上,这些特点使得 MongoDB 成为了使用最为广泛的 NoSQL 数据库。

除了其强大的建模能力,MongoDB 还拥有很不错的扩展性、安全性。并且,它提供了强大的数据查询功能,具有很高的易用性。

3.9.2 MongoDB 数据模型

MongoDB 最基本的数据单元是文档(document),类似于关系数据库中的行。在 MongoDB 中,文档表示为键值对的一个有序集。MongoDB 使用 Javascript Shell,文档的表示一般使用 Javascript 里面的对象的样式来标记,下面是几个文档的例子:

(1) {“title”:“book one”}。

(2) {“title”:“book two”, “page”:“120”}。

(3) {“title”:“book three”, “author”:{“firstname”:“Bill”, “lastname”:“Michael”}。

从上面的例子可以看出,文档的值有不同的数据类型,甚至可以是一个完整的内嵌文档(最后一个示例的“author”的值是一个完整的文档,文档里面定义了“firstname”和“lastname”)。当然还可以包含更多其他信息,甚至在内嵌文档中还可以有内嵌文档。

多个文档可以构成一个集合,其相当于关系型数据库中的数据表。文档型数据库和关系型数据库一个很大的不同之处在于:集合里面的文档可以有不同的模式,而关系型数据库里面一个关系表里的每条记录都有严格的模式(schema)。例如上例中的三个文档可以放到同一个集合中,而它们具有不同的模式:上面三个文档不仅取值的类型不同,连键也不一样。这和关系型数据库中一个表中只能存放相同模式的数据结构显得很不一样。

还有一个概念是数据库(Database)。多个集合可以组成一个数据库。一个 MongoDB 实例可以承载多个数据库,互相之间彼此独立。开发中通常将一个应用的所有数据存放到同一个数据库中上,MongoDB 将不同数据库存放在不同文件中。

3.9.3　MongoDB 基础操作

本小节将分别对 MongoDB 的基础操作:插入(create)、查询(read)、更新(update)和删除(delete)操作进行介绍。

1) 文档插入

向集合中插入文档的语法如下:

db.COLLECTION_NAME.insert(document)

COLLECTION_NAME 是集合名称,document 是以 BSON 格式描述的文档格式于内容。指令示例如下:

```
Db.col1.insert({
    'Title': 'book one',
    'Language': 'en',
})
```

MongoDB 会为新的 document 增加一个新的字段叫"_id",这个 id 属性的取值在 document 所属的集合中是唯一的。这个值可以由用户自己来定义,如果用户不定义的话,MongoDB 会自动给 id 赋一个类型为 ObjectID 的值,这个 ObjectID 的大小为 12 字节,其中 4 个字节用于表示创建的时间(秒),3 个字节由机器哈希码产生,2 个字节为进程号,3 个字节为计数器的值。其中这个计数器是整个数据库全局的,这样就最大可能地保证了在并发情况下,自动生成的 id 是唯一的。

2) 文档查询

MongoDB 主要采用 find()命令查询符合条件的所有文档。

语法:db.COLLECTION_Name.find(query, projection)

参数说明如下:

(1) Query:可选,使用查询操作符指定查询条件。

(2) Projection:可选,使用投影操作符指定返回的键。查询时返回文档中所有键值,只需省略该参数即可(默认省略)。

下面举一些查询的例子。

db. col. find({"age":22}); //查询 age=22 的记录

db. col. find({age:{ $gt:22}}); //查询 age>22 的记录，类似的比较操作还有 $lt(小于)，$gte(大于等于)，$lte(小于等于)。

db. userInfo. find({age:{ $gt:25}},{name:1, age:1}); //查询满足条件 age>25 的文档，返回列 name、age 的数据。

Find()命令中有丰富的方法，包括：①count()方法返回文档条数；②limit(num)方法返回 num 个文档；③skip(num)方法跳过 num 条后继续显示；④sort()方法针对某个字段进行升序或者降序排列；⑤ $type 操作符可针对某个字段查询该字段的值和具体数据类型相匹配的文档。

3) 文档更新

MongoDB 使用 update()命令来更新集合中的文档。语法如下：

```
db. COLLECTION_NAME. update(
    〈query〉,
    〈update〉,
    {
      upsert:〈boolean〉,
      multi:〈boolean〉,
      writeConcern:〈document〉
    }
)
```

参数说明如下：

(1) Query：update 的查询条件，类似 SQL 语言中 update 命令内 where 子句中的内容。

(2) Update：update 的对象和一些更新的操作符(如 $, $inc...)等，也可以理解为 SQL 语言中 update 查询内 set 后面的内容。

(3) Upsert：可选参数，含义为如果不存在 update 的记录，是否插入一条新的记录。取值为 true，则为插入，取值为 false，则不插入。默认取值是 false。

(4) Multi：可选参数，如果这个参数取值为 true，就把按条件查出来多条记录全部更新。默认是 false，即只更新找到的第一条记录。

(5) writeConcern：可选参数，表示抛出异常的级别。

4) 文档删除

MongoDB 使用 remove()命令来移除集合中的文档。语法如下：

```
db. collection. remove(
    〈query〉,
    {
      justOne:〈boolean〉,
      writeConcern:〈document〉
    }
)
```

参数说明如下：

(1) query：查询条件，类似 SQL 语言中 update 命令内 where 子句中的内容。

(2) justOne：可选参数，如果设为 true，则只删除一个文档。默认值为 false，这时删除所有匹配条件的文档。

(3) writeConcern：可选参数，表示抛出异常的级别。

3.9.4　MongoDB 聚集操作

聚集操作(aggregation)主要用于对数据进行统计分析，简单而言，可以理解为 SQL 中的聚合操作。聚集操作对一组文档进行聚集操作，然后返回结果。MongoDB 提供了丰富的聚集操作功能，并且可用于大规模数据分析，尤其是 MapReduce 可以在分片集群上进行操作。MongoDB 提供三种聚集方式：管道模式(aggregation pipeline)、MapReduce 功能和简单聚集方法(single purpose aggregation methods)。本书主要介绍管道模式和 MapReduce 模式。

3.9.4.1　管道聚集

MongoDB 的管道聚集方式是参考 UNIX 上的管道命令实现的，数据通过一个多阶段(multi-stage)的管道，每个阶段都会对输入的文档集合进行加工处理，最后返回结果集。管道聚集在某一些阶段可以利用索引提高性能。图 3-6 为一个管道聚集示例。

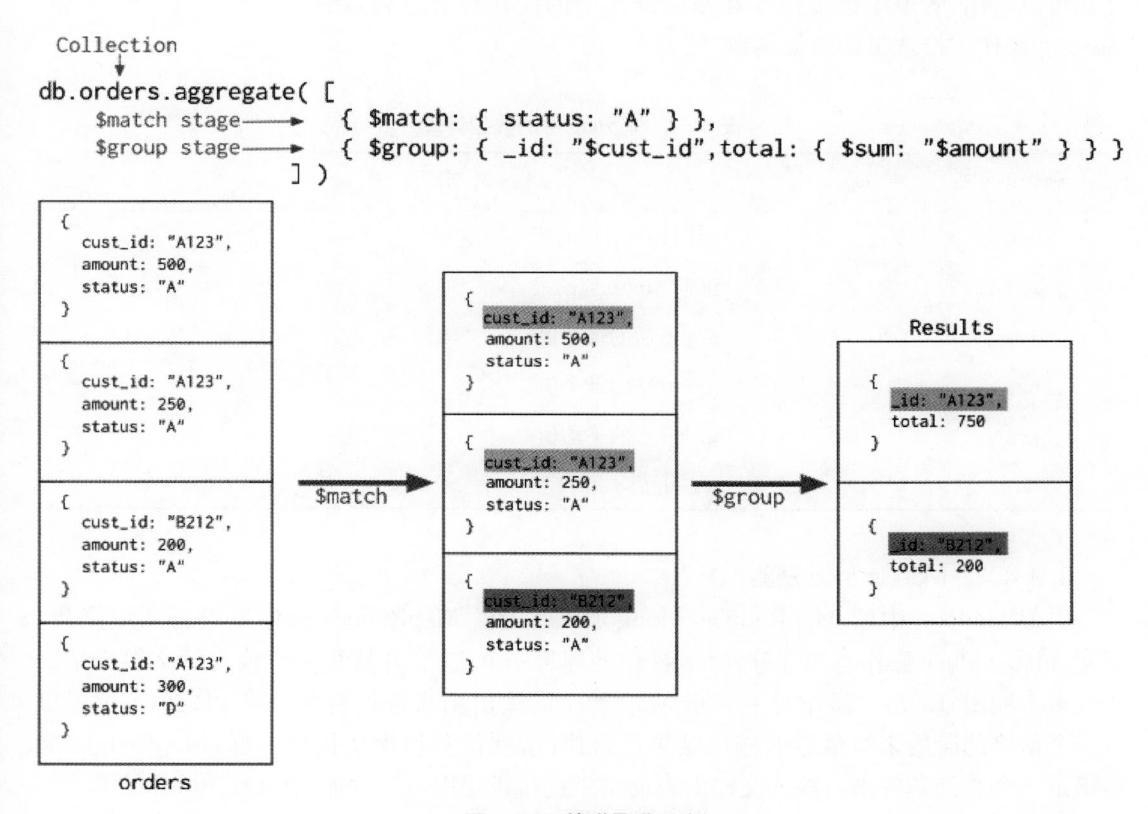

图 3-6　管道聚集示例

该示例包含两个阶段，分别是 match 和 group。match 阶段从输入的 4 个文档中筛选出三个符合"status"取值为"A"的文档作为输出，group 阶段对输入的三个文档先根据"cust_id"的取值进行分组，然后对于每个分组中所有文档的 amount 字段取值进行 sum 操作（求和），然后返回 2 个文档。

常见的管道操作符见表 3-1。

表 3-1　常见的管道操作符

操作	说　明
$match	过滤文档
$limit	限制管道中文件的数据
$skip	跳过指定的文档数量
$sort	对所输入的文档进行排序
$group	对文档进行分组后计算聚集结果
$out	输出文档到具体的集合中（必须是管道操作的最后一步）

可以看出，管道中很多操作和基础操作中的操作符有重合，例如 sort、skip、limit 等。$group 操作支持常见的聚集函数，见表 3-2。

表 3-2　$group 中的典型计算

操作符	说　明
$first	返回 group 后的第一个值
$last	返回 group 后的最后一个值
$max	group 后的最大值
$min	group 后的最小值
$avg	group 后的平均值
$sum	Group 后求和

3.9.4.2　MapReduce 聚集

类似 Hadoop 中的 MapReduce，MongoDB 也提供 MapReduce 操作来进行高效聚集。通常，map-reduce 操作有两部分：Map 操作处理每一个文档，并从每一个输入的文档产生一个或多个输出；Reduce 操作对上一步 Map 产生的输出结果进行合并。MapReduce 也可以有一个最终的阶段来对最后的输出结果进行修改，就像其他聚集操作一样，MapReduce 能够指定一个查询条件来对输入文档的查询结果进行排序以及部分输出（sort and limit）。

MapReduce 一般采用自定义 JavaScript 函数来处理 Map 操作与 Reduce 操作以及可选的最后一个最终操作，采用自定义的 JavaScript 能够比管道聚集更灵活，然而一般情况下

MapReduce 比管道聚集更加低效也更加复杂。MapReduce 也是可以操作分片的集合的，MapReduce 操作也能够输出到一个分片的集合中(将操作结果写入一个分片的集合中)。图 3-7 为一个示例。

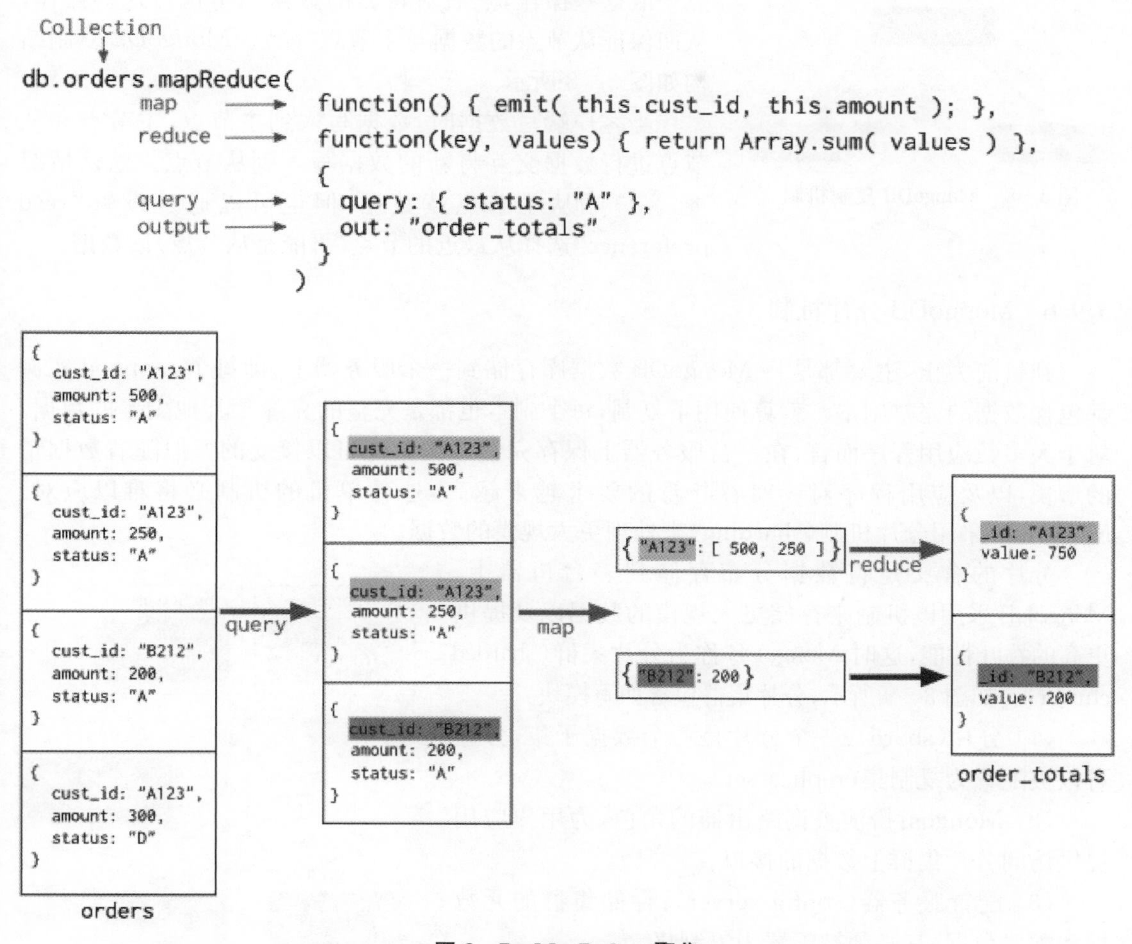

图 3-7 MapReduce 聚集

MongoDB 首先执行了 query 操作，输出了所有"status"取值为"A"的文档，然后执行 map 操作，再执行 Reduce 操作，最后输出的文档集合为 order_totals。

3.9.5 MongoDB 复制机制

正如 Hadoop 等大数据系统提供数据的多备份机制，MongoDB 也提供多备份机制，该机制称为复制机制(replication)。MongoDB 复制是将数据同步在多个服务器的过程。MongoDB 上的数据库可以被配置为复制集(replica set)。一个复制集由多个 mongod 进程组成，它们维护同样的数据。复制集提供了数据的冗余备份，并在多个服务器上存储数据副本，提高了数据的可用性，并可以保证数据的安全性。复制还允许用户从硬件故障和服务中断中恢复数据。

MongoDB 的复制至少需要两个节点。其中一个是主节点，负责处理客户端请求，其余

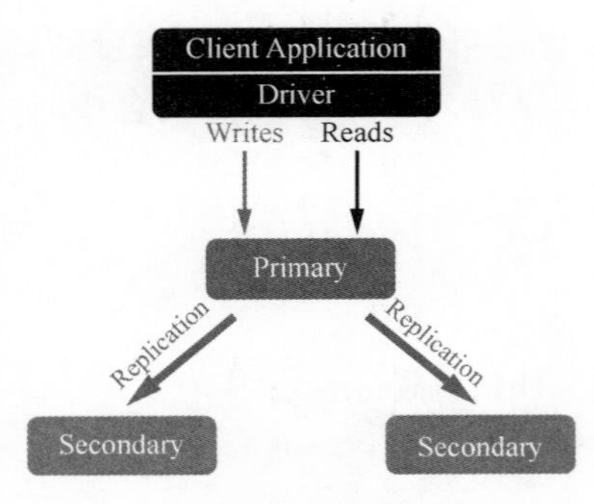

图 3-8 MongoDB 复制机制

的都是从节点,负责复制主节点上的数据。mongodb 各个节点常见的搭配方式为:一主一从、一主多从。主节点记录在其上的所有操作日志(oplog),从节点定期轮询主节点获取这些操作,然后对自己的数据副本执行这些操作,从而保证从节点的数据与主节点一致。MongoDB 复制结构如图 3-8 所示。

当客户端写数据时,数据写入到主节点,主节点和从节点进行数据交互将新的数据写入到从节点。默认情况下,客户端从主节点读数据,但也可以通过设置"read preference"选择从最近的节点(可能是从节点)读数据。

3.9.6 MongoDB 分片机制

到目前为止,主要都是将 MongoDB 数据库存储到一个服务器上,即每个 mongod 实例都包含数据的完整副本。就算使用了复制,每个副本也都是完整的克隆了其他副本的数据。对于大多数应用程序而言,在一台服务器上保存完整数据集是可以接受的。但随着数据量的增长,以及应用程序对读写吞吐量的要求越来越高,这种单机的机制必将难以应对。MongoDB 采用分片机制(sharding)来处理更大规模的数据。

分片的含义是将数据分布存储到多台机器上。MongoDB 采用该机制来存储更大规模的数据以及提供更高的吞吐性能,这时 MongoDB 称为分片集群(sharded cluster)。如图 3-9 所示,分片集群包含如下模块:

(1) 分片(shard):一个分片是一个数据子集,分片可以被配置为复制集(replica set)。

(2) Mongos:扮演查询路由器的角色,为用户应用提供访问分片集群上数据的接口。

(3) 配置服务器(config server):存储集群的元数据和配置数据,其必须被配置为复制集。

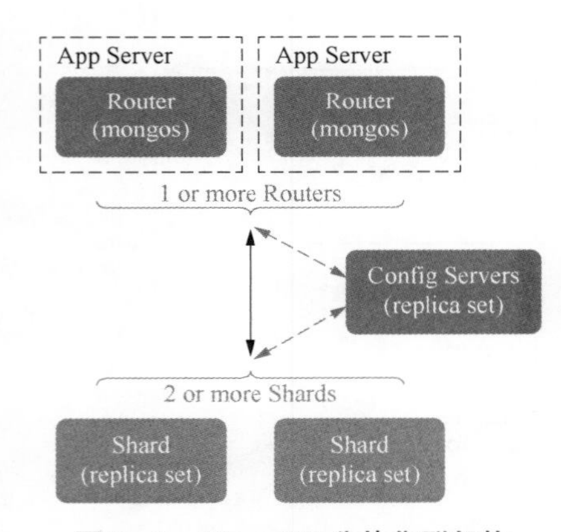

图 3-9 MongoDB 分片集群架构

MongoDB 在集合(collection)粒度上对数据进行分片,即将一个集合中的数据分为多个分片进行分布式存储。为了对集合的数据进行分片,MongoDB 需要一个分片键(shard key),它是一个在所有集合文档中都存在的字段。每个分片记为一个 chunk,每个 chunk 的键的范围是一个左闭右开的集合。

3.10 Neo4j

3.10.1 Neo4j 简介

Neo4j[13]是一个强健、可伸缩的高性能图数据库,也是目前使用最广泛的数据库。Neo4j 适合完整的企业部署或者用于一个轻量级项目。Neo4j 具有如下特点:

（1）完整的 ACID 支持。

（2）高可用性。

（3）轻易扩展到上亿级别的节点和关系。

（4）通过遍历工具高速检索数据。

ACID 性质是保证数据一致性的基础。Neo4j 确保了在一个事务里面的多个操作同时发生，保证数据一致性。不管是采用嵌入模式还是多服务器集群部署，都支持这一特性。可靠的图形存储可以非常轻松地集成到任何一个应用中。随着应用规模的不断发展，性能问题会逐步凸显出来，而 Neo4j 不管应用如何变化，只会受到计算机硬件性能的影响，不受业务本身的约束。一个 neo4j 服务器可以承载上亿级的节点和边。并且，当单节点无法承载数据规模时，可以部署分布式集群。Neo4j 可以用于存储关系复杂的图数据。通过 Neo4j 提供的遍历工具，可以非常高效地进行数据检索，每秒可以达到上亿级的检索量。

3.10.2　Neo4j 基础概念

本小节采用图 3-10 所示例子展开介绍。

（1）构成一张图的基本元素是节点和关系。在 Neo4j 中，节点和关系都可以包含属性。节点经常被用于表示一些实体。

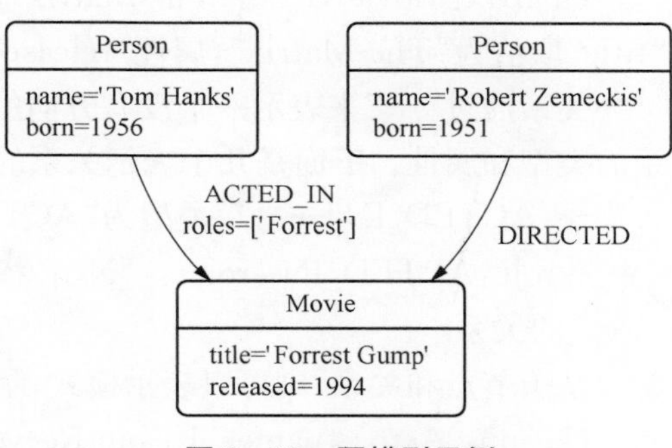

图 3-10　图模型示例

（2）标签（label）。在很多应用中，需要表示多个实体具有共性，可以用标签来实现该功能。例如可以在上例的 person 节点中加入“演员”或“导演”的标签。用户则可以访问所有的标签是“演员”的 person 实体。每个实体可以有零个、一个或多个标签。并且，标签可以是临时的，如在表示银行账号的实体中，加入“挂起”的标签。

（3）关系（relationship）。连接节点的称为关系，通过关系可以找到很多关联的数据。一个关系连接两个节点，必须有一个起始节点（source node）和目标节点（target node），即关系是有向的。对于一个节点来说，和它关联的关系有两个可能的方向：输入或输出。当关系的方向对应用没有意义时，可以忽略该方向。值得注意的是一个节点可以有一个关系是指向自己的。一个关系必须有且仅能有一个关系类型（relationship type）。例如上面的例子中的两条边的类型分别为“ACTED IN”和“DIRECTED”。

（4）属性（property），用于表示实体和关系的某些特性。属性均为键值对。在上例中，图中左上角的节点表示一个“person”实体，它有两个属性 name 和 born，取值分别为“Tom Hanks”和 1956。类型为“ACTED IN”的关系有一个属性 roles，取值为“Forrest”。

（5）遍历（traversal）和路径（path）。遍历用于表示如何来查询一张图，对一张图进行遍历表示按照某种关系来对某部分图进行访问。例如在上例中，如果希望找到“Tom Hanks”参演的所有电影，则遍历图时会从左上角的节点出发，沿着“ACTED IN”关系，到达上面的“movie”节点。这次遍历会返回一个长度为 1 的路径（path）。极端情况下一个单独的节点也是一个路径，它的长度为 0。

3.10.3 Neo4j 的 Cypher 查询语言和模式

Neo4j 使用 Cypher 语言查询图数据，Cypher 是一种描述性的图查询语言，语法简单，功能强大。由于 Neo4j 在图数据库家族中处于绝对领先的地位，拥有众多的用户基数，使得 Cypher 成为图形查询语言的事实上的标准。Cypher 语言的核心是模式和模式匹配（Pattern and Pattern matching），用于描述想要查找、创建或更新的数据的形状。

模式用于描述想要查询的图的特点。简单模式可以只包含一个关系，复杂模式则通过多个关系，可以描述更为复杂的查询。例如下面是一个包含两个关系的模式：

(:Person)-[:LIVES_IN]→(:City)-[:PART_OF]→(:Country)

接下来具体介绍节点、关系等在 Cypher 中的表示语法。

节点通过小括号“()”来表示，下面是几个表示节点的例子

(:movie) //表示标签为“movie”的节点

(matrix:Movie {title:"The Matrix",released:1997}) //表示标签为“movie”，且属性“title”取值为"The Matrix"，属性“released”取值为 1997 的节点。

关系通过“--”来表示一个没有方向的关系，“→”和“←”表示有向关系。“[]”来表示关系的类型和属性。下面是几个表示关系的例子：

-[:ACTED_IN]→ //类型为“ACTED_IN”的关系

-[role:ACTED_IN {roles:["Neo"]}]→ //类型为“ACTED_IN”、属性“roles”取值为“Neo”的关系

基于节点和关系，则可以表示模式，示例如下：

```
(keanu: Actor {name:"Keanu Reeves"})
-[role:ACTED_IN {roles:["Neo"]}]→
(matrix:Movie)
```

3.10.4 数据创建和访问

Cypher 基于模式来进行数据创建和访问。数据创建使用“CREATE”短语（clause），示例如下：

```
CREATE (:Movie {title:"The Matrix",released:1997})
```

该语句将创建一个节点，标签为“Movie”，拥有两个属性，分别为“title”和“released”。

```
CREATE (a:Person {name:"Tom Hanks",born:1956})
-[r:ACTED_IN{roles:["Forrest"]}]→
(m:Movie{title:"Forrest Gump",released:1994})
CREATE (d:Person {name:"Robert Zemeckis",born:1951})-[:DIRECTED]→(m)
```

该语句将创建出上一节的例子中拥有 3 个节点和 2 个关系的图。

Cypher 通过模式匹配来进行数据查询，用“MATCH”短语来表示，语法为“MATCH”后跟一个模式，示例如下：

```
MATCH (m:Movie)
RETURN m
```

该语句将返回上例中的两个标签为“Movie”的节点，“RETURN”短语用来表示返回的对象。

3.10.5 Neoj4数据存储

图数据的存储可以分为两种类型：一种是基于传统的关系型数据库进行存储，另一种是采用原生图存储方式(native graph storage)。前一种方式实现起来更为简单，并且可以利用成熟的关系型数据库技术。这种方式建立在成熟的非图后端(如MySQL)之上，运维团队对它们的特性更为熟悉和了解，因此运维难度较小。后一种方式的物理存储方式将数据按照图数据的特点以及图遍历的数据访问特性进行组织，因此数据访问的效率远高于前一种方式。

Neo4j采用原生图存储方式，这使得图遍历的效率非常高。接下来简单介绍Neo4j的数据存储方式。Neo4j将图数据存储在若干个不同的存储文件中。每个存储文件包含图的特定部分的数据，例如，节点、关系、标签和属性都有各自独立的存储文件。存储职责的划分，特别是图结构与属性数据的分离，使得图遍历非常的高效，它甚至意味着用户角度的图和物理存储中的实际数据拥有完全不同的结构。

节点存储文件用来存储节点的记录。每个图中创建的节点都会存储于该文件，其物理文件名是“neostore. nodestore. db”。像大多数Neo4j存储文件一样，节点存储区是固定大小的记录存储，即每条记录占用固定大小的空间：每个记录长度是9个字节。第一个字节是“是否在使用”标志位，它表示数据库中该记录目前是被用于存储某个节点，还是可回收来存储新的节点。接下来的2～5B表示该节点的第一个联系的ID，6～9B存储该节点的第一个属性的ID。通过这种固定大小的记录可以快速定位存储文件中的节点，而不误进行依次访问来寻找所要查找的节点，从而大大提高了效率。

关系被存储于关系存储文件中，物理文件名为“neostore. relationshipstore. db”。像节点存储一样，关系存储区的记录大小也是固定的。每个关系记录包含该关系的起始节点ID和目标节点ID、关系类型的ID、起始节点和目标节点的上一个关系和下一个关系，以及一个指示位表示当前记录是否位于关系链(relationship chain)的最前面。

节点存储文件和关系存储文件只关注图的结构而不是属性数据。这两种存储文件都使用固定大小的记录，以便存储文件内任何记录的位置都可以根据ID迅速计算处理，这一特性是保证Neo4j的高效率遍历的关键设计决策。

属性数据都存储在属性存储文件中，物理文件名为“neostore. propertystore. db”。和节点存储文件和关系存储文件一样，属性存储文件中的记录也是固定大小的。类似的还有存储标签数据的标签存储文件，名为“neostore. labeltokenstore. db”。

除了有效的存储布局，Neo4j从版本2.2开始使用堆外缓存来提升性能。其使用最近最少使用页缓存算法(LRU-K)。这种图缓存是LRU-K页面级别的缓存，意味着高速缓存将存储划分为离散的区域，然后每个存储文件持有固定数量的区域。页的高速缓存置换基于最少使用的策略来换出页面。该策略保证了缓存资源在统计学意义上的最优使用。

3.11 小结

本章主要讲解大数据管理系统的内容。首先介绍了设计和理解大数据管理系统时重要的若干考虑因素。然后分别介绍了 HDFS 和 Parquet 两种行存储和列存储的分布式文件格式。接下来,对 NoSQL 数据库的特点进行了介绍,然后对 4 类典型的 NoSQL 数据模型:键值对数据模型、列族数据模型、文档数据模型和图数据模型分别进行了介绍。最后,对 6 个流行的 NoSQL 数据库:Redis、HBase、Dynamo、Cassandra、MongoDB 和 Neo4j 分别进行了详细的介绍。

目前统计的 NoSQL 数据库已超过 200 种。而随着应用领域的不断丰富和数据管理技术的快速发展,NoSQL 数据库技术也将继续蓬勃的发展。一方面已有的 NoSQL 数据库会不断地趋于完善;另一方面,随着新的应用需求的出现,也将会涌现出更多的 NoSQL 数据库。在这一趋势下,计算机应用研发人员也从海量的 NoSQL 数据库中选择最为适合的一款数据库的问题。本章对于不同 NoSQL 数据库的数据分区、多副本策略、容错机制和一致性等问题的介绍可以为读者提供借鉴作用和选择的思路。

参◇考◇文◇献

[1] GHEMAWAT S, GOBIOFF H, LEUNG S T. The Google file system [C]//Proceedings of the nineteenth ACM symposium on Operating systems principles. 2003:29 - 43.

[2] DEAN J, GHEMAWAT S. MapReduce: Simplified Data Processing on Large Clusters [J]. To appear in OSDI, 2004: 1.

[3] CHANG F, DEAN J, GHEMAWAT S, et al. Bigtable: A Distributed Storage System for Structured Data [J]. Acm Transactions on Computer Systems, 2008,26(2):1 - 26.

[4] DECANDIA G, HASTORUN D, JAMPANI M, et al. Dynamo: Amazon's highly available key-value store [J]. ACM SIGOPS operating systems review, 2007, 41(6): 205 - 220.

[5] HE Y, LEE R, HUAI Y, et al. RCFile: A fast and space-efficient data placement structure in MapReduce-based warehouse systems [C]//2011 IEEE 27th International Conference on Data Engineering. IEEE, 2011:1199 - 1208.

[6] MELNIK S , GUBAREV A , LONG J J , et al. Dremel: Interactive Analysis of Web-Scale Datasets [J]. Communications of the Acm, 2010,3(6):114 - 123.

第4章 大数据安全①

如何保护数据的安全和隐私是大数据时代最受关注的问题之一。本章主要从数据保护和安全利用的角度来介绍大数据安全技术。本章首先概述大数据安全技术,介绍大数据安全的基础理论和方法,以及国内外重要的法律法规;然后讲述如何在满足"可用不可见"的需求下实现数据流通的主流技术-隐私计算技术,并介绍了差分隐私技术;最后,本章节简要阐述数据安全治理与伦理的相关问题。

4.1 概述

随着移动互联网、云计算,大数据等技术的发展与新应用的不断拓展,数据爆炸式增长,几乎所有的活动由数据所驱动。2020年4月,中共中央、国务院印发的《关于构建更加完善的要素市场化配置体制机制的意见》[52],首次提出数据作为生产要素,施行市场化配置。2021年,"十四五"规划《纲要》[48]进一步明确提出,要建立数据资源产权、交易流通、跨境传输和安全保护等基础制度和标准规范,推动数据资源开发利用。2022年中央全面深化改革委员会第二十六次会议审议通过了《关于构建数据基础制度更好发挥数据要素作用的意见》[49]。从顶层设计角度,国家已把充分发挥数据要素价值放在重要的战略位置。数据作为当前最具时代特征的核心生产要素,与算力和算法相结合,已经演变为一种新型的社会生产力,为各行各业带来技术突破,对社会各方面发展产生的影响日益凸显。目前数据已经成为企业间竞争的关键,加强和创新社会治理的重要依据、重要资源和影响国家竞争力的重要因素。全球也因此进入到"数据经济时代"。

大数据飞速发展的同时也存在着严重的数据泄漏和滥用问题,2018年3月,Facebook上超过5 000万名用户个人信息数据遭到英国剑桥分析公司的泄露。英国剑桥分析公司在未经用户同意的情况下,对这些个人数据进行分析,并在总统大选期间针对这些人进行定向宣传,对总统选举的结果产生了一定的影响。中国的3·15晚会上,曝光了多起数据泄漏和滥用的案例。2021年的3·15晚会上,多家企业因通过滥用个人信息谋利而被曝光。科勒卫浴利用摄像头抓取顾客人脸并自动生成编号;向智联招聘、前程无忧猎聘等平台支付一定

① 本章的撰写得到复旦大学数据分析与安全实验室宋鲁杉、阮文强、林国鹏、姜子丰、陈姝宇、涂新宇、汪哲轩的支持。

的费用,就可以在不征得求职者同意的情况下获取其个人简历;手机管家 PRO 表面看起来是在清理手机垃圾,背地里却在不断读取用户手机中的信息。2022 年的 3·15 晚会上,点名曝光 Wi-Fi 破解精灵、雷达 Wi-Fi、越豹 Wi-Fi 助手等软件,以提供免费 Wi-Fi 为由,在后台偷偷获取大量用户信息;点名曝光融营通信、容联七陌、杭州以渔等企业,用户在浏览这些企业的网页后,即使没有留下手机号码,还是会接到相关行业的骚扰电话。

数据作为国家基础性战略资源,通常蕴含较高的价值和敏感性,没有数据安全就没有国家安全。目前数据安全已经成为了事关经济社会发展与国家安全的重大问题。面对日益严峻的大数据安全形势,为了进一步保护个人隐私,世界各国纷纷发布数据安全相关的法律法规。欧盟于 2018 年生效的《通用数据保护条例》(*General Data Protection Regulation*, GDPR),成为了全球数据安全保护法令的重要标杆。我国于 2021 年先后施行了《中华人民共和国数据安全法》(《数据安全法》)和《中华人民共和国个人信息保护法》(《个人信息保护法》),为数据的开发利用和安全保护提供了规范和指引,保障了数据的依法有序自由流动,使得数据的应用和交易规范化。《数据安全法》强调数据宏观层面的安全,而《个人信息保护法》强调数据个人层面的安全。上述法律法规均对信息安全与隐私保护进行严格的规范与引导,一旦有企业违反,将会面临天价罚款。2021 年,GDPR 对亚马逊、Facebook 等多家企业共开出了 11 亿欧元的罚单。如果违反《数据安全法》和《个人信息保护法》,最高可分别罚款 1 000 万元和 5 000 万元。

数据通常以孤岛的形式存储在各个机构或部门中,由于商业竞争或者不同的利益诉求,难以简单收集并进行集中式的共享利用。上述法律法规的发布和执行进一步加剧了数据孤岛的现象,涉及用户隐私的数据难以直接在各个机构之间流通。然而在数据经济时代,只有数据开放流通,才能充分发挥数据要素价值,更好地实现数据的商业价值和社会价值。因此,迫切需要打破数据孤岛,实现数据安全流通,在保护数据安全和个人信息的前提下最大化数据的价值。目前实现大数据安全有多种方式,如原始数据隐私保护技术、访问控制技术和隐私计算技术等。

原始数据隐私保护技术即在原始数据发布前,对其进行隐私保护处理,常用的方法有 k-匿名(k-anonymity)[34]、l-多样性(l-diversity)[21]、t-近邻(t-closeness)[19]、差分隐私(Differential Privacy, DP)[10]等。k-匿名方法可以保证同一个准标识符至少有 k 条数据,从而防止攻击者通过准标识符连接到独立的个体。l-多样性确保匿名数据中每个等价类中至少有 l 种内容不同的敏感属性值,从而通过敏感属性的多样化来保证单一个体的敏感值不会被暴露。t-近邻保证所有等价类中敏感属性值的分布与整个数据集的敏感属性值分布保持一致。差分隐私通过对数据加入噪声进行扰动来限制单条数据对于数据分析结果的影响,从而防止攻击者从数据分析结果中获取用户的隐私信息。

访问控制技术通过制定访问策略以保证只有被授权的主体才能访问信息,从而实现对大数据的隐私保护。常用的访问控制有自主访问控制模型(DAC)、强制访问控制模型(MAC)和基于角色的访问控制模型(RBAC)三种。在自主访问控制模型下,用户可以自主选择是否与其他用户共享他的数据。强制访问控制模型即指一种由操作系统约束的访问控制。基于角色的访问控制模型在用户集合与权限集合之间建立一个角色集合,每一种角色对应一组相应的权限,权限管理更加简化。

隐私计算技术,即在不泄露明文数据的前提下,利用这些数据做计算。常用的隐私计算技术主要有三种:安全多方学习(secure multi-party learning, MPL)[26]、联邦学习(federated learning, FL)[17]和基于可信计算环境(trusted execution environment, TEE)的机密计算(confidential computing, CC)[18]。安全多方学习,即基于安全多方计算(secure multi-party computation, MPC)的隐私保护机器学习,可以使一组互不信任的参与方,在不依赖第三方的情况下而安全地训练一个机器学习模型,且不泄露除结果外的其他敏感信息。联邦学习使得每个参与方都使用本地数据在其本地计算环境中训练机器学习模型,并引入一个第三方(中心服务器)来和参与方交互中间的训练结果。由于每个参与方的原始数据不出域,因此联邦学习在一定程度上保护了用户的隐私和数据的安全性。基于可信计算环境的机密计算可以让参与方在可信计算环境中训练模型。数据处理环境的可信性保障了数据隐私和系统安全性,机密计算的发起者只能在计算结束后获得最终结果,而无法知道参与方的原始敏感数据。

4.2 数据安全的基础理论与方法

4.2.1 数据加密技术

以电子数据作为主流信息载体、以网络通信作为主要信息传输方式的现在,用户的电子设备中往往储存着大量的个人隐私信息。在日常生活中,人与人之间通过网络相互传递的信息往往也包含着大量的隐私信息,而这些信息也就成为了不法分子所关注的对象,他们会通过各种手段对网络上传递的信息、数据库中存储的数据等包含大量个人隐私的数据进行攻击,攻击的手段包括:窃听、篡改、伪装、否认发送和否认接受等一系列攻击方式。中间人攻击是一种典型的篡改攻击,这种攻击模式是通过在通信双方之间插入一个受攻击者控制的计算机,在通信双方不知情的情况下“转发”其通信信息,并在“转发”过程中窃取、篡改通信内容,从而达到攻击的目的。目前网络环境中,DNS欺骗、会话劫持都是常见的中间人攻击。因此,数据安全问题一直是当今网络社会中的焦点问题,数据加密技术也应运而生。数据加密技术是指使用约定好的加密密钥和加密函数对明文信息进行转换,得到无意义的密文信息,同时也可以使用解密密钥和解密函数将无意义的密文解密还原为原来的明文信息的技术。在这样一种技术的保护下,用户在网络环境中发送接收的信息,可以被加密为难以破解的密文信息,从而保证即使在传输过程中发生了信息泄露,攻击者也难以从截获的信息中获得原本的明文信息。如果攻击者试图对截获的信息进行篡改,则接收方在解密后会得到无意义的明文信息,从而发现受到攻击。因此,数据加密技术可以很大程度上保证用户在通信过程中的数据安全,它也是网络安全技术的基石。

数据加密技术使用的密码系统是一个五元组(P, C, K, E, D):P是可能明文的有限集,即明文空间;C是可能密文的有限集,即密文空间;K是一切可能密钥组成的有限集,即密钥空间;E是一簇由加密密钥控制的、从明文空间P到密文空间C的加密算法;D是一簇由解密密钥控制的、从密文空间C到明文空间P的解密算法。现代数据加密技术主要有两种体制:一种为对称密钥体制,一种为非对称密钥体制。

对称密钥加密又称为专用密钥加密或者共享密钥加密,该加密技术中,对信息进行加密和解密所使用的密钥是相同的。常用的对称密钥加密算法有DES算法、AES算法等。在对称密钥加密中，因为数据发送方和接收方必须使用相同的密钥进行加密和解密运算，所以需要以绝对安全的形式进行密钥的共享。对称密钥加密常用于现在网络通信中以保护通信数据内容不被黑客窃听或篡改，但是无法处理否认发送等攻击。对称密钥加密的优点在于算法公开、加密效率高，但是缺点在于一个用户在与多个用户进行通信时，与每一个通信方之间都需要准备一个密钥并定期更新，从而使得用户需要花费大量的时间在密钥管理上。

非对称密钥加密技术的非对称体现在对信息的加密和解密需要使用两个不同的密钥：加密密钥和解密密钥。同时，非对称密钥加密又称为公开密钥加密，因为在这种加密算法中，一个用户拥有两个密钥，一个为公开密钥 pk 简称公钥，一个为私人密钥 sk 简称私钥。公钥向外公开，私钥由个人持有。公钥和私钥在信息加密过程中互为加密密钥和解密密钥，公钥和私钥无法相互推算。常见的非对称密钥加密算法有 RSA 算法、椭圆曲线加密算法等。当用户 A 向用户 B 发送消息时，使用 B 的公钥 sk_B 对明文信息 m 进行加密得到密文信息 c：$c=E_{pk_B}(m)$。B 在收到密文信息后，使用私钥解密得到原文信息 $m=D_{sk_B}(c)$。除了用户 B 之外，没有人知道私钥 sk_B，无法解密密文进行攻击，从而保护了网络通信中的传输数据不被黑客窃听或篡改。同时、基于非对称密钥生成的数字签名使得抵御否认发送等攻击成为可能。在发送信息时，发送方用一个哈希函数从加密后的信息生成数字摘要，然后使用私钥对其进行加密，得到的加密结果即数字签名，将数字签名和信息一起发送给接收方。接收方可以通过发送方的公钥对数字签名信息进行验证，从而确认发送方的身份，同时也可以确认信息内容没有被篡改，是真实有效的。相比于对称密钥加密，非对称密钥加密的密钥管理相对简单，并且可以实现数字签名和认证的功能，抵御否认发送等攻击，同时也可用于交换对称加密所需要的密钥。

大数据主要具有以下 4 个方面的特征：大量（volume）、多样（variety）、高速（velocity）和价值（value）。在当前的大数据时代，各个企业主体往往持有海量的数据，这些数据类型多样，并且往往在网络上进行频繁高速地传输，同时这些数据也包含大量隐私敏感信息。因此，在大数据时代下的数据加密需要相比于传统数据加密更高的效率和更高的安全性。基于属性加密（ABE）是目前大数据场景下较为常用的方案，相比于基于身份加密（IBE）的方案，ABE 可以实现一对多加解密，无须确认用户身份，只需要用户所拥有的属性满足加密者所制定的策略，即可进行解密。目前的相关创新研究中，主要的优化路线有：采用大数据消冗办法对于大数据中的重复值进行检测统计并优化[53]；在基于属性加密（ABE）基础上对实际应用场景中存在的重复属性进行优化[16][54]；混合加密方法等[38]。

4.2.2 数据访问控制

在当今社会，大量的数据和信息存储于用户的设备和企业的服务器中，这些数据和信息往往都是不法分子的攻击对象。木马病毒是一种常见的攻击手段，它往往隐藏在正常程序中，执行破坏或删除设备中的文件，记录键盘盗取密码等攻击。在网络环境中，不法分子会尝试对包含大量隐私信息的网络资源进行访问。为了对网络资源和设备上的资源进行保护，访问控制技术应运而生。访问控制的三个主要研究对象为：主体（Subject）、客体（Object）和访问策略（Policy），它是一种解决主体对于客体具有何种权限的系统安全技术，主要目的是为了控制访问主体对客体的访问权限，通过对用户进行识别和认证并决定其对系统资源的访问权限，保证数据资源在合理合法的范围内被安全使用。目前常用的访问控制类型有三种：自主访问控制模型（DAC）、强制访问控制模型（MAC）和基于角色的访问控制模型（RBAC）。

（1）自主访问控制模型是一种基于所有者授权的访问控制模型。每一个客体的创建者即其所有者，所有者有且仅有一个。该所有者自主对该客体进行管理，可以自行决定是否将该客体的访问权限授予其他主体，或者是向其他已被授权的主体回收访问权限，同时，客体的销毁仅可由其所有者完成。自主访问控制的优点在于其自由度和灵活度较高，缺点在于所有者的权限过大，容易被攻击者利用。此外，在所有者和客体数量较大的情况下，用于管理权限的访问控制列表（ACL）也会十分庞大，导致高维护成本。

（2）强制访问控制模型中，所有的主体和客体都拥有一个安全标识，这些安全标识构成一个偏序网格。每次一个主体申请访问一个客体时，系统会检查主体和客体的安全标识，并根据两者安全标识的偏序关系决定是否可以进行访问。强制访问模型中，主体对客体主要有4种访问方式：主体安全标识高于客体时允许读操作（下读）；主体安全标识低于客体时允许读操作（上读）；主体安全标识高于客体时允许写操作（下写）；主体安全标识低于客体时允许写操作（上写）。其中下读和上写属于保密性规则，上读和下写属于完整性规则。强制访问控制的优点在于有很强的安全等级划分，便于集中管理，适用于安全性需求高的应用场景，但这也导致了其权限变更困难，权限管理不灵活等缺点。

（3）基于角色的访问控制模型的基本思想是在用户和权限之间加入一个角色设定，将权限授予角色而非用户，再将角色分配给用户从而实现相应授权。这种访问控制模型使得用户不再直接拥有权限，而是通过扮演角色来间接获得相应权限，使得用户和权限之间实现了逻辑上的分离，不再需要复杂的访问控制列表（ACL）进行管理，权限管理更加简便。RBAC0作为RBAC的核心模型，引入了会话这一概念，会话指在特定场景下用户与一组角色的映射。RBAC1在RBAC0的基础上引入了角色的继承关系，将角色进行了分层分级管理。RBAC2在RBAC0的基础上进行了角色的访问控制，引入了静态职责分离和动态职责分离，分别应用于用户与角色之间的约束及会话和角色之间的约束。RBAC3则是对RBAC1和RBAC2进行了整合，兼顾了两者的优点，但也更为复杂。基于角色的访问控制模型的优点是简化了用户和权限的关系，使模型贴近现实逻辑，更加直观，便于理解，易拓展和维护。

在以上常用的三种常用的访问控制模型基础上，根据特定应用场景还衍生出了基于任务的访问控制（TBAC）、基于对象的访问控制（OBAC）和基于属性的访问控制（ABAC）等一系列模型。TBAC是从应用和企业层角度解决安全问题，从任务的角度建立安全模型和实现安全机制。OBAC与RBAC相反，其安全模型和安全机制是从受控对象的角度出发进行设计，将访问控制列表与受控对象或其属性相关联，而非用户。ABAC则是基于用户的属性而非角色来设计安全模型和安全机制，具有特定属性的主体拥有对指定客体的访问权限。

在当下的大数据时代，数据访问控制同样会面临许多实际应用中的问题。用户的大量的隐私敏感数据存储于云服务器，需要更高安全性保证、更高效率和更细粒度的访问控制来对这些数据进行保护。目前在这样的场景中应用最广泛的是基于属性基加密的基于属性的访问控制（ABAC）。而用户作为数据的属主，需要通过访问控制系统对所属的数据进行权限管理，在大数据的环境下，云服务器上的数据会存在多数据属主的情况，例如企业和用户同时都是用户在软件中信息的属主，这种情况下，访问控制模型就会相对更加复杂[50]。此外，国务院印发的《要素市场化配置综合改革试点总体方案》提出的数据“可用不可见”，也给大数据时代下的访问控制，提出了全新的数据访问权限类型。

4.2.3 数据安全利用

在人类早期的科学研究中，由于没有足够庞大的数据库供以研究，且没有处理海量数据的方法，科学家们往往在科学研究中使用模型驱动的方法进行探索，依靠少量实验数据及一些数学直觉上的假设，手工计算并推导和验证模型的性质。数据驱动是与之相对应的另一种问题的求解方法，与模型驱动不同的是，在现在的大数据时代的环境下，科学家的研究内容往往可以得到海量数据的支持，这些海量数据可以作为科学研究的出发点，去支撑相关模型的研究，通过寻找和调整数据中特征值之间的关系，让模型不断地向数据靠近，也即指深度学习的过程。

然而在数据驱动研究的过程中，用于研究的海量数据往往分布于不同的主体手中，对于个人主体，这些数据包含了大量的个人隐私；而对于企业主体，这些数据不仅包含了用户的个人隐私，同时也有巨大的商业价值。全球各地区为了保护个人的隐私数据，在过去的几年中相继出台了相关法规，例如欧盟的《通用数据保护条例》、中国的《数据安全法》和《个人信息保护法》。然而，如果为了数据安全，禁止数据交易和数据共享，则会产生数据孤岛现象，从而无法对大数据进行合理有效的利用。因此，数据安全利用也是当今数据安全的热点之一。业界目前主流的三种技术路线为：可信执行环境，通过软硬件方法提供一个独立处理环境，使得环境内的数据可以得到安全性和完整性上的保护；联邦学习，通过借助可信第三方交换中间结果的方式，在不泄露各方持有数据的情况下进行分布式机器学习。安全多方学习，无需可信第三方作为辅助，基于同态加密、秘密分享、不经意传输、混淆电路等安全多方计算协议，在不泄露各方持有数据的情况下进行分布式机器学习。安全多方学习具有较高的安全性保证，但计算效率较低；联邦学习安全性相对较低，但计算效率高；可信执行环境拥有高性能和良好的通用性，但是其安全性依赖于硬件厂商。三条技术路线各自在不断前进的同时，也在逐渐地进行融合，去寻找一个安全、性能和通用型上更好的平衡，探索更好、更安全和更可靠的数据驱动方法。

4.3 数据安全的相关法律法规

2016 年美国总统竞选期间，剑桥分析公司通过购买 Facebook 的用户个人数据，分析用户的政治倾向并投送相应的竞选广告，直接影响了美国总统的竞选结果。这个事件令公众和各国政府认识到了在大数据技术的支持下，数据中所蕴含的巨大价值。为了保护公民的个人数据权益，各国政府纷纷颁布了数据安全相关的法律法规，包括欧盟颁布的《通用数据保护条例》，中国颁布的《数据安全法》和《个人信息保护法》等。上述法律法规的颁布与生效规范了数据收集者的各项行为，为大数据安全奠定了坚实的法理基础。接下来本节介绍三项数据安全相关的典型法律法规《通用数据保护条例》、《数据安全法》以及《个人信息保护法》，从法律的角度为大数据安全技术的发展提供参考。

4.3.1 通用数据保护条例(欧盟)

《通用数据保护条例》(*General Data Protection Regulation*，以下简称 GDPR)由欧盟于

2016年正式颁布，并于2018年生效，对个人数据生命周期的各个阶段，包括收集、存储、传输、处理以及销毁，均做了详细的规定。任何违反GPDR要求的企业与个人都将面临严厉的法律惩罚，包括罚款与禁止营业等。同时，GDPR的颁布也为其他国家颁布数据安全相关的法律提供了有效的参考，包括美国加利福尼亚州颁布的《消费者隐私保护条例》以及中国的《个人信息保护法》等。接下来详细介绍在个人数据生命周期的各个阶段GPDR为保障个人数据安全与隐私所做的具体要求。

(1) 在个人数据收集阶段，GDPR要求个人数据收集者向个人数据所有者发送数据收集请求并获取个人数据所有者的收集许可。当构建数据收集请求时，GDPR要求个人数据收集者避免使用过多的技术名词，以非专业用户能够理解的方式告知个人数据所有者。同时，个人数据收集者不能通过UI设计等方法引导用户倾向于同意数据收集行为。除了对数据收集请求的内容和格式有所要求外，当个人数据所有者为儿童(在欧洲为年龄小于14岁的自然人)时，个人数据收集者应当向该所有者的监护人请求许可，从而避免不具有判断能力的儿童贸然给出许可。而当个人数据收集者向第三方获取个人数据时，应当要求第三方出示个人数据所有者的明确许可。

(2) 在个人数据存储阶段，GDPR要求个人数据收集者确保所存储数据的安全性，并保障个人数据所有者的数据访问权与数据修改权。首先，个人数据收集者应当采用必要的防护手段，如访问控制、数据加密等，防止恶意攻击者窃取或篡改其所存储的个人数据，从而保障其所存储个人数据的安全。同时，当个人数据收集者存储个人数据时，个人数据收集者必须及时响应个人数据收集者发送的访问或修改请求，从而使得个人数据所有者能够访问或修改个人数据收集者所存储的个人数据。

(3) 在个人信息数据传输阶段，GDPR要求数据跨机构传输得到用户的明确许可。此外，倘若个人数据需要跨国传输，则还需要经过政府的评估并得到相应的许可。在GDPR发布前，数据收集者之间存在大量的未经用户许可的个人数据交易或传输，严重侵犯了用户的数据权益。因此，GDPR严格地限制了个人数据的传输，要求个人数据收集者在传输或交易前需要获得用户的明确许可。同时，由于个人数据涉及国防安全，当数据收集者向国外传输个人数据时需要由政府评估数据传输目的地的数据保护能力、政治因素等，只有得到政府许可后方可进行跨国数据传输活动。

(4) 在个人数据处理阶段，GDPR要求个人数据收集者应当对数据处理过程进行个人信息保护影响评估并匿名化数据处理结果。此外，个人数据收集者还应当监控数据处理过程并确保数据处理的目的是用户许可的。个人数据处理是个人数据产生价值的关键步骤，个人数据收集者通过使用各种数据挖掘算法挖掘个人数据中有价值的知识，从而通过设置相应的营销策略、推荐商品等方式获取利润。但数据处理的结果可能会泄露用户的隐私信息，并且个人数据所有者可能并不愿意其个人数据被个人数据收集者用于数据挖掘等过程。因此，GDPR中有大量关于个人数据的处理过程的规定。首先，个人数据收集者应当对数据处理过程的安全性和匿名化的程度进行量化评估，即个人信息保护影响评估，使得用户了解数据处理过程可能会带来的安全风险。同时，GDPR要求个人数据处理的结果应当匿名化，即无法与特定的个人产生关联。除了对数据处理过程本身的安全性有所要求外，GDPR还要求个人数据收集者应当明确向个人数据所有者说明其处理个人数据的目的，在得到个人数据所有者许可后方可开展相应的数据处理过程。为了进一步确保上述规定得到执行，

GDPR还要求个人数据收集者对数据处理过程进行监控，并记录数据处理的日志，以备政府相关部门对其数据处理过程进行监管，保障个人数据所有者的数据权益。

(5) 在个人数据销毁阶段，GDPR要求个人数据收集者能够确保手中持有的用户个人数据被彻底地删除并保障用户的数据删除权，即被遗忘权。当个人数据不再是为用户提供服务所必需的数据或用户明确要求个人数据收集者删除其个人数据时，个人数据收集者应当彻底删除其所存储的用户个人数据。

GDPR正式生效后，许多大型企业由于没能满足GDPR的各项要求受到了严厉的惩罚。在2019年，YouTube由于未经监护人许可直接收集儿童的个人信息而被罚款1.7亿美元。Google在2018年由于未能尊重用户的数据删除权而被罚款800万美元。德国地产公司Deutsche Wohnen由于未能及时删除不必要的用户个人数据而被德国政府罚款1 450万欧元。这些由于未能满足GDPR数据安全要求而受到严惩的案例说明了欧盟维护公民个人数据权益的决心，也为其他国家设置相应的惩罚措施提供了宝贵的参考。

4.3.2 数据安全法(中国)

2021年7月，滴滴公司由于未经许可擅自将数据传输到境外，对中国国家安全造成了严重影响，受到了应用下架的严重处罚。随着“数据关乎国家主权”渐渐成为共识，通过立法保护数据，从而保障中国国防安全成为了一项急迫的需求。《数据安全法》由此应运而生，于2021年6月1日通过并于2021年9月1日起正式生效。数据安全法旨在规范数据的应用，重新塑造数据使用的国际规则，通过确保数据安全保护国家核心利益。此外，不同于GDPR，《数据安全法》是一部行为约束法，其主要的对象为数据处理活动而不是数据本身。因此，《数据安全法》不仅适用于个人数据，还适用于其他各类数据，如地理数据、科学数据等。

《数据安全法》要求数据的处理者对于重要数据有保护义务。《数据安全法》要求各个地区的行业主管部门要根据行业特性以及各地区的实际情况制定重要数据目录，用于对数据进行分级分类管理。而重要数据的处理者对于其所持有的重要数据则有安全保护义务，具体要求包括明确数据安全责任人与管理机构、定期开展数据安全风险评估并将评估报告发送给相关部门、接受国家的安全审查、数据出境时接受审查等。这些规定规范了数据处理活动，为保障重要数据的安全，从而保障国防安全奠定了法理基础。

《数据安全法》对数据交易机制做了详细的规定。《数据安全法》的立法原则是“坚持安全与发展并重”，因而《数据安全法》中有多项关于数据要素交易的规定，为完善我国数据交易制度提供了法律依据。其中具体的规定包括：数据中介服务的提供者应当提供额外的安全保护，如对交易双方的身份进行审核，对交易数据的安全进行保护等；数据交易服务的提供者应当取得相应的行政许可方可从事相应业务；要求明确数据产权等。上述规定的出台极大地规范了数据要素的安全流动，为数字经济的发展提供了强有力的法律保障。

需要对数据进行处理的企业应当采取适当的措施以满足《数据安全法》的各项要求，本小节对企业应当采取的合规措施做简要的介绍。首先，企业应当确保数据来源合法正当，擅自使用爬虫等工具对数据进行爬取可能会带来较大的合规风险。其次，部分数据处理活动应当获得行政许可后再行开展。企业还要主动建立数据分级分类管理机制并完成数据全生命周期防护体系，全方位地确保重要数据的安全。最后，在数据出境方面，企业应当谨慎对待，在取得上级主管部门许可后方可进行数据跨国传输活动，否则极有可能重蹈滴滴公司由于擅自传输数据出境而受到严厉处罚的覆辙。

4.3.3 个人信息保护法(中国)

《个人信息保护法》于2021年11月1日起正式生效，是中国第一部专门针对个人信息保护的法律。尽管之前的《网络安全法》、《数据安全法》中对于个人信息的保护都有相应的规定，但都比较笼统，缺少详细的描述。《个人信息保护法》通过界定个人信息的定义与具体内涵，并详细规定个人信息全生命周期各个阶段中数据主体以及数据处理者的各项权利和义务，使得中国公民的个人数据权益具有与GDPR相当的保护水准。《个人信息保护法》在赋予公民GDPR中所包含的各项权利如数据访问权、数据修改权和数据删除权等之外，还额外规定了个人信息所有者的请求解释权，即个人信息所有者有权要求个人信息处理者向其解释个人信息处理方法与规则。上述的一系列个人信息所有者权益有效防范了个人信息被滥用的情况发生。

在《个人信息保护法》出台后，国家互联网信息办公室、网信办与上海市等相关部门与地方政府纷纷出台了相应的条例以及管理办法，如《网络数据安全管理条例》《数据出境安全评估办法(征求意见稿)》以及《上海市数据条例》《深圳经济特区数据条例》等。在具体行动方面，国家开展了App违规专项治理、平台算法治理、网络安全审查等专项活动，全面治理大型数据处理者违规违法处理传输数据的乱象。同时，国家正在鼓励发展隐私计算技术，通过利用隐私计算“可用不可见”的强大功能在保护公民数据权益的前提下实现数据要素的安全流通，从而促进数字经济的发展。

随着近年来中国接连出台了《网络安全法》《数据安全法》《个人信息保护法》，数据安全对企业而言不再是可有可无的奢侈品，而成为了性命攸关的必需品。在未来，各个主管部门与司法机关将继续根据上述法律的规定发布相应的条例与司法解释，形成一套完整的数据治理框架。充分了解上述法律的具体要求并及时采取相应措施实现数据合规已经成为了涉及数据处理活动企业的必修课，同时也给法律学科和计算机学科的研究者们提供了广阔的探索空间。

4.4 数据安全性评估与隐私合规

数据能够给用户提供更多价值，但同时也带来了误用和滥用的潜在风险，比如，由于员工的健康问题，雇主解雇了员工。因此，数据安全性评估和隐私合规是影响数据应用的关键因素。数据安全性评估与隐私合规是根据相关法规标准要求，对数据收集、数据存储、数据传输、数据处理和数据销毁[29]等五个阶段，从可信性和隐私保护程度两个方面进行评估。

在数据生命周期的五个阶段中会面临安全威胁，比如在数据收集阶段，攻击者可能篡改、伪造数据。在数据存储阶段，一方面，大数据的存储一般采用分布式存储，很难完全满足数据的一致性和可用性；另一方面，使用的存储数据库可能遭受到破解和攻击。在数据传输阶段，数据可能被拦截和泄露，出现失真和被破坏等问题。这些潜在的安全威胁会影响的数据可信性，最终导致使用这些数据产生错误的结果。为了评估数据的安全性，一般从一致性、相关性、有效性、准确性、完整性和及时性等多方面衡量数据可信性。例如，数据是否满足用户的需求(同样的数据,对某个用户来说可用,但是其他用户不一定接受),精确度是否高,是否包含了所需的所有信息,数据是否是当前的最新数据。但数据可信的衡量标准会随着时间和需求的变化而变化,而且往往需要综合多个指标来衡量[55]。

数据生命周期的五个阶段除了面临安全威胁,还会带来隐私风险。隐私合规检测主要采用自动化的技术深度分析数据实践过程是否符合法律法规以及行业规范。用自然语言处理技术从语言文本中抽取安全数据规则是隐私合规检测的主要方法之一。采用机器学习和自然语言处理技术可以从需求文档、用户手册中提取访问控制策略,还可以从隐私法律法规中识别、提取和分析隐私政策信息,再根据提取个人信息声明的具体信息判断数据实践是否符合相关的法律法规。除了面向隐私政策的数据合规语言自动检测方法,还有将隐私合规简化为大数据系统的信息流分析框架或者工具,例如基于启发式的对源码进行分析的Grok[31];基于来源用图分析方法分别构建数据处理过程和数据处理规则的有向无环图,实现对不同隐私合规需求的分析[2];为了数据保护中的目的约束,提出了识别业务流程目的的方法,并使用进程间通信模型来审计隐私策略[3]。

目前已经有很多公司推出了数据安全性评估和隐私合规服务平台。例如,IMB提供智能的数据安全和保护解决方案,可以实时发现安全漏洞,自动创建和安全隔离的数据副本从而防止数据发生灾难性的泄露,通过自动化、分析和活动监控来简化合规流程;腾讯推出了隐私合规安全平台,提供专业的检测系统和专家支持服务,提供不同等级的隐私合规套餐,可以覆盖《关于开展纵深推进APP侵害用户权益专项整治行动的通知(工信部信管函〔2020〕164号)》《中华人民共和国网络安全法》等法律法规,有效规避移动应用被监管通报风险;网易易盾提供了APP个人信息保护隐私合规检测,可以定位到代码级问题和可视化检测结果,并提供专业整改意见。阿里云提供了APP隐私合规检测服务,该服务依据国家相关法律法规及行业规范,对移动APP隐私安全、个人数据收集和使用进行合规分析,从而帮助企业及APP开发者识别安全风险,并提供相应的专家整改建议。虽然当前已经有一些数据安全性评估和隐私合规服务平台,但数据安全性评估和隐私合规还在初步发展阶段中,未来需要探索以更有效的方式实现更多的安全性评估和隐私合规技术解决方案。

4.5 隐私计算技术

为了在保护数据隐私的前提下,合法合规地利用数据的价值,隐私计算技术应运而生。隐私计算技术涉及到多种技术:秘密分享、混淆电路、同态加密、差分隐私、联邦学习和可信执行环境等。在具体的场景中,一个隐私计算的方案可以由上述的单一一种技术实现或由多种技术组合实现。从底层的核心技术来看,通常可以将隐私计算技术分为三类:联邦学习技术、安全多方学习技术和可信计算环境。

4.5.1 联邦学习技术

联邦学习最早在2016年由谷歌提出[24],用于解决如何在不传输安卓终端数据的情况下,联合大量安卓终端数据共同训练一个模型的问题。基于谷歌提出的联邦学习的概念,不断地有新的联邦学习框架被提出,用于解决不同场景下的隐私计算问题。基于训练数据分布方式的不同,可以将这些联邦学习框架分为三类[41]:横向联邦学习、纵向联邦学习和联邦迁移学习。

横向联邦学习是指各个参与方所持有的数据在特征上是一致的，但在样本上是不一致的。谷歌所提出的安卓终端联邦训练框架就属于这种类型。另一个典型的应用场景是，两个不同地区的银行共同训练风控模型。因为两个银行属于不同地区，所以他们的样本（用户）通常是不一致的；但两者又都是经营银行业务，所以他们的样本特征一般是一致的（例如都有用户的流水、存款等信息）。因此该场景适用于横向联邦学习。

纵向联邦学习是指各个参与方所持有的数据在样本上是一致的；但在特征上是不一致的。一个典型的应用场景是，同一个地区的银行和电子商务公司共同训练一个模型用于推测用户的消费喜好。因为两家企业都属于同一个地区，所以他们的用户大部分是一致的。但因为他们经营的业务是不同的，导致他们拥有的用户特征是不一样的，例如银行可能拥有用户的存款信息，而电子商务拥有的是用户的历史购物信息。通过将两家企业的信息结合起来共同训练一个模型，可以更好地预测用户的消费行为。这种情况，纵向联邦学习则派上了用场。

联邦迁移学习是指各个参与方所持有的数据在样本和特征都只有少部分一致。一个应用场景是，一家中国的银行和一家美国的电子商务公司共同训练模型用于推测用户的消费喜好。由于地域不同，两家企业的用户信息只有少部分一致，同时由于业务不同，他们所拥有的用户的特征信息也只有少部分相同。此时，通过在联邦学习中加入迁移学习，可以从这少部分相同的样本和特征中训练一个可以迁移应用于整体数据的模型。

为了让读者对联邦学习的原理有更直观的理解，这里我们简单介绍横向联邦学习的基础框架及其训练流程。对于纵向联邦学习和联邦迁移学习，因为其框架较为复杂且不同框架之间变化较大，所以这里不再做过多介绍，有兴趣的读者可以参考本章后的文献[7,20,41]。一个横向联邦学习的基础框架和训练流程如图4-1所示。框架中包含一个中心服务器和多个参与方。其训练流程主要由三个步骤构成：①中心服务器将全局模型广播给各个参与方；②各个参与方使用自己本地的数据对接收到的模型进行训练并将训练好的模型上传给中心服务器；③中心服务器聚合参与方上传的模型从而得到一个新的全局模型。这三个训练步骤会被不断地重复，直到全局模型收敛。在上述的谷歌安卓终端场景中，框架中的中心服务器一般由谷歌的高性能服务器担任，参与方则是众多的安卓终端。在企业共同训

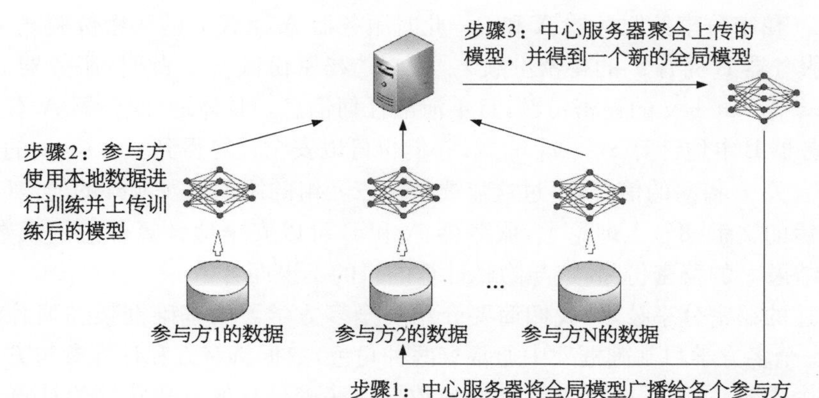

图4-1 横向联邦学习基础框架及其流程

练模型的场景中，参与方通常会是各个企业的服务器，而中心服务器则一般会由某个指定企业的服务器担任。

联邦学习的主要优点在于其本地训练时无需通信，只有在广播或者上传模型时需要通信，因此参与方的通信量通常只与模型的大小和训练的轮次有关。但是缺点在于训练过程中通常会泄漏部分信息（如模型参数），而这些泄漏的信息往往可以用于推断原始数据的信息。目前部分框架采用了差分隐私、同态加密等技术来保护训练过程（有兴趣的读者可以参考本章后的文献[43,47]），然而这些技术通常只能起到减少信息泄漏的作用，而无法做到完全消除信息泄漏，同时还可能造成模型准确率或者训练效率上的损失。

4.5.2 安全多方学习

安全多方学习技术是指基于安全多方计算技术所实现的隐私保护机器学习技术。这里的安全多方计算技术包括秘密分享、同态加密、不经意传输、混淆电路和零知识证明等技术。接下来简要介绍秘密分享这种技术的原理和用途，因为这种技术是目前大部分的安全多方学习框架的基础。

秘密分享是指将一个秘密值拆分成 n 份，称为 n 个秘密份额，每个秘密份额由一个参与方保管。只有当大于等于 t 个参与方将所持有的秘密份额合在一起时，才能够将秘密值还原。这里的 t 为一个小于等于 n 的数，可以根据实际场景进行设置。秘密分享有多种具体的实现方式，例如 Shamir 秘密分享（Shamir's Secret Sharing），加法秘密分享（Additive Secret Sharing）等。这里以加法秘密分享为例进行介绍。假设某个数据持有方持有一个数据（秘密值）x，其想将该秘密值分享给两台服务器 A 和 B。他首先在本地生成一个随机数 r，计算 $x_a = x - r$，$x_b = r$。之后将 x_a 发送给服务器 A，x_b 发送给服务器 B。这里的 x_a 和 x_b 就是服务器 A 和 B 分别拥有的秘密份额。如果想要将数据 A 还原给数据持有方，则服务器 A 和 B 各自将自己的秘密份额发送回给数据持有方，再由数据持有方将两个秘密份额相加，即可还原秘密值 x（$x_a + x_b = x - r + r = x$）。

到目前为止的介绍，主要是关于秘密分享可以用于安全的云端存储和还原，但这并不是秘密分享全部功能。秘密分享技术能够成为隐私计算的一种关键性的技术的原因在于：服务器之间可以基于秘密份额进行运算，并得到运算结果的秘密份额。接下来继续以上述的加法秘密分享为例进行介绍。假设现在有另外一个数据持有方，他拥有数据 y。他使用相同的技术将 y 秘密分享给服务器 A 和 B。此时服务器 A 拥有 x 的秘密份额 x_a 和 y 的秘密份额 y_a，而服务器 B 拥有 x 的秘密份额 x_b 和 y 的秘密份额 y_b。此时，服务器 A 和 B 之间可以安全计算 $z = x + y$ 的秘密份额，且不泄漏任何信息。具体地，服务器 A 本地计算 $z_a = x_a + y_b$，服务器 B 本地计算 $z_b = x_b + y_b$，它们也可以安全计算得到 $z = x \cdot y$ 的秘密份额且不泄漏任何有关 x 和 y 的信息，不过这需要乘法三元组的协助以及额外的通信（具体过程可以参考本章后的文献[8]）。理论上，服务器 A 和 B 可以安全地计算任意的函数 $z = f(x, y)$，并得到结果 z 的秘密份额，这与隐私计算的目的不谋而合。

基于上述的秘密分享技术，我们简要介绍安全多方学习的基础框架和训练流程。如图 4-2 所示，安全多方学习基础框架中通常有两种角色，数据持有方和计算参与方。训练流程可以分为三个步骤：①数据持有方将自己的数据以秘密分享的方式传输给计算参与方。同时模型参数的秘密份额可以由计算参与方本地各自随机生成。②计算参与方在秘密分享上进行模型训练，最终获得训练好的模型的秘密份额，这里的原理是：训练过程可以看成一个关于模型和输入数据的函数 $f(w, x)$，而我们上面说到理论上服务器之间可以在秘密份额上进行任何函数的计算。③（可选）计算参与方将各自的模型的秘密份额合在一起，还原出模型。

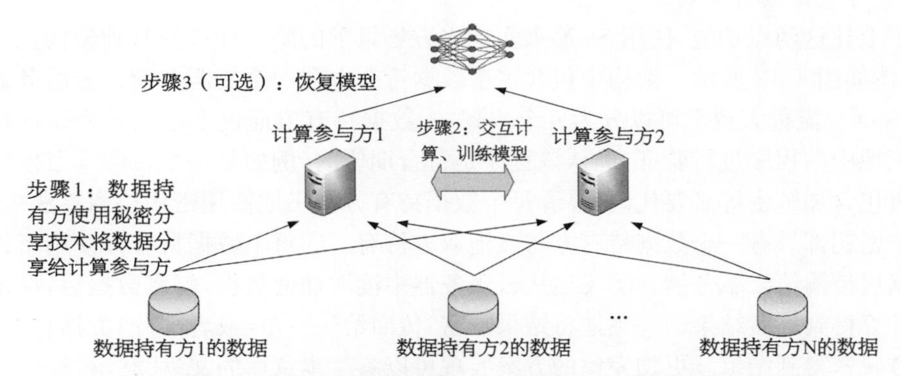

图 4－2　安全多方学习基础框架及其训练流程（以 2 个计算参与方为例）

安全多方学习框架也支持直接在秘密分享上的模型上进行预测。步骤如下：①数据持有方将需要预测的数据分享给计算参与方；②计算参与方在秘密份额上进行预测；③计算参与方将预测结果的秘密份额传回给数据持有方，由数据持有方还原出预测的结果。

通常为了保证安全多方学习框架的效率，计算参与方的数量是有限的，一般以两方或者三方为主。当数据持有方的数量也较少时，数据持有方可以同时作为计算参与方，这种情况多用于几家公司共同训练模型的场景，每一家公司既提供数据又提供算力。但是当数据持有方的数量成百上千时，通常会让数据持有方将数据分享给少数几个计算参与方，由这几个计算参与方进行计算。

通常而言，安全多方学习技术的优势在于：整个计算过程中不会泄漏任何有意义的信息，其安全性是可以被证明的。但是缺点在于：计算过程涉及大量的通信，导致效率较低。

如前所述是关于安全多方学习框架的简单介绍，希望进一步了解具体细节的读者可以参考本章后的文献[13,25,27]。

4.5.3　可信计算环境

可信计算环境是一种隔离的执行环境，该环境中的数据和执行的代码对任何人都不可见，即使是操作系统的超级管理员也无法获取可信计算环境中的信息。可信执行环境需要依赖于特殊的硬件，目前主流的方案均采用带有 SGX 特性的英特尔芯片。因此，接下来以英特尔 SGX 为例，介绍其提供的功能，以及如何基于这些功能实现隐私计算。

SGX[22]是一组特殊的 x86 指令，应用程序可以使用这些指令在其地址空间内创建受保护的内存区域。这些区域被称为飞地（Enclave）。飞地提供的功能主要有两点：①机密性和完整性是指即使在操作系统、BIOS、VMM 或 SMM 层存在特权恶意软件，在飞地中执行的代码和数据都无法被读取或者篡改。②远程认证是指飞地会测量运行的程序和数据，并生成一份报告交给用户。之后用户可以在英特尔的协助下，确认飞地中正在运行的程序和数据是否正确。该功能的大致的实现原理是：英特尔在制造 SGX 芯片时，会随机生成一个公私钥对,并将私钥烧制到芯片中,该私钥无法通过现有的物理技术手段进行读取;之后每当飞地测量程序和代码得到报告后,飞地会使用该私钥对报告进行签名,并交给用户;用户最后通过英特尔提供的接口验证该报告的真实性。因此,虽然报告在传输的时候会经过不受控制的网络信道,但因为该私钥是不会被泄漏的,所以即使在这个过程中报告被恶意修改了,也只会导致该报告失效。

基于上述这两点功能,使用 SGX 来实现多方场景下的隐私计算的基础架构也就显而易见了,具体如图 4-3 所示。架构中包含多个数据持有方和一个云服务器。云服务器需要支持使用 SGX。流程大致上可以分为五个步骤:①数据持有方通过上述的远程认证功能对云服务器飞地中的程序进行验证,确认该程序是符合期望的(例如是一个机器学习模型的训练程序同时包含加解密等必要代码)。②每个数据持有方与飞地使用密钥协商算法生成密钥,保证每个密钥都只有一个数据持有方与飞地双方持有。③每个数据持有方使用密钥加密自己的数据后传输给云服务器。④飞地从云服务器中读取加密数据,解密数据后,在这些数据上进行计算得到最后结果。⑤飞地将结果加密,传回给每一个(或者部分)数据持有方,由数据持有方解密得到结果。更加完整的方案实现可以参考本章后的文献[28,36]。

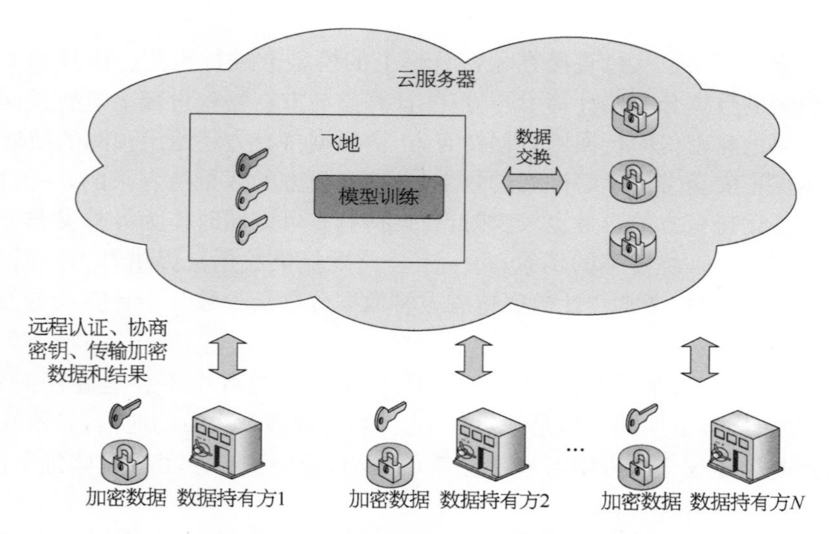

图 4-3 使用可信计算环境(SGX)实现隐私计算框架示例

因为数据在飞地中解密后,之后的运算都是基于明文下的运算,所以基于 SGX 的隐私计算效率非常高。但是 SGX 依旧有以下两个缺陷需要被考量:①用户需要信任英特尔厂商。这源于两个方面,首先,为了认证程序的正确性,需要英特尔提供正确的认证服务。其次,英特尔声明在将私钥烧制到芯片后,该私钥就会被遗忘。然而,如果事实上该私钥被泄漏了,则认证报告可以被轻松伪造。②需要对程序进行特殊编程来防止侧信道攻击[6,37]。虽然飞地中的程序和数据是无法被读取的,但是受限于飞地的内存限制,飞地与不受信任内存的数据交换通常是无法完全避免的。当飞地中内存不足时,飞地会将数据加密后写入到不受信任的内存,之后需要使用时再读入到飞地进行解密。这个过程看似没有问题,但实际上,不同的数据和程序,写入到不受信任内存的数据量或者读写的位置也是不同的。因此攻击者可以通过观察飞地的内存访问模式来猜测关于原始数据或者程序的信息。为了避免这种情况的发生，对于在飞地中运行的程序，需要进行特殊的编程，从而使得即使在不同的数据下，飞地的内存读写模式始终都是一致的。此外，网络传输或者 CPU 的能耗同样可能也会反应程序和数据的变化，因此在必要情况下也需要进行特殊编程来防止信息泄漏，这里我们不再做过多讨论。

4.6　差分隐私

随着数据在商业活动中发挥着越来越重要的作用，如何在挖掘数据价值的同时保护用户的隐私信息成为了大数据安全的一个关键问题。21 世纪以来，研究者们提出了许多数据匿名化方法用于隐私保护地分析用户数据，如 k -匿名[35]、数据假名化[15]等。然而，这些方法并不能很好地对现实中攻击者的能力进行建模，因而无法抵御如差分攻击、链接攻击等新型攻击。在这种情况下，为了充分地建模攻击者的能力并提供量化的隐私保障，Cynthia Dwork 等于 2006 年提出了差分隐私[9]的概念。由于对于用户的隐私信息提供了严格的理论保障以及可量化的权衡参数，差分隐私的概念受到了广泛的关注与认可，已经成为隐私保护的黄金标准。

差分隐私通过添加随机噪声的方式限制单个数据点对于数据分析结果的影响防止攻击者从数据分析结果中窃取用户的隐私信息。其形式化地数学定义如下所示：对于一个随机化算法 M，V_{m} 为 M 所有可能输出的集合，对于任意两个相邻数据集 D、D'以及 V_{m} 的任意子集 A_{m}，倘若 M 满足：

$$\Pr(M(D) \in A_{\mathrm{m}}) \leqslant \mathrm{e}^{\epsilon} \cdot \Pr(M(D') \in A_{\mathrm{m}}) + \delta$$

则称 M 满足(ϵ, δ)—差分隐私，其中 ϵ，δ 又称为隐私预算，当 δ 为 0 时，称 M 满足 ϵ 差分隐私。在上述定义中，当我们可以通过增加或删除 D 中的一个元素得到 D'时，称 D 与 D' 为相邻数据集。ϵ，δ 为可调节参数，使得用户能够在隐私性与数据的可用性之间量化地进行权衡。经过十多年的发展，研究者们提出了许多基于差分隐私的隐私保护技术，这些技术被应用于包括数据库查询，数据发布、机器学习等在内的多个领域。接下来介绍两项差分隐私的常用技术：基于差分隐私的隐私保护数据库查询与数据发布技术，基于差分隐私的隐私保护机器学习技术。

基于差分隐私的隐私保护数据库查询与数据发布技术旨在以隐私保护的方式发布关于数据集的统计信息或与原始数据集分布相似的人工合成数据集。对于统计信息发布，可以通过在真实值中添加符合拉普拉斯分布（即拉普拉斯机制）或高斯分布（即高斯机制）的随机噪声，或根据与真实值的距离在潜在的输出值中随机选择输出值（即指数机制），达到保护用户隐私的目的。然而，前述针对统计信息发布的差分隐私技术存在一个问题，即随着用户查询数量的增加，隐私预算也会累计增加，攻击者攻击成功的概率也会上升，对用户造成较大的隐私风险。因此，研究者们提出通过一次性生成与原始数据集分布相似的人工合成数据集来响应后续所有的用户查询，避免隐私预算的累计增加。Blum 等于 2008 年提出了 SmallDB 算法[5]，并基于机器学习领域中的 VC 维理论给出了 SmallDB 算法的精度下界。Hardt 等人于 2010 年基于在线学习理论提出了 Private multiplicative weights 机制[12]，该机制拥有比 SmallDB 更高的时间效率以及支持交互式的查询场景。Xiao 等提出了基于贝叶斯网络的隐私保护数据集发布技术 PrivBayes[44]，通过发布添加噪声扰动的边缘列联表，并基于贝叶斯网络利用这些边缘列联表生成一个人工合成数据集，用于后续的查询与分析。除了上述技术之外，近年来，研究者们又提出了 PGM[23]、PrivSyn[45]等以进一步提高合成数据集的可用性以及算法运行的效率。

基于差分隐私的隐私保护机器学习技术旨在以隐私保护的方式训练得到一个机器学习模型，使得发布的机器学习模型具有严格的隐私保障。当前实现隐私保护机器学习的技术路线共有三条：目标扰动[14]、梯度扰动[1,4,33]和输出扰动[39]。目标扰动通过在机器学习损失函数中添加一个系数采样于拉普拉斯分布或高斯分布的正则项实现对目标机器学习的保护；梯度扰动通过在机器学习训练过程中产生的梯度中添加采样于拉普拉斯分布或高斯分布的随机噪声保护目标机器学习模型；而输出扰动则是在训练完成后，直接对训练得到的模型参数添加随机噪声为发布的机器学习模型提供隐私保障。目标扰动与输出扰动所提供的隐私保障需要假设所训练模型的损失函数为连续且凸的函数，仅适用于传统的机器学习模型如支持向量机、逻辑回归模型等，而无法用于训练当前流行的深度学习模型。因此，基于梯度扰动的差分隐私随机梯度下降算法近年来得到了较多的关注。在 Abadi 等人于 2016 发表了 Momentum Accoutant 方法[1]对于差分隐私随机梯度下降算法的隐私预算进行紧致地估计后，许多研究者提出了差分隐私随机梯度下降算法的各类变种，使其能够适用于不同的深度学习模型如图神经网络、Transformer 等。此外，为了在提供隐私保护的同时进一步提升模型的可用性，Yu 等[42]和 Zhou 等[46]提出先将梯度映射到一个低维空间中，对其添加扰动后再将其映射回原始的维度空间，从而减少所添加噪声的数量，提高所训练模型的可用性。

尽管当前研究者们已经提出了许多基于差分隐私的方法实现隐私保护的数据分析，但差分隐私技术距离在实践中普遍应用还须进一步优化和完善。对差分隐私技术进行更加精细的理论分析，实现隐私性与数据可用性的平衡以及向用户提供选择隐私预算的参考方法等都是未来差分隐私技术需要解决的问题。

4.7 数据安全治理与伦理

随着计算机科学技术的发展，数据成为了新时代的重要生产要素，作为国家的基础性战略资源，如何挖掘并发挥数据的价值成为了推动中国社会经济转型的一项关键问题。利用大数据进行建模，挖掘数据中常见的模式与规律能为生活带来许多便利。但在大数据的热潮中也需要冷静地思考与分析，特别是要正确认识和应对大数据技术带来的安全治理与伦理问题，对症下药，充分发挥数据价值。

目前大数据的形成方式主要由网民的网络行为所构成。这里的网络行为包括各种网络访问、搜索、社交等，这些行为被服务器存储下来就成了数据[56]。无论是就这个概念产生的技术背景，还是目前大数据处理的技术特征，人们更多地将大数据指向互联网的使用所形成的数据。因此在一定意义上，“大数据”等同于“网民网络行为所产生的数据”。网民网络行为产生的数据中包含着大量的个人信息，在利用这些信息进行科学研究的同时，也将使数据本身及其应用产生的结果面临着巨大的安全问题与数据伦理风险。

近些年，数据安全问题层出不穷，仅 2022 年上半年，学习通和上海某特殊部门发生的两起数据泄露问题敲响了数据安全的警示钟。为了构建全面的数据安全治理体系，应当从法制、技术以及管理三个角度进行全面分析。首先，从立法角度《数据安全法》《网络安全法》《个人信息保护法》以及"等保 2.0"等法律法规明确数据安全的定义以及各组织应尽的义务。即在保证网络安全的前提下，覆盖数据安全及个人信息安全。在行业领域建设相关安全体系时，特别涉及到关键信息基础设施时，必须要遵从"等保 2.0"相关规范。其次，从技术角度来说，需要实现对数据采集、调用、交换等关键业务场景的实时监控风险预警；对于数据本身，需要支持数据加密、脱敏、水印、模糊化等数据安全防护技术，并不断优化改良。更进一步地，攻关技术难题，实现从数据流动过程中监控检测到底是业务访问需求，还是攻击行为。最后，从管理角度上，对数据进行分类、分级对管理人员进行权限限制，同时，搭建数据安全管控平台以达到制定安全策略，监测安全事件，评估安全风险的统一、集中运营，实现数据安全管控能力的全场景覆盖。

在保障数据安全的同时，分析新技术是否对现有伦理造成冲击是正确利用新技术的前提，本章通过对大数据在数据采集、数据流通和数据使用三个阶段都对现有伦理产生的冲击进行如下分析。

在数据采集阶段，大多数企业，平台机构将数据采集条款夹杂在冗长的协议中，通过引导用户点击"我已阅读条款并接受"的方式便可轻而易举地获得用户的隐私数据。即使用户拿出时间细致地阅读条款，也难以从含糊其辞的表述中了解数据的真实用途。同时，条款中往往避开数据的安全性和隐私性问题，对数据丢失后的补偿也只字不提。更有甚者通过不提供服务的霸王条例逼迫用户接受数据采集条例，这种行为在具有"垄断"地位的龙头企业上更是司空见惯。以某游戏公司为例，其平台所有游戏的条例中明确表示只有用户同意数据采集与数据共享两项条例才能进行游戏，倘若该游戏公司垄断了某地区绝大部分游戏产业，用户将不得不"乖乖"交出自己的数据。这种不公平、不对等的协议条款应当引起人们的注意与深思：企业、平台机构是否有权利采集用户数据而又是否有权力强迫用户提供数据？所谓提供便利究竟是用户自身的需求还是企业，平台机构所认为的用户需要，这种强迫性的"提供便利"是否与初衷背道而驰？

由于单个企业，平台机构采集数据的量往往达不到大数据分析的级别，因此数据流通成为大数据技术的关键性基石之一。如机器学习、深度学习等机器学习模型，数据量和数据质量是影响其准确率的关键因素。因此想要训练高精度模型的企业、平台机构对数据流通的需求十分迫切。在相关法案出台前，各企业之间以明文的形式传递用户隐私数据，甚至对数据明码标价，大肆贩卖，这种流通方式引发了大量的伦理问题。例如，采集网民隐私数据时网民是否自知让渡了数据所有权；企业是否可以通过贩卖用户隐私数据的手段进行牟利；而这种牟利方式是否剥夺了数据采集对象应有权力等。尽管欧盟《通用数据保护条例》《中华人民共和国数据安全法》和《中华人民共和国个人信息保护法》为代表的法律出台后对数据流通方式进行了限制，但如何进行有效监管仍然是个难题。

在数据使用阶段，数据伦理问题更是层出不穷。①数据中立性问题：中立性技术旨在为不同人提供相同的服务，但利用中立性技术设计的算法最终展现的结果却受到多种因素的影响。数据中立性问题主要探讨的是中立性技术设计的算法在独特的个体数据面前所展现的非中立性结果会对个体本身带来何种影响。以个性化推荐算法为例，根据消费者的历史购买数据来预测你最可能购买的东西进行推荐。如果一个消费者以前买过的东西都是相应品类中单价最低的，那么该消费者在系统画像“价格敏感程度”的维度中将会获得相当高的评分。这就导致该消费者对一个商品进行搜索时，出来的结果只有为他量身定做的廉价商品。尽管这看起来满足了不同水平消费者的消费需求，但这种分类也一定程度上形成了一种消费“阶级”。倘若这个技术应用在其他领域，将会带来更大的影响。以信息获取平台为例，在这个数据爆炸的时代，人们获取和处理信息的数量将越发庞杂，大部分人都会通过一些信息获取平台获取自己感兴趣的内容。随着人工智能的发展，推送信息将愈发完美地迎合不同人地兴趣爱好，以至于不同的人看到的信息完全不一样。同时，受到推荐系统的影响，人们沉溺于自己的兴趣点中无法自拔的可能性大为增加，产生兴趣固化、思想固化、观念固化等问题。更进一步地，这种固化可能导致人生的“一招不慎，满盘皆输”，某一时间段的兴趣爱好可能被无限地放大，良好的兴趣爱好助人平步青云，顽劣的兴趣爱好可能困人于淤泥而人不自知。看似客观的技术却因数据的差异性给不同个体带来迥异的结果，技术中立性的幻想荡然无存。因此，面对数据时代的伦理困境，解决数据中立性问题是关键一步。②规律合理性问题：基于大数据挖掘的潜在规律是否合乎伦理，是否正确难以界定，当你手动驾驶的汽车在公路上行驶的时候，你面前突然出现了一群横穿马路的人。你已经来不及刹车了，只能有三种选择。一是冲过去，压死这群人；二是转向压死一个马路边无辜的人；三是转向冲出公路，自己可能会因此受重伤甚至死亡。那么，你会做什么选择呢？倘若大数据表明 99%的人会选择压死一个马路边无辜的人时，是否就应当将这行代码写入自动驾驶的程序中呢？在这个时候，冷冰冰的技术似乎剥夺了人们选择的权力。规律与必然之间应当如何界定，而大数据技术又是否能够替代人类，在伦理问题上交出一份令人满意的答卷呢？

通过对大数据技术中数据采集、流通与使用的三个步骤进行分析，可以窥得大数据技术所带来的技术伦理问题的冰山一角。数据安全治理与伦理问题，需要网络安全、密码学、哲学和法学等专业领域的人员通力合作，为数据安全治理带来新的解决方案，为数据伦理性问题带来新解答。

参◇考◇文◇献

[1] ABADI M, CHU A, GOODFELLOW I, et al. Deep learning with differential privacy [C]//Proceedings of the 2016 ACM SIGSAC conference on computer and communications security. 2016: 308-318.

[2] ALDECO-PéREZ R, MOREAU L. A provenance-based compliance framework [C]//Future Internet-FIS 2010: Third Future Internet Symposium, Berlin, Germany, September 20-22, 2010. Proceedings 3. Springer Berlin Heidelberg, 2010:128-137.

[3] BASIN D, DEBOIS S, HILDEBRANDT T. On purpose and by necessity: compliance under the GDPR [C]//Financial Cryptography and Data Security: 22nd International Conference, FC 2018, Nieuwpoort, Curaçao, February 26 - March 2, 2018, Revised Selected Papers 22. Springer Berlin Heidelberg, 2018:20-37.

[4] BASSILY R, SMITH A, THAKURTA A. Private empirical risk minimization: Efficient algorithms and tight error bounds [C]//2014 IEEE 55th annual symposium on foundations of computer science. IEEE, 2014:464-473.

[5] BLUM A, LIGETT K, ROTH A. A learning theory approach to noninteractive database privacy [J]. Journal of the ACM (JACM), 2013,60(2):1 - 25.

[6] CHEN G, CHEN S, XIAO Y, et al. Sgxpectre: Stealing intel secrets from sgx enclaves via speculative execution [C]//2019 IEEE European Symposium on Security and Privacy (EuroS&P). IEEE, 2019:142 - 157.

[7] CHENG K, FAN T, JIN Y, et al. Secureboost: A lossless federated learning framework [J]. IEEE Intelligent Systems, 2021,36(6):87 - 98.

[8] DEMMLER D, SCHNEIDER T, ZOHNER M. ABY-A framework for efficient mixed-protocol secure two-party computation [C]//NDSS. 2015.

[9] DWORK C, MCSHERRY F, NISSIM K, et al. Calibrating noise to sensitivity in private data analysis [C]//Theory of Cryptography: Third Theory of Cryptography Conference, TCC 2006, New York, NY, USA, March 4 - 7,2006. Proceedings 3. Springer Berlin Heidelberg, 2006:265 - 284.

[10] DWORK C, MCSHERRY F, NISSIM K, et al. Calibrating noise to sensitivity in private data analysis [C]//Theory of Cryptography: Third Theory of Cryptography Conference, TCC 2006, New York, NY, USA, March 4 - 7,2006. Proceedings 3. Springer Berlin Heidelberg, 2006:265 - 284.

[11] EL OUADRHIRI A, ABDELHADI A. Differential privacy for deep and federated learning: A survey [J]. IEEE Access, 2022,10:22359 - 22380.

[12] HARDT M, ROTHBLUM G N. A multiplicative weights mechanism for privacy-preserving data analysis [C]//2010 IEEE 51st annual symposium on foundations of computer science. IEEE, 2010: 61 - 70.

[13] HUANG Z, LU W, HONG C, et al. Cheetah: Lean and Fast Secure {Two-Party} Deep Neural Network Inference [C]//31st USENIX Security Symposium (USENIX Security 22). 2022:809 - 826.

[14] IYENGAR R, NEAR J P, SONG D, et al. Towards practical differentially private convex optimization [C]//2019 IEEE Symposium on Security and Privacy (SP). IEEE, 2019:299 - 316.

[15] KASEM-MADANI S, MEIER M. Utility Requirement Description for Utility-Preserving and Privacy-Respecting Data Pseudonymization [C]//Trust, Privacy and Security in Digital Business: 17th International Conference, TrustBus 2020, Bratislava, Slovakia, September 14 - 17,2020, Proceedings 17. Springer International Publishing, 2020:171 - 185.

[16] KHAN F, LI H, ZHANG Y, et al. Efficient attribute-based encryption with repeated attributes optimization [J]. International Journal of Information Security, 2021,20:431 - 444.

[17] KONEČNÝ J, MCMAHAN H B, RAMAGE D, et al. Federated optimization: Distributed machine learning for on-device intelligence [J]. arXiv preprint arXiv:1610. 02527,2016.

[18] LEE U, PARK C. SofTEE: Software-based trusted execution environment for user applications [J]. IEEE Access, 2020,8:121874 - 121888.

[19] LI N, LI T, Venkatasubramanian S. t-closeness: Privacy beyond k-anonymity and l-diversity [C]// 2007 IEEE 23rd international conference on data engineering. IEEE, 2006:106 - 115.

[20] LIU Y, KANG Y, XING C, et al. A secure federated transfer learning framework [J]. IEEE Intelligent Systems, 2020,35(4):70 - 82.

[21] MACHANAVAJJHALA A, KIFER D, GEHRKE J, et al. l-diversity: Privacy beyond k-anonymity [J]. ACM Transactions on Knowledge Discovery from Data (TKDD), 2007,1(1):3 - es.

[22] MCKEEN F, ALEXANDROVICH I, BERENZON A, et al. Innovative instructions and software model for isolated execution [J]. Hasp@ isca, 2013,10(1).

[23] MCKENNA R, SHELDON D, MIKLAU G. Graphical-model based estimation and inference for

differential privacy [C]//International Conference on Machine Learning. PMLR, 2019:4435 - 4444.

[24] MCMAHAN B, MOORE E, RAMAGE D, et al. Communication-efficient learning of deep networks from decentralized data [C]//Artificial intelligence and statistics. PMLR, 2017:1273 - 1282.

[25] MOHASSEL P, RINDAL P. ABY3: A mixed protocol framework for machine learning [C]// Proceedings of the 2018 ACM SIGSAC conference on computer and communications security. 2018: 35 - 52.

[26] MOHASSEL P, ZHANG Y. Secureml: A system for scalable privacy-preserving machine learning [C]//2017 IEEE symposium on security and privacy (SP). IEEE, 2017:19 - 38.

[27] OHRIMENKO O, SCHUSTER F, FOURNET C, et al. Oblivious multi-party machine learning on trusted processors [C]//USENIX Security Symposium. 2016,16:10 - 12.

[28] RUAN W, XU M, JIA H, et al. Privacy compliance: Can technology come to the rescue? [J]. IEEE Security & Privacy, 2021,19(4):37 - 43.

[29] RUMELHART D E, HINTON G E, WILLIAMS R J. Learning representations by back-propagating errors [J]. nature, 1986,323(6088):533 - 536.

[30] SEN S, GUHA S, DATTA A, et al. Bootstrapping privacy compliance in big data systems [C]// 2014 IEEE Symposium on Security and Privacy. IEEE, 2014:327 - 342.

[31] SONG L, WU H, RUAN W, et al. SoK: Training machine learning models over multiple sources with privacy preservation [J]. arXiv preprint arXiv:2012. 03386,2020.

[32] SONG S, CHAUDHURI K, SARWATE A D. Stochastic gradient descent with differentially private updates [C]//2013 IEEE global conference on signal and information processing. IEEE, 2013:245 - 248.

[33] SWEENEY L. k-anonymity: A model for protecting privacy [J]. International journal of uncertainty, fuzziness and knowledge-based systems, 2002,10(05):557 - 570.

[34] TRAMER F, BONEH D. Slalom: Fast, verifiable and private execution of neural networks in trusted hardware [J]. arXiv preprint arXiv:1806. 03287,2018.

[35] VAN BULCK J, MINKIN M, WEISSE O, et al. Foreshadow: Extracting the keys to the Intel SGX kingdom with transient out-of-order execution [C]//Proceedings fo the 27th USENIX Security Symposium. USENIX Association, 2018.

[36] VISWANATH G, KRISHNA P V. Hybrid encryption framework for securing big data storage in multi-cloud environment [J]. Evolutionary Intelligence, 2021,14:691 - 698.

[37] WU X, LI F, KUMAR A, et al. Bolton differential privacy for scalable stochastic gradient descent-based analytics [C]//Proceedings of the 2017 ACM International Conference on Management of Data. 2017:1307 - 1322.

[38] XIONG A, WANG T, LI N, et al. Towards effective differential privacy communication for users' data sharing decision and comprehension [C]//2020 IEEE Symposium on Security and Privacy (SP). IEEE, 2020:392 - 410.

[39] YANG Q, LIU Y, CHEN T, et al. Federated machine learning: Concept and applications [J]. ACM Transactions on Intelligent Systems and Technology (TIST), 2019,10(2):1 - 19.

[40] YU D, ZHANG H, CHEN W, et al. Do not let privacy overbill utility: Gradient embedding perturbation for private learning [J]. arXiv preprint arXiv:2102. 12677,2021.

[41] ZHANG C, LI S, XIA J, et al. BatchCrypt: Efficient homomorphic encryption for cross-silo federated learning [C]//Proceedings of the 2020 USENIX Annual Technical Conference, ATC 2020. 2020:493 - 506.

[42] ZHANG Z, WANG T, HONORIO J, et al. Privsyn: Differentially private data synthesis [J]. 2021.
[43] ZHOU Y, WU Z S, BANERJEE A. Bypassing the ambient dimension: Private sgd with gradient subspace identification [J]. arXiv preprint arXiv:2007.03813,2020.
[44] ZHU L, LIU X, LI Y, et al. A fine-grained differentially private federated learning against leakage from gradients [J]. IEEE Internet of Things Journal, 2021,9(13):11500-11512.
[45] 冯涛,安文斌,柳春岩,等.基于MA-ABE的云存储访问控制策略[J].兰州理工大学学报,2013,39(6):6.
[46] 周涛.数据时代的伦理困境[J].网络安全和信息化,2018,30(10):40-41.
[47] 王蒙蒙.基于数据消冗技术的大数据加密算法研究[D].华北水利水电大学,2013.
[48] 赵志远.面向云存储的密文策略属性基加密方案研究[D].战略支援部队信息工程大学.
[49] 陈文捷,蔡立志.大数据安全及其评估[J].计算机应用与软件,2016,33(4):6.
[50] 颜世健.数据伦理视角下的数据隐私与数据管理[J].新闻爱好者,2019(8):3.

第5章 大数据可视化

可视化将数据映射为基于计算机的视觉表达，并通过人的交互实现人机智能的融合，旨在帮助人们更有效地执行数据分析任务。可视化是辅助大数据分析的有效手段，其作用体现在对抽象概念的形象理解、对重要特征的直观展示、对因果规律的客观揭示、对过程阶段的监督控制、对信息传播的促进、对智能计算的解释检验等。大数据可视化以结合数据、人、机器智能、应用场景等要素为目标，面向大数据分析挑战提供了新的分析模式与方法，将成为智能城市、社会治理和国防安全等各个领域的重要议题。

5.1 大数据可视化的定义与内涵

5.1.1 大数据可视化的定义

伴随着社会发展和科技进步，各领域产生、获取和存储的数据量呈爆炸式增长趋势。以互联网公司为例，其交易数据包含客户、供应商和运营信息，往往以万亿字节计数。通常，人们所说的大数据指的是容量超出典型数据库工具捕捉、存储、管理和分析能力的数据集[1]。大数据的产生是新时期全球经济发展的原动力，其核心任务是提炼数据中蕴含的知识[2]。现有的数据挖掘、机器学习、人工智能等方法已在多种大数据分析任务上取得出色表现，例如聚类、分类、回归、降维和强化学习等。但机器智能在面临复杂大数据分析任务时，仍面临以下挑战：

第一，大数据往往结构复杂，并具有海量高维、多源异构和时序变化等特点。而机器智能却只擅长处理单一的数据模态，面临具有复杂变化的大数据时，尤其在缺乏先验知识的情况下，机器智能难以实现高效的数据处理、查询和挖掘任务。第二，机器智能缺乏推理能力。绝大部分算法模型均为黑盒模型，在得出结果的同时无法对推理过程进行解释、描述与检验，从而导致认知的局限性。第三，大数据分析任务多样，且随着三元空间、物联网、云计算和移动互联网等信息产物的涌现，对任务的精细化和智能化提出了更高的要求，传统的机器智能日渐乏力。

可视化将数据映射为基于计算机的视觉表达，并通过人的交互实现人机智能的融合，旨在帮助人们更有效地执行数据分析任务[3]。Shneiderman 等将数据映射为视觉表达的过程分为四个阶段，分别是原始数据阶段、数据表格阶段、可视结构阶段和视图阶段，最后由人进行推理分析[4]。从原始数据到视图的过程，经历了一系列的数据转换，各个阶段之间可能存在多个连锁的转换；而人则可以对这各个过程进行调整。可视化的意义在于增强人的能力，而不是用基于机器智能的决策方法取代人。

可视化是辅助大数据分析的有效手段。其作用体现在对抽象概念的形象理解、对重要特征的直观展示、对因果规律的客观揭示、对过程阶段的监督控制、对信息传播的促进、对智能计算的解释检验等[3]。大数据可视化则以结合数据、人、机器智能、应用场景等要素为目标，面向大数据分析的上述挑战提供了新的分析模式与方法，将成为智能城市、社会治理、国防安全等各个领域的重要议题。

5.1.2 大数据可视化的内涵

5.1.2.1 视觉智能

可视化是一门将人的视觉系统作为主要信息交流方式的学科。相比于听觉、味觉、嗅觉、触觉等其他感官模式，视觉系统能高效地进行信息获取与处理，并提供同步的信息概述。可视化的任务，就是建立能发挥人视觉感知特性的数据—视觉表达映射。

视觉系统为人的大脑提供了一个高带宽的并行信号处理器。人眼具有约 1.25 亿视网膜细胞，其中包括 650 万的圆锥细胞(cones)和剩余的杆状细胞(rods)。其中，圆锥细胞实现色彩的感知，杆状细胞则实现光强的感知。圆锥细胞和杆状细胞共同完成了光信息的转换，并将转换后的图像通过视觉神经传递至大脑进行处理，带宽高达每秒 100 MB[3]。极大部分的视觉信息处理发生在人的前注意视觉(pre-attentive)阶段。一个典型的例子就是视觉突出，例如一个红色圆点在一片蓝色圆点中会被立即注意到。无论蓝色圆点的视野是大是小，都会发生视觉突出的现象，因为大脑对整个视野的处理是平行进行的。当然，视觉感知也包括涉及意识控制的高阶视觉。有研究表明，超半数的人脑机能均用于视觉智能，包括信息解码、信息处理和符号理解等[4]，这样的能力与精确度是机器智能所无法企及的。

视觉系统还具备提供大型同步信息概述的能力。与其具有强烈对比的是听觉，听觉仅能提供的一连串非同步信息流，需要额外对这些信息进行拼接与合并，从而降低了信息处理的效率。视觉系统使人们可以一次性地看到大量信息，尽管从信息加工的角度，人一次性只能处理视野中一小部分的信息，而人的视觉记忆往往也只能维持几分钟，但可视化则恰好弥补了这种缺陷。可视化所构建的视觉表达可作为信息的载体，作为人进行分析任务时的外部记忆，从而弥补人内部记忆存储的有限性问题。同时，通过将信息进行集中与分组，可有效地加速搜索与感知过程。

因此，可视化是一门依赖于人的视觉智能的学科，但同时，可视化也能一定程度地增强人的视觉智能，两者相辅相成。

5.1.2.2 所见即所得

可视化的核心内涵是通过对数据建立可交互的视觉表达，以增强人的认知，从而帮助人们洞察数据的“形状”与规律。其有效性建立在人对图表信息的认知能力往往高于数字或文本。早有心理学家通过实验表明[5]，图表中的信息是按平面中的位置进行索引的，且通常做出推论所需的大部分信息都处于同个或相邻位置，通过对图表的平滑遍历即可完成推理。

而句式表达则是根据顺序进行组织，需要信息处理算子进行额外的计算来获取所需信息。因此，当图表表达与句式表达包含等价信息时，图表表达中搜索信息的效率以及信息的明确性往往优于句式表达。

特别地，当数据集的简要概括无法描绘其结构与细节时，可视化往往能发挥其相比数字、文字的巨大优势。图 5-1 展示了 Anscombe 四元数组[6]。当使用统计方法对表格中的四组数据进行分析时，四组数据拥有相同的均值、方差、相关性系数以及线性回归线。从数字表达上观察四组数据，很难看出其中的不同。然而，将四组数据可视化为散点图后，可以直观地看出，这四组数据分别具有线性分布、非线性分布、单个离群点以及与数据中显示的回归线几乎垂直的数据分布。因此，可视化的这种特性，在探索数据、寻找模式、评估模型时显得格外重要。

	第一组		第二组		第三组		第四组	
	x_1	y_1	x_2	y_2	x_3	y_3	x_4	y_4
	10.0	8.04	10.0	9.14	10.0	7.46	8.0	6.58
	8.0	6.95	8.0	8.14	8.0	6.77	8.0	5.76
	13.0	7.58	13.0	8.74	13.0	12.74	8.0	7.71
	9.0	8.81	9.0	8.77	9.0	7.11	8.0	8.84
	11.0	8.33	11.0	9.26	11.0	7.81	8.0	8.47
	14.0	9.96	14.0	8.1	14.0	8.84	8.0	7.04
	6.0	7.24	6.0	6.13	6.0	6.08	8.0	5.25
	4.0	4.26	4.0	3.1	4.0	5.39	19.0	12.5
	12.0	10.84	12.0	9.13	12.0	8.15	8.0	5.56
	7.0	4.82	7.0	7.26	7.0	6.42	8.0	7.91
	5.0	5.68	5.0	4.74	5.0	5.73	8.0	6.89
均值	9.0	7.5	9.0	7.5	9.0	7.5	9.0	7.5
方差	10.0	3.75	10.0	3.75	10.0	3.75	10.0	3.75
相关系数		0.816		0.816		0.816		0.816

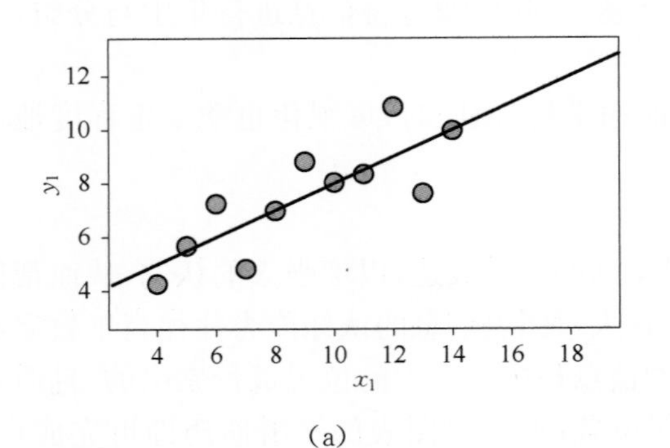

(a)

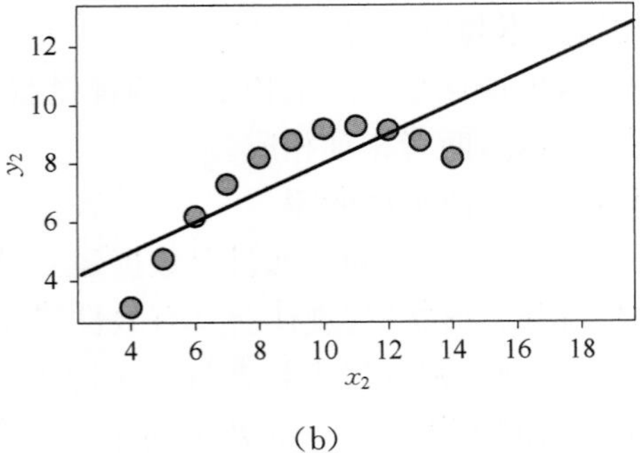

(b)

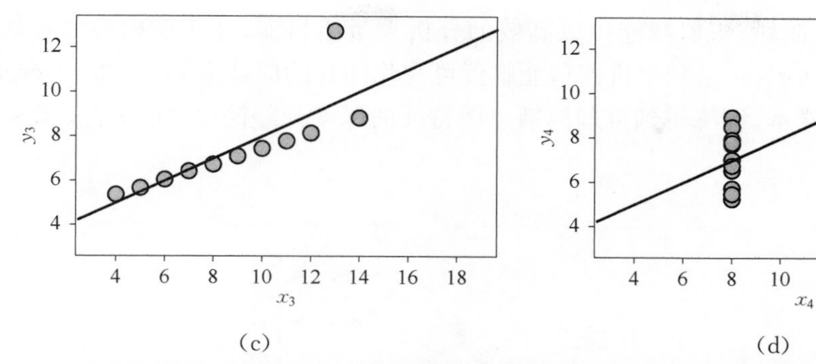

图 5-1 Anscombe 四元数组实验[3,6]：四个数据集具有相同的均值、方差、相关性系数和线性回归线，其可视化表达却展示了完全不同的数据结构。(a)数据集以线性分布的形式贴近回归线；(b)数据集呈非线性分布状态；(c)数据集中由于存在单个离群点，导致其真实的数据分布趋势斜率与统计分析的回归线并不一致；(d)真实的数据分布与统计分析的回归线几乎垂直，使得统计分析的结果具有极大误导性

为了实现有效的数据记录、传播与分析，构建的可视表达需要满足以下三个特性：第一，真实性，构建的可视表达需要保留数据的真实结构与分布，些微的形变均可能导致推理结果产生巨大变化的蝴蝶效应；第二，表达性，一个数据集往往可以映射为多个可视表达，但不是所有的这些可视表达都能展示出数据集的特征。例如，类别型的数据更适合使用饼图而不是折线图；第三，有效性，构建的可视化表达需要易于被人接收、感知与理解，并尽可能地减少误导性。

5.1.2.3 人机智能融合

可视化的本质是将数据映射为具象的视觉表达，以增强人的认知，从而利用人的智能解决复杂问题；而基于机器智能的数据挖掘、机器学习、人工智能等方法则旨在根据给出的训练样本，学习得到抽象的特征表达，并在此基础上由机器自行判断完成给定任务。大数据可视化的目标是探索视觉表达和特征表达融合共生的可能性，实现人机智能的融合。

一方面，大数据可视化强调“人在回路”。与机器智能相比，人的优势在于，在面对尚不明确的问题或尚无已知决策方案的问题时，人往往有着更强大的模式检测能力与逻辑梳理能力，可以建立对数据本身更清晰的理解。此外，大部分基于机器智能的算法与模型均为黑盒模型，其构建过程也完全依赖于专家的经验与知识，导致其可读性、可用性和可信性存疑。“人在回路”的数据分析模式，实现了机器智能的可解释性，并对其理论与方法的发展起到了推动作用。

以人工智能方法为例，其流水线可分为模型构建前、模型构建中和模型构建后三个不同阶段，每个阶段都对应了相应的数据输入与输出，三个阶段互相衔接，形成了一个完整的任务链。大数据可视化可在不同阶段起到的辅助分析、选择、理解与决策的作用，其中包括在模型构建前阶段实现数据清洗、特征选择和生成，在模型构建中阶段进行模型比较、选择与训练诊断，以及在模型构建后阶段辅助结果理解与分析。

另一方面，大数据可视化同时也强调“机器在回路”。机器智能可以高效地完成某些人工耗时巨大的重复、枯燥工作，其对大数据可视化的推进作用体现在数据转换、可视化映射和交互分析过程中。其中，在数据转换阶段，机器智能可以实现高效的数据预处理、变换、查询、分组与投影；在可视化映射阶段，机器智能可以学习人的经验，优化、推荐和模仿已有的映射方式;在交互分析阶段,机器智能可以高效的分析大量语料库,并实现内容的提取与理解。图 5-2 所示 ScatterNet 是利用机器智能解读可视化图片的成功案例[7]。ScatterNet 基于人工标注的散点图样本,训练得到可理解散点图特征的深度神经网络,实现了更高效的散点图检索。

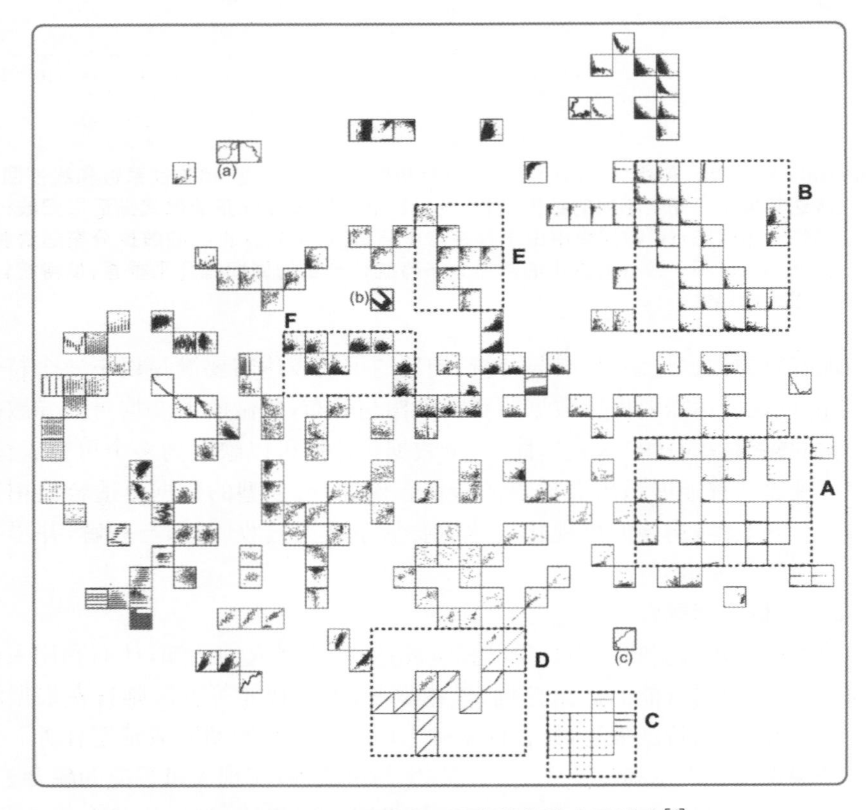

图 5-2 ScatterNet 用于更高效的散点图检索[6]

人机智能融合是大数据可视化的关键要素,也是其未来发展的必然趋势。

5.2 大数据可视化的关键技术

数据可视化流程包含三个步骤:提炼可视化数据、生成可视化显示和设计可视化交互[3]。首先,大数据可视化的根基在于数据。可视化处理的基本数据类型主要包括表格数据、关系数据和空间数据。其中表格数据最为常见,可以进一步分为类别型数据、有序型数据和数值型数据。接着,经过处理的数据需要通过可视化映射转换成可视化元素并显示。可视化元素则分为可视符号(点、线、面)、位置变量(维度)、时间变量(动画)以及视觉通道(形状、尺寸、方向、颜色等)。最后,在可视分析阶段,用户需要通过交互以改变可视化显示,从而实现探索、推理、决策等任务。设计合理而高效的可视化交互方式对于用户理解和操纵大数据至为关键。本节围绕大数据可视化流程中的关键技术,按照不同的可视化数据类型分别介绍报表数据、地图数据、关系数据和高维数据的可视化并总结了常用的可视化交互类型。

5.2.1　报表数据可视化

传统的统计报表处理的数据是低维(10维以下)的结构化数据矩阵，即数据立方体(结构化数据库的基本结构)[8]。此类报表数据的展示通常使用基本的可视化图表，代表性方法如下：

1) 点图(dot plot)

点图是最基础的数据可视化形式之一。它通常是指将数据点直接绘制成平面(包括一维或二维笛卡尔直角坐标系和极坐标系)上的点，从而展现数据轨迹。在平面直角坐标系下，横轴编码自变量(类别型数据或有序型数据)，纵轴编码因变量(数值型数据)。当在一维点图上增加网络关系，则演化成笛卡尔坐标系下的弧长链接图(arc diagram)和极坐标下的弦图(chord)。

2) 折线图(line hart)

折线图是点图的增强版，可采用直角笛卡尔坐标系或极坐标系(即径向折线图，radial line chart)。区别在于折线图在点图的数据点之间增加了折线段用以展示两两之间的趋势或关联。对折线和轴之间的区域填充，可以展现累积数量。

3) 柱状图(bar chart)

柱状图在点图的基础上将每个点和横轴之间的区域填充为柱形(直角坐标系)，用于比较不同类别之间的属性值。用于表达时变进度的柱状图叫做甘特图(gantt chart)。柱状图中的每个柱形嵌套其他维度的柱形时，则称为堆叠图(stacked graph)。当自变量从离散型数据变为数值型数据时，堆叠图演化为堆叠流图(stream graph)。

4) 饼图(pie chart)

饼图可看作极坐标下的柱状图。饼图以环形展现各个类别占整体的比例。圆周方位角分割区域的颜色编码类别型或有序型变量，圆周方位角的大小则编码数值型数据，圆环的径向长度可编码数值型数据。作为一种基础的可视化形式，饼图还可拓展为旭日图(sub burst)用于呈现层次数据。

5) 散点图(scatter plot)

与点图类似，散点图将数据映射为二维笛卡尔直角坐标系和极坐标系上的点。但不同的是，散点图中每个点的横纵坐标均为数据型数据。除位置信息外，也常采用尺寸、颜色、形状等视觉通道编码点的其他信息。

6) 平行坐标(parallel coordinates)

传统的直角坐标系中假设各个维度互相正交，限制了其展示高维(大于三维)数据的能力。为了展现高维数据的每个维度，平行坐标方法采用互相平行的轴表示不同维度。单个数据点的每个维度的值在对应轴上的位置依次通过折线段相连，连成的折线对应该数据点的可视化表示。当每个维度是类别型数据时，平行坐标变为平行集(parallel set)，平行坐标中的折线段，变为梯形填充。

7) 星形图(star plot)

星形图也称为雷达图(radar chart)，是极坐标系下的平行坐标。高维空间每个维度的坐标轴编码为从圆心出发的射线，所有坐标轴沿着圆周均匀分布。每条坐标轴的圆周方位角不编码维度属性，仅用于区分多个坐标轴。

5.2.2 地图可视化

数值域通常是指密集分布于某空间的数据场，包括分布于全场域的网格和网格节点上的属性。图像、视频（时变图像）、科学计算的二维或三维数值域、地图等都属于典型的数值域。地图作为一种不规则的数值域，用于表达地理信息空间的复杂数据，在数据可视化中占有重要地位。地理空间数据涵盖了地球表面、地上和地下所有的空间信息。将地理空间数据投影到地球表面是地理信息可视化的基础方法。按照不同的数值与采样模式，地图可视化方法通常划分为点采样、线采样和区域采样三类（图 5－3）。接下来将简单介绍地图投影的概念并分别描述三类地图可视化方法。

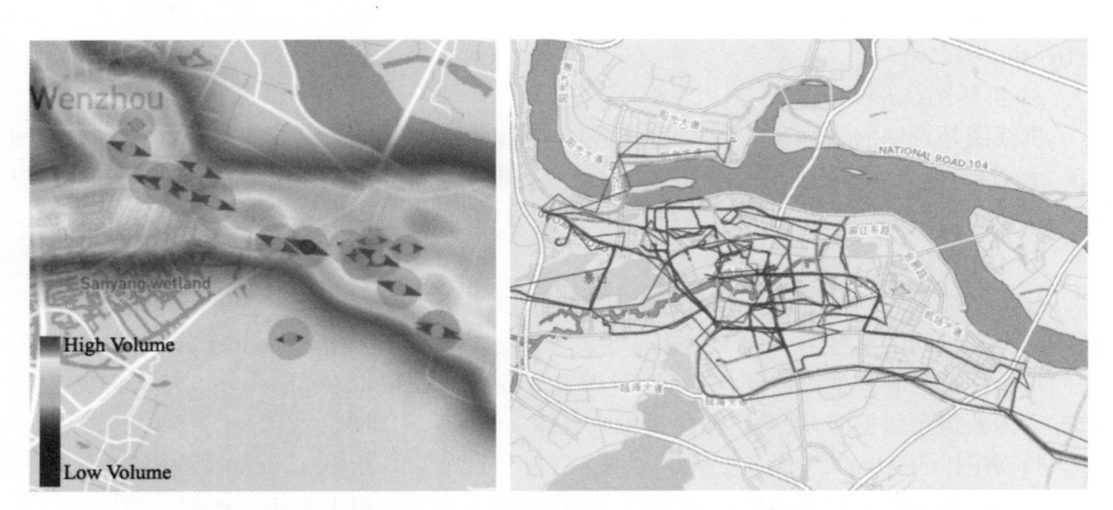

图 5－3 左：点采样和区域采样技术相结合以表达城市数据的流向和分布情况；右：通过线采样方法呈现出租车轨迹数据

5.2.2.1 地图投影

地图投影的本质是将球面映射到某平面，根据投影过程中投影对象的不同，可分为圆柱投影、圆锥投影和方位投影。下面简单介绍常用的几种地图投影方法。

墨卡托（mercator）投影，即正轴等角圆柱投影，由荷兰地图学家墨卡托于 1569 年提出。首先假设一个中空的圆柱围住地球球面，并与赤道相切接触；然后再想象地球中心有一盏灯，把地面上的图形投影到圆柱表面；最后展开圆柱，即可得到墨卡托投影。墨卡托投影是影响力最大的地图投影方法之一，广泛应用于航海图和航空图的编制。

摩尔威德（mollweide）投影是一种等面积伪圆柱投影。本方法的特性是将地球表示成椭圆且所有纬线均平行于赤道，因此常用于绘制世界地图。

亚尔勃斯（albers）投影是一种保持面积不变的正轴等面积割圆锥投影。由于等面积特性，亚尔勃斯投影尤其适合展示东西跨度大的中纬度国家。如中国和美国的地图绘制都广泛采用此投影方法。

5.2.2.2 点采样

采样是指通过离散的方式收集数据以描述连续的现象。对气温、降水量、风力等现象通常采用点采样的测量方式。点地图是可视化点采样数据的一种基本手段。对应点采样数据中的位置信息和数值信息，点地图通常在地图的相应位置编码视觉通道包括形状、尺寸、方向和颜色等。由于真实世界中采得的点数据通常空间分布不均匀，因此点地图可视化面临可视堆叠、视觉混淆的挑战。像素地图的方法通过改变数据点位置有效避免了堆叠现象。生成像素地图可视化基于对以下三个目标的优化算法：地图上的点不重叠；调整前后的位置变化尽可能小；保留数据聚类的统计性质。

5.2.2.3 线采样

地理空间数据中常见的河流、道路、气流等轨迹数据的可视化通常采用线采样方法。具体对应的可视化元素包括直线段、折线和曲线段。常用的可视化方法有网络地图、流量地图和线集地图。网络地图使用连线段表达坐标点之间的链接关系；流量地图用曲线宽度编码流量，表达多个对象之间流量的变化；线集地图使用线段连接地图中的同类数据，用于比较不同类别之间的分布情况。

5.2.2.4 区域采样

区域采样在地理空间可视化中更为常见，研究的地理特征包括自然特征区域、人文特征区域和领域专业区域等。区域数据可视化的常用方法是专题地图[9]。专题地图相比普通地图，着重展现空间中一种或几种地理特征的分布，主要有以下三种用途：①提供特定区域的数据细节；②展示空间分布的整体特征；③对比多张地图的空间分布模式。常用的专题地图包括等值线图、等值区间地图和比较统计地图等。

5.2.3 关系数据可视化

数据集中数据点之间的关系（包括集合、网络、层次等）通常使用层次和网络结构表示。典型的可视化方式有节点链接法（node-link）、邻接矩阵法（adjacency matrix）和空间填充法（space-filling），如图 5-4 所示。

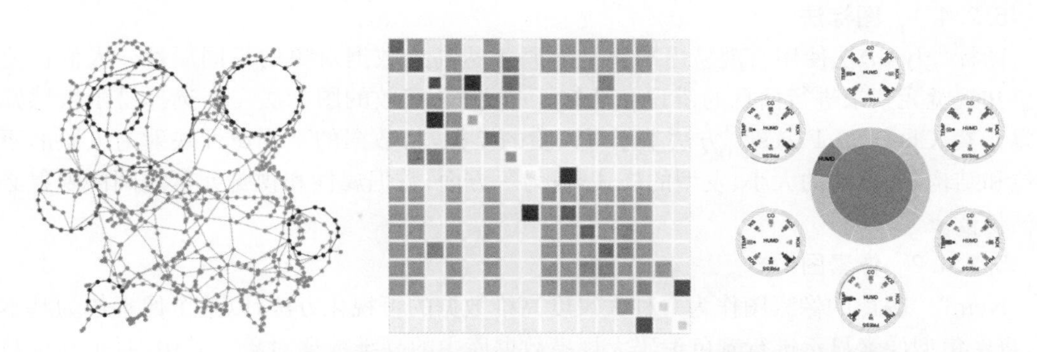

图 5-4 左：节点-链接图示例；中：邻接矩阵示例；右：空间填充法示例-树图

1）节点链接法

节点链接法用节点代表实体，节点间的连线表示实体之间的关系。节点链接法是最常用的关系数据可视化方法，能直观清晰地展示实体之间的网络关系和层次关系。节点链接方法的核心问题是节点的放置（布局算法）和链接的画法（直线段、折线段、平滑曲线等）。其中，节点的布局方式主要有面向层次关系的正交布局法、横纵轴法、径向布局法；面向网络图的力引导布局[10]和压力优化布局。其包含大量节点和复杂链接关系的大规模关系数据经常导致链接的大量交叉，为了减少链接交叉及其对可读性的影响，通常使用链接透明度调节、边绑定和节点简化等技术。

2）邻接矩阵法

矩阵可视化方法基于邻接矩阵，用 $n \times n$ 的方形网格表达 n 个节点之间的网络关系。不同于节点链接图存在链接交叉的问题，邻接矩阵法将链接映射为单元格，理论上不存在任何交叉。然而，节点链接图中的拓扑关系和结构在邻接矩阵中不再直观和清晰。为了帮助用户理解网络拓扑结构，邻接矩阵通常关注节点排序和路径搜索等任务。前者的目标是聚集具有相似模式的节点，后者用于揭示节点之间的传递关系。

3）空间填充法

空间填充法适用于层次数据(具有层次结构的网络数据)。层次数据的个体表示为空间中的分块区域，数据的层次或链接关系通过上层区域对下层区域的覆盖表示。树图作为空间填充法的一种代表性方法，将层次结构表示为在二维平面递归划分的块状区域。每个子区域编码一个节点，尺寸和颜色编码节点的数值型或类别型属性。树图中子区域的经典布局方法是 slice-and-dice[11]算法，缺点是容易导致狭长的条带。因此改进的方法有正则化方法、序列化方法、条带法、螺旋法、有序正则化法等。除了常规的方形区域划分之外，Voronoi[12]空间划分方式也很常用。

5.2.4 高维数据可视化

数据立方体是指低维(10 维以下)的结构化数据矩阵。报表数据可视化方法可通过多个视觉通道(如颜色、大小、形状)表达各个维度，并扩展各种视觉编码表示额外属性。但该方法不适用于更高维的数据。一方面，视觉编码的种类十分有限；另一方面，大量数据编码过于复杂会降低可视化的易读性。高维数据可视化有如下代表性方法：图标法、像素图、散点图矩阵和数据降维。

5.2.4.1 图标法

图标(glyph)法使用直观易懂的视觉编码表达高维数据对象的不同属性。人们需要通过感知视觉元素来进行信息的辨识和认知。一方面，有效的图标法需要选择易于被感知的视觉元素，Chernoff Faces[13]方法基于对人脸的模拟，将数据的不同属性映射为人脸的不同部位和结构，如眼睛的大小、发型的样式等；另一方面，数据属性和视觉元素之间的映射必须简洁易读。

5.2.4.2 像素图

Keim[14]提出的像素图作为一种大尺度高维数据的可视化方法，以单个像素作为基本图元，将密集型像素显示进行着色编码大规模数据库中的高维数据对象。其中，每个高维数据对象被表示为像素化的矩形。矩形中的每个像素代表属性，颜色编码属性值。在二维空间中，所有矩形按照一定的布局策略(常用顺序布局或者螺旋式布局)排列组成整块像素块。像素图的关键在于颜色的选择，合适的颜色编码能够直观揭示数据集的分布规律。此外，数据元素在空间中的布局对可视化的有效性也至关重要。

5.2.4.3 散点图矩阵

作为散点图的扩展，散点图矩阵采用 n^2 个散点图依次表示 n 维数据的每个属性之间的相互关系。根据每个散点图所表示的属性，沿着横轴和纵轴按一定的顺序将其排列，组成一个 $n \times n$ 的方阵。处在第 i 行第 j 列的散点图展示了第 i 维与第 j 维之间的关系。排布在对角线上的散点图表示每个数据属性与自身的关系，可用于揭示数据特定属性上的分布。散点图矩阵符合人们对长期使用的直角坐标系的阅读习惯，容易被用户接受。其直观性能够有效揭示属性之间的关联性。然而，散点图矩阵的可扩展性差，因为所需的散点图数量随着数据维度呈指数级增长。基于散点图矩阵的交互分析方法主要包括：离群点检测、聚类、过滤、排序、回归和模式检测等。

5.2.4.4 数据降维

将任意高维数据通过线性或非线性变换投影至低维空间（通常是二维或三维）的方法叫做降维。降维结果应尽量保持数据在高维空间中的原始特征和分布模式。可视化常用的线性降维方法有主成分分析（PCA）和线性判别分析（LDA）等；非线性降维方法有多维尺度分析（MDS）、局部线性嵌入（LLE）和等距映射（ISOMAP）等。

5.2.5 可视化中的交互

本节前面讨论了如何处理并可视化几种典型的数据类型，主要涵盖了数据可视化流程的前两个步骤即提炼可视化数据和生成可视化显示。设计可视化交互作为最后一步，通过主动修改生成的可视化结果以实现用户的探索、验证、决策等需求。此外，交互操作能有效地扩展可视化表达的空间，从而缓解有限的可视化显示空间与海量的大数据之间的矛盾。可视化交互和视觉呈现二者密不可分，形成一条螺旋式循环的可视分析链路，最终帮助用户理解和洞察数据。具体可视化交互技术总是伴随着特定的可视化视图，服务于特定数据的特征。下面尝试从横向视角简要介绍 7 种基本的交互技术（选择、导航、重配、编码、抽象/具象、过滤、和关联）以及两类基本交互思想（概览＋细节、焦点＋上下文）[15]。

5.2.5.1 交互技术

（1）选择（selection）。通过鼠标、触摸等方式选择对象是最常见的交互手段之一。以鼠标交互为例，选择可以分为悬浮选择、点击选择和刷选（框选）。悬浮选择要求较低的交互延迟，适用于选择区域较大、渲染用时较低等情形。点击选择包括单击、双击，允许较高的交互延迟和更为精细的选择区域，被大量应用于需要重新渲染大量可视元素、查询或计算大量数据等场景。刷选（框选）支持灵活指定平面范围内的区域，从而直观、高效地选择用户感兴趣或者具有相似模式的数据和可视元素。

（2）导航（navigation）。由于实际场景中可视显示空间的局限性，大数据可视化中的可视堆叠问题为精确选择交互对象带来挑战。因此，在设计选择交互时通常结合导航技术，以辅助用户调整视点位置和控制视图内容，从而快速定位至目标区域并消除可视元素间的遮挡，从而便于选择。可视化交互的导航技术是指通过改变视点位置，从而观察其他部分可视显示，常见的包括缩放、平移和旋转。缩放通过改变视点和可视平面的距离，从而改变可视对象的尺寸；平移允许视点沿着平行于可视平面的方向上下左右移动，从而改变可视平面的观察区域；旋转则是使视点的视线围绕视点自身轴线旋转，从而改变观察可视平面的方向。

（3）重配（reconfigure）。在可视分析过程中，用户有时需要通过不同的可视化视角观察同一份数据，以获取更全面的认知。重配是指改变数据元素在空间中的排列的交互技术，其基本原则包括重排列、调整基线和更改布局等。其中，重排列常见于表格数据可视化；调整基线则常用于二维的报表数据统计视图。

（4）编码（encoding）。交互式修改可视元素的编码能够直接影响用户对数据的认知，提供更加直观和全面的理解。MacEachren[16]将可视化编码总结为以下 11 种：位置、大小、色相、深浅、饱和度、纹理方向、纹理密度、纹理排列、形状、边缘模糊程度和透明度。为了更好地适应不同类型数据的特征和多样的分析任务，可视化系统应当支持用户选择合适的可视化编码方式并实时查看相应的可视化结果。

(5) 抽象/具象(abstraction/elabration)。有限的可视显示空间难以兼顾对大数据的全局特征和完整细节的呈现。因此用户需要抽象/具象交互在不同的细节等级中切换以完成复杂分析任务。可视交互中的抽象侧重展示尽可能多的数据对象，建立用户的整体感知；具象则关注数据对象的属性和细节信息，帮助用户更直观地探索数据。抽象和具象二者相辅相成，在可视分析中十分重要，体现为概览＋细节的基本交互思想。

(6) 过滤(filtering)。过滤是指给定约束条件下的信息查询。与传统的搜索引擎的查询思想不同，可视交互中的过滤将视觉编码和查询条件紧密结合，能够实时动态地呈现过滤结果，帮助用户快速理解和评价数据。

(7) 关联(connection)。可视化系统通常包含多个视图，视图内部包含大量与数据对象绑定的可视元素。可视元素之间基于数据对象的联系以及视图之间可视化表达的联系通常使用关联技术来标识。关联技术有助于用户同时观察数据的不同属性或者同一份数据的不同可视化表达。链接作为一种典型的可视化关联技术，能够在系统中所有视图高亮显示与选定数据对象相关联的可视元素或者对与之关联的元素采用相同可视表达。

5.2.5.2 交互思想

概览＋细节(Overview＋Details)。可视空间有限的资源通常无法在单一视图下显示概览和细节。概览＋细节的交互思想是指在显示交互概览的同时展示细节信息。概览与细节分别对应抽象与具象交互，二者的导航方式、视觉编码等通常使用关联交互技术。作为最基本和常用的交互思想，概览＋细节思想十分符合用户探索数据初期的行为模式，有利于用户从概览切入，深入分析数据在不同尺度下的细节。

焦点＋上下文(Focus＋Context)。概览＋细节解决了如何同时呈现整体和局部信息的挑战，但无法支持同时查看不同尺度下的细节。用户在不同尺度场景中的切换查看细节时容易丢失上下文信息，从而降低分析效率和理解效果。为了整合当前尺度下的细节信息和概览中对应的上下文信息，焦点＋上下文思想同时展示用户当前的兴趣焦点的细节和焦点周围的数据元素关联。变形和加层是两类实现焦点＋上下文的交互技术。其中，变形是指对可视化图像或者结构进行变形，使得视图的焦点区域细节和周围尺度不同，形成类似透镜扭曲的效果。加层是指在视图焦点区域上叠加一层视图用于同时浏览焦点和上下文，实现类似透视的效果。

5.3 大数据可视分析

为了应对大数据时代日益复杂的海量数据分析挑战，可视化技术通过和图形学、数据挖掘、人机交互等多门学科融合，发展成为大数据可视分析技术，以支持更高效的数据分析和推理。其利用新的可视分析理论模型，更加高效的可视化技术和更加敏捷的用户交互方式，实现人机智能的有效融合，辅助用户从多源、高维、复杂、动态的数据中快速挖掘信息，以进行灵活决策。

大数据可视分析，主要面临的挑战是数据的复杂性，体现在以下几个方面：

（1）尺度激增：数据的尺度主要体现在两个方面：海量和高维。海量的数据已经超越了单机甚至小型计算集群的能力极限，而过高的维度则使传统的分析方法难以在有限计算资源内处理分析数据，需要探索新的思路来处理海量数据。

（2）多源异构：从不同来源采集的数据，难以用统一的方法进行分析处理。多源异构数据会带有不同的类型，语义和结构，且存在大量不确定的数据，需要提前清理和转换。而不同来源的数据之间的隐式或显式关联，需要采用合适的分析方法，有效融合人机智能，挖掘关联关系。

（3）动态高速：数据获取和计算能力的显著增加，使得数据的生成速度也极大提升。面向高速动态产生的数据流，大数据可视分析方法急需更高效的处理和可视化方法，以及更敏捷的交互技术，利用预计算、并行计算和硬件加速等技术，达到对数据流的实时处理和分析。

在解决上述挑战时，大数据可视分析集中突破以下的能力瓶颈：可视化能力、认知能力和分析能力。首先，由于像素限制，屏幕能够显示的数据空间往往只占数据整体的一部分，将数据大量显示在屏幕空间内，需要极其高效的可视化计算和渲染能力，也容易产生严重的视觉混乱。其次，人类对事物的感知和记忆能力是有限的，随着需要检查的视觉对象的增加，人类的思维负担逐步增加；而且随着执行视觉任务的时间不断变长，人类的记忆负担也逐步变重。最后，数据中蕴含的不同规律和知识，需要人们执行多种复杂的分析任务才能发掘。分析者需要拥有多种分析能力，以便在有限的时间和存储资源内，集成人类智能和机器智能的各自优势，捕捉数据中蕴含的多样规律。

为了应对大规模数据分析的实际应用场景（如反恐、灾难防治、金融安全等），美国和欧盟已经建立了一系列涉及经济金融、科学技术、灾难灾害等研究对象的可视分析研究机构。在各国研究机构的努力下，大数据可视分析已经成为人机融合的分析决策场景中的关键技术。

5.3.1　可视数据分析

大数据时代，新知识的产生愈发依赖对数据的分析和挖掘。自动的数据分析结果具有一定的不确定性，缺少可解释性和可信赖性。而人类智能的加入，能有效弥补自动数据分析的不足。利用人脑智能和机器智能的结合，能更好发现、表达、分析数据中隐藏的知识与人类现有知识之间的差异，诞生新的知识。同时，视觉作为人类最重要的信息输入通道，是沟通人脑智能和机器智能的良好渠道。可视分析学利用可视化和交互界面，使人脑智能能够控制机器智能的运行，而机器智能又能良好反哺人类智能在计算能力上的不足，两者在此循环中互相促进，能够将抽象、灵活、概括化、个性化的人类智能，良好地通过视觉和交互与机器智能相融合，各展所长。

可视分析学的人机融合主要体现在两个层面。一是可视分析的目标是解决不同应用领域的现实问题，需要深入调研诸如金融、安全、交通等领域相关专家的具体需求和分析任务，研制特定的可视化与可视分析方法；二是可视分析学又离不开数据科学相关学科，需要与数据挖掘、高性能计算等技术进行结合，以提高分析计算能力。因此，可视分析技术需要能够良好兼顾领域特定的数据特性、分析任务以及用户需求，达到三者高度集成耦合。

为了达成上述目标，图 5－5 总结了可视分析的基本流程，其可以被归纳为数据、可视化、模型和知识之间的信息循环迭代。如图 5-5 所示,可视分析过程一般从数据输入开始,由两条相互交叉的数据分析流(可视数据探索和自动数据分析),提炼出蕴含的知识。其中可视数据探索利用交互对可视化结果进行分析,注重人类智能对数据的理解。自动数据分析则利用从数据中提炼的数据模型进行挖掘,注重机器智能对数据的自动计算能力。两条路径相互交融,用户既可以利用交互对模型进行构建和修正,也可以将模型结果进行可视化,提升人对数据的理解。

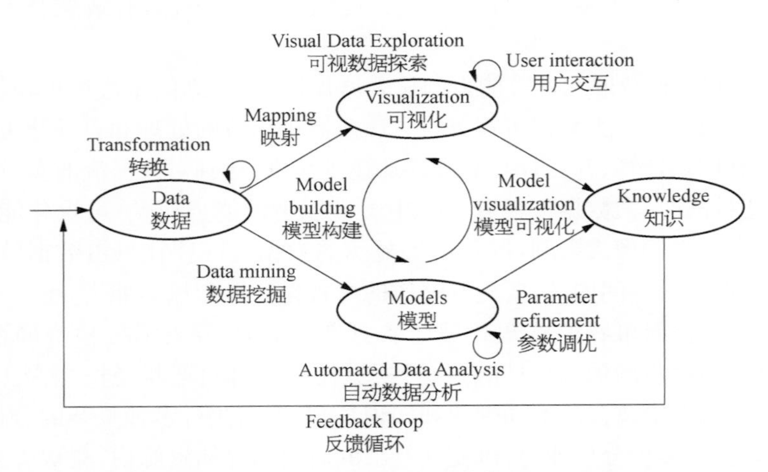

图 5-5 Keim 等人总结的可视分析流程[17],此图为二次创作翻译。

接下来将展示大数据可视分析技术解决实际应用领域的三个案例。

大规模图数据的量级阻碍了人对数据的有效探索。可视化是用户对图数据进行自由探索的良好手段之一。在图可视化里,利用缩放、平移等交互,用户可以完成对图数据不同粒度的观察和分析。然而,随着图数据规模的上升,用户探索图数据所需花费的精力和时间也显著上升,图数据的可视化布局也会因为数据量过大而产生严重的重叠和视觉混乱。为了帮助用户更高效地进行图数据的可视探索分析,Chen 等人[18]提出了一种建议式探索方法,其通过为一个用户指定的范例结构推荐相似的结构,相似但不同的多个结构会被同时探索分析,从而加快用户对图数据的探索效率。如图 5-6 所示,该系统可以方便地推荐某个结构(c 视图)的相似结构(d 视图),对这些结构进行同步分析和探索能够大大加快用户对图数据的探索效率。其中,最关键的技术是相似结构的推荐算法,相比于传统的 NP 复杂度的同构子图搜索算法,该算法利用节点嵌入的相似度来搜索相似结构,加快了搜索效率。图 5-6 中,在 a 视图中,用户可以看到整个图数据的概览,通过热力图,用户可以了解图数据的密度分布;当用户刷选其中一块时,c 视图则会展示该视图所包含的图数据的细节;用户可以在 c 视图中选择其感兴趣的结构进行搜索,通过在 f 视图中调整参数,系统则会在 d 视图中推荐给用户与其相似的结构。用户可以在 d 视图中对相似结构进行进一步的探索和分析,其交互则会被同步反馈到其余相似结构上。用户还可以在 b 视图中直接绘制一个其想要分析的目标结构的大致形状,而无需在现有的图数据中指定。

大规模图片数据集的分析需要刻画图片间的语义相似度。图片往往包含一定的语义,对图片数据集进行语义分析时,需要能够刻画数据集的语义,这既需要对数据集涉及的语义

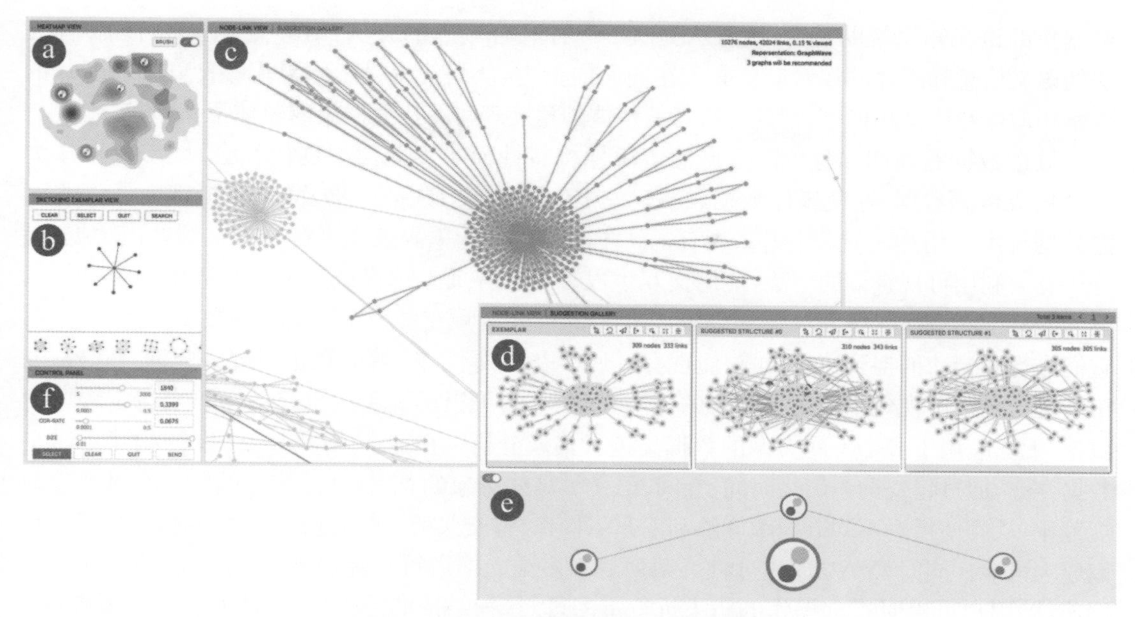

图 5-6　建议式的图数据可视探索界面

进行概览，又需要使分析者能够对单个图片语义做详细的分析。然而，现有的可视化方案往往缺少对图片语义的充分表达。在图 5-7 中，Xie 等[19]提出了一种新的可视分析方法，将语义提取模型的结果良好地通过投影算法集成在可视分析系统中。然而，低层级的语义提取往往仅涉及简单的对象及其标签（如图片中包含一只猫和一只狗），作者采用了图片自动标注（image captioning）方法，为每个图片生成描述文本，以捕获更加具体的上下文语境（如狗在追逐猫）。虽然自动标注方法已经提取了每张图片的上下文语义，但对于理解整个图片

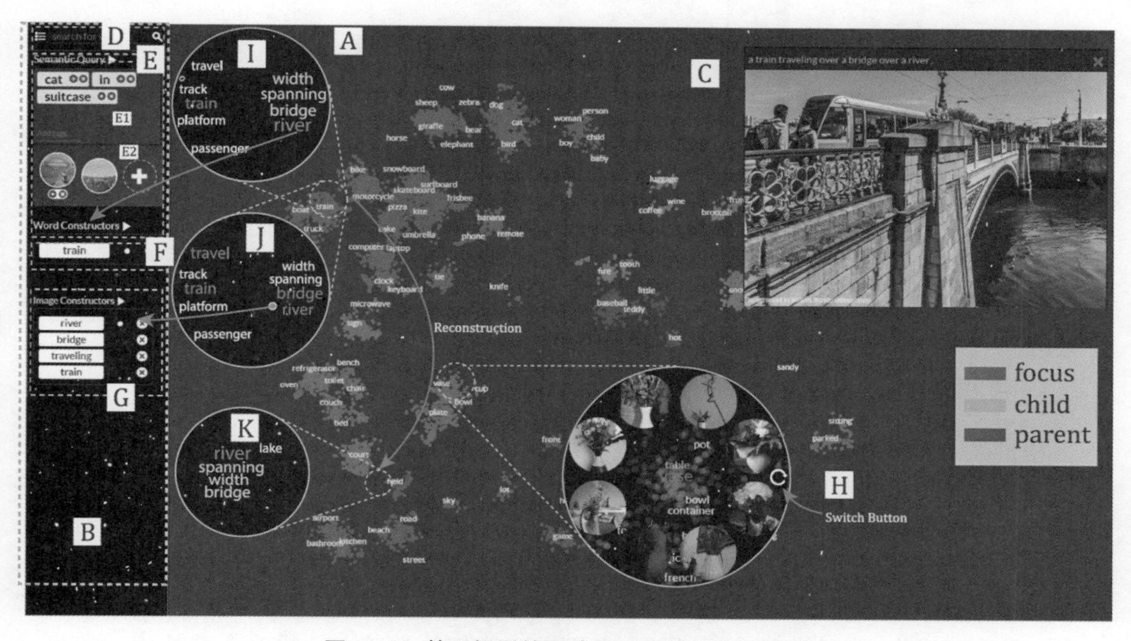

图 5-7　基于投影的图片数据集语义分析系统

数据集的语义知识帮助甚少，该方法提出了一种联合嵌入的方法，能够良好地将自动标注方法的语义信息和图片的像素信息嵌入在同一向量内，从而使得投影结果能够良好捕获图片的像素相似度和语义相似度，帮助分析者从整体的角度理解图片数据集的整体语义概览。

城市数据的查询和分析因数据的多源异构特性而难度陡增。现代社会，城市数据作为一种集成传感数据、社交媒体数据、轨迹数据等多源异构数据的集合，其分析难度因为非同源数据种类的增加而显著上升。现有工具往往关注分析单源数据。在分析多源城市数据时，分析者会利用可视查询的方法，使用交互手段在可视界面上选择或搜索一些数据点来分析其背后的特征和规律。然而，一些重要的数据模式往往潜藏在多个不同类型的数据之后，需要对它们进行融合才捕捉到数据模式，而现有工具难以集成不同来源的数据以统一查询。此外，分析者还会利用可视化来推理一些新的见解，而现有的可视推理手段也仅关注单个特定领域的数据，无法应用于多个不同类型的数据集进行集成分析。在图 5-8 中，VAUD[20] 构建了时空数据立方，通过将查询分解为时间、空间、语义等具体对象的查询，利用统一的范式将可视查询规范化，从而使得对不同数据源能够利用布尔操作(并交叉等)进行连结，使得多源数据可视查询成为可能。同时，VAUD 通过将一系列对于多源数据进行查询的操作，用节点链接视图进行连结，用户可以对查询操作的历史进行审阅，以获知结论的推理过程，从而完成可视推理。

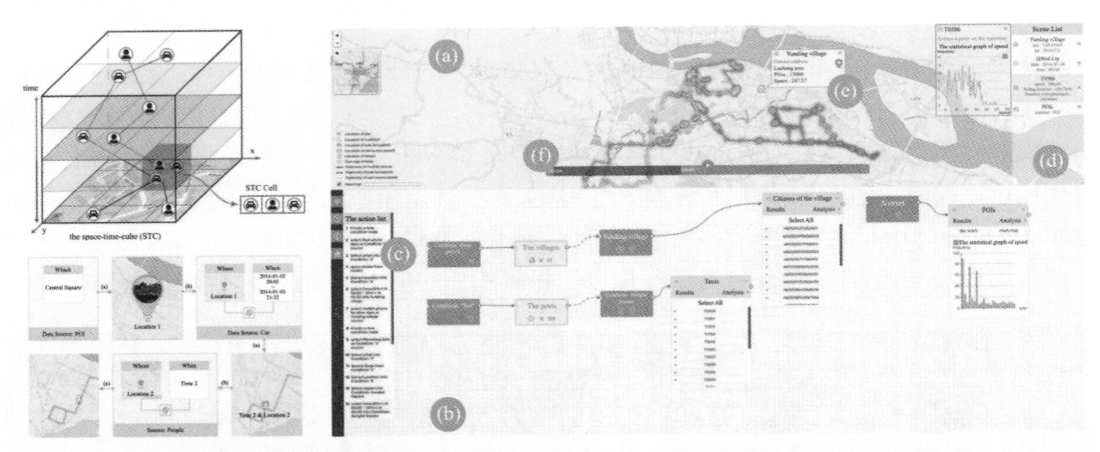

图 5-8　左上：VAUD 构建的时空数据立方；左下：VAUD 的查询序列由一系列查询操作和抽取操作组成，通过分解查询和抽取操作到具体属性上（如时间、空间、语义等），使得操作细粒度化，从而使得多源数据查询能够由单数据源查询组合而成。右：VAUD 的可视界面，用户可以利用（a）场景视图，（b）查询视图，（c）操作列表，（d）场景列表，（e）细节视图，以及（f）时间控制条来查询、推理、分析多源城市数据

5.3.2　可视数据分析相关的领域

为了满足大数据可视分析的需求，分析人员往往需要经历数据清洗，数据组织和数据挖掘等过程。数据清洗过程将不完全、带噪声的不确定数据处理成更高准确率、更高可用性的数据。而数据组织通过将数据重新转换，满足不同的分析需求，完成对数据集不同方面的理解。数据挖掘通过合适的数据模型，挖掘大量的、随机的数据背后隐藏的潜在知识和规律。Keim 等人[21]将大数据可视分析技术总结为一项构建在一系列相关科学领域之上，集成了信息和科学可视化，数据管理，数据分析，人机交互等相关学科方法的综合性技术。在与这些领域结合的过程中，可视分析技术既汲取了相关技术的优势，比如使用数据清洗技术提高数据的可用性，又能够反哺相关领域，有效地将人类智能融入到自动化技术中，如使用人机交互界面理解数据挖掘模型并进行调优。接下来将介绍可视分析技术与数据清洗、数据组织、数据挖掘等领域的结合。

1）可视数据清洗

原始数据的采集过程往往涉及环节多、情况复杂，其生成的数据往往包含大量的噪声、误差和不确定数据。为了方便后续的数据挖掘和可视分析，分析人员需要对这些数据进行清洗处理。然而，因为噪声和误差的产生原因错综复杂，其表现形式也纷杂多样，需要分析人员因地制宜地处理不同类型的噪声。这其中需要分析人员根据经验大量创建不同形式的清洗策略，反复检查数据。根据近几年的相关调查，数据清洗和准备阶段，仍然在数据分析过程中占据了超过 45%的时间[22]。可视数据清洗则是利用可视化和交互技术，缓解数据检查、纠错和预处理过程中的繁复工作，通过不断循环迭代数据清洗策略，提升分析人员清洗数据的效率，提升数据的可用性。

2）可视数据组织

面对日益激增的数据量，分析师需要新的数据组织方式，以便从多个角度探查多维大尺度数据中的不同知识。现有的技术，通过支持对数据立方的不同维度进行查询、聚合、切分、计算等操作吗，满足对数据不同角度的理解和分析，常见的方式包括：

（1）切片和切块(slicing and dicing)：按照维度或属性从数据中选取一部分。其中切片指的是选择某个或多个维度上具有特定值的数据，而切块(dicing)则是根据给定维度，选择给定范围内的子集。

（2）上卷和钻取(roll-up and drill-down)：按照层次结构从数据中选取一部分。很多类型的数据都具有层次结构。比如具体的位置信息可以由国家到省市、乡镇，公司的组织架构也可以按照层次结构划分。对于这一类数据结构，上卷和钻取允许分析者获得不同细节层次的数据。其中，上卷(roll-up)可以通过在一个或者多个维度上进行累积或聚合的方式得到数据的总结。而配套的钻取(drill-down)技术则允许分析者浏览更加细节的数据项。

图 5-9 RSA 树[23]所示为用户可以利用刷选、链接、聚合等操作，用户可以在大规模数据立方上做到实时的，低迟滞的上卷(roll-up)和切块(dicing)查询，对数据进行灵活组织，以快速构建数据不同方面的可视化结果。(a)表示了一个在 450 万条数据的社交网络上进行查询的案例。通过筛选和链接的操作，用户可以快速过滤出工作日(周一到周五)以及每天 13 个小时(9 am—9 pm)的数据。(b)和(c)都是在 1.8 亿条数据项的航班准点数据上构建的案例。图(b)的箱宽(bin width)可以灵活修改，对应的可视化结果则会立刻显示。图(c)展示了基于对数的统计合并策略也可以快速生成一个容易分析的直方图。

3）可视数据挖掘

可视数据分析和数据挖掘，其目的都是从数据中挖掘隐含的模式、规律和知识。数据挖掘主要指通过自动或半自动的数据模型，利用大量数据进行训练和计算，得到这些数据背后的潜在信息，归纳得到相关规律和知识。可视数据挖掘结合了可视化和数据挖掘的能力，将原始数据和数据挖掘结果利用大数据可视化技术进行融合，提升人对传统数据挖掘结果的认知，以增强数据挖掘模型的可解释性，可信赖性以及可交互性。图 5-10 展示了用可视化来理解支持向量机的案例。

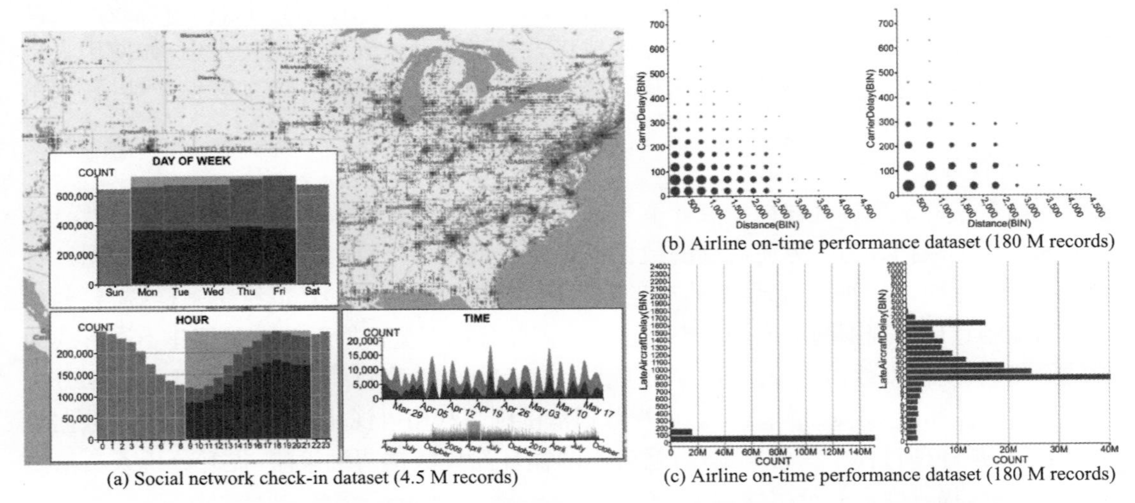

图 5-9 利用 RSA 树技术对由大规模表格数据建立的数据立方进行快速查询的案例

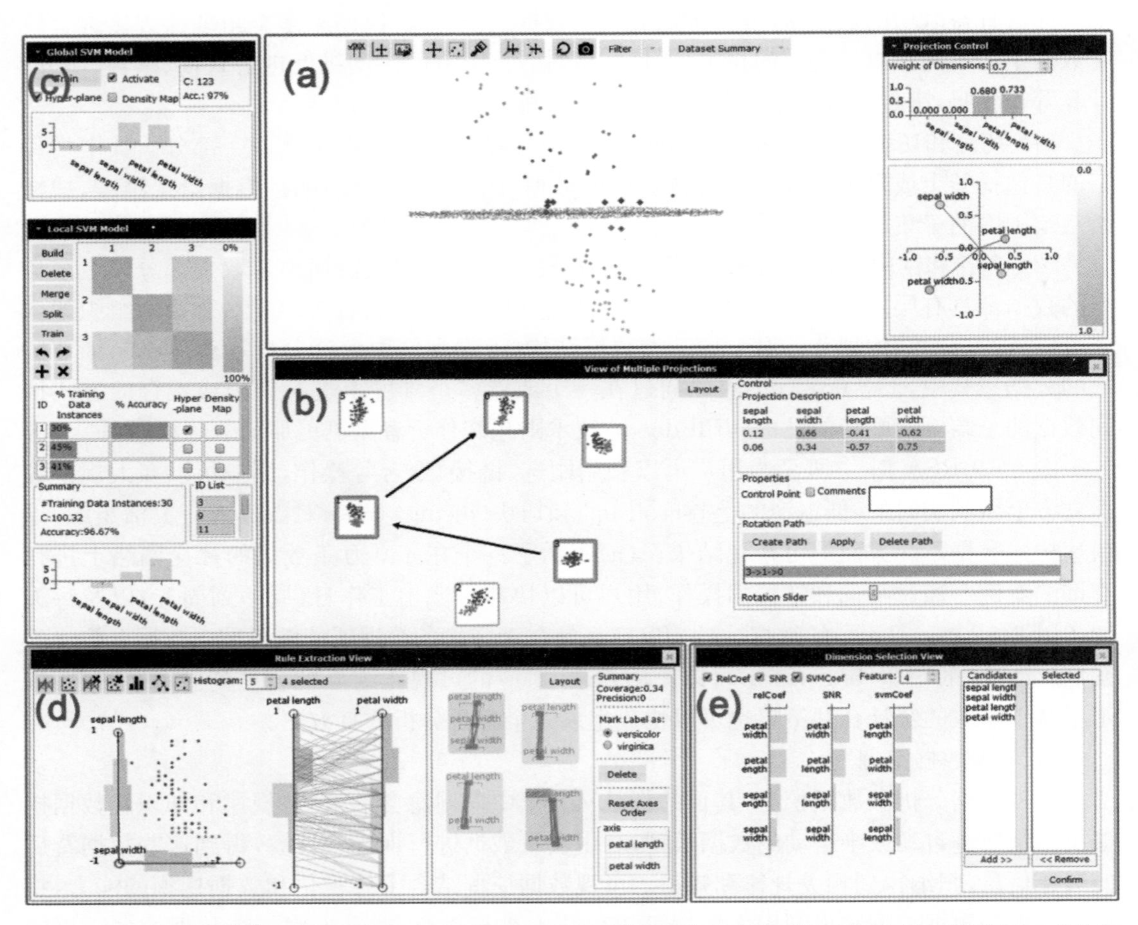

图 5-10 EasySVM[24] 提供了探索性的可视界面，利用高维数据的投影来帮助理解支持向量机(SVM)的行为。用户能够自由探索数据在不同投影方式下的二维呈现，以全面了解数据特征和分布，通过比较数据本身的分布和 SVM 的分类结果，用户可以了解 SVM 的工作模式

5.4 沉浸式可视分析

随着消费级虚拟现实(virtual reality, VR)头戴设备 Oculus 系列产品和混合现实(mixed reality, MR)设备 HoloLens 研制成功,研究者于 2015 年正式提出沉浸式分析这一研究领域[25],探索如何在沉浸式环境中执行大数据分析与推理。本节对沉浸式可视分析这一新兴方向进行简要介绍。

5.4.1 沉浸式可视分析简介

沉浸式可视分析遵循现有可视分析流程,用户使用虚拟现实(VR)、增强现实(augmented reality, AR)或者混合现实(MR)等扩展现实(extended reality, XR)设备提供的沉浸式人机界面技术[25-26],对数据进行交互式可视化探索、分析、推理和决策,捕获数据中蕴含的知识和规律。沉浸式可视分析协调人类智能和机器智能,涉及数据可视分析、扩展现实和人机交互等多个学科。它可增强用户的空间记忆,提高用户参与感,逼真的临场感可引起用户情感共鸣,激发用户想象力,获得灵光一现的洞察。

市场上主流的 VR/AR/MR 头戴设备,如 Quest、Valve Index、HoloLens 等,提供双目立体视觉显示,基于控制手柄、手势、语音和视线追踪的多模态人机交互技术。基于手机产业成熟的软硬件生态以及光学显示技术的快速进步,XR 头戴设备体积不断缩小,性价比日益提高,开始走向主流市场。XR 头戴设备的外设也非常丰富,运动平台提供运动知觉,触觉背心、数据手套和控制手柄可提供触觉反馈,气味模拟装置也日益丰富。利用市场已有设备,XR 系统可较为逼真地模拟人类的视觉、听觉、触觉、嗅觉和味觉等五种感觉。

XR 头戴设备可通过内置传感器和算法或者连接外部硬件,对用户的头部、手部、全身动作、视线和表情等动态信息进行追踪。此外,利用脑机接口和生理信号检测设备,XR 系统可融合脑电、心跳和皮肤表面压力等生理信号。现有 XR 头戴设备的像素分辨率和清晰度与人类视网膜精度有一定差距,基于拼接屏和多投影的集群式 XR 系统可实时绘制高分辨率、高帧率和广视角的立体画面。随着云计算架构和云渲染技术的日益成熟,Unity 和 Unreal 等主流 XR 引擎已支持 CloudXR 渲染技术,XR 头戴设备已具备逼真渲染大规模虚拟场景,实时动态处理大数据的能力。

沉浸式可视分析可追溯到 20 世纪 90 年代,主要面向大尺度科学数据[27]。VR 设备采用立体投影/拼接屏对可视化结果进行高保真视觉呈现,支持运动追踪、数据手套、控制手柄和语音等多模态交互。这类设备面向专业用户,提供超高清广视角立体画面,造价昂贵维护困难。随着消费级 XR 头戴设备 Oculus Rift 和 HoloLens 研发成功,Leap Motion 和 Kinect 等廉价体感互动设备上市,研究者于 2015 年正式提出沉浸式分析这一研究领域[25],探索如何在沉浸式环境中执行大数据分析与推理。随着人工智能和云计算的快速进步,XR 头戴设备及配套软件开发工具随之迭代更新。

主流 VR 头显 Quest2 支持双手手势和物理键盘识别,可模拟传统键鼠交互,传统 2D 可视分析系统可迁移至 3D 可视分析环境。Quest2 支持数字化身开发工具包(Avatar SDK),用户可自行构建多人协同可视分析应用,也可使用 Meta 公司提供的 Horizon Workrooms VR 多人协同工作应用。微软公司已提供基于 HoloLens 设备的 Dynamics365 远程协助和指南服务。用户可以使用 MRTK 开源开发工具包，通过 Azure 云计算平台提供云空间锚点（spatial anchors）、对象锚点（object anchors）、AI 服务和基于 Mesh App 框架，开发基于云计算架构的多人 MR 混合现实应用。对于平板电脑和智能手机等触控设备，使用 ARKit、ARCore 或 Vuforia SDK，配合云端的空间锚点和物体锚点服务，可实现跨越不同种类设备的 AR/MR 应用体验。

沉浸式可视分析已获得大量研究关注，研究者利用 XR 设备构建了大量可视分析系统（http://www.immersiveanalyticssurvey.org/）。这些系统主要利用视觉通道，少部分涉及听觉和触觉通道，未充分利用 XR 设备提供的五感模拟和参与者的具身交互能力。可视分析过程涉及多种数据交互方式，研究者未充分利用 XR 设备本身提供的 3DUI 底层能力进行相应交互技术、交互隐喻的定制化及广泛评估。打造多人协同沉浸式可视分析系统[28]，须根据数据分析任务设计合适的具身交互策略，包括第一人称视角和第三人称视角。现有沉浸式可视分析系统不支持物理键鼠操作，与采用 2D 窗口+键鼠交互模式的主流数据分析系统（如 Tableau）相比功能有限，难以快速有效地处理大规模抽象数据（https://iasurvey.dbvis.de/）[29]。随着 XR 头戴设备的视觉保真度和交互保真度的大幅提升并快速普及，XR 头戴设备可支持类似传统 GUI 的文本输入和阅读体验。通过浏览器嵌入、远程桌面、云渲染和云 AI 等服务，沉浸式可视分析系统与传统 2D 可视分析系统无缝结合，融入数据分析师日常工作流程，丰富其实践落地场景。

随着人机物三元空间深度融合，采用便携式 XR 头戴设备，面向虚实融合场景的元宇宙应用不断涌现，具有地理位置和三维空间属性信息的大数据将爆发式增长。沉浸式可视分析可高保真地呈现这些空间数据和时空数据，执行数据分析推理任务。针对具体行业应用，面向专业数据分析师和普通用户，根据沉浸式可视分析任务和 XR 设备的保真度能力，客制化 3D 交互隐喻，打造并推广最佳实践案例。对最佳案例进行总结，形成面向行业应用的沉浸式可视分析的设计指南与规范，使更多领域的行业应用采用沉浸式可视分析来提升数据分析师和普通用户的大数据分析、推理和决策能力。

5.4.2 沉浸式可视分析应用

沉浸式可视分析在智慧城市、工业数字孪生、数字娱乐、广告电商以及教育培训等领域将获得广泛应用，典型应用包括信息展示、指挥控制、应急管理、智能交通、智慧文旅、XR 游戏、XR 购物、沉浸式教育与办公以及广告等。下面介绍三种沉浸式可视分析应用。

5.4.2.1 大屏幕可视分析环境

大数据蕴含丰富知识和规律，通过超高分辨率和大尺寸画面将数据可视化结果呈现给用户，可提升数据分析效率。超高分辨率画面可提供更多细节信息，大尺寸画面增加可视信息的呈现空间，用户可对可视化结果进行自定义布局，提升比较和分析效率。用户通过双目观看 3D 立体大尺寸画面，利用人眼双目立体视觉线索以及临场感知觉，更易激发想象力获得洞察力。通过对多块屏幕进行拼接或者对多投影画面进行拼接融合，辅以定位跟踪和多模态交互设备，用户可搭建超高分辨率大尺寸沉浸式可视分析系统硬件。大屏幕沉浸式可视分析系统通常由集群系统来驱动，可视分析引擎要求支持 2D 和 3D 分布式计算和显示。

大屏幕沉浸式可视分析系统中，最具有代表性工作为伊利诺伊芝加哥大学 EVL 实验室研制的CAVE2系统[27]。CAVE2是一个320度环形的沉浸式可视分析软硬件系统，由72块3D拼接屏组成，可以同时展示2D和3D信息，打造高效的沉浸式可视分析工作空间。数据分析小组使用CAVE2运行SAGE2、OmegaLib、Unity插件和VTK等可视分析与协同软件，处理多源多尺度3D数据、结构化和非结构化文本、图像和视频等多媒体数据。CAVE2以沉浸式信息空间方式组织可视分析任务中多个视图，支持对3D数据进行立体显示和交互式探索，支持VTK等商业可视化软件的画面呈现以及办公文档等2D信息的显示。系统使用集群系统节点存储数据，还可使用笔记本电脑和服务器中存储细节数据。

图5-11为国内高校可视分析小组实现的ATC沉浸式仿真模拟系统360度环幕多投影显示案例。系统使用10台4K分辨率投影机，10台图形工作站作为显示集群节点以及若干台数据采集和分析工作站。图5-12为国内高校研制的类似CAVE2的拼接屏和多投影沉浸式可视分析系统。系统使用VR头显的定位跟踪和交互设备，通过网络将用户交互事件发送至PC桌面应用、Web和Unity可视分析应用。目前系统可运行全球气象可视化、智慧城市、竞技体育等大数据分析和仿真模拟类应用。随着显示单元性价比不断提高，基于拼接屏和投影机的超高清大屏幕显示设备已大量进入企业和公共展示领域。使用这类设备分析抽象数据时，需考虑显示区域形状和分辨率等因素对模式发现的影响[30]。

图5-11 ATC沉浸式仿真模拟系统360度环幕多投影显示案例

(a)

(b)

图5-12 类似CAVE2的折幕和环幕沉浸式可视分析软硬件系统

(a)拼接屏系统可执行大数据可视分析，(b)多投影系统可以呈现双目立体画面

5.4.2.2 空间数据可视分析

沉浸式可视分析比传统2D可视分析更适合空间数据和时空轨迹数据的分析、推理与决策。针对球类体育运动的日常教育和竞赛训练，沉浸式可视分析可逼真呈现赛场任意时刻

的目标球的位置,分析推理过程可综合考查目标球的三维运动轨迹、双方战术和比赛现场等多种因素。战术有效是羽毛球运动制胜关键,战术分析一直是羽毛球运动的必须解决的重要问题。羽毛球运动中,战术定义为一个连续击球序列。目前绝大部分战术分析方法使用统计模型来发现击球的顺序模式,使用图标和统计图表等 2D 可视化技术对发现的模式进行探索和分析。在羽毛球运动中,羽球在比赛现场球网之间穿梭,它的运动轨迹等三维空间信息是战术的核心部分。2D 可视化中缺乏充分的空间知觉,极大地限制了羽毛球比赛的战术分析。研究者与羽毛球领域专家合作,在三维环境中研究羽毛球的战术分析,提出了 TIVEE 沉浸式可视分析系统[31](图 5-13)。该系统帮助用户多层次地探索和解释羽毛球战术。用户使用击球序列的展开视觉表示,首先从第三人称视角探索多种战术。通过选择感兴趣的战术,用户可以调整到第一人称视角来感受战术的动力学细节特征,解释战术对比赛结果的作用。通过多个案例研究和专家访谈,TIVEE 系统可有效提升战术分析,具有实际应用价值。

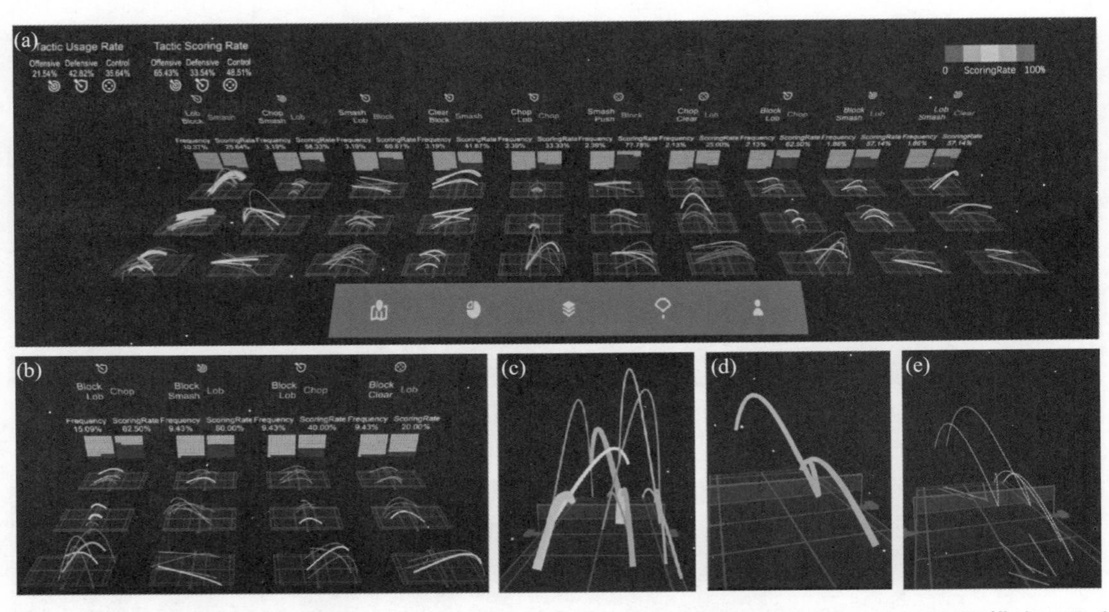

图 5-13　TIVEE 系统界面,用户使用 TIVEE 系统在沉浸式环境中分析羽毛球战术。(a)概要描述了羽毛球运动员谌龙的常用战术,包括每个战术小组的聚合轨迹和统计信息;(b)用户通过菜单设定具体的比赛场景,系统更新可视化内容以匹配相应战术;(c)用户可进一步检查某个战术组;某个战术(d)以及选中战术对应的羽毛球原始轨迹(e)

TIVEE 系统目前面向单人用户,借鉴同一物理空间的多人 VR 可视分析系统构建方法,可方便升级为多人协作应用场合。本地多人 VR 系统[32]首先须对所有参与用户头戴的 VR 设备三维显示空间进行坐标对齐,利用成熟的网络游戏对象同步技术,同步三维场景中数据分析的交互事件及更新后数据对象状态,实现多人用户共享同一个三维数据分析空间。异地的多人 VR 应用适用于虚拟仿真教学,教师和学生通过 VR 头戴设备进入同一虚拟场景,在虚拟的多功能教室中完成日常教学任务(图 5-14)。虚拟教室可设置全息书桌,教师讲解提示屏等虚拟物体来提升学习和教学的效率。利用 VR 头显提供的视线追踪功能,可获得学生的视觉注意力三维空间数据。系统通过对学生注意力数据进行分析,可确定他们关注的虚拟物体、物体区域及相应媒体内容。教师可查看学生对教学素材的注意力分布,获得学生在线学习行为较为精准的立即反馈。

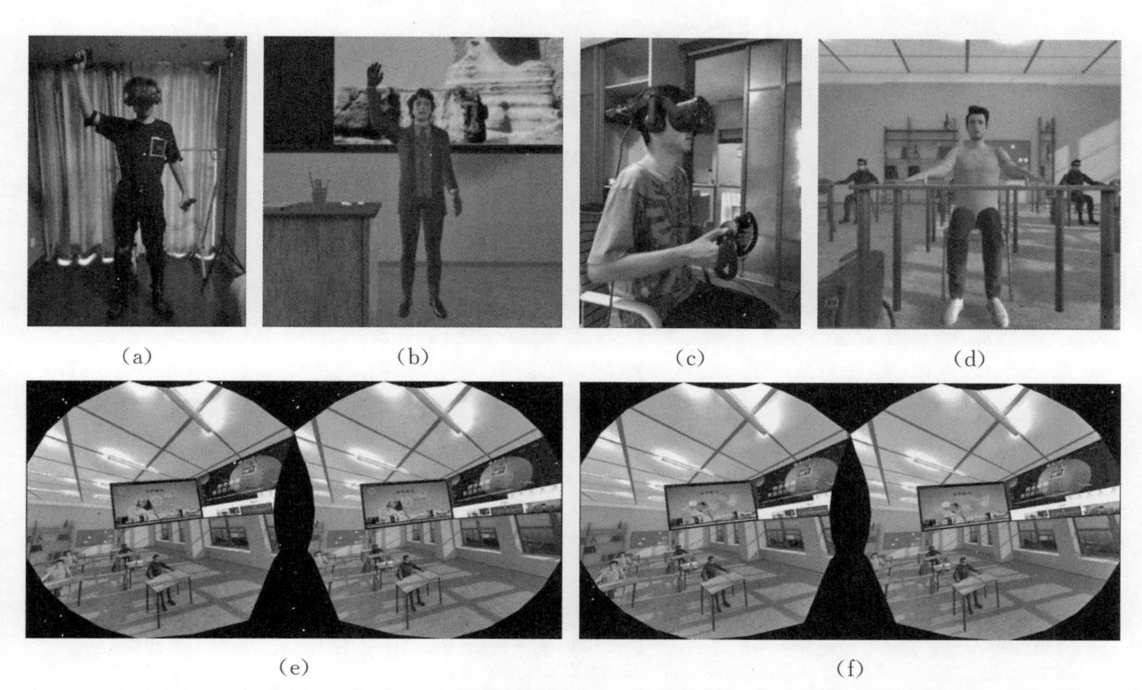

图 5-14　基于视线注意力分析的 VR 虚拟仿真教学。(a)教师穿戴 VR 头盔和全身运动追踪器;(b)教师位于虚拟教室场景中讲台附近;(c)学生佩戴 VR 头显;(d)学生在虚拟教室中就座;(e)教师视角的全息屏实时反馈所有学生视线数据的注意力分布;(f)全息屏显示指定学生的注意力轨迹

5.4.2.3　情境可视分析

博物馆等知识传播场所可借助 AR/MR 头戴设备对真实物品进行信息增强,用户可与增强的多媒体信息进行互动,获得对展品以及展品背后知识的深入解读。系统通过对用户的手势、语音和视线追踪等交互行为数据进行分析,获得用户对展品和展品区域的注意力分布,度量用户对展示信息和知识的接收度,驱动展示媒体内容的个性化动态更新。引入 AI 驱动的虚拟讲解员,用户与虚拟讲解员之间进行多模态智能互动,实现个性化、智能化虚拟讲解。图 5-15 所示为博物馆一本文物书籍的 MR 全息展示。用户通过 HoloLen2 眼镜查看真实世界的文物书籍,以文物书籍所在三维空间坐标系为参考,MR 全息书籍在虚实融合空间根据用户的交互行为可动态更新呈现内容。此外,系统还支持本地多人协同体验,讲解员与参观者可进入同一虚实融合空间进行互动。针对文物书籍,设计了 Metro 多书页可视化呈现技术,书页召唤与翻阅等自定义手势以及语音交互命令等交互技术。通过对参观者的视线数据与书籍核心观点及论据在书页的空间分布数据进行分析,获得用户的观看行为的统计信息,比较用户之间的行为差异。

实物用户界面是一种新型的简单直观交互界面,将实物对象与数字信息进行融合,用户通过抓握、移动、组装等自然操作方式与数字信息进行交互。结合机电驱动等技术,实物用户界面可以自主移动、改变形状,将数字内容的变化在真实物理世界中产生反馈。实物用户

(a)

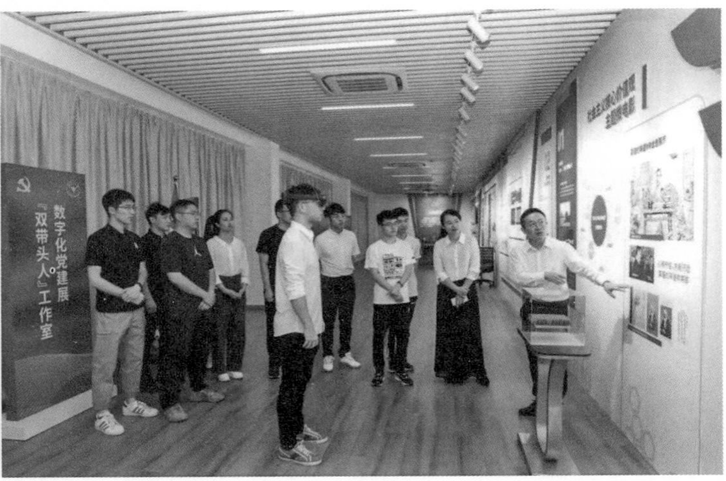

(b)

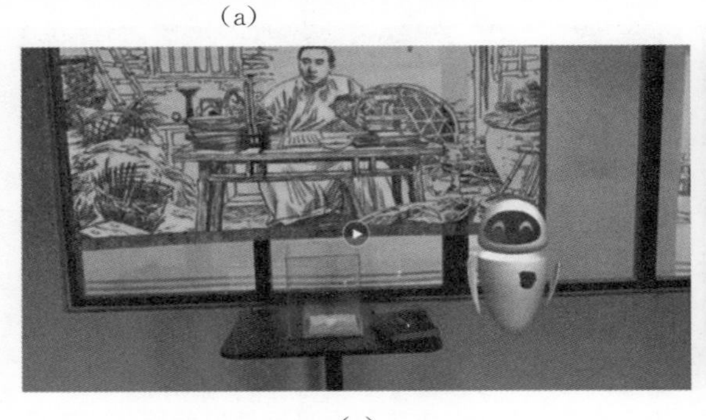

(c)

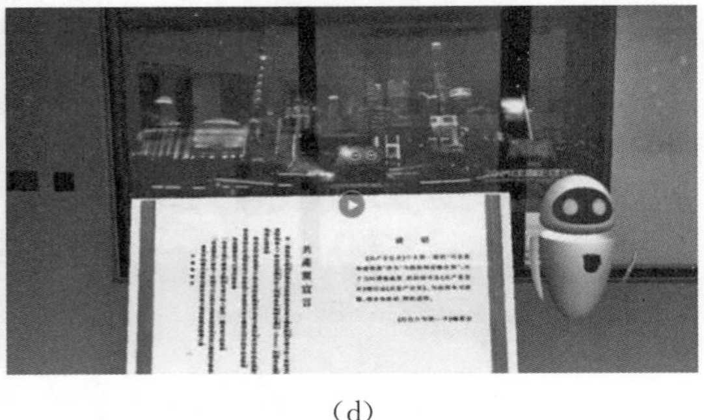

(d)

图 5-15 文物书籍 MR 全息展示及用户观看行为分析。(a)用户在真实博物馆场景与文物书籍的 MR 全息版本进行互动;(b)用户在数字展厅搭建的虚实融合场景中与文物书籍互动;(c)参观者以第一人称视角看到的文物书籍 MR 全息版;(d)用户与文物书籍 MR 全息版手势互动展开书页

界面在信息可视化与可视分析、日常办公、教育与娱乐以及创意创作等方面具有重要应用价值。Uplift 系统将实物交互界面融入 MR 混合现实情境可视分析系统[33],对校园建筑的电力使用情况进行微观分析。Uplift 在互动桌面上放置 3D 实物缩微模型,引入直观的实物用户界面和 HoloLens 混合现实眼镜,在空中呈现数据可视分析结果,支持电力类复杂领域的非正式多人协同可视分析。实物用户界面通常用于互动桌面系统,对于大尺寸显示器和拼接屏等传统立式安装的显示系统,可利用 AR/MR 技术对可视化显示空间进行扩展和可视化结果增强,提升数据分析能力[34]。

5.5 大数据可视化的应用案例

本节主要阐述大数据可视化在各个领域的应用,包括生命科学、地理与气象、工业制造、商业智能和隐私安全。

5.5.1 生命科学

生命科学领域致力研究生命现象、维系生命活动的内部和外部条件,以及各种生物之间和生物与环境之间的相互关系。生命科学包括生物学、遗传学、基础医学和临床医学等。生命科学研究不仅依赖物理和化学学科知识，还依靠数据科学来处理和分析采集自各种设备仪器的复杂数据，这些设备仪器包括计算机断层扫描(CT)、核磁共振扫描、超声、正电子发射断层扫描仪、光学和电子显微镜、蛋白质电泳仪、超速离心机、X-射线仪、核磁共振分光计、质谱仪等。在过去的几十年里，随着设备仪器向精细化发展，生命科学产生了大量大数据分析需求。

数据可视化作为一种能够揭示隐藏在复杂数据中的洞察力的重要工具，极大地推动了生命科学研究的发展。早在19世纪80年代，研究人员就将可视化技术应用于CT数据分析，开启了基于影像的数字医疗诊断的新篇章。近年来，随着非侵入诊断技术如CT、MRI、超声和PET的发展，生命科学领域对三维影像重建等可视化技术的应用愈发成熟，医生可以通过病人有关部位的不同模态的医学影像数据可视化，使用肉眼观察宏观尺度的临床医学诊断和治疗所需的信息。功能性核磁共振(fMRI)可以显示大脑各个区域内静脉毛细血管中血液氧合状态所引起的磁共振信号的微小变化。PET是一种可以在活体上显示生物分子代谢、受体及神经介质活动的新型影像技术，被广泛应用于早期癌症的诊断与鉴别。超声成像可以通过超声波对肌肉和内脏器官的大小、结构和病理学病灶进行快速成像。

一种特殊的医学影像数据是弥散张量成像(diffusion tensor imaging, DTI)，它是一种新兴的磁共振成像技术，是弥散加权成像(diffusing weighted imaging, DWI)的扩展，可无创地定时定量测量生物组织结构中水分子的弥散特性(各向同性或各项异性)。DTI已经被广泛应用于大脑疾病的分析和研究中，如脑梗死、脑瘤等，在疾病治疗过程中可以引导医疗人员进行大脑手术。生物结构中水分子向不同方向弥散的特征通常使用二阶张量(3×3正对称矩阵)进行数学总结。通过使用流线方法跟踪弥散张量场中最快弥散的轨迹，DTI数据集可以使用一组纤维束或三维路径进行可视化表达。这个纤维束成像过程可以清晰得显示纤维的连接性和分布，如图5-16所示。

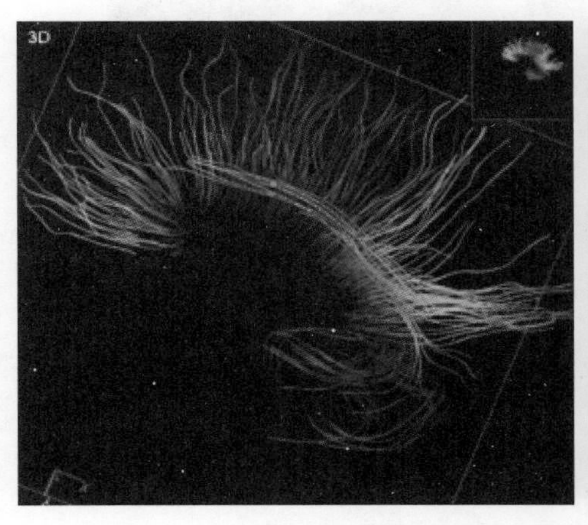

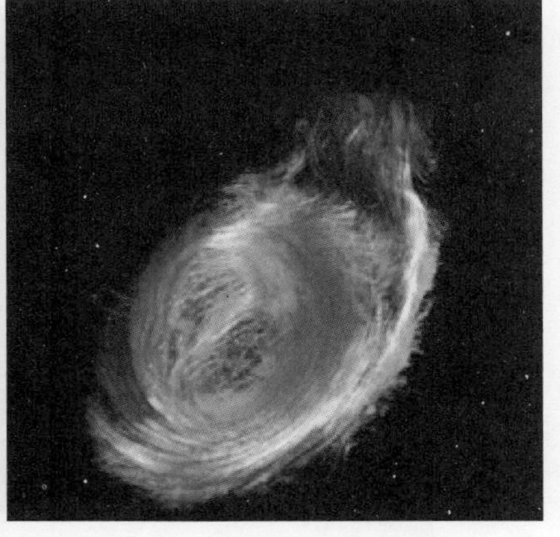

图5-16 左：人脑数据集胼胝体和扣带束中纤维束[35]；右：正常猪心的可视化[36]

5.5.2 地理与气象

气象数据是反映天气的一组数据，可以分为气候资料和天气资料。气象数据具有时序性，地理信息具有区域性和空间性，将二者融合起来可以有效模拟、预测天气变化。大数据可视化技术在气象领域应用广泛，将海量的复杂数据转变为直观的二维和三维可视化结果，如折线图、轮廓线图、流线、速度向量和地图等，帮助气象工作者高效地做出准确的天气预报和自然灾害的监测预警。

随着航空航天、传感器和科学模拟等技术的不断发展，人们获取气象数据的空间尺度、时间跨度和精度都在不断提高，使得数据量愈发庞大，计算和绘制这些数据需要庞大的计算能力。此外，气象领域涉及范围广泛，气象信息种类繁多，专家急需一个高效、涵盖范围广泛、易于扩展、易于访问的综合地理信息可视化平台。面对这些问题，浙江大学可视分析小组与中国气象局国家卫星气象中心合作，实现了一套跨平台气象数据可视化与可视分析架构[37]，通过可视化手段对复杂的气象信息进行抽象刻画，提供高效的资源管理、降低绘制时计算能力需求、提高交互流畅度。为了提高可视化结果的真实感，系统将气象数据中的不同点、线、面和体对象采用不同的可视化方法进行混合绘制，提供同时进行多种观测和进行比较的能力。此外，系统将可视化展示的二维或三维气象数据叠加在地形数据、地表卫星影像以及经纬度和地标等地理信息数据之上，进行混合绘制的展示。图 5 - 17 展示了一个通过混合绘制进行不同空间场之间对比分析的案例，可视化结果。混合了风场数据的流线可视化、温度场数据的海拔切片和相对湿度数据的绘制结果。图中将使用流线表达展示的风场数据和使用颜色映射编码的温度场数据叠加显示，可以很明显得观察到两者间有极大的相关性。此外，图 5 - 17 中还添加了卫星云图、相对湿度体绘制结果进行综合分析。考虑到卫星云图这种遥感数据具有时序性，专家还可以观测以动画形式展现的云层移动来辅助分析。

图 5 - 17 多变量场混合可视化结果

5.5.3 工业制造

工业 4.0 是利用信息化技术促进产业变革的时代。这一概念起源于德国，用来描述数据驱动的人工智能型的网络化智能工厂，是第四次工业革命的先驱。在工业 4.0 时代，制造、改进和分销产品的方式被彻底改变。物联网、云计算和人工智能等一系列新技术被集成到工厂的生产设施和整个运营过程中。

工业 4.0 这种数字技术通过工具充分挖掘数据的价值，将生产效率和对客户的响应能力提高到前所未有的新水平，但在生产过程中产生的海量数据对于数据分析有前所未有的要求。面对这样的挑战，大数据可视化和可视分析已然为工业 4.0 的一个重要组成部分，探索在该领域应用可视化分析的可能性对于行业利益相关者和可视化学者来说都是非常有价值的。

如图 5 - 18 所示，系统 ViDX[38] 就是一个成功的实践，这是开发人员与生产汽车零件的制造工厂的经理和操作员密切合作开发出的可视化分析系统，支持实时跟踪装配流水线性能，用户可以通过分析历史数据来了解生产效率降低的时间、地点和原因，并确定装配线和制造环境是否存在系统性问题。系统具有以不同细节级别显示数据的相互关联的视图。特别是，通过引入时间感知异常值保留视觉聚合技术来扩展传统 Marey 图，支持用户有效排除制造过程中的故障。此外，系统还提供两种新颖的交互技术，即分位数画笔和样本画笔，方便用户交互式地引导异常值检测算法发现异常。

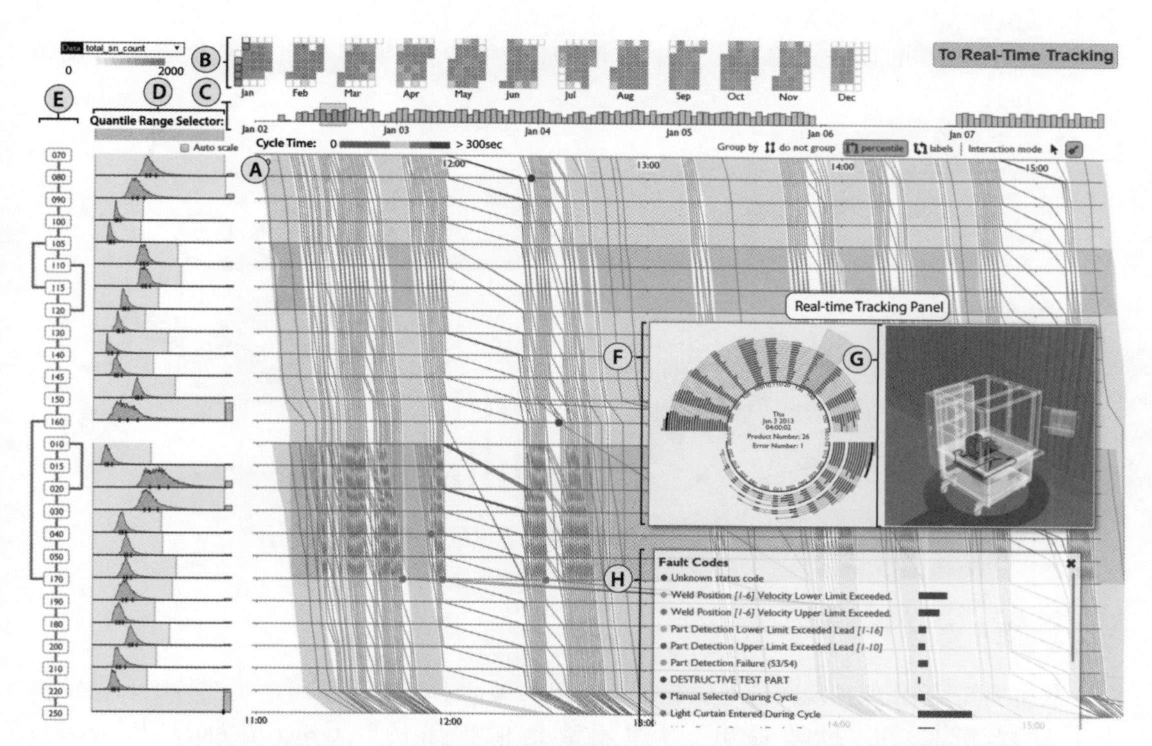

图 5 - 18　ViDX 系统应用示例。历史数据分析面板由扩展的 Marey 图(A)组成，用于解决装配线上出现的低效率和故障。它与一组相互关联的视图相结合，包括基于日历的可视化(B)和用于多尺度时间探索的时间线(C)。辅助视图包括小倍数的直方图(D)，显示每个站的循环时间分布，带有分位数范围选择器，以及表示装配线模式(E)的站图。实时监控面板包括径向图(F)和可探索的3D 站模型可视化(G)。(H)显示故障的颜色代码及其总出现次数

5.5.4 商业智能

在商业、金融和通信等行业，数据蕴藏着极其丰富的商业价值，可以用来发现商业异常、共性，捕捉市场变化。商业智能是对商业信息的搜集、管理和分析过程，目的是使企业的各级决策者获得洞察力，促使他们做出对企业更有利的决策。围绕商业交易数据的可视化也是方兴未艾的研究话题。

商业智能中的数据可视化，通常以商业报表、图形和关键绩效指标等易辨识的方式，将原始多维数据间的复杂关系、潜在信息以及发展趋势通过可视化展现，以便于揭示数据内涵，增强决策人员的业务洞察力。商业数据的可视化通常采用"仪表盘(dashboard)"呈现公司状态和商业环境，实现促进商业智能和性能管理活动。目前提供商业智能解决方案软件的有微软、IBM、Oracle、SAP、Informatica、Microstrategy、SAS、SPSS 等公司。

在大数据时代背景下，随着商业智能在企业实践中不断地深化和企业对海量数据分析和处理能力要求的不断提升，迫使商业智能的数据可视化技术做出相应改变。例如，阿里云提出的仪表盘创作工具 LADV[39] 是一种新的快速概念化方法，可以从示例构建仪表板模板，减轻设计、实施和评估仪表板可视化的负担。方法的核心是一种基于深度学习的模型，可以识别和定位各种类别的图表，并从输入图像或草图中提取颜色。他们设计并实现了一个基于 Web 的创作工具，用于在云计算环境中学习、编写和自定义仪表板可视化(图 5-19)。

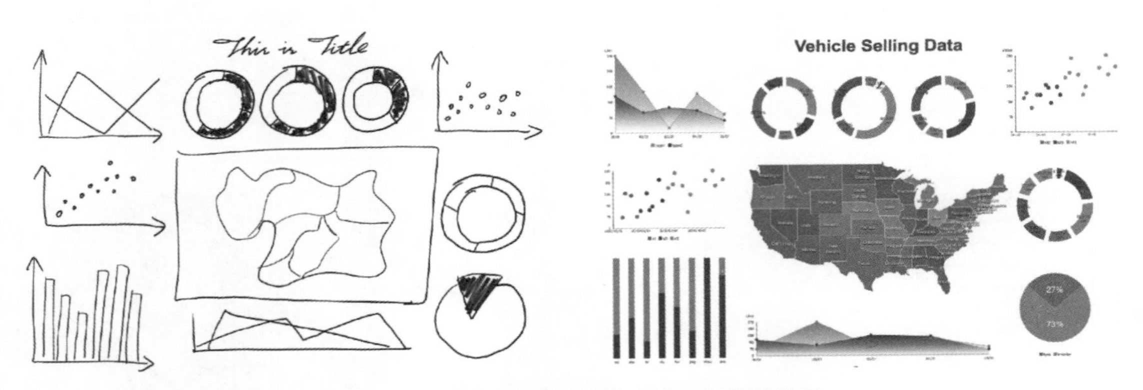

图 5-19 将一张草图生成仪表盘可视化的效果

5.5.5 隐私安全

众所周知，隐私保护现在已经引起了全世界的关注。许多国家和企业都将隐私保护提上了日程。2008 年，欧盟提出了《通用数据保护条例》(*General Data Protection Regulation*, GDPR)，旨在保护个人对个人数据的控制权和权利，简化国际业务的监管环境。同样，2018 年，加利福尼亚州通过了第一项关于个人隐私的法案，称为《加利福尼亚消费者隐私法》或 CCPA，该法案使消费者能够更好地控制所收集的有关他们的个人信息。社会学家认为，隐私是个人尊严的问题，它影响人们的人际关系和社交能力。今天，隐私保护已被视为社会中最具挑战性的问题之一。然而，即使受到这种关注，仍有许多公司继续违反隐私保护法规。例如,超过5.38亿微博用户的数据在暗网上被出售,更多的公司,如Facebook和Netflix,因数据泄露而遭受重创。为了应对这些挑战,正在设计隐私保护技术,以防止未经授权和不必要的数据访问,并最大限度地提高个人的数据安全性。

一般来说,隐私保护技术试图通过对原始数据进行一定程度的修改来保护隐私。传统的隐私保护方法有两种:差分隐私和语义匿名化。第一个通过向数据添加噪声来隐藏敏感信息的真实价值,而第二个通过合并等价类来掩盖敏感信息。在这个过程中,涉及两个概念。第一个概念是隐私暴露的风险。它指的是攻击者能够成功破译敏感信息的概率。在应用隐私保护方法之前,人们需要了解隐私暴露的风险。然而,这具有挑战性,因为攻击者可以使用各种技巧,例如差分攻击和推理攻击,来破坏隐私保护机制。因此,隐私暴露风险的因素是复杂而多样的。第二个概念是数据效用,即支持后续数据应用的能力。如果通过隐私保护技术修改的数据不能满足应用程序的要求,那么这种保护将变得毫无意义,因为数据已经被破坏了。然而,数据效用与特定应用高度相关。不同的应用程序,例如统计分析、机器学习和视觉探索性分析,需要数据的不同方面。特别是对于视觉探索,由于人类感知的参与,因此数据效用难以自动评估。

在制定隐私保护策略时,人们经常面临隐私暴露风险和数据效用之间的两难选择。研究人员设计了一些人在回路的方法来解决以下问题:了解隐私暴露风险、评估数据效用和定制隐私保护方案。Umbra[40]提出了一种用于渐进式防御构建的可视化方法,可以支持理解为什么存在隐私暴露风险。为了模拟隐私攻击,采用贝叶斯网络来挖掘数据属性描述的状态之间的推论,然后在推理图中可视化挖掘结果(图5-20)。在图5-20中,红色节点是敏感状态,蓝色节点是非敏感状态。状态之间的边表示存在推理。较暗的边缘是指具有较少不确定性的推断。基于推理图,可以观察到敏感信息是如何被非敏感信息推断出来的,即存在隐私暴露风险的原因。

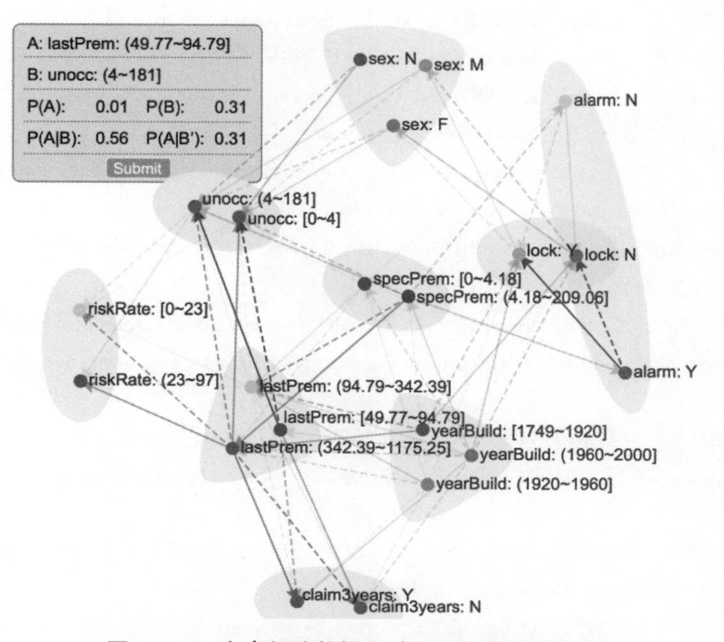

图5-20 家庭保险数据贝叶斯网络状态推理图

参◇考◇文◇献

[1] MANYIKA J, CHUI M, BROWN B, et al. Big data: The next frontier for innovation, competition, and productivity [M]. McKinsey Global Institute, 2011.

[2] CHEN Y, CHEN H, GORKHALI A, et al. Big data analytics and big data science: a survey [J]. Journal of Management Analytics, 2016,3(1):1 - 42.

[3] 陈为,沈则潜,陶煜波.数据可视化[M].北京:电子工业出版社,2019 年.

[4] ANSCOMBE F J. Graphs in statistical analysis [J]. The american statistician, 1973,27(1):17 - 21.

[5] MA Y, TUNG A K H, WANG W, et al. Scatternet: A deep subjective similarity model for visual analysis of scatterplots [J]. IEEE transactions on visualization and computer graphics, 2018,26(3): 1562 - 1576.

[6] MORELAND K. A survey of visualization pipelines [J]. IEEE Transactions on Visualization and Computer Graphics, 2012,19(3):367 - 378.

[7] LARKIN J H, SIMON H A. Why a diagram is (sometimes) worth ten thousand words [J]. Cognitive science, 1987,11(1):65 - 100.

[8] GRAY J, CHAUDHURI S, BOSWORTH A, et al. Data cube: A relational aggregation operator generalizing group-by, cross-tab, and sub-totals [J]. Data mining and knowledge discovery, 1997,1 (1):29 - 53.

[9] DENT B D. Visual organization and thematic map communication [J]. Annals of the Association of American Geographers, 1972,62(1):79 - 93.

[10] FRUCHTERMAN T M J, REINGOLD E M. Graph drawing by force-directed placement [J]. Software: Practice and experience, 1991,21(11):1129 - 1164.

[11] SHNEIDERMAN B, WATTENBERG M. Ordered treemap layouts [C]//Proceedings of IEEE Symposium on Information Visualization, 2001. INFOVIS 2001. IEEE, 2001:73 - 78.

[12] OKABE A, BOOTS B, SUGIHARA K, et al. Spatial Tessellations: Concepts and Applications of Voronoi Diagrams, Second Edition. Wiley, 2000.

[13] CHERNOFF H. The use of faces to represent points in k-dimensional space graphically [J]. Journal of the American statistical Association, 1973,68(342):361 - 368.

[14] KEIM D A, KRIEGEL H P. Visdb: A system for visualizing large databases [J]. ACM SIGMOD Record, 1995,24(2):482.

[15] YI J S, AH KANG Y, STASKO J, et al. Toward a deeper understanding of the role of interaction in information visualization [J]. IEEE transactions on visualization and computer graphics, 2007,13(6): 1224 - 1231.

[16] MACEACHREN A M, ROTH R E, O'BRIEN J, et al. Visual semiotics & uncertainty visualization: An empirical study [J]. IEEE transactions on visualization and computer graphics, 2012,18(12):2496 - 2505.

[17] KEIM D, KOHLHAMMER J, ELLIS G, et al. Mastering the Information Agesolving Problems with Visual Analytics. Florian Mansmann, 2010.

[18] CHEN W, GUO F, HAN D, et al. Structure-based suggestive exploration: a new approach for effective exploration of large networks [J]. IEEE transactions on visualization and computer graphics,

2018,25(1):555 - 565.

[19] XIE X, CAI X, ZHOU J, et al. A semantic-based method for visualizing large image collections [J]. IEEE transactions on visualization and computer graphics, 2018,25(7):2362 - 2377.

[20] CHEN W, HUANG Z, WU F, et al. VAUD: A visual analysis approach for exploring spatio-temporal urban data [J]. IEEE transactions on visualization and computer graphics, 2017,24(9):2636 - 2648.

[21] KEIM D, ANDRIENKO G, FEKETE J D, et al. Visual analytics: Definition, process, and challenges [M]//Information visualization. Springer, Berlin, Heidelberg, 2008:154 - 175.

[22] The State of Data Science 2020: Moving from hype toward maturity. https://www.anaconda.com/state-of-data-science - 2020,2020.

[23] MEI H, CHEN W, WEI Y, et al. Rsatree: Distribution-aware data representation of large-scale tabular datasets for flexible visual query [J]. IEEE Transactions on Visualization and Computer Graphics, 2019,26(1):1161 - 1171.

[24] MA Y, CHEN W, MA X, et al. EasySVM: A visual analysis approach for open-box support vector machines [J]. Computational Visual Media, 2017,3(2):161 - 175.

[25] CHANDLER T, CORDEIL M, CZAUDERNA T, et al. Immersive Analytics [C]//Proceedings of 2015 IEEE Big Data Visual Analytics (BDVA), 2015, pp. 1 - 8.

[26] SKARBEZ T, POLYS N F, OGLE J T, et al. Immersive Analytics: Theory and Research Agenda [J]. Frontiers in Robotics and AI, 2019, Volume 6, Article 82, pp 1 - 15.

[27] MARAI E, LEIGH J, JOHNSON A. Immersive Analytics Lessons From the Electronic Visualization Laboratory: A 25-Year Perspective [J]. IEEE Computer Graphics and Applications, 2019,39(3):54 - 66.

[28] HEER J, AGRAWALA M. Design Considerations for Collaborative Visual Analytics [C]// Proceedings of 2007 IEEE Symposium on Visual Analytics Science and Technology, 2007, pp. 171 - 178.

[29] ENS B, BACH B, CORDEIL M, et al. Grand challenges in immersive analytics [C]//Proceedings of 2021 ACM Conference on Human Factors in Computing Systems, 2021, Article 459, Pages 1 - 17.

[30] WEI Y, MEI H, ZHAO Y, et al. Evaluating Perceptual Bias During Geometric Scaling of Scatterplots [J]. IEEE Transactions on Visualization and Computer Graphics, 2020,26(1):321 - 331.

[31] CHU X, XIE X, YE S, et al. TIVEE: Visual Exploration and Explanation of Badminton Tactics in Immersive Visualizations [J]. IEEE Transactions on Visualization and Computer Graphics, 2022,28(1):118 - 128.

[32] LEE B, HU X, CORDEIL M, et al. Shared Surfaces and Spaces: Collaborative Data Visualisation in a Co-located Immersive Environment [J]. IEEE Transactions on Visualization and Computer Graphics, 2021,27(2):1171 - 1181.

[33] ENS B, GOODWIN S, PROUZEAU A, et al. Uplift: A Tangible and Immersive Tabletop System for Casual Collaborative Visual Analytics [J]. IEEE Transactions on Visualization and Computer Graphics, 2021,27(2):1193 - 1203.

[34] REIPSCHLAGER P, FLEMISCH T, DACHSELT R. Personal Augmented Reality for Information Visualization on Large Interactive Displays [J]. IEEE Transactions on Visualization and Computer Graphics, 2021,27(2):1182 - 1192.

[35] CHEN W, ZHANG S, MACKAY-BRANDT A, et al. A novel interface for interactive exploration of DTI fibers [J]. IEEE Transactions on Visualization and Computer Graphics, 2009,15(6):1433 -

1440.
[36] CHEN W, YAN Z, ZHANG S, et al. Volume illustration of muscle from diffusion tensor images [J]. IEEE Transactions on Visualization and Computer Graphics, 2009,15(6):1425 - 1432.
[37] 梅鸿辉,陈海东,肇昕,等. 一种全球尺度三维大气数据可视化系统[J]. 软件学报,2016(5):1140 - 1150.
[38] XU P, MEI H, REN L, et al. ViDX: Visual diagnostics of assembly line performance in smart factories [J]. IEEE transactions on visualization and computer graphics, 2016,23(1):291 - 300.
[39] MA R, MEI H, GUAN H, et al. Ladv: Deep learning assisted authoring of dashboard visualizations from images and sketches [J]. IEEE Transactions on Visualization and Computer Graphics, 2020,27(9):3717 - 3732.
[40] WANG X, BRYAN C J, LI Y, et al. Umbra: a visual analysis approach for defense construction against inference attacks on sensitive information [J]. IEEE Transactions on Visualization and Computer Graphics, 2022,28(7):2776 - 2790.

第6章 数据自治开放技术

数据已经成为国家基础性战略资源，推动数据开放共享是国家大数据战略的核心内容。但在实施过程中，数据开放共享面临着"数据拥有者不愿、不敢、不会开放共享"的问题。这里面有政策的原因，更有技术的问题。现行的数据管理技术是面向数据自治封闭的，不适合数据开放共享，亟须开发面向数据开放共享的技术。数据开放共享的相关概念有开放数据、数据共享和数据交易，三者都是数据拥有者将数据开放给数据使用者，只是在范围、对象、是否收费等方面有所不同，为了叙述的方便，将开放数据、数据共享和数据交易统称为"数据开放"，所面临的核心问题是"如何控制数据使用者传播或滥用数据"。

本章围绕"如何控制数据使用者传播或滥用数据"，提出了"数据自治开放"的概念，针对相应的关键技术问题（如何做到数据既能够自治又能够开放；如何保护数据稀缺性不丧失、使数据安全和隐私有保障），提出了数据盒模型，这是数据自治开放得以实现的基础；探索了数据自治开放软件系统的实现技术。此外，从宏观政策层面探索数据自治开放对政府数据资源开放、实现国家数据主权的意义、作用及建议。

6.1 数据开放的国内外现状

政府和公共数据资源的开放共享不仅是构建一个透明的政府，更重要的是创造新兴战略产业（数据产业），推进传统产业转型升级，成为驱动创新的主要因素[1]。由于数据可以以极低成本复制和传播（复制一份数据的成本远远低于生产一份数据），加之数据资源的战略性和商业价值越来越显现，这就导致：生产数据的意愿远远低于复制数据的愿意，因而呼吁数据开放的人越来越多；数据生产者越来越不愿意将其拥有的数据开放出来。事实上，国际上政府和公共数据资源仅开放不到10%[2]，这也从另一个侧面说明政府数据开放的问题，因此数据资源的开放变得越来越难以实现。事物的价值源于稀缺性，由于数据可以几乎零成本复制和传播，因此数据开放意味着数据资源的稀缺性丧失，从而丧失其原有的价值，这也是不愿意开放数据的根本原因。因此，如何既开放数据又保持数据资源的稀缺性，是一个亟待解决的重大问题。本节介绍数据开放的国际实践与经验，分析现有数据资源管理模式，并指出其中存在的问题。

6.1.1 数据开放的国际实践与经验

在现有国际体系中，规制关键数据资源的最主要的行为体还是国家；从主权国家的视角看，有效地管理数据资源已经成为国家主权在大数据时代最重要和关键的延伸；就具体实践模式而言，从全球看，开放政府掌握的数据资源，在有效管制的基础上推动数据整合运用，鼓励安全有效监管下的数据跨境流动和商业应用，已经成为各方共同聚焦、努力探索的重要问题。就已有的探索看，在相关领域发展相对成熟的欧美发达国家已经形成了一套有鲜明特色的治理体系。

美国形成的是以“政府-企业-社会”三元强势模式[3]，即政府从国家安全利益出发实施的强监管-高流动，以政府非涉密性公共数据的自主开放为一般，以涉密数据高强度保管为例外；以公司对数据资源的高强度商业利用为一般，以对公司数据挖掘行为的管制为例外；以社会对政府-企业隐私侵犯行为的高敏感度监控与反制为一般，以配合政府的安全监管以及企业的高强度商业数据挖掘为例外。欧盟形成的是以“隐私保障与个人权益”为核心特征的温和折中模式[4]，即政府主要从个人隐私权益的保障为核心出发点，以控制和限制掌握技术优势的公司对数据的强势商业挖掘为主要目标，配合政府一般性的信息开放原则规定，谋求构建一套以高度敏感于个人隐私数据保护体系为主要特点的治理体系。

从最新的进展看，构建和完善有效的跨境数据流动模式，是欧美国家推动政府数据开放实践中的新焦点。在相关实践中，美国和欧洲也形成了自己独特的治理模式：

(1) 美国的跨境数据流动治理模式可以归纳为“对外控制型”[5]。美国在跨境数据流动治理、隐私保护与数据安全领域的实践虽然总体来讲比较分散，但可以清晰地归纳出其特点，即依托私人部门与公共部门的结合性力量实施对外的有效控制。虽然美国在外在上来看更依靠私人部门进行跨境数据流动的治理，并始终坚持以“自由流动”为一切政策的出发点，但无法改变美国作为对外控制型治理模式的代表这一现实。

(2) 欧盟的跨境数据流动治理模式可以归纳为“内外折中型”[6]。欧盟在跨境数据流动治理领域选择了相对中庸的治理模式，希望兼顾内部成员国与外部世界的诉求，将内外所需进行折中。但平衡并不是常态，平衡只是动态张力不断变化中的一个点，也只有通过不断的碰撞与摩擦才能继续寻找下一个平衡点。从欧洲的经验看，这种折中路线的优势在于能够延缓高速发展的信息技术革命带来的冲击，兼顾技术能力不同的各方的利益，但同时带来了治理绩效的相对低下，整体上看，过于强调均衡以及兼顾各方需求的治理模式，正日趋突显其不足，对不断涌现的问题愈发缺乏适应能力。

总的来看，尽管存在差异，但是在国家层面，美欧发达国家在推进数据开放与共享时，均以不同方式地强调保护国家安全核心利益，即数据开放共享不能构成对国家的威胁来源。相比欧盟而言，美国更加强调主导权，以是否能够获得对网络空间关键资源的有效控制，以及主导全球网络空间治理秩序作为衡量国家网络安全的标准；欧盟则相对温和一些，希望以更加均衡的方式维护和保障主权国家的关键诉求。通过确定关键数据资源的权属，承认其可以获得的合理收益，然后以制度化的方式加以实践，在确保核心利益诉求的情况下实现数据资源的开放共享，正成为各方共同采取的路径。

当今国际体系的主要特征仍然是主权国家构成的国际体系，需要承认主权国家在其核心利益诉求得到尊重，承认其主权平等的基础上，实现对关键数据资源的有效开放共享。这种模式不同于无视主权，片面追求数据开放广度和深度的模式，也不同于强调主权的绝对属性，将保障数据主权等同于用主权壁垒切断跨境数据自由流动的主张，能够较好地兼顾国家核心利益诉求，以及信息技术发展的内生需求，在安全与发展之间，找准定位。

在数据开放与共享的过程中如何有效保护个人隐私，维护和实现公民数据权，是另一项重要的议题。在欧美国家，调查局显示信息技术和大数据应用的发展，对有效保障个人隐私和实现个人数据权提出了严峻的挑战：美国民众对网络隐私缺乏信任，这种担忧不但指向美国的公共部门，也直接指向了私人部门。在美国人口调查局（US Census Bureau）于2015年进行的调查中，通过对四万一千名美国境内的网络用户的征询访问，发现其中的19%都遭遇过不同程度的网络安全与隐私问题。在网络用户最为关心的问题列表上，依次是个人身份信息泄露（63%）、信用卡盗刷与诈骗（45%）、个人资料被企业收集（23%）、对个人资料与账户失去控制权（22%）、个人资料被政府收集（18%）。美国国家电信和信息管理局（NTIA）认为[①]，半数美国国内的网络用户因为对自身隐私权的担忧而在从事网上交易、电子商务活动甚至是表达政治观点时产生犹疑，对于美国整体经济结构的复苏与重构有着重要的影响，应该给予重视。

为了有效保障公民数据权，欧盟曾经尝试强调法理和价值的制度化解决方案：欧盟在长达半个世纪的时间里大力推进建构全球跨境数据流动治理的制度框架，力图以制度方式实现欧盟及成员国对跨境数据流动规制的强烈要求，消除欧盟成员国对国家主权尤其是网络（信息、数据）主权被过分侵害的担忧。但就实践情况看，效果并不理想：在国家层面，无法有效抵御外部强势行为体基于技术能力实施的监控与攻击性的数据活动；在企业层面，未能催生出匹敌美国大型互联网企业的欧洲本土力量；在个人层面，个人隐私和数据资源面临的网络犯罪威胁日趋严重。

在保护公民数据权的问题上，面临的一个经典难题是：个人不可能完全依靠自己的技术能力，或掌握技术优势的其他行为体的主观善意，采取“自助”模式来保障个人数据安全；同时，个人又在客观上迫切需要获得信息技术革命带来的各种便利和福祉，以此来提升自己的生活水平，实现个人的发展。因此，最终的结果，是个人采取委托授权的形式，要求政府来保障和维护自身的数据权。这需要解决行动的成本问题。

从上面的实践可以看出，事实上，数据开放共享已经引入了数据自治的理念，即在明确数据资源权属并界定必要的使用-维护成本的情况下，自主推进数据资源的开放共享。这种方式能够在很大程度上解决授权和成本护持问题，从而形成一种具有可行性和可操作性的模式，可持续且富有弹性的来推进数据的开放共享。

6.1.2　数据资源开放与稀缺性的矛盾

数据资源是重要的现代战略资源，而且其重要性越来越显现，在21世纪有可能超过石油、煤炭、矿产，成为最重要的人类资源。提高数据资源开发利用水平、保护国家的战略资源是增强我国综合国力和国际竞争力的必然选择[7]。2011年5月麦肯锡发布的《大数据：下一个创新、竞争力和生产力的前沿》报告、2012年2月达沃斯论坛年会发布的《大数据大影响》

---

① https://www.ntia.doc.gov/blog/2016/lacktrust-internet-privacyand-security-maydeter-economic-andother-online-activities

报告等,都突显了大数据的价值和重要性[8,9]。2012 年 3 月 29 日美国白宫科学和技术政策办公室发布《大数据研究和发展倡议》,标志着美国率先将大数据上升为国家战略[10],随后,日本、法国、澳大利亚、英国等国家也开始发布大数据国家战略或计划等。2014 年和 2015 年,我国将大数据写入《政府工作报告》,2015 年 8 月 19 日国务院通过《关于促进大数据发展的行动纲要》,2015 年 10 月 26—29 日中国共产党第十八届五中全会提出"实施国家大数据战略"等,这些都表明数据已经成为重要的战略资源。

一份数据资源的价值除了体现在它的内容外,更重要的方面体现在它的稀缺性。内容再重要的数据资源,如果人手一份或者随时可以获得,那就没有人愿意付费购买,其本身的价值就难以体现出来。由于数据可以以极低成本复制和传播,所以,一旦数据资源生产者将数据资源开放,就意味着该份数据资源可能会传遍世界而丧失稀缺性。

其矛盾在于:如果不开放,则数据资源只能自用,价值发挥有限;如果开放,则数据资源可能传遍世界而丧失稀缺性,使得数据资源生产者丧失利益。

由于目前在技术上还没有保持数据资源稀缺性的数据开放技术,因此在实践中,数据资源拥有方不愿开放、不会开放就成了数据开放进程中的拦路虎。此外,由于政策制约,数据资源拥有方还存在不敢开放的问题。

(1) 不愿开放:是指数据资源拥有者不愿意在没有获得足够利益的情况下进行数据开放。

(2) 不会开放:是指尽管数据持有者希望将数据资源开放出来,但是由于现行技术并不适合数据资源开放,所以不知道如何实现数据资源开放。

(3) 不敢开放:是指怕担负责任,目前的政策是"谁有数据谁负责",因此万一数据开放出了问题,数据拥有部门就要担责任;此外,一些数据拥有者担心数据开放后,数据资源的稀缺性会丧失。

6.1.3 现有数据资源管理模式

现行的数据管理技术是面向数据自治封闭的,不适合数据开放共享,亟须开发面向数据开放共享的技术。

1) 政府开放数据

政府开放数据的典型代表是 2009 年美国政府推出的 www.data.gov 网站,因此,2009 年一般被认为是数据开放元年。之前是政府信息公开,政府向公众公开各种报告、决策结果;政府开放数据是信息公开的进一步,即将形成报告和决策的原始数据也公开,主要内容是政府应该向公众透明[11]。2015 年 9 月国务院印发的《促进大数据发展行动纲要》明确提出数据开放共享,主要是指政府和公共数据资源应该开放给公众共享①。

从国际上看,政府数据开放主要通过制定战略或政策文件形式指导开放,又因涉及多个部门,往往由最高领导层发布,例如美国前总统奥巴马在 2009 年和 2013 年两次发布开放政府数据的行政令;英国在 2010 年和 2011 年先后两次发布《致政府部门开放数据函》等。开放过程中,各国通常把数据作为一种国家资产进行管理,要求建立相关的制度。例如,建立数据资产目录,各部门需梳理数据资产,明确各类数据的开放属性(公开、限制公开、不公开);建立数据开放的目录,确定哪些是已开放的,哪些是将来会开放的。同时,目录保持持

---

① 中华人民共和国国务院. 国发〔2015〕50 号:国务院关于印发促进大数据发展行动纲要的通知. 2015-09-05.

续的更新和补充。在开放的形式上，一般采用国家统一的门户网站形式开放数据。此外，重视建立公众的参与和反馈机制，确保用户的需求能得到及时反馈，优先释放用户需求最为迫切的数据集，并对数据开放的相关进展进行评估。

从技术上来看，政府数据开放基本上都只是提供数据下载服务。政府将开放的数据放在政府网站上，公众可以下载所需要的数据。这些数据往往不可机读，公众更不可能通过上载应用程序来使用这些数据。这样当数据资源比较大的时候，这些数据就变成了不可用的数据。

2）科学数据开放

从最早推行数据资源开放的科学研究领域来看，国际科技数据委员会 CODATA 成立于20世纪60年代（www.codata.org），科学数据从表面上来看已经开放了，但实际上开放程度非常有限，主要是由政府或公共资源投资的科学研究产生的数据的开放，并且大多集中于各自领域，例如地震科学、水利科学、天文学等。在中国，主动汇交共享科学数据的研究单位和个人还比较少，大部分的数据共享活动是通过政府投资、项目驱动的形式进行的。这些都影响了科学数据的开放共享进展和质量，到目前为止，尚未形成完全开放的科学数据开放共享局面。

在数据治理方面，开放数据模式不对开放出去的数据进行治理。数据共享对数据使用对象、使用时间和使用地点加以限制，主要对使用对象进行限制，即将数据开放给特定对象，可以理解为开放数据的限制版。数据共享模式则由共享圈共同治理数据，但共享圈约束有限，数据常常流出共享圈而造成事实上的开放数据。

3）数据自治封闭

绝大部分数据资源都还处在封闭不开放的状态，数据完全由数据拥有者自己治理，即数据自治。从20世纪90年代信息化战略开始，大部分数据是由各类计算机应用系统生产的，例如政府系统、金税工程、教务系统、超市系统和银行系统等。信息技术也只是支持数据封闭，尽量保护系统数据不受外界侵害，即所谓信息安全。系统设置防火墙、登录口令、制定用户级别和使用系统的功能类别等。

这些系统中的数据由系统拥有者自己管理，或说数据由数据拥有者自己管理，称其为数据自治。加之数据保持封闭不对外界开放，因此称这类数据资源管理模式为“数据自治封闭”。

在数据自治封闭模式中，使用数据的软件是事先知道的、基本内部的、数量有限的、安全可控的、隐私可控的。现有的数据资源管理技术（数据库管理系统、文件系统）和应用软件技术也只支持数据自治封闭模式，图6-1所示为数据自治封闭系统结构。

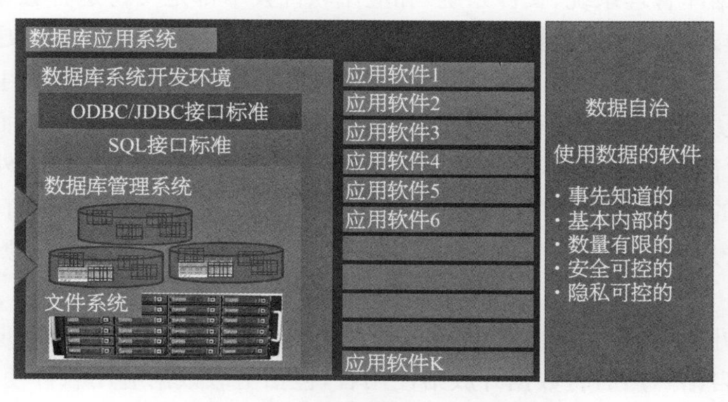

图6-1 数据自治封闭系统示意

6.2 数据开放的可行模式

政府数据开放模式存在的问题是显而易见的，那就是数据资源的稀缺性的丧失。因此，政府数据开放的基本出发点是：政府数据是公共品，其权属属于公众，因而要向公众免费开放。然而，随着数据资源的战略性和基础性越来越显现，开放的政府数据也会被敌对国家所利用，因此政府数据开放应该是有限的，数据主权问题也越来越引起重视。更重要的是开放数据的治理问题严重存在，处于不治理或者无法治理的状态。数据自治封闭模式的问题是数据资源只能数据拥有者使用，没有发挥数据资源应有的价值。与数据自治封闭模式完全不同，如果将数据资源开放出来，那么使用数据的软件事先是不知道的、基本外部的、数量无限的、安全不可控的、隐私不可控的。现有的数据库管理系统软件根本无法处理数据开放的应用需求。因此，需要探索新型的数据资源管理技术。本节提出了数据自治开放模式并介绍了数据自治开放技术。数据自治开放模式有望成为数据开放的基本模式，是政府数据开放共享、企业及个人数据交易、国家数据主权实现的一种可行方法。

6.2.1 数据自治开放模式

开放数据是指数据免费开放给每一个希望使用数据的人，主要是指政府和公共数据资源应该开放给公众，使公共数据能被任何人、在任何时间和任何地点自由利用、再利用和分发[12]；数据共享是对数据使用对象、使用时间和使用地点加以限制，主要是对使用对象进行限制，将数据开放给特定对象[13]，即只有特定对象在特定的时间、地点使用指定的数据，可以理解为开放数据的限制版；数据交易是指数据拥有者依据法律在市场交易规则下进行自由交易。如前所述，开放数据、数据共享和数据交易都是数据拥有者将数据开放给数据使用者，只是在范围、对象、是否收费等方面有所不同，所面临的核心问题也都是“数据如何治理”，具体来说就是“如何控制数据使用者传播或滥用数据”。开放数据模式不对开放出去的数据进行治理[14]；数据共享模式则由共享圈共同治理数据，但共享圈约束有限，数据常常流出共享圈而造成事实上的开放数据；数据交易的数据治理目前还没有具体做法。

当前，绝大部分数据资源都还处在封闭不开放的状态，数据完全由数据拥有者治理。拥有者尽量保护系统数据不受外界侵害、不对外界开放，即数据是自治封闭的。现有的数据资源管理技术（数据库管理系统、文件系统）和应用软件技术都是支持这种数据自治封闭模式。数据自治封闭模式的问题是数据资源只能由数据拥有者使用，没有发挥数据资源应有的价值。数据资源可以被加工再加工形成各种数据产品服务于人类的生产和生活，从而产生巨大的价值。要更大程度地开发利用数据，就需要将数据资源开放出来。然而，数据会被怎样开发利用事先可能是不知道的，使用数据的软件也是事先不知道的、基本外部的、数量无限的、安全不可控的、隐私不可控的。数据开放模式示意如图 6-2 所示，现有的数据库管理系统软件根本无法处理数据开放的应用需求，因此，需要探索新型的数据资源管理技术和数据开放模式。

“数据自治开放”是指数据由数据拥有者在法律框架下自行确权和管理、自行制定开放规则（所谓数据自治），然后将数据开放给使用者，包括上载数据应用软件使用数据和下载数据到使用者的设备中（使用者没有数据治理权）。

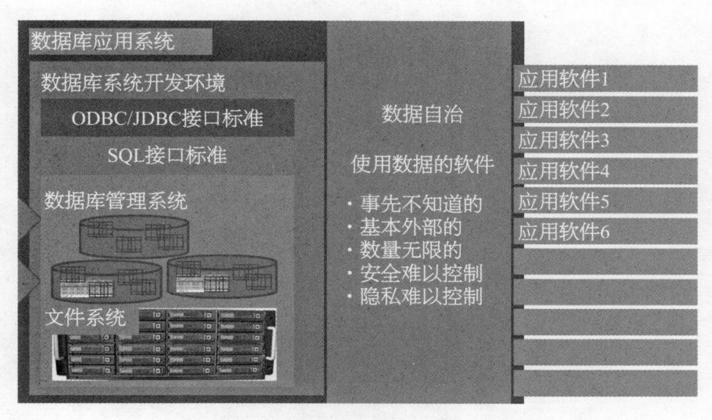

图 6－2　数据开放模式示意

数据开放是必然趋势，但需要保障在数据开放的同时又不丧失稀缺性，确保数据不流失、确保隐私不泄漏、确保安全不泄密、确保利益得以实现，如医疗数据的开放。医疗数据涉及相当比重和规模的隐私和敏感信息，例如患者个人信息、既往病史、就诊记录等，医生个人信息、ICD 编码诊断习惯等，医院具有优势的院内制剂配方、院内诊疗规范和方案、经营财务状况等，甚至属于国家政府涉密数据(如流行病、传染病、突发事件、重大事件等)。这直接制约了医疗数据的开放，因为没有合理有效的开放模式，医疗数据开放将增大医疗数据安全和隐私泄露的风险。为了实现这一目的，数据自治开放是一种可行的方法。

数据自治开放模式是数据由数据拥有者管理，数据拥有权始终掌握在数据拥有者手里(除非自己要放弃拥有权)，即数据自治；数据可以开放给指定使用者，使用者只能自己使用，不能传播数据，因此不会丧失数据的稀缺性。面对数据开放共享的战略需求，传统的面向数据自治封闭的数据管理技术无法适应数据开放的需求，亟须开发面向数据开放的数据资源管理技术。数据资源的稀缺性不丧失的开放才是可持续性的开放，就像保护知识产权才能保护创新和可持续。

为了实现数据自治开放，需要开发面向数据开放的数据资源管理系统，然后将现有自治封闭系统中的数据资源重新组织到新系统中，实现数据资源的自治开放(图 6－3)。

6.2.2　关键技术

数据自治开放模式对技术提出了新挑战，数据自治开放技术所要解决的问题是“如何控制数据使用者传播或滥用数据”，包括如下：

(1) 如何做到数据自治又能够开放？这需要研究面向自治开放的数据资源组织理论，即需要有新的数据模型来组织数据资源。外界能够通过这个数据模型看到有哪些数据资源以确定是否要使用这些数据资源，系统能够承载使用者上载应用软件根据数据模型来使用数据。

(2) 如何保护数据稀缺性不丧失、数据安全和隐私有保障？这需要研究面向自治开放的数据安全与隐私保护理论，确保数据使用者只能按约定使用数据，而不能传播和滥用数据。

围绕上述问题，对应的关键技术包括：面向数据开放的数据组织模型“数据盒模型”的建

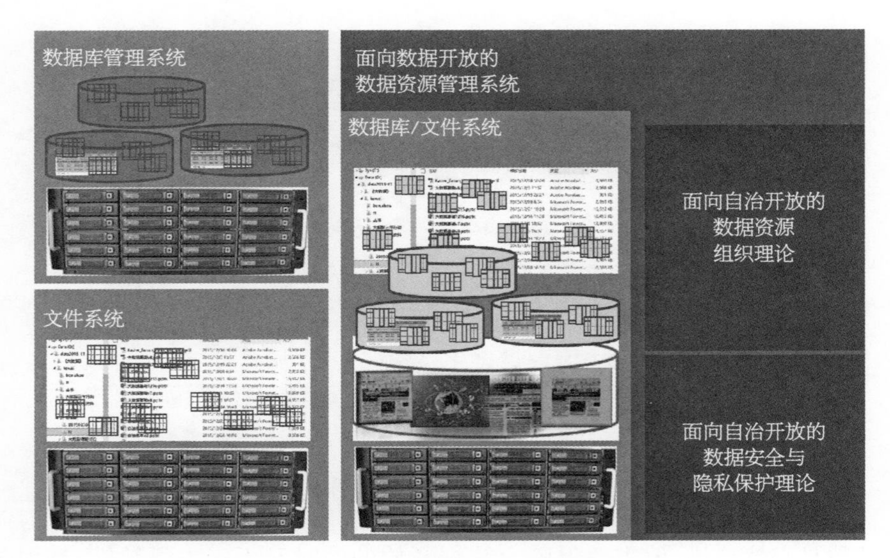

图 6－3　面向开放的数据资源

模技术、自治环境下数据使用外部软件行为管控技术、数据盒加密与隐私保护技术等。

接下来将对上述关键技术分别做简要介绍。

6.2.2.1　数据组织模型——数据盒

如前所述，在数据开放环境下，使用数据的软件或程序是外部的、未知的和无限的。数据的组织既要实现开放使得用户方便使用，即数据外部可见、可理解、可编程；又要防止数据权益受到侵犯，即内部可控、可跟踪、可撤销。这需要有面向自治开放的数据组织模型，涉及如下关键技术。

1）开放数据的基本存储单元建模技术

开放数据的基本存储单元是为数据使用者提供开放数据的基本组成单元，称为“数据盒”。自治开放模式将按照数据盒的方式向数据使用者开放数据，即呈现给用户的是一定数量的数据盒。对用户开放的数据是局部数据，不同类型数据、不同用户需求，数据开放的粒度是不同的，如何从数据属性维度（横向）和数据规模（纵向）划分数据粒度，为数据使用者使用数据组织数据单元是一项关键技术。同时，对数据使用者开放数据的基本单元需要具有防泄露、保护权益能力，如何将数据防泄露功能和数据权益保护机制等封装在数据单元中是需要解决的关键技术。

2）数据盒的形式化与计量技术

数据描述、数据操作和约束是数据盒的基本要素，数据盒的使用涉及数据盒的交、并、拼接等操作，这需要对数据盒进行形式化表示。数据盒的计量是根据数据使用者提出的要求和目标，计算使用者所需数据盒的数量和时间等，并进行定价，包括数据使用需求建模、数据需求与数据盒自适应匹配方法、数据盒的计量度量设计与度量方法、定价规则和方法等。

6.2.2.2　数据使用外部软件行为管控方法

数据自治开放环境允许数据使用者通过外部软件访问以数据盒形式存在的特定数据资源。为了保护数据利益和数据资源的可持续发展，应当对外部软件访问数据的行为进行规范化和管控。外部软件行为管控是数据自治开放中保障数据权益的重要环节。通过监控外部软件访问软件的长期行为，能够提取软件访问数据的行为特征，并基于这些特征抽象其高层意图。涉及的关键技术包括如下几个方面。

1）基于业务领域知识模型的软件行为意图建模技术

客户软件访问开放的数据资源时，应当表明其访问数据资源的高层意图。例如某客户软件声称为了追踪病症 A 的治疗和患者愈后情况，需要访问该病症的所有医疗数据，那么根据这一意图，对与病症 A“概念相关”的数据资源的访问（可能）都是符合其意图的。这种概念相关性依赖于特定业务领域知识模型，以及对开放数据资源的语义标注。在客户软件访问开放数据资源时，对其所有数据访问行为和访问过的数据资源语义进行分析，对客户软件访问数据资源的实际意图进行建模。

2）数据使用的言行一致管控技术

在数据自治开放环境中，外部软件以黑盒方式在授权范围内对数据进行自主访问。外部软件在进入计算环境前，应当先声明其使用开放数据资源的目的，即提供其标称意图。标称意图的描述与该软件的特定业务领域密切相关，也应当表明其将采用的主要数据处理方法，作为使用数据时行为合法性的评价标准。声明了合法标称意图的软件，在实施数据访问时，其行为序列应当符合其所声称的意图。根据软件行为推测得到的意图，即软件行为意图。当软件的行为意图（行）与软件标称意图（言）不一致时，即表明该软件对开放环境造成风险。为了验证外部软件行为是否符合其声明的意图，需要相应的软件行为验证技术。在隔离受控的沙箱环境中，对数据单元访问接口和环境的不同安全级别进行模拟，留存软件行为日志进行分析验证。基于此，在外部软件使用数据的过程中，还需要采用量化机制来客观评价外部软件的行为损害数据权益的风险，通过衡量行为意图偏离标称意图的程度、行为意图对数据价值和利益相关方的影响程度、软件行为意图判断准确度等因素，综合判定该软件的行为风险等级。

6.2.2.3　开放数据权益保护方法

数据自治开放以数据盒为基本数据单元向数据使用者开放，因此数据资源稀缺性丧失和隐私泄露等问题的防范主要针对数据盒。数据盒数据被窃取、隐私数据泄露以及机密数据丢失等问题将导致数据权益受损，降低数据拥有者开放自身数据的意愿。涉及如下关键技术。

1）数据盒加密与隐私保护

一个数据盒可能包含照片、视频、文本和结构化数据等，数据盒的使用是外部的、未知的、无限的，传统的数据加密、数据隐私技术无法有效应用。

在数据盒加密方面，数据开放下的数据加密保护需要兼顾以下两种情形：一是在数据盒正常使用情况下，需要考虑数据盒的安全性和功能性的权衡，使得在保证数据正常高效操作的前提下最大程度地保证数据的机密性。这需要可调整的加密技术，实现将相应数据项进行一层或多层加密，当外部软件请求使用数据时，在保证操作（读、写、结合等）顺利执行的前提下，只需要打开所需的层次，使得该层既能完成外部软件所需的操作，同时又不会公开更内部的层次；二是即便数据盒被盗取或控制，数据盒中数据的机密性也须保持，这需要保证数据盒抗盗取和抗逆向拆解的技术。

在数据盒隐私保护方面，在数据自治开放模式下，数据使用者的软件在申请使用数据盒时，需要有一个数据使用说明，说明软件使用哪些数据、以什么样的方式使用这些数据、使用的预期结果是什么？因此数据盒的隐私保护主要包括如何判断一个数据说明是否涉及隐私泄露、涉及了哪些隐私数据、严重程度如何？这需要研究新型的隐私认知技术。

2）基于数据覆盖模型的数据拼图防范技术

数据拼图是指数据使用者能够通过整合多次获取的数据片段，还原成数据整体。数据拼图可以由单个使用者多次获取数据片段来完成，也可由多个使用者共同合作，来实现对数据片段的拼接。通过数据拼图，数据使用者可以通过非法的手段，未加授权地获取被保护的数据对象，并将其私有化。数据拼图会对数据自治开放带来实质危害，数据的使用期限、使用目的等权属将难以受到保护。同时，数据使用者可以将通过数据拼图获得的数据，再次传播给其他未被授权的数据使用者，会进一步造成对原数据权属的二次侵犯。这需要先构造数据使用行为的形式化描述，通过追踪分析数据迹，动态构造数据覆盖模型，实时检测与量化数据拼图的危害性，建立可行的防范以及预警体系，有效预防与阻止数据拼图对数据权属的侵害。

6.2.3 数据自治开放应用系统架构

数据资源以数据盒的形式被放在数据站中，每个数据站配备一套数据资源管理系统，用以管理该站下的所有数据资源（数据盒）。通过数据盒虚拟化、应用装载等功能供外部软件使用数据。与传统的数据库管理系统（DBMS）相比，面向自治开放的数据资源管理系统所承担的数据管理不涉及事务处理（transaction），只有数据使用，但也不同于数据仓库，数据仓库的设计目的是用于数据开发利用而不是数据开放。最终的数据自治开放应用系统的结构如图 6－4 所示。

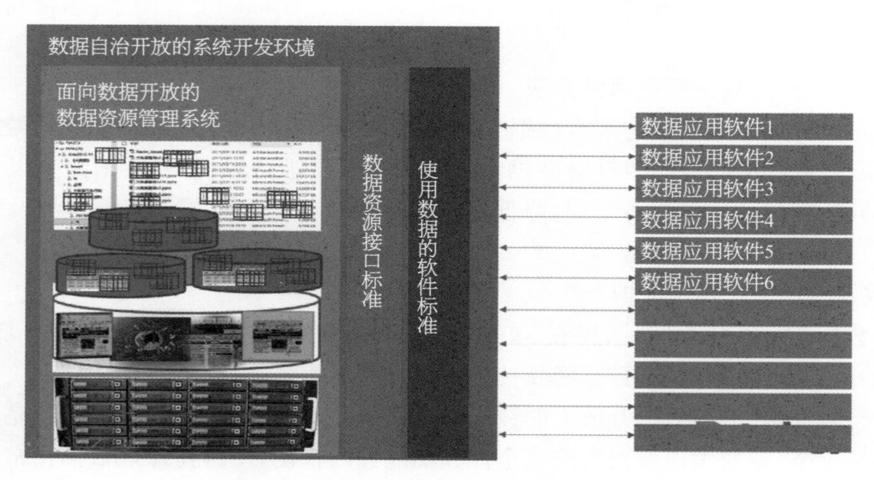

图 6－4　数据自治开放应用系统的结构

涉及技术包括如下几个方面。

1）数据站组成与管理技术

数据资源装载在数据盒中，数据盒储备在数据站里，因此需要研究数据站的逻辑构成要素、物理形态、数据盒的组织方法与管理技术，以便能够快速定位某个数据资源的位置，包括通过数据资源元数据查找数据在哪些数据盒中，并从大量数据盒中快速定位到某一个数据盒，为用户提供数据盒，展示数据盒的内容或数据资源样本。此外，还需要研究数据盒的新增、更新、冻结（即不再对外提供使用）以及浏览、查询、校核等管理技术。

2）数据盒虚拟化方法

数据盒的虚拟化是结合硬件虚拟化技术，为每个需要访问特定数据盒的外部软件提供一个操作托盘。各虚拟数据盒相互隔离，且对某个虚拟数据盒的更改和删除不会影响其他同源虚拟数据盒或原始的数据盒。对数据资源管理系统而言，数据单元虚拟化技术直接关系到数据使用的安全性，即保护数据或隐私不会泄露，保障数据自治公开，以及保证外部软件使用数据规范受控。需要重点突破不在物理存储上完全制作一份数据副本的基础上，实现虚拟化的虚拟数据单元相互隔离、可用，且控制内存等资源的使用率，使整个数据站能够支撑大量外部软件，同时使用虚拟数据单元；如何在不进行数据盒物理复制的前提下提供虚拟化的数据盒，研究虚拟数据盒缓存技术、虚拟数据盒变动维护（更新、撤销等）和长操作策略等。

3）NoSql/Open 运行库和 SDK

设计 NoSql/Open（NoSQL Open Data Language）语法规则，开发适用于常用操作系统的 NoSql/Open 运行环境和运行库，支持主流编程语言的 SDK，为外部软件实现与数据资源管理系统的互操作，提供对数据站内虚拟数据盒的访问。通过 NoSql/Open，可以方便地使用数据盒。

4）系统承载力与数据站承载力模型

数据资源管理系统和数据站也不可能管理无限多的数据，提供无限的数据访问能力。因此需要给出数据资源管理系统承载力模型，用以描述单个数据资源管理系统的极限能力、单个数据站所能承载的服务能力极限、与硬件的关系、数据站的扩展性和承载能力的关系等。

6.3 面向数据自治开放的数据盒模型

在数据自治开放模式中，数据使用者可以上载数据应用软件使用数据或下载数据到使用者的设备中。其中面临的问题首先是让数据使用者看得见有哪些数据，其次是如何合理组织数据方便应用软件使用、计量和管控。这需要有新型的数据组织方式合理组织数据适合数据自治开放模式。

本节介绍一个能够有效组织用于开放的数据资源的面向数据自治开放环境的基本数据模型——数据盒，给出数据盒的基本要素组成及运作系统架构。

面向数据自治开放的数据模型的核心思想是建立基于“数据盒”模型的开放数据组织，按照数据盒的方式向数据使用者开放数据，即呈现给数据使用者的是一定数量的数据盒，并且在数据盒中封装数据防泄露和数据权益保护等机制。换言之，数据盒是带有自主程序单元和内在计算能力的数据组织存储模型。数据拥有者将数据灌装入数据盒中，封装的数据只能通过数据盒中的自主程序单元接口进行受控的访问。这样做的好处是方便数据使用者使用开放数据，即外部可见、可理解、可编程；又能防止数据拥有者权益受到侵犯，即内部可控、可跟踪、可撤销。面向数据自治开放的数据模型包括：

（1）一个为数据使用者提供开放数据的基本组成单元——数据盒，如图 6－5 所示，包括数据盒的数据描述、数据操作和数据约束等基本要素及数据盒的性质。

图 6-5 数据盒的组织结构

(2) 封装在数据盒中的数据防泄露和数据权益保护机制,并设有供外部软件使用的接口。

(3) 数据盒的计量与定价,即根据数据使用者提出的要求和目标,计算数据使用者所需数据盒的数量和时间等,并进行定价。

6.3.1 数据盒模型

数据盒是数据自治开放的基本单元,包括数据描述、数据操作和约束等基本要素,并通过在数据盒中封装数据防泄露和数据权益保护等机制,使之具有独立性、可用性和可控性,使得数据拥有者在数据开放的同时又能保证其数据稀缺性不丧失和隐私不泄露,且不影响现有系统,能有效地支持数据自治开放。

6.3.1.1 数据盒基本要素

1) 数据盒的数据描述

因为数据盒的设计目标是面对数据开放环境,数据来源是复杂多样、不可预知的,所以数据盒的数据描述包含数据结构,数据结构采用 BSON(binary serialized document format)格式,用以存储复杂类型的数据。BSON 格式使用 C 风格的数据表现形式,其编码和解码都是快速的。每个数据盒设有一个唯一的标识名(为字符串类型),称为数据盒标牌。每个数据盒还设置数据使用的相应软硬件环境。由于数据盒的开放为数据使用者服务也是分布式环境下的,因此数据盒的性质也参考分布式存储的性质,即数据盒性质包括最终一致性和基本可用性。其中,最终一致性是指要求系统数据副本最终能够一致,而不需要实时保证数据副本一致;基本可用性是指出现故障时,允许损失部分可用性,保证核心功能或当前重要功能可用。

2) 数据盒的数据操作

数据资源以数据盒的形式被放在数据站中,与传统的 DBMS 相比,数据开放自治下的数据资源管理不涉及事务处理,只有数据使用,但也不同于数据仓库,数据仓库是不对外开放的。数据盒的数据操作包括:数据盒的创建、数据盒的删除(当数据盒不再被使用,则需要删除该数据盒)、数据盒的切块和切片(数据盒中存放了多条数据记录,每条数据记录有多个字段/属性,数据盒使用者可能只需要使用该数据盒中的部分数据记录或/和部分数据字段,这需要数据切块或切片操作,即选取数据盒中的部分数据记录和部分数据字段,形成新的数据盒，切块或切片后的数据盒是原始数据盒的一部分，包含原始数据盒的部分数据字段和数据记录）、数据盒的拼接（数据盒的使用者可能会使用多个数据盒中的数据记录，并且可能是这些数据盒中的部分数据字段，因此需要将多个数据盒拼接起来，形成新的数据盒）、数据盒的交（数据盒的使用者可能需要两个数据盒共同的数据记录，数据盒的交实现共同数据记录的提取，形成新的数据盒）、数据盒的并（数据盒的使用者可能需要两个数据盒的所有数据记录，数据盒的并实现两个数据盒中的数据记录的合并，形成新的数据盒），以及数据盒中数据的查询（通过设置一定的条件，对数据盒中的数据进行查询，例如某个字段满足一定的阈值作为查询条件等）、插入（当数据盒有新的数据装入时，需要执行插入操作）、删除（数据盒中的数据不再被需要的时候，需要执行删除操作）和更新（数据盒中数据记录的某些值发生变化时，需要执行更新操作）等。此外，数据开放的粒度是有差异的，数据盒粒度划分也是数据盒的重要数据操作。

3）数据盒的数据约束

数据盒的数据约束包括数据盒约束、数据盒内数据约束、数据盒间的数据约束、数据盒多副本控制约束等。数据盒内的数据约束类似于传统数据库中的数据约束；数据盒间的约束主要是指数据盒之间的关联约束；数据盒多副本控制约束主要是指数据盒可以拥有多少个副本，这些副本可被哪些数据使用者使用（例如对使用数据盒的机器的 MAC 地址加以限制等）。

6.3.1.2 数据权益保护机制

数据权益保护机制是将数据盒及其权属绑定为有机整体，以明确数据权益的保护对象、保护等级以及保护粒度等。其中，保护粒度是指数据盒中的数据记录可被访问的粒度，例如，数据字段“薪水”的访问可以分为访问每一条数据记录“薪水”的具体值、访问“薪水”的平均值或统计值等。所述数据盒权属包括数据所有者的信息标记、开放数据的使用权限以及相应的使用许可范围、定位跟踪标识等。由于外部软件可通过数据盒接口访问数据盒中的数据，因此数据权益保护机制还包括外部软件行为监控机制，对外部软件行为进行监控，评价软件的言行一致性，甄别权益受损的软件行为模式。

6.3.1.3 数据防泄露机制

由于数据使用者可能通过多次获取数据片段实现对数据盒中数据的拼图，形成一个完整的数据盒，因此会导致数据泄露。数据防泄露机制包括：数据盒正常使用情况下的数据加密保护，实现关键数据密文形式共享；数据盒被盗取或控制情况下的数据机密性保护，提供数据盒抗盗取和抗逆向拆解能力；数据监控保护，发现数据盒的不正当使用时启动数据盒自毁机制。

6.3.1.4 数据盒的计量与计价

数据盒的计量是指根据数据使用者的要求，对数据使用需求建模，根据不同的需求粒度切分数据盒，为数据使用者提供数据资源；数据盒的计价是指按照数据盒的定价规则对数据使用者进行计价。

综上，按照数据盒为基本单元组织数据，并封装数据防泄露和权益保护机制，以及提供数据盒计量和计价策略，为数据开放提供技术保障。

6.3.2 面向数据自治开放的数据盒运作系统框架

对应上述面向数据自治开放的数据模型数据盒，采用数据站存放以数据盒形式展示的数据资源,每个数据站配备一套数据资源管理系统,用以管理该站下的所有数据盒,并通过数据盒虚拟化、应用装载等功能供外部使用数据。其具体运作的系统如图 6-6 所示,包括:数据源管理模块、数据盒构建与环境配置模块、数据灌装模块和交互模块。

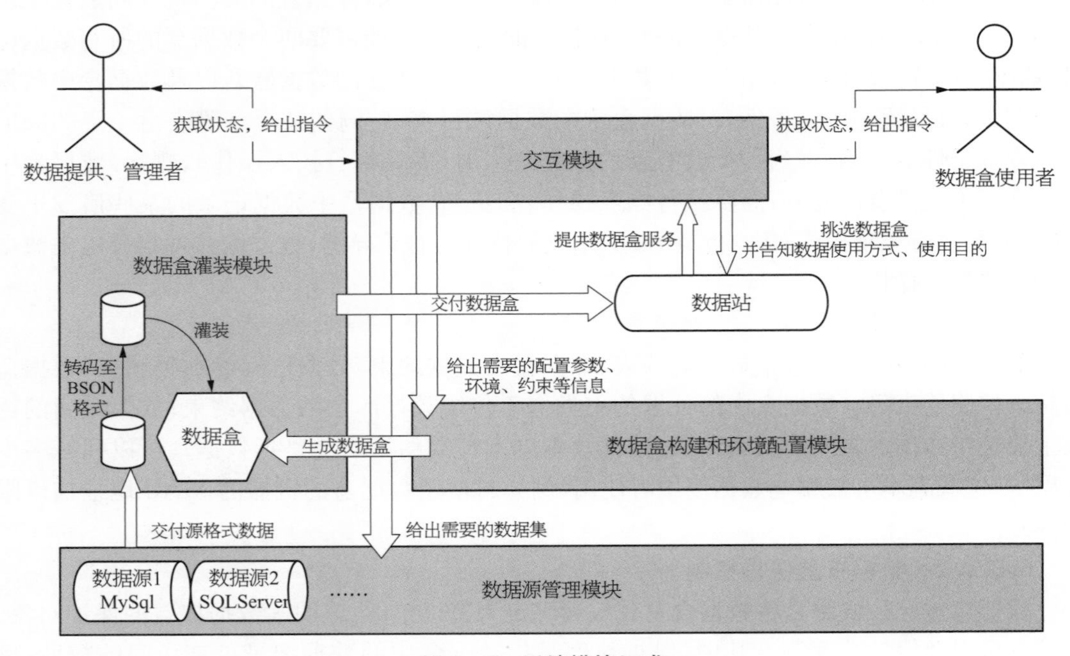

图 6-6　系统模块组成

数据模型的各个模块介绍如下。

1) 数据源管理模块

数据源管理模块即数据站配备的数据资源管理系统,用于管理数据拥有者的数据源,这个数据源可能是单点的,也可能是分布式的。数据拥有者想要开放的数据都从该数据源中获得,而且数据拥有者本身并不需要关心数据源的组织方式和存储格式。

2) 数据盒构建与环境配置模块

数据盒构建与环境配置模块负责数据盒的生成以及数据盒环境的配置。依据数据盒的大小(数据盒大小由数据拥有者提供的该数据盒中的数据记录的多少决定,即数据记录的字段数、数据记录的条数来决定数据盒的大小)、约束条件、接口和监控要求,以及环境需求(由数据拥有者提供的该数据盒初始使用环境,即使用这些数据可用的软硬件环境,例如 GPU、内存、操作系统配置等)构建数据盒以及配置数据盒环境。数据盒大小实际是根据数据记录的字段及其条数、值决定的。

3) 数据灌装模块

数据灌装模块负责将数据源进行格式转化,导入数据盒中。从数据源中获取的数据可能是有不同格式的,在经过一定的格式转化之后,形成以 BSON 格式来储存的数据盒的数据格式,以此来支持数据盒的数据灌装。

4) 交互模块

交互模块负责承载数据使用者使用数据盒的展示、交互。数据使用者可以通过该模块的交互来获得和使用数据盒。该模块是把最后得到的数据盒交付给数据使用者。

该系统的运作流程如下所述。

(1) 准备数据:数据拥有者选定希望开放的数据,确定数据字段和数据记录,并给出数据的使用约束,通过数据源管理模块将数据交付给数据盒灌装模块。

(2) 数据盒构建与环境配置:配置数据所需的软硬件环境,通过数据盒构建和环境配置模块封装软硬件环境配置进入数据盒中,生成数据盒,并分配数据盒标识。

(3) 数据灌装:在数据盒灌装模块,实现原始数据格式转换,转码为 BSON 格式,将数据拥有者想要发布的数据记录按照其约束条件实施数据盒的灌装,并且封装数据访问控制和数据防泄露机制。

(4) 数据盒交付:生成好的数据盒交付给数据站。数据使用者通过交互模块,挑选所需的数据盒,并告知希望对数据盒的使用方式和使用目的,根据数据使用者提交的数据使用需求和数据访问程序及其声明,数据拥有者对数据盒进行定价,数据站为数据使用者提供数据盒及其服务。

通过上述步骤,数据拥有者可以以数据盒为基本组织单元组织所拥有的数据资源,放在数据站中,对外开放发布;数据使用者可以发出数据使用需求,从数据站中申请使用数据盒。

以数据盒为基本单元的数据自治开放数据资源组织使用如图 6-7 所示。

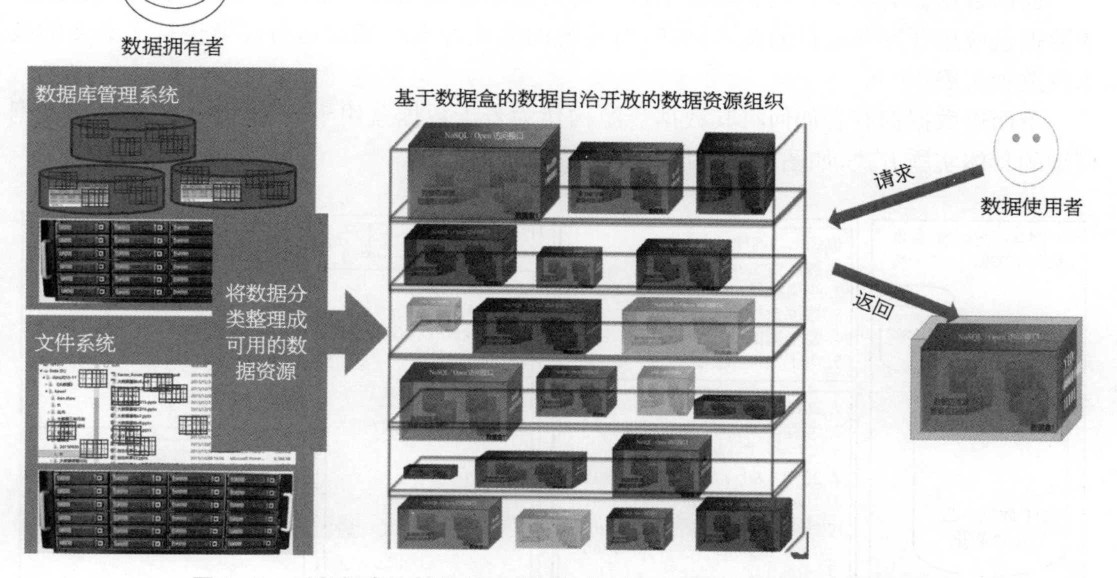

图 6-7 以数据盒为基本单元的数据自治开放数据资源组织使用示意

6.3.3 数据盒运作系统实施方式

从数据盒的基本要素组成以及运作系统架构可以看到,数据盒是一个类似于现实世界中用来盛放物品的盒子的数据装置,盒中存放的是数据源。盒子具有便于运输的优点,数据盒也便于数据的流通。数据盒可以配置不同的大小尺寸,可以根据数据使用者的需求装入不同大小的数据。每个盒子设置一个标识，称为数据盒标牌，用于识别数据盒。数据盒为数据使用者提供数据的访问接口，数据使用者可以声明其访问需求，通过接口访问数据盒中的数据。考虑到数据盒的使用权限，数据盒还存放数据防泄露和数据权益保护程序。每个数据使用者可以申请获取一系列（一个或多个）数据盒。数据盒将数据拥有者的数据、访问权限等进行了有机合理的组织，使得数据使用者能够很方便地看见有哪些数据被开放、数据的结构和组成等，按照数据盒的方式向数据使用者开放数据，使得数据拥有者可以根据自己对数据的开放程度进行数据的把控，实现了数据内部可控、可跟踪、可撤销；并且数据盒的集成形式为数据使用者/应用软件的使用、计量、管控提供了便利，数据使用者看到的是一系列封装好的数据盒，可以根据数据使用需求方便地选择使用数据盒。对数据使用者而言，开放的数据是外部可见的、可理解的，数据使用者也可以提出自己对数据的访问需求和程序，让数据盒拥有者进行审核，实现数据盒可编程。这种数据资源组织形式提升了数据的独立性、可用性和可控性，实现了数据自治。

数据盒的生命周期包括以下几个阶段。①创建：选择/生成一个具有指定存储和计算能力的基础映像（image）实例。②灌装：向映像实例中添加用户所选的数据，还可以添加用户根据数据自治开放标准编写的程序模块。③运输：将灌装了数据的数据盒运送给用户，运输方式可以为在线，也可为离线。④加载使用：用户根据使用说明在本地加载数据盒，所有访问受到数据盒访问控制的限制。用户可以要求重新灌装数据或自定义模块。⑤销毁：到达指定的访问期限后，数据盒自动销毁内部数据。

面向数据盒的软件开发和运行平台主要为数据盒的加载和使用环节提供支撑，着重解决数据盒应用开发和运行的技术问题，对传统的集成开发环境和运行环境进行了必要的技术改造和扩展。

下面以数据拥有者如何将其数据资源构建为若干数据盒用于开放为例，来说明本数据模型的具体实施方式，如图 6－8 所示。

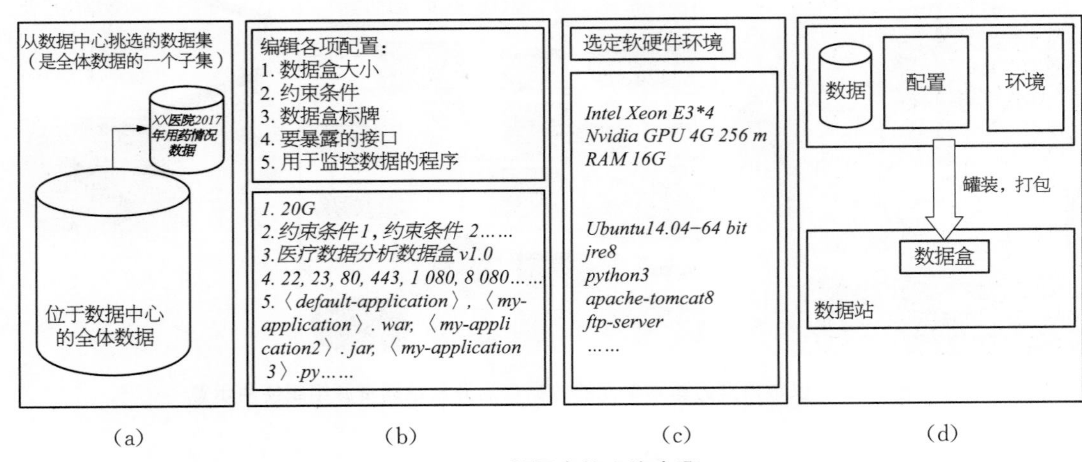

图 6－8　数据盒的实施步骤

（1）生成一个初始数据盒。

使用 Java 中的 Docker-Java-API 从基础镜像创建容器，基础镜像中有 Java、Tomcat、MongoDB 等软件环境，生成一个初始数据盒。

(2) 确定要装入数据盒的数据[图 6-8(a)所示]。

数据使用者选定需要装入数据盒的数据,确定需要开放的数据字段、数据记录等。例如,数据使用者有一个用 Mysql 存储的医疗数据库,包含病人基本信息、医生基本信息、门诊就诊信息等多张表。数据拥有者希望开放的是用药数据,这涉及病人基本信息表的非敏感字段,例如数据表中的病人就医顺序号(非身份证号或医保卡号等)、病人疾病诊断、病人用药信息等,这些数据分别在不同数据表中。数据使用者首先选定这些所需字段,以及想要开放的数据记录条数(或时间区间等),例如开放 2017 年 1—6 月的数据。

(3) 根据选定的数据,设置数据盒的大小、约束条件等[图 6-8(b)]。

若数据使用者要开放的数据是 2017 年半年的数据,那么计算 2017 年半年的数据量(如 20GB),根据数据量,设置该数据盒的大小。数据拥有者根据数据的特点和使用权限,设置约束条件,例如不允许将这个数据盒与涉及病人个体信息的数据盒进行拼接,或不允许对该数据盒中的某个字段(如年龄字段)进行逐条访问;数据盒的多副本约束,即约束该数据盒可以使用的使用者数量等。

(4) 在灌装数据拥有者数据时,配置数据盒对应的运行环境[图 6-8(c)]。

选定需要的软硬件环境,例如 Intel Xeon E*4, Nvidia GPU 4G 256 m, RAM16G 等硬件环境,以及 Ubuntu 14.04-64 bit, jre8, Python 3 等软件环境。

(5) 灌装和打包数据盒,把数据装载进数据盒[图 6-8(d)]。

对于数据源为 MySQL 的数据,可以使用 Java 中的 MySQL-connectorAPI 来读取数据源中的数据,并进行数据格式转换,将这些数据输出到文件中,保存为 BSON 格式。将 BSON 文件复制到创建好的容器中去,并将 BSON 文件读入。将一个用于向外界暴露数据获取接口的网站应用以 war 包的形式复制到容器中,并在 Tomcat 中启动。建立数据盒标牌。打包这个镜像,并将镜像以文件形式提供给数据使用者。

(6) 在该镜像中封装数据盒防泄露机制。

数据盒正常使用情况下的数据加密保护,实现关键数据密文形式共享;数据盒被盗取或控制情况下的数据机密性保护,不允许数据盒抗盗取和抗逆向拆解;根据数据拥有者的数据约束,不允许数据使用者对数据盒进行非法拼装;控制数据使用者的数据记录数量等。

(7) 在该镜像里封装数据盒访问监控机制,实施对数据盒中数据访问的控制。

数据使用者声明只对数据进行聚类分析,而在使用数据中,做了其他数据访问操作,被不正当使用时,那么封装在数据盒中的访问监控程序将报警并阻止非法访问操作,甚至执行数据盒自毁操作。

(8) 数据盒灌装完成后,外部数据使用者可以访问和使用该数据盒。

数据使用者提出对数据盒的使用需求以及使用方式,例如是做聚类分析或逐条读取,还是只利用其中的某些字段等,数据拥有者根据这些需求来对数据盒进行定价,通过数据站为数据使用者提供数据盒服务。数据使用者可以利用 Docker 在其本地启动这个镜像,并通过提供的接口来获取数据,即获取数据盒,实现数据开放;同时,数据盒中封装的访问控制和防泄露机制,又能保证数据使用者无法直接接触到数据,保证数据在开放同时的安全性。

综上可知,面向数据自治开放的数据盒模型,将数据拥有者的数据、访问权限等进行了有机合理的组织,使得数据拥有者可以根据自己对数据的开放程度进行数据的把控,数据使用者也可以提出自己对数据的访问需求和程序,让数据盒拥有者进行审核,实现数据盒可编程。这种数据资源组织形式提升了数据的独立性、可用性和可控性，实现了数据自治，使得数据拥有者在数据开放的同时又能保证其数据稀缺性不丧失、隐私不泄露，有效地支持数据开放。

6.4 数据自治开放的软件开发和运行环境

在数据自治开放环境下，数据拥有者将保持对数据的治理权，所拥有的数据将通过系统化的受控机制开放给潜在的数据用户。潜在的数据用户通过开放的渠道获取数据的基本信息，并通过数据自治开放软件平台获取经过封装的数据实体，在本地或云端按照约定的方式受控地使用数据。数据用户可以查看部分数据内容（如果数据拥有者允许），并利用数据开展数据分析和开发数据应用，但无法对数据个体或全体进行复制或传播。

数据拥有者一方面希望通过持有数据获得数据的潜在价值，另一方面又可能没有能力获取到这种潜在价值。这种数据价值困境削弱了数据拥有者开放数据的动机，直接影响了数据潜在价值的挖掘。如何通过技术手段，在保护数据拥有者权益的同时，又能充分发掘数据潜在价值，是面向数据自治开放的软件环境面临的挑战之一。

数据价值的挖掘依赖于软件，因此软件的开发和运行环境是否有足够的能力支持数据使用的全生命周期，直接影响到数据自治开放的可行性、有效性和效率。为了提升数据利用的效率，数据拥有者仅提供数据，而读取并处理数据的软件则由数据使用者自行开发（即外部软件）。然而，由于大数据分析处理的创新性和不确定性，难以预先精确限定外部软件的数据处理方式和具体行为，因此需要对外部软件对数据的实际访问和处理进行必要的管理和监控，才能确保数据不被非法复制和传播，从而保护数据的稀缺特性和数据拥有者的合法权益。

为了有效地管理和监控外部软件行为、支持数据使用者在数据自治开放环境下开发数据分析软件，需要研究支持数据治理权控制的软件开发和运行环境，对数据自治开放中数据获取、外部软件的开发调试和部署运行、数据使用等环节提供数据和软件的全生命周期的支持保障。

数据自治开放这一新的数据开放模式要求软件开发和运行环境能从应用的需求描述、应用开发和调试、应用运行监控等方面进行全方位的支持。本节将介绍支持数据自治开放的软件开发和运行环境的总体设计，阐述支持软件行为管控的数据自治开放应用开发全过程，从而实现数据自治开放中数据的全生命周期管理，并说明建设数据自治开放的软件开发运行基础设施的可行性。

6.4.1 数据自治开放的软件开发和运行环境的总体架构

在软件开发平台方面，各大云开发商都在研发相应的大数据开发平台。例如阿里云推出了数加大数据平台，提供大数据计算服务、大数据开发套件等大数据应用开发和运行基础设施。然而，这些开发平台主要针对一般性的大数据应用开发，而不关注数据本身的权益保护和数据稀缺性的保持。

软件行为管控是数据自治开放中的重要环节，通过监控软件访问数据的行为来保护数据不被非法复制和传播。在信息安全领域，已有大量关于软件行为分析的研究，通过动态[15,16]和静态[17-19]的方法追踪敏感数据流,从而防止敏感数据的泄露。还有研究通过对常见的数据源和宿进行分类[20],规定软件的合法行为序列[21],对比软件的实际执行轨迹判定软件行为是否符合要求[16],从而发现是否有数据的非法使用[22]。然而,这些工作主要关注敏感数据泄露,并且大多应用在移动应用的检测上,而并不关注对完整数据集的泄露保护。此外,对软件行为日志的分析也是软件行为和意图分析的一个重要辅助手段[23-26]。

从数据本身的保护方面来看,数据访问控制[27,28]是一种主要的数据泄露防控手段。然而目前的做法主要是通过技术手段限制数据访问,例如加密、授权、安全策略、信任级别[29]等,内容也主要关注隐私保护[30]。因此这些方法并不完全适用于数据开放环境。

由此可见,要从根本上解决数据开放环境下的受控的数据访问,保持数据的稀缺性,必须从访问数据的软件入手,研发针对数据稀缺性保护的软件开发和运行平台,确保软件对数据的访问过程是受控的,并且同时具有一定的灵活性,以支持各类大数据分析和数据密集型应用需求[31,32]。

6.4.1.1 数据自治开放环境的数据访问特点和需求

数据自治开放是控制和限制数据使用者传播或滥用数据的新型数据开放模式。在数据自治开放环境下,数据使用者无法再像传统的数据开放或共享那样,得到完整的数据资源,并对数据资源进行直接的、不受数据拥有者或第三方(如基础平台软件)控制的访问,因此也无法任意复制传播。但同时,数据使用者又能根据自身的需求、在数据拥有者的“授权”(按所申请的方式使用数据的权利,但不是处置权或治理权)下自由使用数据。这就要求有一个支持数据使用且对数据使用有适当管控的软件环境,将数据封装和保护起来,同时又具备计算能力满足数据使用者传统的数据使用(处理和分析等)需求。

自治开放中的数据是以带有自主程序单元和内在计算能力的数据盒的形式发布和使用的,这种数据盒是数据自治开放的软件开发和运行环境所使用的最基础的数据单元。数据使用者所能获得的数据只能存在与数据盒中,并且只能进行自己声称的数据访问行为。超出预先声称意图的数据访问行为必须被检测、监控、报警或拒绝;必要时,数据盒中的自主程序单元还可对数据进行销毁(擦除),从而避免数据的非法复制传播。

本小节将针对这种数据访问特点和管控需求,介绍数据自治开放的软件开发和运行环境的总体设计架构,并论述基于该架构的数据应用开发全过程。

6.4.1.2 总体架构

数据自治开放的软件开发和运行环境是一个以数据盒(带有自主程序单元和内在计算能力的数据存储形式,数据被灌装入数据盒中)为基本数据组织和运算的开发运行一体化平台,分为相对独立的开发平台和运行平台两个部分。开发平台支持基于数据盒的外部软件开发和调试,运行平台支持外部软件的测试、运行和管控;同时两部分又通过数据盒的基本设计密切结合,一体化地支撑数据密集型应用的开发和运行。

图6-9展示了基于数据盒的软件开发和运行环境的总体架构。为了便于阐述,图中还包括了用于管理数据盒的管理平台。在软件开发和运行环境中,外部软件所需的所有数据可来自数据拥有方的自主存储或公有存储,并通过数据管理平台封装到数据盒中。外部软件的开发人员需要根据自身的业务需求和数据访问需求,通过数据盒管理平台提出数据访问申请,并由管理平台将数据存储中的数据灌装到数据盒中,以供程序开发调试使用。具体开发流程,将在6.4.1.3节中论述。

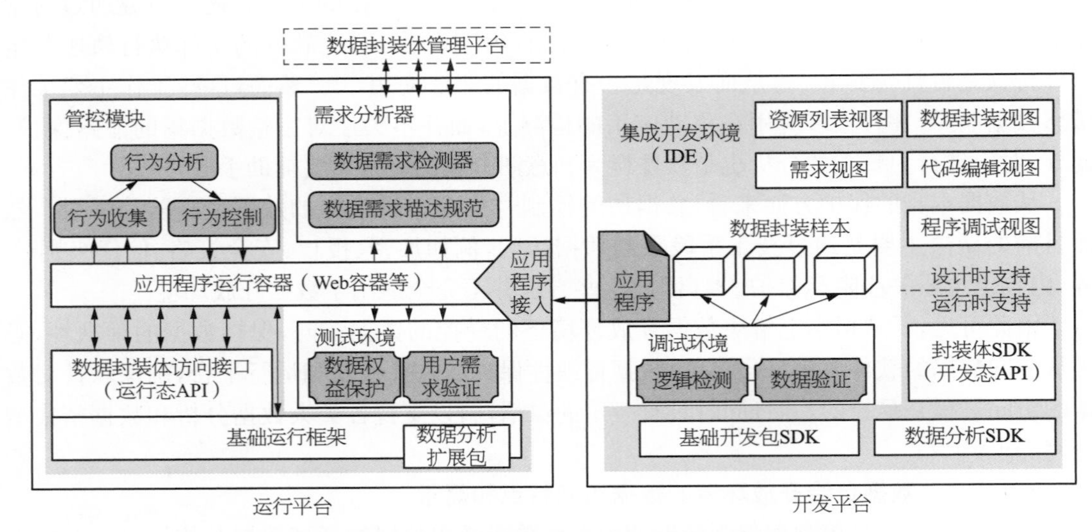

图 6-9　数据自治开放的软件开发和运行环境的总体架构

开发平台主要由一个集成开发环境(IDE)构成。该 IDE 基于 Eclipse 架构,扩展了新的面向数据盒开发的多种设计时视图(perspective),用于支持数据盒应用整个开发生命周期中的不同开发环境需求。例如,在数据盒应用开发的启动阶段,开发人员需要向数据站提交业务需求,此时要用到应用开发需求视图和资源列表视图,便于开发人员书写需求并查看可用的数据盒目录;而在数据盒应用开发初期,开发人员可能希望看到数据盒定义的细节以及一些样本数据,此时则要用到数据盒视图。各类视图将数据盒应用开发过程中的需求组织起来,以便开发人员针对不同开发需求自行切换。该 IDE 还集成了程序运行时开发包,将数据盒访问、外部数据分析算法以及在数据站端的运行支持接口等集成在开发环境中,方便开发者的程序开发工作。该 IDE 提供了专门针对大数据应用开发问题而重新设计的调试环境,用于解决由于数据质量参差不齐而出现的实际数据内容与数据盒标称数据结构产生差异的问题。外部程序开发人员根据所获取的样本数据盒编写和调试面向数据盒的应用程序,并通过样本数据盒进行调试,才能在程序中正确处理样本数据盒中出现的各类问题。调试环境除了提供传统集成调试环境的功能以外,还特别针对数据分析过程进行优化,例如对数据计算的中间结果进行检查、根据数据规格说明验证数据盒的数据实例等;而对平台而言,可以通过调试方式对代码进行动态分析,从中对关键数据的处理逻辑进行检查。

运行平台是外部程序在服务器环境中运行的基础软件支撑,主要包括:①基本的应用程序运行容器,如 Tomcat 等 Web 应用运行容器或 Java 运行,提供了应用程序运行的基本环境;②基础运行框架,是外部应用程序在运行容器中运行时所需的面向数据盒的接口支持,例如标准的数据盒访问接口,以及集成的标准数据分析方法等;③管控模块,基于数据盒实时访问日志以及运行容器日志收集外部程序的数据访问行为,并进行实时和准实时的分析,然后根据行为管控策略给出相应的数据行为控制;④需求分析器,用于在开发初期分析选择合适的数据盒,以及在运行阶段作为数据访问行为异常的参考;⑤测试环境,任何一个面向数据盒的外部应用在开发完成后、投入正式运行之前,由应用程序接入模块送入进行响应的测试,包括用户视角的用户需求验证和平台视角的数据权益保护。

6.4.1.3 支持软件行为管控的数据自治开放应用开发全过程

支持软件行为管控的数据自治开放应用开发过程如图6-10所示，主要分为提交需求、获取样本数据盒、本地开发程序、调试程序、提交程序、测试程序以及正式运行共7个步骤。

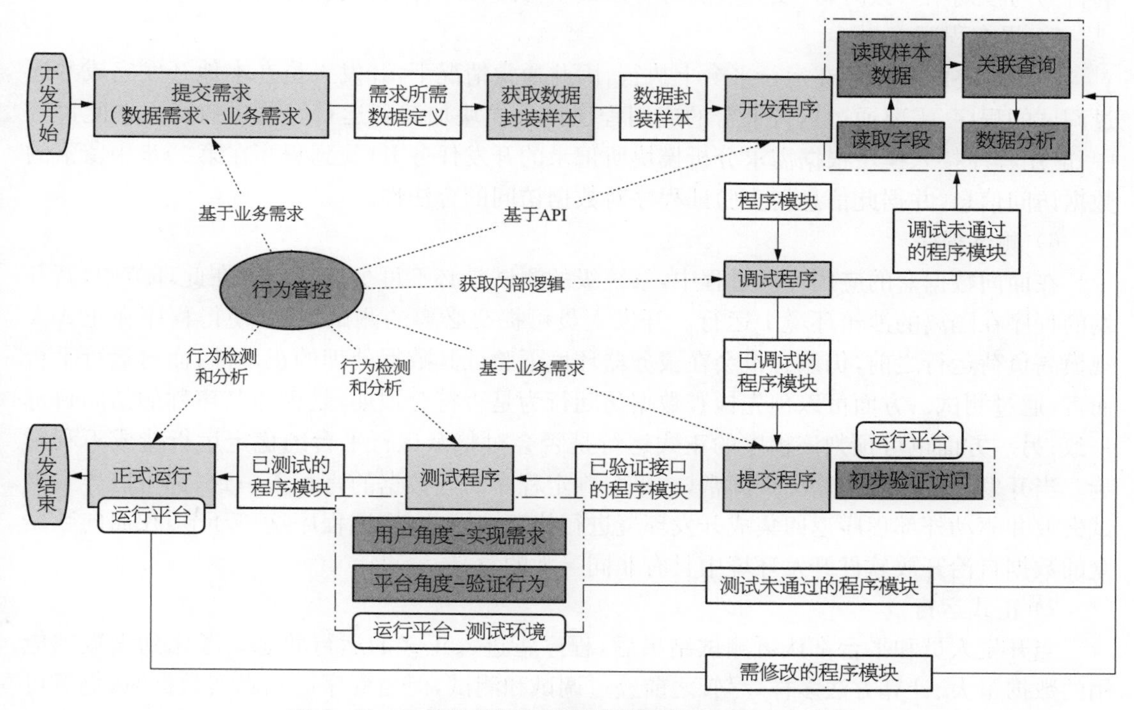

图6-10 支持软件行为管控的数据盒应用开发全过程

1）提交需求

与普通的应用开发不同，面向数据盒的应用开发由于需要对软件的行为进行必要的管控，因此需要将待开发应用的业务需求和数据需求提交给运行平台中的需求分析模块，并在运行平台中对该软件开发任务进行注册。后续的开发过程将同时在开发平台和运行平台中记录。

2）获取数据盒样本

运行平台中的需求分析模块在收到程序开发请求后，通过数据管理平台获得符合相关需求的样本数据盒，并分发给开发者。样本数据盒是对所需数据的部分采样，仅供开发人员开发程序时使用。样本数据盒的行为管控可以设置得较弱一些，从而开发人员为充分调试程序，甚至可多次请求样本数据盒。

3）开发程序

在完成样本数据盒的获取后，开发人员就可利用传统的开发技术自行开发数据盒应用。通常，开发人员会首先读取数据盒的实际数据结构，并按照实际的数据结构尝试读取数据。在熟悉样本数据后，结合实际业务需求，编写数据查询的代码并完成数据的分析。

4）调试程序

程序的开发过程中，开发人员需要利用集成开发环境中的集成调试器进行程序调试。

开发人员一般将着重检查和验证所开发程序对样本数据处理的正确性。与传统的单纯调试程序不同，在面向数据盒的应用开发中，平台本身也可通过程序的调试运行获取关键数据的使用逻辑，从而为后续正式程序的软件行为检测和管控收集信息。当调试程序过程中，程序的行为与预期不一致时，开发人员随时可以重新修改程序，并再次进行调试。

5）提交程序

由于最终的程序将在运行平台上执行，因此通常情况下，开发人员在本地开发完成并通过调试的程序，需要通过运行平台的应用程序接入模块加载到运行容器中执行。在此过程中，应用程序接入模块根据需求分析模块所记录的开发任务ID找到程序在第1)步中留下的数据访问信息，并据此信息初步验证程序对数据访问的合法性。

6）测试程序

在面向数据盒的应用开发过程中，系统级的测试是必不可少的环节。在此环节中，新开发的程序在隔离的沙箱环境中运行。开发人员可提交必要的测试规则，使得程序在正式大规模高负荷运行之前，仍然有机会在服务器环境下验证其数据处理的正确性；而对运行平台而言，通过测试一方面可以预先检查数据访问行为是否符合预期，是否与其声称的访问目标一致；另一方面也可预判该程序的正式运行是否会对整个运行平台的稳定运行造成不利影响。当开发人员发现程序出现异常，或平台判定程序访问数据的言行不一致，都可以导致测试失败并驱动外部程序返回集成开发环境进行修正。因此，测试程序这一环节，在面向数据盒的数据自治开放软件开发环境中具有非同寻常的意义。

7）正式运行

当开发人员和平台都认可测试结果后，程序将进入正式的运行状态。考虑到大数据应用的数据量大、计算方法多样，尽管之前经过调试和测试，但当程序面临真实数据时，仍然可能产生各种管控问题。因此，运行平台中的管控模块将持续对正式运行的程序进行行为检测和分析，确保程序按既定方案正常使用数据。

6.4.2 数据使用行为管控与需求建模

外部软件行为管控需要在外部软件开展正式数据访问之前，通过监控外部软件访问软件的行为，提取软件访问数据的行为特征，并基于这些特征抽象出其高层意图。相关研究被广泛应用在软件行为监测、隐私防护、恶意软件检测方面。

外部软件行为管控是数据自治开放中保障数据权益的重要环节。在数据自治开放环境下，外部软件如何能充分获得访问数据的自由，同时又能保证数据的权益不受侵害，是一个重要的研究挑战。

外部软件行为管控主要分为使用数据前的管控技术和使用数据过程中的管控技术两个方面。使用数据前这一阶段主要包括数据使用者获取数据和获取数据后开发外部软件的若干活动。在声称获取数据时，数据使用者需要提供使用数据的有关需求和意图。这是保护数据治理权、防止数据滥用的基本条件。数据使用者的需求和意图只有在不侵犯数据拥有者数据治理权的条件下，才可获得批准，并开展后续的数据使用活动。数据使用者获批使用数据后，需要自行开发软件来使用数据(例如处理和分析，但是不能复制和传播)。而在开发调试软件过程仍然不是正式的数据使用过程，而仅是通过部分或者示例性的样本数据进行。该过程中的软件行为管控主要是在数据使用者初步完成开发软件后，由开发运行环境对软件进行静态代码分析为主、动态轨迹收集为辅的方式，初步验证是否符合（不抵触）之前声称的需求和意图。

使用数据过程中的管控主要是对正式上线运行的外部软件的访问数据等行为进行收集、分析、决策和控制。通过监控外部软件访问数据的行为，提取出软件访问数据的行为特征，并基于这些特征抽象出其高层意图，与数据使用者所预先声称的需求和意图进行比较，从而决定是否允许后续的数据访问行为。主要通过程序动态分析让软件在受控环境中运行，收集软件运行时对数据实际处理操作，并分析得到软件的整体行为意图。该过程需要同时考虑管控的效果和效率，并且在实现中根据实际管控需求做出相应的权衡。

对外部程序的数据需求和业务需求的描述和建模，是软件行为管控的基础。在面向数据盒的软件开发开始前和完成后，都需要尽可能准确地描述所开发程序对数据的实际需求以及程序的高层业务需求。而现实中，准确定义需求已经是公认的软件工程的难题，且由于软件开发任务的高度复杂性和现实环境快速变化等多种因素的影响，需求的易变性也是导致难以准确描述业务需求的一大障碍。然而，在数据自治开放环境下，由于数据需求可以相对清晰，能够较好地体现软件开发者的设计思路，因此如何充分利用数据需求和领域知识对数据使用者的意图进行描述，是一个重要的突破口。

外部软件访问开放的数据资源时，应当表明其访问数据资源的高层意图。例如某外部软件声称为了追踪病症 A 的治疗和患者愈后情况，需要访问该病症的所有医疗数据，那么根据这一意图，对与病症 A“概念相关”的数据资源的访问（可能）都是符合其意图的。这种概念相关性依赖于特定业务领域知识模型，以及对开放数据资源的语义标注。在外部软件访问开放数据资源时，对其所有数据访问行为和曾访问过的数据资源语义进行分析，对外部软件访问数据资源的实际意图进行建模，并通过实际意图与其生成的高层意图的比较来评价数据访问行为的风险。

6.4.3 面向数据盒的软件开发包的设计

软件开发包是数据盒应用开发的基础。由于大数据应用开发的复杂性和不确定性，一些软件实现算法往往无法内置于开发环境中，而只能由开发者自行编写。这就产生了如何将外部编写的算法逻辑安全可靠地运行在服务器端，并确保数据权益不受外部程序损害的问题。因此，需要一个基础开发框架为外部软件的开发提供足够的可扩展性。同时，对于一些常见的数据分析算法，则希望有一些内置的实现可以给开发人员方便地使用。此外，数据盒本身的访问也需要在开发平台中实现，但开发平台仅处理样本数据盒，因此需要数据盒访问接口的开发态和运行态两个不同的权限控制版本。可见，对于基础开发框架、可扩展的数据分析算法实现，以及数据盒本身的访问，都是开发运行平台需要解决的问题。

1）基础开发框架 SDK

基础开发框架 SDK 提供了外部程序在本地和运行平台中运行的基础接口类。这些基础接口类是外部应用程序代码逻辑的重要扩展点。当外部应用开发者需要在应用开发时使用自有的特定算法时，他应当将这些算法根据基础开发框架 SDK 中规定的框架进行设计编码，实现相应的数据处理接口，从而实现从特定结构输入数据到特定结构输出数据的转化。

之所以需要规定特定的数据输入和输出接口，是出于对数据保护的考虑。当外部程序用自身算法进行计算时，所涉及的原始数据都是对应用程序开放的。然而，在这种情况下，缺乏对应用程序的行为管控对数据权益的保护是非常危险的。因此，在基于数据盒的外部应用开发中，应用开发模块对数据的读写都必须通过给定的接口完成，从而通过控制数据流入和流出情况来保护数据。

2）数据分析 SDK

数据分析 SDK 以外部软件包的形式提供常用的数据分析算法。这些开发包对整个开发环境而言是开放的，可以由任何第三方根据基础开发框架的标准要求进行扩展。与数据盒内置的基本分析接口不同，数据分析 SDK 可以提供更加复杂的计算逻辑，并且需要通过基础开发框架 SDK 和数据盒 SDK 才能访问体内数据。尽管复杂的计算逻辑可以通过外部程序开发者根据基础框架 SDK 自行开发，但内置的数据分析 SDK 提供了常用的分析算法实现，可简化外部程序开发人员的投入。

3）数据盒 SDK

数据盒 SDK 提供了外部程序访问数据盒中数据的基本操作规范，即数据访问接口。在数据自治开放环境中，数据站中的任何数据提供给外部程序使用时，均会灌装到数据盒中；而外部程序对数据盒中数据的访问，必须通过数据盒 SDK 提供的数据盒访问接口。

数据盒 SDK 将提供受控的体内数据访问能力和基本的数据分析能力。数据访问能力是指，当外部程序需要获取数据盒内的原始数据时，能通过数据盒提供的接口、调用数据 SDK 中的数据获取方法，读取原始的数据记录。这种原始数据的读取能力受到数据盒内置的安全机制的限制，例如当原始数据的读取超过预设的限制时，数据访问请求将被拒绝。基本的数据分析能力主要包括简单的数据统计操作，如求指定字段取值的最大最小值、算术平均值、中位值、方差等。同样，数据分析能力也受到盒内安全机制的限制，用于保护原始数据不被过度泄露。

为了便于开发人员使用与业务需求相关的各类数据，数据盒提供了数据的基本规格说明。数据使用方利用数据的规格说明，在本地编写适用于所获得数据盒的软件代码。用户开发集成环境内置数据盒访问接口，供数据用户进行本地调试使用。为了开发方便和保护数据权益，在开发前，运行平台生成一些带有部分样本数据的数据盒，使得开发人员可以利用数据盒开发接口进行开发调试。

这种离线开发调试的方式能处理一部分数据质量问题。然而，在大数据应用环境下，数据质量不高、数据内容与规格说明不一致等问题层出不穷，因此即便本地调试通过的程序，在真实运行环境中仍然很可能发生错误而需要停机调试。

为了提升在正式运行中发生停机问题的处理效率，需要一种既保护数据不被意外泄漏，又能方便用户在本地调试的实现方案。数据盒的开发态 API 的离线版本提供了一种重要的在线本地调试方式，当在线数据使用发生问题产生错误时可通过本地接口获得出错数据的样本，并且具备配置的容错性，使得接口能够一次尽可能多的返回可能的数据异常的问题。与此同时，这一特性还需要和数据防泄漏机制配合，防范因运行时故障导致原始数据的泄露。

综上所述，面向数据盒的软件开发与运行环境，是支持数据自治开放的软件开发和运行的重要软件基础设施。数据自治开放的软件开发，要求开发环境和运行环境的无缝衔接，进一步突出了开发、运行一体化的要求。数据盒作为支持数据自治开放的新型载体，要求软件开发和运行环境提供相应的支撑，包括解决从数据需求描述、数据访问行为管控、数据盒应用的本地开发和远程运行等一系列的技术挑战。

6.5 推进中国数据自治开放的若干建议

6.5.1 数据自治开放的必要性

以数据自治为基础构建政府数据资源的共享,要解决的是阻碍数据共享的关键问题之一,即不同层级政府部门数据开放和共享动力不足的问题[33]。从欧美国家的实践看,数据开放是作为一项理念或者价值性的要求出现的[34];从现有的研究成果看,尤其是中国的研究者,主流仍然将推进数据开放的主要动力寄托在价值和理念的层面上[35]。虽然从法理,或应用的角度来说,要求政府以免费或者极低成本的方式,开放数据资源给各方自由的取用,可以找到非常多的理论和价值的依据,形成有力的道德压力;但务实地看,包括欧美发达国家,成功的基本经验之一,就是必须用各种不同的方式,给开放数据的政府部门予以正面的反馈,只有这样才能有效地维持推进数据资源开放的动力[31]。从制度经济学的角度出发,如果对数据资源能够进行有效的权属确定,那么理论上构建一种适当的制度安排,在数据原始权属所有者、数据维护和管理者以及数据实际使用者之间构建一种基于自愿提供、有效管理和付费使用的业务模式,是必要的、可能的,也是可行的。换言之,数据自治开放是政府数据资源开放的可行模式。

对政府来说,这样一种制度安排,能够从三个方面提供积极的正反馈:

(1) 数据开放带来的正外部效益,包括社会效益和经济效益,能够直接成为工作绩效,从而通过相应的制度转化为正面的激励。

(2) 数据开放带来的正面的经济效益,可能在一定条件下转化为推动实体经济的新动能,而受这种新动力来源驱动的实体经济的良性发展,将通过缴纳税收、创造就业等方式,给政府提供经济领域的正面激励。

(3) 明确权属和价格之后,以公开的、透明的定价机制,挤压灰色数据交易的生存空间。如经济学理论和实践所证明的那样,当一样资源客观上具有市场价值,同时又没有公开的渠道进行正规交易时,强烈的需求就必然导致地下市场的出现。就数据公开而言,考虑到数据本身具有的国家安全、公共利益以及个人隐私价值,用公开、规范且处于有效监管下的市场取代事实上存在的地下市场势在必行。

从国家战略需求来看,中国最高决策者已经多次就数据开放共享,推进信息时代政府治理能力体系建设等问题做出重要指示:2016 年 4 月 19 日,中共中央总书记、国家主席、中央军委主席、中央网络安全和信息化领导小组组长习近平在北京主持召开网络安全和信息化工作座谈会并发表重要讲话,强调按照创新、协调、绿色、开放、共享的发展理念推动我国经济社会发展,是当前和今后一个时期我国发展的总要求和大趋势,我国网信事业发展要适应这个大趋势,在践行新发展理念上先行一步,推进网络强国建设,推动我国网信事业发展,让互联网更好造福国家和人民。总书记同时明确指出,我国经济发展进入新常态,新常态要有新动力,互联网在这方面可以大有作为。在讲话中,总书记着重强调了要加强信息基础设施建设,强化信息资源深度整合,打通经济社会发展的信息“大动脉”。要适应人民期待和需求,加快信息化服务普及,降低应用成本,为老百姓提供用得上、用得起、用得好的信息服务,让亿万人民在共享互联网发展成果上有更多获得感，并提出推进国家治理体系和治理能力现代化，信息是国家治理的重要依据，要发挥其在这个进程中的重要作用；要以信息化推进国家治理体系和治理能力现代化，统筹发展电子政务，构建一体化在线服务平台，分级分类推进新型智慧城市建设，打通信息壁垒，构建全国信息资源共享体系，更好地用信息化手段感知社会态势、畅通沟通渠道、辅助科学决策。2016 年 10 月 9 日，总书记在主持中共中央政治局第三十六次集体学习时强调，要深刻认识互联网在国家管理和社会治理中的作用，以推行电子政务、建设新型智慧城市等为抓手，以数据集中和共享为途径，建设全国一体化的国家大数据中心，推进技术融合、业务融合、数据融合，实现跨层级、跨地域、跨系统、跨部门、跨业务的协同管理和服务；要强化互联网思维，利用互联网扁平化、交互式、快捷性优势，推进政府决策科学化、社会治理精准化、公共服务高效化，用信息化手段更好感知社会态势、畅通沟通渠道、辅助决策施政。

在国际社会上，欧美发达国家已经在此领域进行了有效的实践，并形成了可供学习借鉴的重要经验。

在以大数据广泛落地和深度应用为主要特征的信息技术革命高速发展的背景下，数据自治是一种有效的建设和完善开放政府的务实模式：从本质上来说，开放政府的建设是一项公共政策，在务实推进时必须解决成本维持与有效激励等操作层面的问题；单纯的理念引导与价值教育，较难形成有效的公共政策制定和执行的关键动力；数据自治能够在相当程度上解决这些问题，以相对较低的成本，以及对信息技术革命的适应性，较好地胜任推进开放政府建设的重任。

6.5.2 数据自治开放的推进建议

基于上述分析，对以数据自治为基础，推进中国政府的数据开放共享和有效治理体系提出如下初步建议：

(1) 推进支撑数据自治为基础的数据开放共享的基础设施建设，在条件成熟的省会城市以及直辖市，构建覆盖省一级单位的跨部门数据中心，并以此为枢纽节点，构建最终覆盖全国的政府数据资源共享网络。这个共享网络将构成支撑数据自治开放最为关键和重要的基础设施，侧重解决数据开放共享的安全、可靠以及便捷实用等问题。

(2) 加速推进数据资源的权属界定机制，并构建完善相应的定价机制。通过有效的立法和顶层设计，推进数据资源的权属界定机制，探索完善相应的交易模式，构建完善相应的定价机制。在此过程中，推进数据交易对象的规范化，从数据的全周期，即采集、存储、交换、使用等环节，构建有效的制度保障，杜绝非法数据交易，将数据交易的主体逐渐引向规范合理的数据资源使用和处理结果交易，而非容易产生负外部性的原始数据交易。同时推进政府职能和角色转变，从全生命周期强化政府作为监管者的使命和任务；通过有效的制度安排，确保在此过程中形成的收入，能够实质性地转化成为完善数据自治开发的资源，从而形成良性的循环。

(3) 推进落实完善基于数据自治的政府数据开放共享建设手册的研究，由相关高校和研究机构组织选取具有代表性的政府部门样本，进行数据质量和现状的摸底调查，然后在此基础上形成一本能够有效反映当前政府数据资源掌握、管理和使用基本情况的背景资料手册，从而为推进下一阶段工作提供基础。

(4) 选择具有代表性城市的数据资源，在相关职能部门的配合下，开展数据自治基础上的开放共享示范项目建设，然后以最佳实践和自主学习的方式，形成一系列具有滚动示范能力的精品项目，从而实质性的启动相关项目建设。在预算和决算制度中进行必要的创新，确保数据自治的费用运行处于有效监管之下；同时平行推进数据资源的深度开放共享，以有序引导的方式，深入推进电子政务的可持续建设。在预算和决算制度中进行必要的创新，确保数据自治的费用运行处于有效监管之下；平行推进数据资源的深度开放共享，以有序引导的方式，深入推进电子政务的可持续建设；同时高度重视公民个人对相关数据及其合法权益的救济渠道建设，确保能够及时进行信息反馈和控制，将可能对个人隐私以及相关权益构成的损害以及风险降到最低程度。

6.6 小结

数据自治开放是数据开放的一种新形式，能保护数据拥有者的合法权益。数据自治开放环境在支持数据开放的同时，注重保持数据稀缺性和保护数据权益。数据自治开放模式有望成为数据开放的基本模式，是政府数据开放共享、企业及个人数据交易、国家数据主权实现的一种可行方法。后续，在宏观层面将就国际数据开放共享提出中国模式，探索具体实现方法；在技术层面开发数据盒管理系统软件和数据站系统产品，并尽快推向市场。

参◇考◇文◇献

[1] LOUREN O R P. An analysis of open government portals: a perspective of transparency for accountability [J]. Government Information Quarterly, 2015,32(3):323-332.

[2] YANG T M, LO J, SHIANG J. To open or not to open? Determinants of open government data [J]. Journal of Information Science, 2015,41(5):596-612.

[3] 陆健英，郑磊，DAWES S S. 美国的政府数据开放：历史，进展与启示[J]. 电子政务，2013(6):26-32.

[4] 任晓玲. 个人数据保护立法推动技术创新—欧盟拟修订《数据保护指令》[J]. 中国发明与专利，2011(1):100.

[5] MELTZER J P. The internet, cross-border data flows and international trade [J]. Asia & the Pacific Policy Studies, 2015,2(1):90-102.

[6] 洪延青，左晓栋. 个人信息保护标准综述[J]. 信息技术与标准化，2016(6):7.

[7] 朱扬勇，熊贇. 数据资源保护与开发利用[M]. 上海：上海科学技术文献出版社，2008:133-137.

[8] McKinsey & Company. Big data: The next frontier for innovation, competition, and productivity [EB/OL]. MGI, 2011. Retrieved in Jan. 21,2018 from https://www.mckinsey.com/~/media/McKinsey/Business%20Functions/McKinsey%20Digital/Our%20Insights/Big%20data%20The%20next%20frontier%20for%20innovation/MGI_big_data_full_report.ashx.

[9] The World Economic Forum. Big Data, Big Impact: New Possibilities for International Development [EB/OL]. The World Economic Forum, 2012. Retrieved in Jan. 26,2013 from: http://www.weforum.org/reports/big-data-big-impact-new-possibilities-international-development

[10] The White House. Big Data Research and Development Initiative [EB/OL]. The White House, Mar. 29,2012. Retrieved in Jan. 27,2013 from: https://obamawhitehouse.archives.gov/sites/default/

files/microsites/ostp/big_data_press_release_final_2. pdf.
[11] 黄如花,李白杨,周力虹,等. 2005—2015 年国内外政府数据开放共享研究述评[J]. 情报 学报,2016,35(12):1323 - 1334.
[12] AUER S R., BIZER C, KOBILAROV, G, et al. DBpedia: a nucleus for a Web of open data [C]// The semantic Web. lecture notes in computer science. June 3 - 7, 2007, Innsbruck, Austria. Heidelberg: Springer Press, 2007:(4825):11 - 15. 4
[13] YOZWIAK, N L, SCHAFFNER S F, SABETI P C. Data sharing: Make outbreak research open access [J]. Nature, 518(7540):477 - 479.
[14] 郑大庆,黄丽华,张成洪,等. 大数据治理的概念及其参考架构[J]. 研究与发展管理,2017,29(4):65 - 72.
[15] CLAPP L, ANAND S, AIKEN A. Modelgen: mining explicit information flow specifications from concrete executions [C]//ISSTA, July 14 - 17, 2015, Baltimore, USA. New York: ACM Press, 2015:129 - 140.
[16] XU H, ZHOU Y F, GAO C Y, et al. SpyAware: investigating the privacy leakage signatures in app execution traces [C]//ISSRE, November 2 - 5, 2015, Gaithersbury, USA. Piscataway: IEEE Press, 2015:348 - 358.
[17] LI L, BARTEL A, BISSYANDE T F, et al. IccTA: detecting inter-component privacy leaks in android Apps [C]//ICSE, May 16 - 24, 2015, Florence, Italy. Piscataway: IEEE Press, 2015: 280 - 291.
[18] KLIEBER W, FLYNN L, BHOSALE A, et al. Android taint flow analysis for ap p s e t s [C]//The 3rd ACM SIGPL AN International Workshop on the State of the Art in Java Program Analysis (SOAP'14), June 9 - 11, 2014, Edinburgh, UK. New York: ACM Press, 2014:1 - 6.
[19] FENG Y, ANAND S, DILLIGI, et al. Apposcopy: semantics-based detection of android malw are through static analysis [C]//The 22nd ACM SIGSOFT International Symposium on the Foundations of Software Engineering (FSE 2014), November 16 - 22, 2014, Hong Kong, China. New York: ACM Press, 2014.
[20] RASTHOFER S, ARZT S, BODDEN E. A machine-learning approach for classifying and categorizing Android sources and sink s [C]//Net work and Distributed System Security Symposium, February 23 - 26, 2014, San Diego, USA. [S. l: s. n], 2014.
[21] KRKA I, BRUN Y, POPESCU D, et al. Using dynamic execution traces and program invariants to enhance behavioral model inference [C]//ICSE, May 2 - 8, 2010, Cape Town, South Africa. New York: ACM Press, 2010:179 - 182.
[22] GAFNY M, SHABTAI A, ROKACH L, et al. Detecting data misuse by applying context-based data linkage [C]//The 2010 ACM Workshop on Insider Threats, October 8, 2010, Hyatt Regency, USA. New York: ACM Press, 2010:3 - 12.
[23] 张兴科. 数据挖掘在 Web 日志分析中的应用[J]. 微处理机,2009,30(3):80 - 83.
[24] 赵龙,江荣安. 基于 Hive 的海量搜索日志分析系统研究[J]. 计算机应用研究,2013,30(11):3343 - 3345.
[25] 朱金清,王建新,陈志泊. 基于 APRIORI 的层次化聚类算法及其在 IDS 日志分析中的应用[J]. 计算机研究与发展,2007,44(s3):326 - 330.
[26] ZAMORA J, MENDOZA M, ALLENDE E. Query intent detection based on query log mining [J]. Journal of Web Engineering, 2014, 13(1 - 2):24 - 52.
[27] YANG K, JIA X H, REN K. Secure and verifiable policy update outsourcing for big data access control in the cloud [J]. IEEE Transactions on Parallel and Distributed Systems, 2015, 26(12):3461 -

3470.
[28] YANG K, JIA X H, REN K, et al. DACMACS: effective data access control for multi-authority cloud storage systems [J]. IEEE Transactions on Information Forensics and Security, 2013,8(11): 1790 - 1801.
[29] ROOS A, DRÜSEDOW S, HOSSEINI M I, et al. Trust level based data storage and data access control in a distributed storage environment [C]//The 8th IEEE International Conference on Mobile Cloud Computing (MobileCloud), June 27 - July 2,2015, New York, USA. Piscataway: IEEE Press, 2015:169 - 176.
[30] 方滨兴,贾焰,李爱平,等.大数据隐私保护技术综述[J].大数据,2016,2(1):1 - 18.
[31] 高丰.开放数据:概念、现状与机遇[J].大数据,2015,1(2):9 - 18.
[32] 朱扬勇,熊贇.大数据是数据、技术,还是应用[J].大数据,2015,1(1):71 - 81.
[33] 付熙雯,郑磊.政府数据开放国内研究综述[J].电子政务,2013(6):8 - 15.
[34] CHUN S A, SHULMAN S, SANDOVAL R, et al. Government 2.0: making connections between citizens, data and government [J]. Information Polity, 2010,15(12):1 - 9.
[35] 张毅菁.从信息公开到数据开放的全球实践——兼对上海建设“政府数据服务网”的启示[J].情报杂志,2014,33(10):175 - 178.

第7章
爬虫系统原理与技术

互联网是大数据最为重要的来源之一。从互联网大量获取数据需要自动化的智能爬虫系统。本章系统地介绍互联网爬虫系统的原理与技术。首先介绍爬虫系统的概念及其发展历史，其次介绍包括爬取策略、数据获取方式、并行加速等在内的爬虫系统关键技术，最后对爬虫的应用技术展开介绍。

7.1 概述

7.1.1 爬虫系统简介

互联网是大数据的主要来源之一。互联网上有数十亿的网站，每个网站又可能富含大量内容。这些富含内容的网站与网页是大数据的重要来源。例如互联网上的电商、维基、新闻、社区等网站，为各种类型的大数据挖掘任务提供了丰富的数据来源。但是要使用这些互联网数据，必须首先解决这些互联网数据的获取问题。这就是各类网络爬虫的基本任务。

维基百科对于网络爬虫的定义是："网络爬虫(Web crawler)，也叫网络蜘蛛(Spider)，是一种用来自动浏览万维网的网络机器人"。通俗地说，爬虫是一种能自动在网络上浏览并下载数据的程序，它被广泛应用于各大互联网公司的数据分析部门，爬虫为这些公司提供极其重要的数据来源。爬虫技术是一类自动化数据获取技术，合理使用爬虫可以获得丰富的数据，进而使得大数据分析成为可能。然而，不合理使用爬虫可被视作一类入侵或破解的技术手段。合规的爬虫能获取的信息仅限于正常用户可以在网站上看到的信息。对于服务器不开放给正常用户或明确禁止爬虫获取的信息，爬虫原则上无法获取。爬虫的定位在于用自动化手段模仿正常用户浏览网页过程，帮助用户获取其被允许获取的数据，降低用户手工浏览网页的人力成本，提升数据获取速度，最终提升数据获取的规模。任何试图超越用户合理数据访问权限的爬虫是不合规的，甚至可能触及法律红线，并非爬虫技术的初衷。

进入大数据时代，爬虫系统成为了典型的大型复杂系统。爬虫技术实际上是整个互联网大数据应用的核心基础技术，爬虫系统也是人工智能技术的最为重要的试验场。由于篇幅有限，爬虫的很多重要主题，如爬虫系统的自动运维等，本章将不做介绍。对于大型爬虫系统，爬虫任务的自动化配置、任务状态的自动检测、爬虫系统的智能调度等均是当前爬虫技术的核心关键技术。一个大型的爬取任务,需要消耗大量的人员成本对各类任务进行配置,这一过程日益成为成本消耗的主体。实现自动化任务配置,降低人工成本是今后爬虫技术发展的重要方向。一个友好的爬虫应该尽可能做到尊重机器人协议,在获取网站信息的同时避免给对方带来巨大负载(以免造成系统负担)。这就对爬取状态的自动化检测提出了需求。一个智能的爬虫应该能自动检测对方服务器的负载能力、封锁限制,从而做到友好抓取。

随着人工智能技术的发展,爬虫系统将越加智能化与自主化。可以根据数据获取方的意图,遵循数据提供方的限制规定,实现自主、智能、友好的数据抓取。元学习(meta-learning)以及深度增强学习(deep reinforcement learning)将在增强爬虫系统自主性方面发挥重要作用。爬虫系统的智能化将较多地体现在类人浏览。一个真正智能的爬虫其外在行为与真实人类的信息浏览行为是无法区分的。如果可以定义 Web 信息浏览意义下的图灵测试,那么通过这一测试将是智能爬虫的基本目标。爬虫技术属于核心基础技术,具有巨大商业价值,鲜有公开资料(甚至被有意禁止)加以详细介绍。有兴趣的读者可以参考复旦大学知识工场实验室的智能爬虫系统 CalcStayNight(http://kw.fudan.edu.cn/app_calcstaynight/intro)对智能爬虫系统窥探一二。该系统在自主性与智能化方面极具特色,基本能做到类人浏览、无人干预、全自动配置、智能调度并支持大规模并行部署,能够支持互联网领域大数据应用,已经在多家互联网企业得以应用。本章对爬虫技术的基本原理和技术展开介绍。

7.1.2 爬虫技术演化

网络爬虫技术是伴随着互联网以及 Web 技术的发展而演进的,其发展里程如图 7-1 所示。爬虫技术的演进路线发展呈现出两个鲜明特点:第一,其发展与搜索引擎技术的发展密切相关与高度同步,爬虫技术的主要服务对象是搜索引擎,可以说爬虫技术是搜索引擎最为核心的技术之一;第二,爬虫技术与 Web 技术发展密切相关。Web 技术经历了从静态到动态、从浅层到深层、从内容到社交等一系列变革,Web 技术的变革需要爬虫技术随之演变。

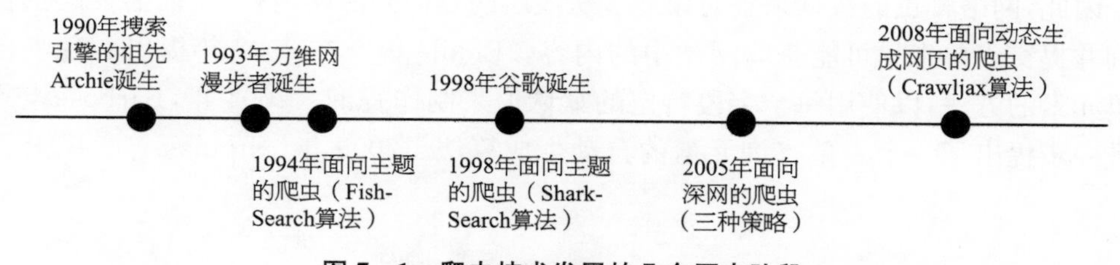

图 7-1 爬虫技术发展的几个历史阶段

网络爬虫起源于 20 世纪 90 年代的搜索引擎,如 Google, Yahoo 等。网络爬虫是搜索引擎的核心技术,为搜索引擎提供索引页面的数据来源。1990 年,搜索引擎的早期原型 Archie 诞生。在当时,Archie 获得了大量用户的喜爱,其工作原理与现代的搜索引擎相似,首先通过脚本程序自动获取网上的文件,然后导入数据为用户提供查询的内容。第一个相对完整的爬虫系统是在 1993 年研发的"万维网漫步者(World Wide Web Wanderer)"。其最初设计的目的是统计服务器的数量,后来则演变成了检索网站域名。尽管"万维网漫步者"最开始的目的并不是为搜索引擎服务,但它的出现为搜索引擎的发展提供了强有力的基础。随着互联网的快速发展，已有的技术难以检索新网页。因此，研究人员开始在“万维网漫步者”基础上进行改进。他们的基本假设是所有的网页都可能指向其他的页面，因此，从某一个网页开始追踪，沿着网页间的链接漫游直至整个互联网。到 1993 年底，涌现了一批基于该原理的搜索引擎，如 JumpStation、The World Wide Web Worm(Goto 的前身)等。接下来的几年涌现了大量的知名搜索引擎，如 1994 年 4 月的 Yahoo、1994 年 7 月的 Lycos(接入了著名的 John Leavitt 爬虫系统)以及 1998 年 9 月的 Google 等。这批搜索引擎公司的诞生宣告了爬虫技术进入到大规模应用阶段，成为整个互联网的支柱性技术。

随着互联网规模的急剧增长，仅依靠搜索引擎已经无法满足用户对一些特定信息搜索和管理的需求。因此，便诞生了更为细分的专业搜索引擎和搜索数据库服务提供商。如 Inktomi 本身并不是直接为用户提供信息的搜索引擎，但像 Overture、LookSmart、MSN、HotBot 和百度等搜索引擎则专注于提供全网网页的搜索服务。同时，由于互联网资源的飞速增长，互联网资源越加丰富也越加多样，一般搜索引擎的通用爬取方法已不能满足用户的个性化需求。用户往往需要某个特定领域的数据，面向主题的爬虫(Topic-Oriented Crawler)因此诞生。例如，金融从业人员对金融新闻非常感兴趣，面向金融新闻主题的爬虫需要专注于金融主题，以从互联网爬取与金融相关的新闻网页。De Bra[1] 在 1994 年提出基于文本相似的 Fish-Search 算法，该算法将查询单词或短语视作主题词，包含主题词的页面被判作相关。然而，该算法只能判断页面与主题相关与否，而无法度量页面和主题的相关度。1998 年 Herseovic[2] 进一步提出了 Shark-Search 算法，基于连续相似度函数计算相关度，在判断页面是否与主题相关基础上进一步计算了相关度，弥补了 Fish-Search 算法的不足。

随着数据库技术的广泛应用，很多 Web 页面成为了用户与数据库交互的接口。用户通过 Web 页面中的表单(Form)向服务器提交查询请求，服务器从数据库检索符合条件的信息并在网页端加以呈现。如图 7-2 所示，用户通过该表单提交基于案件名称的信息检索，平台将返回数据库中和匹配的案件信息。这类从数据库动态生成的网页构成了深网(Deep Web)的主要内容。BrightPlanet[3] 在 2000 年曾指出深网的内容是表层网所呈现内容的 500 倍[9]。因此，网络爬虫的数据采集对象逐步从浅层网延伸到深网内核，从而需要爬虫自动构造查询并提交表单来尽可能获取网站中的内容。Liddle 等[4] 在 2002 年提出一种半自动检测表单元素的方法，以使用每个字段特定的默认值来制作查询。2004 年，Barbosa 与 Freire 等[5] 进一步提出了一个表单查询元素的自动生成算法。2005 年，Ntoulas 等[6] 提出了自动

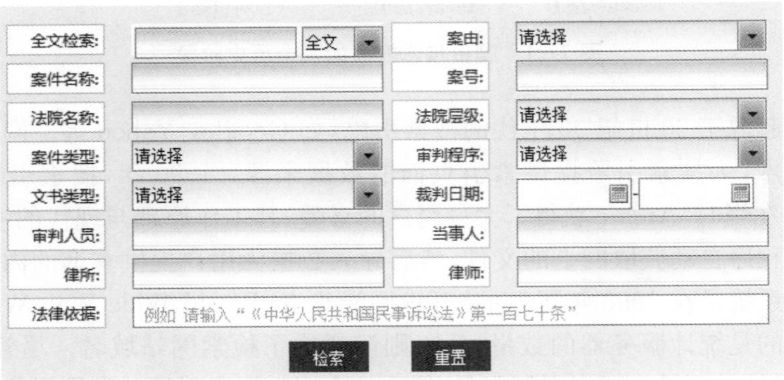

全文检索:	全文	案由:	请选择
案件名称:		案号:	
法院名称:		法院层级:	请选择
案件类型:	请选择	审判程序:	请选择
文书类型:	请选择	裁判日期:	-
审判人员:		当事人:	
律所:		律师:	
法律依据:	例如 请输入“《中华人民共和国民事诉讼法》第一百七十条”		

检索　重置

图 7-2　需要填写的查询用表单(来自中国裁判文书网)

生成查询的三种策略：随机策略、基于参考文档中关键词频率的策略以及从下载页面学习的自适应策略，这进一步深化了深网爬虫的研究。2008 年，Madhavan 和 Jayant 等[7]提出了一种选择表单输入值的算法，以对查询进行进一步筛选来提高其爬取效率。

随着互联网技术的进一步发展，为了进一步提升用户体验，传统的 Web 应用已被动态网页所取代。例如 Ajax 就是一种可以无须加载整个网页而仅更新部分网页的动态网页技术。动态网页爬取成为了爬虫技术研究的新主题。2008 年，Mesbah 等人[8]提出了 Crawljax，它通过监测动态网页上的元素更改行为来指导爬取策略。

7.1.3 爬虫的道德与法律规范

网站或数据提供方对于爬虫的行为约束规范通常书写在一个特定的名为 robots. txt 的文件中，称为 Robots 协议。Robots 协议只具有提示作用，不具有强制力保障，但却是爬虫技术所应当遵循的约定和道德规范。robots. txt 一般位于网站的顶级目录中，是爬虫访问网站时首先要查看的文件。一般情况下，Robots. txt 文件会规定三种不同的爬取许可程度：①全部允许，允许爬虫抓取网站上的所有内容；②全部禁止，不允许爬虫抓取网站上的任何内容；③有条件地允许，由文件中的额外描述决定哪些内容允许被抓取，哪些不允许被抓取。

此外，自 2017 年《中华人民共和国网络安全法》和 2021 年《个人信息保护法》实施以来，恶意爬取数据可能面临法律风险。为了规避法律风险，在进行数据爬取时需要注意以下原则：

(1) 不要爬取数据提供方不允许爬取的内容，即使有能力突破其防御措施。

(2) 控制爬虫的速度，不要对服务器造成太大负载，影响正常用户的访问。

(3) 不要爬取个人隐私信息、商业秘密等法律禁止抓取的内容。

(4) 在进行大规模爬取前，请先咨询法律工作者其中的法律风险。

7.2 爬虫系统技术

本节主要分为三个部分，分别从不同的层级介绍爬虫系统的一系列基础技术。基于爬虫按照不同的用户需求，有着不同的获取爬取目标的方式，第一部分即介绍爬虫的多种爬取策略；而第二部分针对爬虫从服务器获取信息的具体技术进行讨论；第三部分则针对爬虫的规模化应用，介绍构建大规模分布式爬虫系统的技术。

7.2.1 爬取策略

对于给定的爬取任务，一个典型的网络爬虫系统流程如图 7-3 所示，主要包括以下几个步骤：

1) 构建初始 URL 列表

爬虫需要一个初始 URL(统一资源定位符，在爬虫场景中可简单理解为网页的网址)列表，以明确爬虫从哪些网页开始工作。例如，如果期望爬虫抓取近期的新闻信息，那么应该为爬虫指定一个(或多个)新闻网站的 URL，如新浪新闻的首页等。再如，如果要抓取某几部电影的评论信息，那么应当将这几部电影的评论页面的地址加入任务队列中。

2) 网页内容获取

在获得了大量待抓取的 URL 以后，就可以将这些 URL 对应的网页内容都获取下来。

获取不同 URL 对应的网页内容一般是独立的。因此，这一步往往可以通过多个爬虫程序并行化，每个爬虫程序分别独立抓取部分 URL 列表任务。

3) 扩展 URL 列表

在某些爬虫策略下，并不能一开始就确定所有需要爬取的 URL，而是要按照当前爬取内容来确定后续待爬取的 URL 列表。例如，若想要抓取最近一个月所有的体育新闻，往往只能提供一个新闻网站的体育板块的入口 URL，而难以事先知晓一个月内的所有体育新闻 URL。在这种情况下，爬虫首先需要爬取并解析体育板块的网页内容，从网页内容中获取需要爬取的 URL 的数量、时间以及具体每个新闻的 URL，甚至包括板块的下一页的 URL，直至达到用户爬取要求为止。

4) 网页内容解析

在获得了某个 URL 的网页内容以后，应当将这些内容存储下来。这部分和爬虫的具体任务相关，视用户所需记录的内容而定。一般而言，若用户目的明确，如想获得最近一个月内体育新闻的标题和文本，那么可以对网页内容按用户目标进行解析并存储解析的结果。多数情况下，可以先将网页内容全部存储下来，留作后续深度加工。后一种做法虽然会比较浪费存储空间，但是为后续灵活的解析提供了较大的自由度。

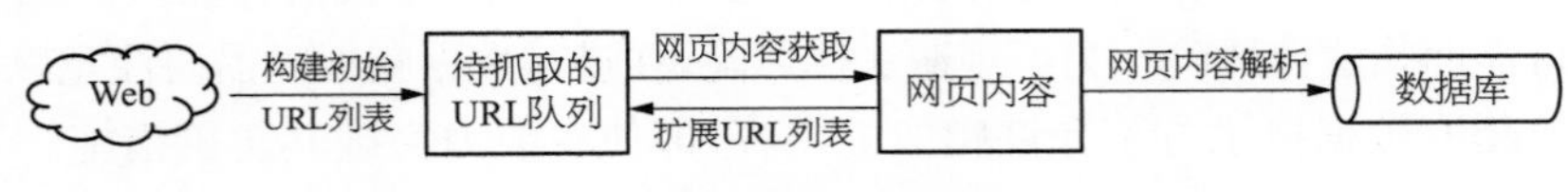

图 7-3 爬虫基本流程

在爬取过程中，待抓取的 URL 队列是最为重要的数据结构。一方面，队列中的 URL 列表决定了目标网页内容；另一方面，URL 队列体现了爬取策略。URL 队列定义了抓取的优先级（先抓取哪个网页、后抓取哪个网页）、明确了抓取目标（爬取哪些 URL）以及 URL 列表的获取方式等细节。接下来将详细介绍几种常见的爬取策略。

7.2.1.1 全网爬取

全网爬虫即通用网络爬虫，是指尽可能地将互联网上的网页爬取下来，放到本地服务器里形成一个互联网内容的尽可能完整的镜像备份，在用户检索时通过排名算法向用户提供相关网页。传统的搜索引擎，如 Baidu、Google 和 Yahoo 等，均采用全网爬虫。需要注意的是，全网爬虫一般需要遵守 Robots 协议所指明的网页抓取权限，从而不会获取所有整个互联网上的信息。

全网爬虫获取互联网上的 URL 主要通过三种方式：

(1) 新网站主动向搜索引擎提交网址。由于新网站也希望获得用户的访问，一般会主动向搜索引擎推送数据，以缩短爬虫发现网站的时间。

(2) 通过爬取范围内网站中的外链进行爬取。处于搜索引擎爬虫爬取范围内的网站里通常设置有外链以链接到更多的网站。沿着此类外链可以获取更多的网站和网页。

(3) 搜索引擎会和域名解析服务商进行合作，快速收录新网站的域名。

7.2.1.2 列表爬取

列表抓取是指系统根据一个指定的 URL 列表来爬取网页。一般而言，使用列表爬取策略需要任务满足两个条件：一是抓取的目标元素已确定；二是列表中每个元素的 URL 可构造出来。基于这两个条件,可以构造出一个确定的待访问的URL列表。

如例1所示,对某个网站需要爬取如下格式的一系列URL,那么通过观察很容易发现这些URL有着统一的表达模板。通过使用不同的id,即可以枚举生成一个包含所有需要抓取的URL的列表。在构造好URL列表之后,可以按顺序逐个访问URL并获取详细的网页信息。

例1:某网站的URL列表如下所示。

1. http://xxx.com.cn/political/item/6479101
2. http://xxx.com.cn/political/item/6479102
3. ...
4. http://xxx.com.cn/political/item/6489999

显然,这些URL可以统一表示为:http://xxx.com.cn/political/item/{id},其中id为一个从0开始的正整数枚举函数。

列表页是网站有序展示信息的重要手段之一。内容众多的网站为了更加友好地呈现内容通常会设置分页浏览。为了获取所有页面内容,通常也需要构造URL模板,枚举所有可能页面。如图7-4所示网站,通过"paged=?"来呈现不同的列表页。针对这个例子,可以构造形如"www.**.cn/?cat=13&paged=[id]"的URL枚举模板,以枚举所有列表页面的URL。

图7-4 构造翻页URL

7.2.1.3 广度优先爬取

Web网页通过超链接互连成图,因此可以借助图的遍历算法进行新URL发现。其中最常用的策略是广度优先爬取策略。广度优先爬取策略一般用于对某个网站进行全网站网页的爬取,如抓取某电影网站的全部电影信息。由于无法预先知晓该网站的所有电影URL列表,因此需要在抓取过程中不断发现新的URL。广度优先爬取策略根据种子URL获取这些网页中的超链接,并将这些超链接放入队列;再从队列中依次获取未访问的URL进行爬取。上述过程持续下去,直至队列中的所有URL都得到访问。

广度优先遍历的算法伪代码描述如算法1所示,其核心过程包括三步:

(1) 从种子URL(通常指某网站的主页)中获取一系列链接,将这些链接存储在队列中,设置为未访问。

(2) 从队列中取出未被访问的首个URL并向服务器发起请求加载网页内容,将此URL设置为已访问。从中解析出需要的数据交给数据存储器,并解析出新的URL链接。若新链接不存在于队列中且未被访问过,则将新链接推入队列,设置为未访问。

(3) 继续从队列中获取URL进行爬取,如此循环往复。在复杂的爬虫系统中,除了

URL 的访问状态，还需要更多的字段来记录爬取信息，如爬取状态、尝试次数等。

算法 1：广度优先爬取算法
Input：seed URLs
Output：包含内容的 Database

```
Q=new Queue();
H=new HashTable();
Insert all seed URLs into Q;
Insert all seed URLs into H;
while Q is not empty do
    u=Q.dequeue();
    c=get contents of u;
    Save (u, c) into the database;
    foreach link in GetLinks(c) do
        if link not in H and link is legal then
            Q.enqueue(link);
            H.add(link);
        end if;
    end foreach;
end while;
```

需要指出的是，在广度优先爬取的策略中，防止 URL 重复爬取尤为重要。在不考虑重复爬取的情况下，会造成爬虫陷入无限循环，从而极大地浪费系统资源，也无法爬取到预想的结果。例如，一个网站下的所有页面往往都包含有到网站主页的超链接，从而在爬取过程中其主页会被重复多次，如图 7－5 所示。

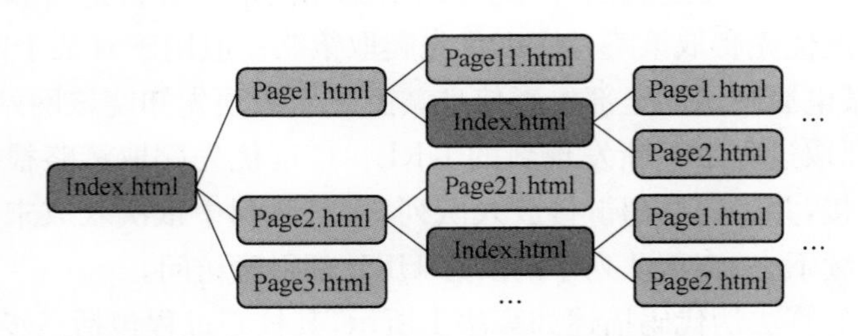

图 7－5　广度优先爬取不去重会导致重复访问

URL 去重主要需要在机器上使用一个数据库存储所有已经发现的 URL，并使每个爬虫程序都可以访问这个数据库以对新发现的 URL 进行存在与否的判断。一般来说，对于小规模的爬取，可以直接使用内存数据库以获得较高的效率；而对于大规模的爬取，使用关系数据库或专门优化的缓存数据则是更有效的选择。

此外，限制广度优先爬取的范围也尤为重要。由于现在网站之间拥有大量的关联，广度优先爬取很容易抓取到比预想得多的内容。例如，用户在抓取新浪新闻时，由于新浪新闻有个“友情链接”链接到了网易新闻，爬虫抓取回来的内容可能会包含大量网易新闻的内容。因此，广度优先爬取一般需要设定一个停止规则，在扩展到用户预想之外的情况下就停止扩展。最常见的停止规则是域名限定。例如，抓取新浪新闻时，规定新发现的 URL 的域名应当为 sina. com. cn，否则拒绝将新发现的 URL 加入待爬取列表中。

7.2.1.4 动态网页爬取

对于传统的 Web 应用，用户提交一个请求给服务器后，服务器会返回一个新的页面给浏览器，每次交互都需要刷新整个网页。这种方式使得用户体验较差，且极大地浪费网络带宽。Ajax(Asynchronous Javascript And XML)技术可以使网页实现异步更新，通过执行网页中的 Javascript 脚本，在后台与服务器只需少量数据交换，就可以实现不重新加载整个网页的情况下，对网页的某部分进行更新，使得网页拥有了动态的效果。动态网页(Dynamic HTML)不是一种技术、标准、或规范，而是一种将目前已有的网页技术、语言标准整合应用，从而制作出能实时变换页面元素效果的网页设计概念。

识别动态加载的网页只需要在浏览器中查看网页的源代码，若源代码所对应的网页和用户实际看到的网页内容不一致，则可以判断该网页为动态加载，不能使用静态网页抓取的方案。如图 7－6 所示。

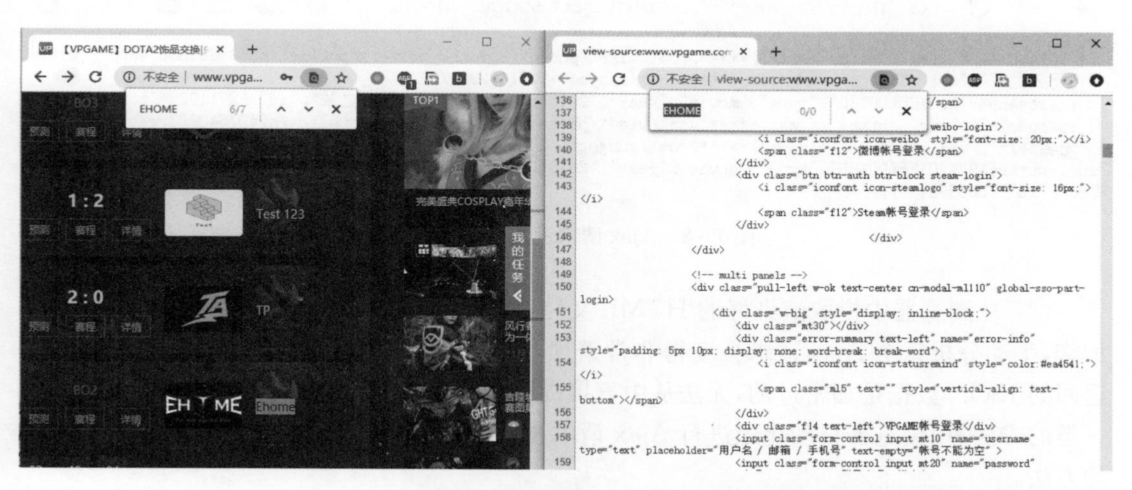

图 7－6 网页中词“EHOME”通过搜索出现了 7 次，源代码中搜索相同的词却没有出现

爬取动态加载的网页一般有两种方法：

(1) 直接从 JavaScript 脚本中采集加载的数据。通过浏览器的调试窗口监听网页动态获取数据的 URL，并分析其模板。从而可以通过模板构造出 URL 列表并进行列表爬取。

例 2(基于 Ajax 的动态网页抓取)：如图 7－6 所示，在搜索框输入文字自动弹出来的自动搜索的结果，本质上是调用了一个 subject_suggest 的 URL 所返回的 JSON 信息。在 Google Chrome 的开发者工具中，Header 窗口可以看到其后台调用的 URL 以及请求头(Request Header)，而 Preview 和 Response 窗口可以看到该 URL 对应的内容即包含所需

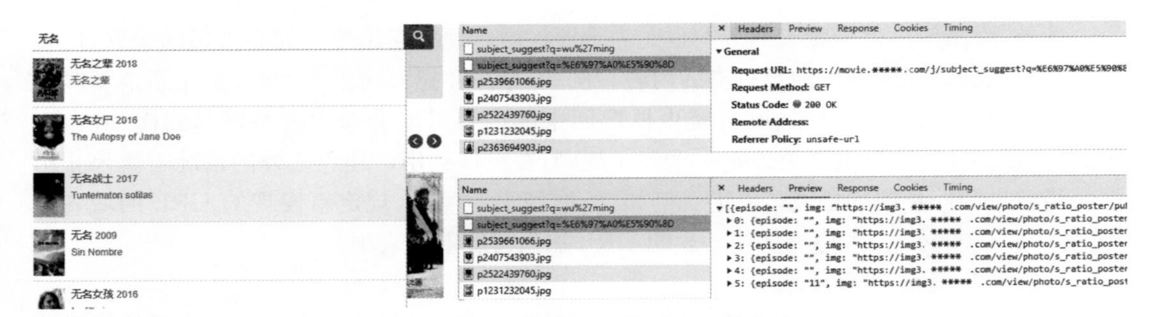

图 7－7　基于 Ajax 的自动完成式搜索

搜索信息的 JSON 数据。因此，只需要从这个 URL 出发，使用想要抓取的关键字内容构造 URL，并作为待爬取 URL 输入爬虫系统。例如，在图 7－7 中，可以在 Headers 窗口中看到网页动态调用的 URL 为

https://movie.*****.com/j/subject_suggest?q=[搜索文字]

这样就可以为这个 URL 换上不同的搜索文字来构造出待爬 URL。通过这样的 URL 爬到的 JSON 数据如图 7－8 所示。

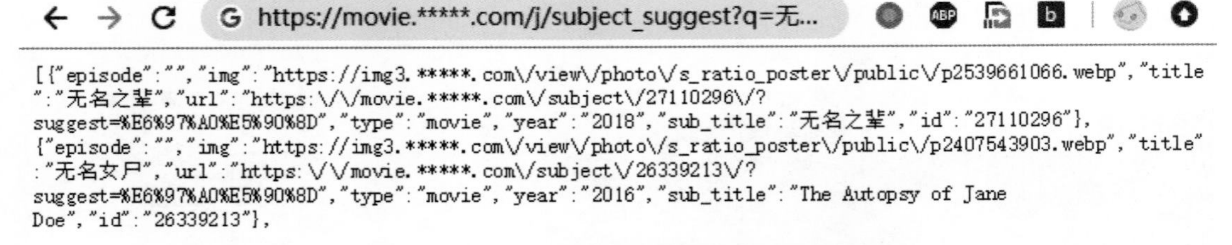

图 7－8　Ajax 请求返回的 JSON 数据

（2）从浏览器中提取渲染好的 HTML 文档：如果网页中 Ajax 请求很多，参数还进行了加密，手动分析每个 Ajax 请求会变得非常繁琐，如图 7－9 所示。另一种情况下，动态调用返回的 JSON 数据是加密过的，无法从中直接提取需要的数据。此时，应当使用模拟浏览器一类的方法，用浏览器自动化地进行 Ajax 请求和解密。后续章节将会介绍使用模拟浏览器的方法。

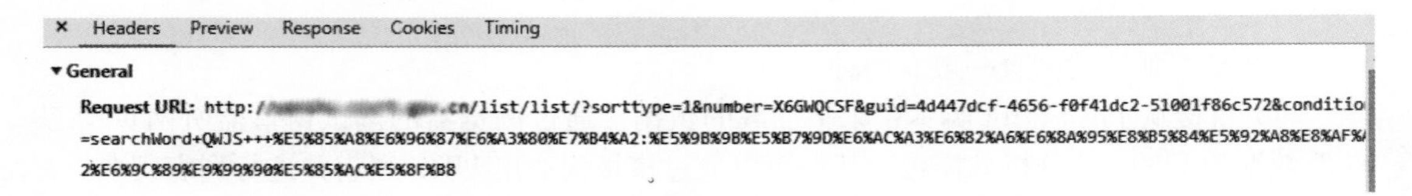

图 7－9　Ajax URL 过于复杂，难以直接使用模板进行构造

7.2.1.5　主题爬虫

实际应用中，人们往往需要关注于某个特定的领域的信息，此时通用爬虫系统不再适用。在这种情况下，专注于抽取特定主题的“集中式”爬虫，即主题爬虫是更好的选择。主题

爬虫是一种能够爬取符合特定主题要求的Web页面的网络爬虫。它基于给定的主题以及种子页面，通过对已经爬取的网页内容以及其中的链接进行分析，爬取更多的属于给定主题的页面。主题爬虫与通用爬虫的结构基本相同，不过为了适应给定主题内容的爬取需求，相比于通用爬虫，主题爬虫有两个额外的相关度评估模块：①链接与主题相关度，根据已有的页面信息，得到链接与主题之间的相关程度。②页面与主题相关度，根据已有的页面信息，得到页面与主题的相关程度。

主流主题相关度的计算是采用向量空间模型。以每个关键词为维度，每个关键词对于主题的贡献作为权重，则主题的向量表示为

$$\alpha=(\alpha_1,\alpha_2,\cdots,\alpha_n),\ i=1,2,\cdots,n,\ \alpha_i=\omega_i$$

对于页面内容进行分析，统计每个关键词 ω_i 出现的相对频率(以出现频率最高的关键词作为基准，其频率用 $X_i=1$ 表示)，则该页面对应向量的每一维分量为 $x_i\omega_i$，页面主题用向量表示为

$$\beta=(x_i\omega_1,x_2\omega_2,\cdots,x_n\omega_n),\ i=1,2,\cdots,n$$

用两个向量夹角的余弦表示页面的主题相关度：

$$\cos\langle\alpha,\beta\rangle=\frac{(\alpha,\beta)}{|\alpha||\beta|}$$

链接与主题相关度的计算与页面内容与主题相关度计算相似，但是要额外考虑页面所对应的其他链接与主题的相关度。

基于上述两类度量，主题爬虫选择足够相关的链接加入爬取队列，并根据与主题的相关性来调整爬行队列中链接的优先级。主题爬虫的简要流程概括如下：

(1) 用户输入主题的描述，并输入种子页面以初始化爬取队列。

(2) 从爬取队列中取出下一个链接来爬取页面，并抽取出页面的特征信息以及页面当中的链接。

(3) 根据页面的特征，计算其与主题的相关程度，若相关程度达不到足够要求，则返回步骤(2)，否则继续步骤(4)。

(4) 将当前页面当中的链接根据相关程度加入爬行队列，并更新爬取队列的优先级。

(5) 返回步骤(2)，直到爬取队列为空。

在实际应用中，对主题的描述方法不尽相同，对相关程度的度量方法以及主题爬虫的具体流程也各有不同。这里以基于广度优先搜索的主题爬虫为例展开介绍。该方法通过一个人工指定的关键词列表来对主题进行描述。通过简单匹配或自然语言处理方法计算语义或词汇上的相似度来评估主题与页面的相关程度，并以之作为页面中相应链接的得分。在爬取队列当中，基于相关程度对链接进行排序，优先爬取得分最高的那些链接。其伪代码如算法2所示。

算法2：主题爬取算法
Input：topic为主题的向量表示，initial_urls为待爬取网页列表
Output：网页内容

```
foreach link in initial urls do
    enqueue(craw_list,link,INIT SCORE)
end for;
visitedCount=0
while(visitedCount<MAX PAGES and craw_list is not empty) do
        link=dequeue_top(craw_list);    #从爬取列表中获取以网页链接
        page=fetch(link);               #爬取该网页内容
        visitedCount=visitedCount+1;
        score_sim(topic,page);          #计算网页的主题相关度
        foreach new link in page do     #按链接的主题相关度依次加入待爬取网页
队列
          enqueue(craw_list,new_link,score);
        end foreach;
        if (len(craw_list)>MAX_LEN) then
            #若队列中待爬取网页队列长度超过限值,丢弃部分低相关度网页链接
          dequeue_bottom(craw_list);
    end if;
end while;
```

7.2.2 数据获取方法

在确定了待抓取的 URL 范围以及 URL 获取策略以后,需要进一步让爬虫能根据 URL 获取网页的内容。也即图 7-3 所示"内容获取"部分。本小节将先简单介绍 HTTP 协议,即平时浏览网页所使用的协议。再介绍几种常用的根据 URL 获取网页内容的方法。

7.2.2.1 HTTP 协议

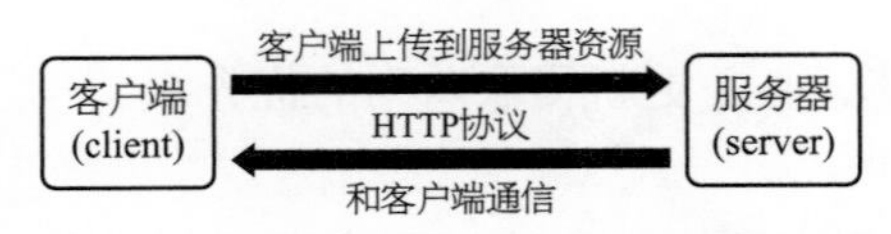

图 7-10 HTTP 协议在客户端和服务器通信的基本过程

超文本传输协议(hyper text transfer protocol, HTTP)是最常用的网页浏览协议,它是一个无状态的网络协议。这里的无状态指 HTTP 不记录之前请求和响应的状态。如图 7-10 所示。客户端通过指定的访问地址(即 URL)请求服务器,而服务器响应客户端,这一通信过程即使用 HTTP 协议。

HTTP 有一个更为安全的升级版本 HTTPS,对于用户和服务器之间交换的内容进行了加密,以避免中间人监听或修改用户和服务器之间的通信,同时也能验证服务器的身份。由于爬虫一般是在拥有合法用户权限的情况下执行的,并不需要太过关注 HTTPS 所要求的更严格的身份验证和加密。

1) HTTP Request

HTTP Request 指客户端向服务器发送的 HTTP 请求。其内容主要包括请求方法、请求头以及请求体。常用的请求方法有 GET 和 POST。此外,还有 HEAD、PUT、DELETE

等方法，不同的请求方法表示不同的请求目的。例如 GET 请求表示向指定的资源请求数据，而 POST 请求则表示传送数据给指定的资源处理。此外，不同的请求方法也有着不同的格式。例如对于 GET 请求来说，它无法隐藏请求参数，请求参数也无法接收非 ASCII 字符，参数的长度也有所限制，而对于 POST 请求来说则没有这些限制。

请求头主要包含了一些与客户端环境设置有关的信息字段以及一些附加请求信息字段。比较重要的字段见表 7-1。

表 7-1 HTTP 请求头字段列表

字段	描　述
Accept	说明哪些媒体类型的响应是客户端所需要的。例如设置 Accept：text/html 表示客户端可以接收 html 文档，设置 Accept：*/* 则表示客户端可以接收任何类型的响应
Accept-Language	客户端通过此字段告诉服务器所愿意接收的语言类型，如有多个语言类型则按照优先级从高到低排序。例如，Accept-Language：zh-CN，zh 表示客户端愿意接收简体中文和中文的响应，并且优先支持简体中文
Host	用以设置客户端请求资源所在的主机以及端口信息
User-Agent	用于设置此次请求所使用的浏览器信息
Accept-Encoding	与 Accept-Language 作用模式类似，主要用来限制服务器响应的内容编码
Cookie	某些网站为了辨别用户身份，而储存在用户本地终端上的数据。cookie 是一个非常重要的字段，用户发送 cookie 到服务器，服务器根据接收到的 cookie 可以推断出此次请求的用户特征。尽管 HTTP 协议本身是无状态的，但服务器可以根据 cookie 信息使得自己具有记忆通信状态的能力。通常 cookie 是客户端本地存储的一小段文本信息，它来自于服务器端响应头部的 set-cookie 字段
Content-Type	指定 HTTP 请求主体数据（请求体，如 POST 请求中的表单信息，或上传文件时的文件内容）的类型，一般仅在 POST 请求和 PUT 请求中使用

2）HTTP Response

HTTP Response 是服务器端给出的响应。首先，响应包含状态码信息。例如，状态码 200 表示成功返回目标网页，404 表示找不到目标网页，403 表示服务器拒绝此次访问，503 表示服务端错误等。响应的内容主要包括响应头与响应体。响应体即响应的具体内容信息，也即是爬虫爬取的目标数据。响应头的主要字段见表 7-2。

表 7-2 HTTP 响应头字段列表

字段	描　述
Server	说明服务器的名称以及版本号信息
Content-Type	服务器说明响应体的内容类型以及使用的字符集。例如 text/html；charset=utf-8 表示服务器返回 html 文档，使用 utf-8 字符集
Content-Length	说明服务器返回内容的长度信息
Content-Encoding	说明服务器返回内容的编码信息

续表

字段	描　　述
Last-Modified	说明服务器返回内容的最后修改日期
Set-Cookie	返回客户端应当设置的 cookie 信息，客户端根据这个信息设置本地 cookie，并在再次请求时在请求头中附加。爬虫过程中为了模拟浏览器的这种设置 cookie 功能，可以先利用浏览器转到待爬取网页，在浏览器开发者工具中找到待爬取网站返回的 Set-Cookie 值，以用作在爬虫程序中设置 Cookie 字段

3）数据获取方式

在确定了爬取内容之后，需要自动化地模拟普通用户向目标服务器发送 HTTP 请求的过程，获取并记录服务器返回的内容（即爬取结果）。一般而言，网站会向它的真实用户提供顺畅的数据访问服务。因此，爬虫需要尽可能地模拟真实用户。换句话说，远程网站服务器所接收到的 HTTP 请求（来自爬虫程序或真实用户）应当是一样的，这样远程网站服务器将返回真实用户应当得到的正确数据。为了获取数据，有三种方法可以向远程网站服务器请求数据。

（1）模拟 HTTP 请求：真实用户在浏览网页时，实际上控制浏览器往远程的网站服务器发送了一系列的 HTTP 请求，而网站服务器则根据这些请求返回各种信息，并经浏览器渲染显示在页面上。因此，对于相同的访问操作，只要爬虫程序发送与浏览器相同的 HTTP 请求，远程网站服务器就会返回相同的数据，爬虫程序因而可以记录这些数据并进行抽取或入库。这是最常见也是最高效的数据获取方法。该方法不需要对远程网站返回的数据进行前端代码执行和页面渲染，省下了大量的数据处理时间。然而，该方法的缺点也非常明显：如果真实的 HTTP 请求非常复杂，那么需要大量的开发时间来模拟这些 HTTP 请求。在某些极端情况下（如内容动态加载和需要身份验证的网站），需要模拟的目标请求甚至是完全不清楚的。

（2）模拟浏览器：浏览器是真实用户和网站服务器交互的工具。而爬虫的目标也仅是获取浏览器所得到和展示的内容。因此，一个爬虫程序可以控制本机上的浏览器并截取浏览器所获得的信息，而避免与网站服务器直接进行交互。这种方法的优点在于可以高度模拟真实用户的请求，且开发简单，无须考虑网站的内容动态加载情况。然而，其缺点在于渲染和动态代码消耗大量的系统资源，导致速度较慢。同时，现代浏览器往往有着复杂的多线程加载技术，使得模拟过程难以稳定，难以处理网络错误和页面错误的情况，在大规模抓取时甚至会出现浏览器崩溃的情况。

（3）使用中间人代理：代理是一种特殊的网络服务，代理服务器可以作为网络请求的中转站，对网络请求（如 HTTP/HTTPS 请求）进行转发。这使得爬虫机器可以间接地连接网站服务器。代理服务器不仅可以转发网络请求，还可以将请求数据记录下来。这样，可以在代理服务器上截取数据以起到爬取浏览到的数据的作用。这个方法同模拟浏览器方法有着类似的优缺点，但将数据记录功能从浏览器分离出来使得爬虫系统更为稳定。需要注意的是，HTTPS 协议对中间人有防范，从而需要一些解密手段来获取请求的数据。

7.2.2.2 模拟 HTTP 请求

在使用爬虫系统发送模拟 HTTP 请求时，常常需要对 HTTP 请求的消息头进行一定的处理，并在服务器端要求用户登录时进行模拟登录。HTTP 请求头部是服务器端判断用户身份与行为的依据，而登录则能使服务器端进一步明确用户的访问状态与身份信息。因此，在爬虫系统中使用逼真的 HTTP 请求头能够使爬虫系统更容易被识别为一般浏览器用户，从而降低被禁止访问的风险，更安全地获取目标数据。

1）模拟头部

HTTP 请求的消息头部分允许客户端与服务器之间传递 HTTP 事务的操作参数，能够指导服务器返回数据的行为。请求头一般以明文的字符串格式传输，主体内容是以冒号分隔的键名与键值对，它是服务器识别请求是否来自浏览器的基本依据之一，如图 7－11 为请求头模拟。在设置爬虫系统所发送的 HTTP 请求头时，常常会首先参考浏览器的真实请求头、分析该请求头所涉及的参数的逻辑与作用，并在之后的任务中根据自身需要重设部分参数。合理的 HTTP 消息头能使爬虫系统发送的模拟 HTTP 请求更接近浏览器发出的请求的真实行为，从而降低爬虫系统被服务器端识别并禁止访问的风险。接下来以某次请求中浏览器与服务端发送的消息头消息为例进行介绍。

Request Headers :
accept: text/html,application/xml; q=0.9,image/webp,image/apng,*/*;q=0.8
accept-encoding: gzip, deflate, br
accept-language: zh,en-US; q=0.9,en; q=0.8,zh-CN; q=0.7
cookie: _zap=154e2cb4-3ce4-4508-a6fe-6b76c16071de; ...
user-agent: Mozilla/5.0 (Windows NT 10.0; Win64; x64) AppleWebKit/537.36 (KHTML, like Gecko) Chrome/71.0.3554.0 Safari/537.36

图 7－11 HTTP 请求头模拟

在构造请求的消息头时，需要注意的参数见表 7－3。

表 7－3 模拟 HTTP 请求中重要的头部字段

字段	描 述
User-Agent	包含发出请求的用户信息，其中包括用户所使用的操作系统、浏览器版本等等。真实的 User-Agent 能够使发送的 HTTP 请求更接近浏览器的行为。例如图 7－11 中所示信息即表示请求所使用的浏览器为 Chrome 浏览器
Cookie	包含该请求域名下保存的 cookie 值。cookie 值是某些网站为了辨别用户身份而储存在用户浏览器端的本地数据，常常用于验证用户的登录信息
Host	表示服务器的域名以及服务器所监听的端口号，即请求地址。一般而言，这个参数常被网站服务器用来检测用户是否在真实访问此站点
Referer①	表示浏览器所访问的前一个页面，通常浏览器用户是经由该页面链接来到当前页面的

2）模拟登录

如前所述，HTTP 是无状态的协议。为了识别用户身份，网站服务器需要跟踪用户的访问状态。因此，网站服务器会发送给客户端一段特殊信息（即 Cookie），并约定客户端在之后的访问都在其请求头附加该特殊信息。从而网站服务器可以通过该特殊信息跟踪用户之前

① 这不是一个标准的英文单词（应为“referrer”），由于历史原因而被保留下来。

的访问记录。Cookie最重要的应用之一即是实现用户登录的功能，用户的已登录状态即由其Cookie记录。因此，为了在爬虫系统中模拟用户登录，只需要获得真实用户的cookie，并将其写入请求头中即可。

有两种方式可以完成cookie模拟的过程。第一种方式是将浏览器中使用的cookie迁移到爬虫系统中。具体来说，可以直接在浏览器中登录后，使用开发者工具查看浏览器获取的cookie，并将此cookie填入模拟HTTP请求的头中即可。算法3给出了相应的Python代码实现：

算法3：模拟cookie登录

```
cookie='ipb_id=3154854;pass_hash=c3182437afc932313de7a1;...'
headers={'cookie':cookie}
resp=requests.get(url, headers=hh)
```

第二种方式是模拟获得Cookie的HTTP请求。使用requests包中的session，可以自动设定站点返回的cookie，以使得后续的访问都处于已登录状态。一般而言，先建立一个requests.session，并向客户端发送一个包含有登录信息的post请求以完成登陆。如算法4所示，将用户名和密码发送到登陆地址“action.php”后，服务器会返回用户的cookie，并将其自动保存在session中，后续通过该session访问的该网站其他页面都会获得这一cookie，即是已登录的状态。

算法4：模拟http请求登录

```
my_header={'User-Agent':'Mozilla/5.0 (Windows NT 10.0) ... Safari/537.36'}
data={'username': myusername,'password': mypassword}
session=requests.session()
res=session.post(url+'/action.php?act=login',data=data, headers=my_head)
```

7.2.2.3 模拟浏览器

模拟HTTP请求的方法难以处理动态加载的和需要验证的内容。而一种解决这些问题的简单方法是直接模拟用户操作浏览器的行为来获取这类数据。一般而言，只需要选择某个用户常用的浏览器，开启它们的调试模式并使用代码控制这些浏览器的行为即可。市面上常见的支持调试的，并被爬虫程序广泛使用的浏览器有Chrome、Firefox、Edge等。这些浏览器一般有无头(headless)模式，表示让浏览器不渲染可见窗口，以节省计算资源。为了控制这些浏览器进行抓取，可以使用Webdriver来连接它们的调试接口。Webdriver是一个跨语言、跨平台的浏览器调试工具，可以控制指定浏览器进行点击、输入、拉动等操作，也可以选取页面中指定的html元素作为信息储存。

Webdriver可以方便地自动化控制浏览器完成指定操作，被控制的浏览器如图7-12所示。以使用Python语言获取某网站标题为例，使用Webdriver的步骤包括：①创建浏览器对应的 Webdriver 对象，如：driver=webdriver. Chrome()；②使用 Webdriver 控制浏览器访问目标网页，如 driver. get("http://www. baidu. com/")；③获取浏览器中页面的内容，如获得网页的标题可以使用 driver. title。

```
4  from selenium import webdriver
5  chrome = webdriver.Chrome()
6  chrome.get('http://www.baidu.com')
```

图 7－12　使用 Webdriver 控制 Chrome 浏览器

使用 Webdriver 远程控制浏览器时，可以使用 execute_script(script)函数来执行某个给定的 javascript 脚本，完成点击、拖动滑动条等操作，来方便地控制浏览器的行为。除了使用 javascript 脚本以外，Webdriver 还提供了大量的函数用于控制浏览器的行为。其最基本的操作 find_element_by_xxx 是选择网页上某一个元素，如某个文本框、按钮或超链接等。之后，可以使用 Webdriver 提供的一些函数对选到的元素进行操作。如 click 函数可以执行点击操作(如点击按钮加载更多信息等)，send_keys 操作向文本框中输入文本信息等。

例如，在 Baidu 首页中为搜索框填写关键词"爬虫"，可以有以下两种写法。

(1) 执行 js 程序：chrome. execute_script(" $('#kw'). val('爬虫') ")。

(2) 使用 Webdriver 的函数：chrome. find_element_by_id('kw'). send_keys('爬虫')。

在控制了浏览器进行了网页的访问以后，需要从 Webdriver 提供的接口获取浏览器得到的信息。一般而言，可以先通过 Webdriver 获取网页上的某个元素，再获取这个元素的内容。一个更通用的方法是使用 Webdriver 的 page_source 获得当前显示的整个网页的 html 代码，之后可以利用传统的网页分析方法获取网页的信息。

7.2.2.4　中间人代理

代理服务器是介于浏览器和 Web 服务器之间的一台服务器，其存在使浏览器不再直接连接 Web 服务器，而是向代理服务器发出请求，由代理服务器来取回 Web 服务器针对请求的响应再回复给浏览器。在爬虫中，可以利用所有的请求会通过代理服务器的特性，通过在客户端与服务器之间架设中间人代理，在代理服务器上捕获服务器发送的数据，从而将数据抓取与浏览器行为分离开来，从而提高爬虫系统的稳定性。

需要说明的是，现在的网络请求协议一般有 HTTP 和 HTTPS 两种。一般代理可以截取用户到网站之间的 HTTP 请求，但 HTTPS 协议特意防止了信息在传输过程中被截取。因此，代理服务器截取到的 HTTPS 数据经过加密而无法直接解析。然而，在实际爬虫应用中，客户端和代理服务器都受用户控制，因此可以把客户端的解密证书提供给代理服务器使用，从而使得代理服务器可以解析抓取到的 HTTPS 数据。

常用的用于完成架设代理服务器并进行数据截取工作的工具是 Fiddler，它是目前最常用的 HTTP/HTTPS 抓包工具之一。它能够记录客户端和服务器之间的所有 HTTP 请求，可以针对特定的 HTTP 请求，分析请求数据、设置断点、调试 Web 应用、修改请求的数据，甚至可以修改服务器返回的数据。利用 Fiddler 进行抓取需要以下的步骤：

（1）架设并配置 Fiddler 代理服务器。

（2）将浏览器的代理服务器设置为 Fiddler 提供的代理服务器。

（3）自动控制浏览器访问页面。可以使用 Webdriver 控制浏览器，也可以使用按键精灵等自动控制软件直接控制普通的浏览器。

（4）在 Fiddler 中获取数据。

相比于直接在模拟浏览器中获取数据，之前提到模拟浏览器的方法只能获得最终渲染后的页面。然而，动态页面一般会执行数十个 Ajax 请求，而往往只有部分的 Ajax 请求是人们想要的。因此，Ajax 请求的结果一般是结构化的 json 数据，相比于整个半结构化的渲染后页面更容易抽取结果。Fiddler 即可以获得每个 Ajax 请求的内容，而不仅是只能获得最终渲染完成的页面。

图 7-13 所示为 Fiddler 的界面示例。主窗口的左边显示了大量截取到的 HTTP 请求，包括用户发起的请求和 Ajax 自动发起的请求。这些截取到的请求可以通过设定过滤规则来排除大量不相关的请求。在选定了一个 HTTP 请求后，主窗口右上方显示了大量和 HTTP 请求相关的信息，包括请求地址、请求头等。而主窗口右下方则显示服务器对 HTTP 的响应的各种信息，其中最重要的即是返回的数据内容。

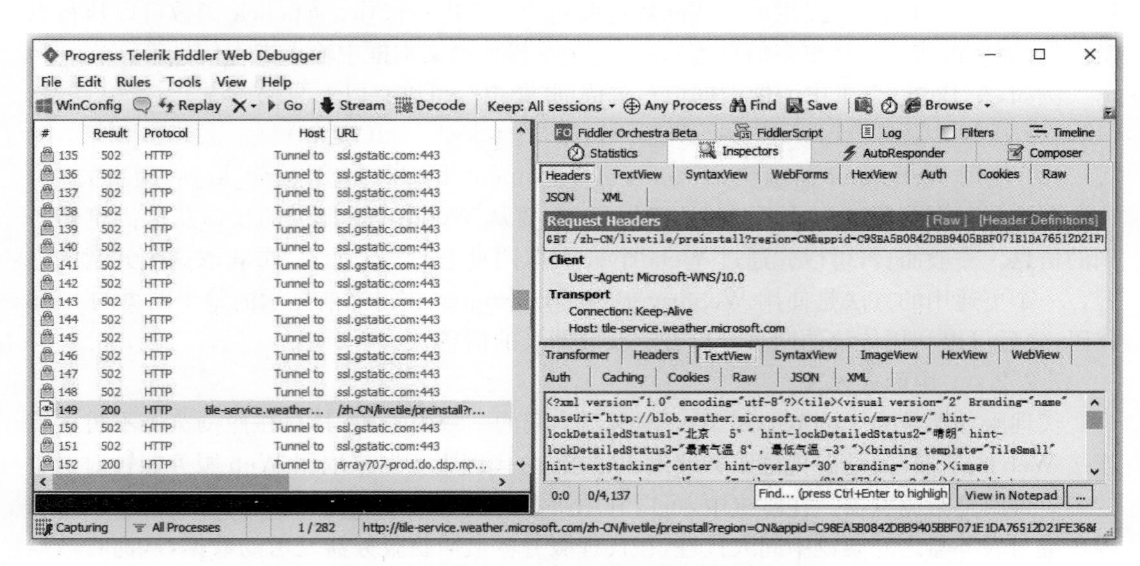

图 7-13　基于 Fiddler 截取 HTTP 数据的示例

从 Fiddler 中获取数据并入库有两种方法。第一种方法是在 Fiddler 中设置好需要监视的包的规则，如网址的正则表达式，这种方法比较简单但需要少量手动操作。第二种方法是在 Fiddler 上进行开发。Fiddler 提供了完善的二次开发接口。从而解析 Ajax 包和入库等操作都可以在 Fiddler 提供的开发接口上进行设置。此外,也可自行编程实现代理服务器,从而实现对数据包更精细的过滤和收集。

7.2.3 分布式爬虫

在大数据时代,大部分爬虫系统都是为了获取大规模的互联网数据。因此,需要并行部署爬虫系统,以运用大量机器来获取较高的爬取效率。并行部署是指按照一定的调度规则,将并行化的爬虫任务或作业,按照一定的执行顺序分配到多台计算机中,从而实现高效的并行爬取。本章将以 MapReduce 为例阐述爬虫并行化的基本工作原理,以及基于 MapReduce 的分布式爬虫系统具体实现技术。

7.2.3.1 MapReduce 框架

MapReduce 是 Google 提出的一种基于集群的分布式并行计算框架,主要用于海量数据的计算。它能自动实现计算任务的并行化处理,对计算数据和计算任务进行划分,并将任务自动分配到集群上进行计算然后收集计算结果。MapReduce 采用"分而治之"的思想,把对大规模数据集的操作,分发给一个主节点(Master)管理下的各个从节点(Slave)共同完成,然后通过整合各个节点的中间结果,得到最终结果。简单地说,MapReduce 就是"任务的分解与结果的汇总"。

MapReduce 主要通过 Map 和 Reduce 两个操作实现任务分解与结果汇总,用户只需要实现这两个操作即可完成分布式计算。Map 操作将输入表示为多个键值对,然后由 Reduce 操作将具有相同键的数据进行合并操作,从而实现大数据的分布式并行计算。Map 函数和 Reduce 函数暴露给用户,由用户进行定义与实现,其功能可确切定义如下:

(1) Map 函数:接受一个键值对(Key-Value Pair),产生一组中间键值对。Map Reduce 框架会将 Map 函数产生的中间键值对里键相同的值传递给一个 Reduce 函数;

(2) Reduce 函数:接受一个键,以及相关的一组值,将这组值进行合并产生一组规模更小的值(通常只有一个或零个值)。

7.2.3.2 基于 MapReduce 的分布式爬虫系统

基于 MapReduce 的爬虫系统主要是采用星型网络架构(图 7-14),包括一个主节点(master node)和多个从节点(slave node),并由主节点控制集群中的从节点。其中主节点负责管理整个集群,包括任务分发、优先级调度、负载均衡以及集群故障检测与管理。从节点负责具体的爬取工作,即访问网络和下载的过程。从节点作为执行者,只与主节点通信,并且不保存有关任务的信息。

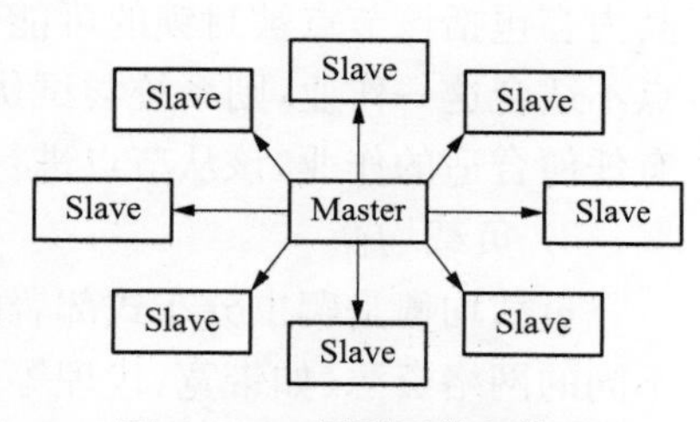

图 7-14 星型网络架构图

1) 分布式抓取策略

在上述的星型架构中,待抓取 URL 队列由主节点进行管理,而从节点只负责特定 URL 的页面抓取。在这种设置下,不同的抓取策略有不同的分布式的实现,概述如下:

(1) 列表爬取。可以将列表划分为若干个 Map 任务,每个任务互相独立,因此不需要 Reduce 操作进行合并。此时,可以直接在主节点分发 Map 任务,从节点负责对主节点分发的子任务进行爬取,也即每个从节点负责对整个列表的一些子列表进行抓取。

(2) 广度优先爬取和全网爬取。大多数情况下,用户需要重复地从爬取到的页面发现并且获取新的 URL 作为下一步爬取的目标,例如从一个新闻页面可以发现相关新闻的链接,因而需要进行多轮 MapReduce 过程。首先,系统获得一个种子 URL 列表,并进行如上述列表爬取的 Map 过程。在爬取过程中系统同时解析页面内容并提取出其包含的超链接,然后使用 Reduce 过程收集提取出来的超链接并去除重复。这些超链接所指向的 URL 即为下一轮爬取的列表,从而可以进行下一轮的 MapReduce 过程。每一轮的 Reduce 过程可以保证列表中不会含有相同的 URL。然而,可能出现在不同轮次之间的重复 URL 则需要全局数据库来进行检测和去重。

(3) 主题爬虫和深网爬取。这两类策略均是基于某种目的和某种特殊手段的策略性较强的专门爬取,其基本的策略可以仿照广度优先爬取,即每次使用 Map 过程爬取一个 URL 列表,之后使用 Reduce 过程计算下一轮需要爬取的 URL。对于更特殊的爬取策略,也需要特殊的分布化的设计。

2) 优先级调度

在面向大规模数据获取的爬虫系统中,一般会有多个爬虫作业同时进行。这时,爬虫系统应当区分这些作业的优先程度,并根据它们的优先程度进行调度。优先级调度是指调度器选择优先级最高的若干作业,且系统能够提供满足这些作业的资源。调度器主要运行在主节点上,负责对从节点分配恰当合理的作业,以达到以下几个要求:

(1) 优先级高的作业应当比优先级低的拥有更多的抓取资源,即优先选择优先度高的作业进行抓取。

(2) 一个作业应被尽可能平均地分配到各个从节点上,避免某个从节点因高速连续访问而被服务器封锁。

(3) 若服务器封锁了某个从节点,那么主节点应在一段时间内不能将与该服务器相关的作业指派给该从节点。

当主节点检测到某个从节点处于空闲状态时,首先选取优先度最高的作业,并尝试将该作业中未完成的任务指派给该从节点。这里的尝试是指评估该从节点是否适合这一作业,其内容包括该节点被封锁的可能性、该节点是否有足够网络资源等。若评估结果是该从节点不适合这一作业,则系统尝试优先度次高的作业。如此循环下去,直到指派成功,或者没有任何合适的作业,该从节点进行暂时休眠,一段时间后再次尝试。

3) 负载均衡

负载均衡是爬虫分布式部署的一个重要考虑因素。负载均衡旨在将爬虫任务(负载)在不同的网络资源(如带宽、代理等)、计算资源上进行合理分配,以达到最优化资源使用、最大化吞吐率、最小化响应时间且同时避免过载的目的。分布式的爬虫系统主要是通过主节点实现多个从节点的负载均衡。主节点通过心跳机制检测每一个从节点的状态,当发现有从节点处于空闲待分配状态时,主节点会从任务池中选取一个任务,按照指派策略分配给空闲的节点。只要系统中不存在空闲的从节点,系统就保证其正在以最大效率运行。

4) 容错

容错是爬虫分布式部署的另一个重要考虑因素。容错旨在保证系统在部分组件(一个或多个)发生故障时仍能正常运行。在分布式的爬虫系统中,容错主要包括错误处理与故障恢复,这可以分别利用心跳检测机制和快照机制进行实现。心跳检测机制是指主节点会每隔一段时间检测每个从节点的状态，以同步维护每个从节点的最新状态。当发现某个从节点报告了错误或失去了响应，主节点会将该从节点的任务分配给另一个从节点执行，以保证整个作业能顺利地完成。因此，基于星型结构的分布式爬虫系统能够保证非主节点以外的其他节点的故障都不会产生太大影响。然而，此结构存在单点故障，即一旦主节点发生故障，整个分布式系统都将停止运行。为解决这个问题，可进一步采用快照机制来恢复系统。主节点每隔一段时间就会保存一次任务池的状态，这样在主节点崩溃时，系统可以在重启后返回故障前最后一个快照的状态。在这两种机制下，系统能保证其健壮性，即在绝大多数故障下都能确保作业的顺利完成。

7.3 爬虫系统应用

本节介绍爬虫系统在一些特定应用上的具体应用方法，包括针对媒体平台和社交平台的抓取等。其中，基于表单查询的深网抓取会得到进一步讨论。

7.3.1 特定平台的爬取

接下来介绍几种常见的网站以及它们的特点。目前，大多数爬虫都是针对这几类网站来设计的。

1）媒体平台

媒体平台是一种大众网站，主要包括一些新闻网、博客和自媒体等，如新浪新闻和CSDN博客。有大量的用户在这些平台上发布信息，而平台自身也希望这些信息能尽快被搜索引擎索引而被查询到。因此，这些平台往往非常欢迎爬虫。一般而言，只要不对这些网站的正常访问造成影响，不对网站服务器造成过大的负担，爬虫可以很顺畅地访问这些网站。这些网站一般把信息按照发布日期组织成多页的形式，而每一页的URL，甚至每个具体信息的URL一般有着构造模板。例如，在前文所述的例1中，通过修改页面http://xxx.com.cn/political/item/{id}中的id字段，即可生成一系列的页面URL。因此，使用列表爬取策略可以很方便地抓取这些平台上的信息。

2）社交平台

社交平台是指人与人之间在互联网上通过一定的关系（爱好，浏览和交易等）建立起来的社交网络结构，例如，Twitter、新浪微博和Facebook等。在社交平台中，人们可以通过平台提供的功能进行转发、评论等。获取此类数据往往可以用来分析舆论，用于电商平台的商品推荐。不同于其他网站的数据获取，这类数据获取的关键技术在于模拟登录。用户只有在注册和登录之后才能访问其中的信息。使用前面所述的模拟登录技术获得了用户的cookie以后，可以以登录状态来对用户可见的内容进行列表式的抓取。一般来说，用户登录有生命周期的限制。当会话时间过期后，需要重新登录。

3）百科平台

百科平台（以维基百科为典型代表）是一种旨在涵盖所有领域的知识平台，也是服务于所有互联网用户的知识性全书。百科的每一个页面都是对不同词条的描述，然而缺乏一个对所有词条的列表。因此，除非是仅对于某一批给定词条的抓取任务，列表抓取对于百科平台并不适用。相对应地，百科平台中的内容中存在一系列的超链接（链接到其他的百科词条)。应该选择广度优先爬取的形式来尽可能多地获取词条,然而有大量的孤立词条无法由广度优先爬取策略获得。因此,深网爬取技术也经常被使用于爬取百科平台。此外,因为百科平台上的词条内容经常有更新,而且有大量的新的词条出现,所以对百科平台的爬取往往是一个持续的过程。

7.3.2 深网爬取

深网(Deep Web)指人们通过传统的搜索引擎无法访问到的页面,往往是对于存在于数据库当中的数据的展示。一般而言,没有外部的链接直接链接到这些页面,而需要用户对服务器发起查询才能访问到。例如,在一个存储有数十万甚至数百万本图书的购买网站中,往往不存在一个(或一组)索引页面包含所有图书的超链接,而是需要用户输入或选择关键词、作者、出版社等特征后进行搜索和筛选才能返回部分图书的信息,如图 7-15 所示。这些需要查询才能获取到的页面当中所包含的信息是搜索可见的表层网的很多倍,因此,深网爬虫是一种提高信息爬取的覆盖率的重要手段。

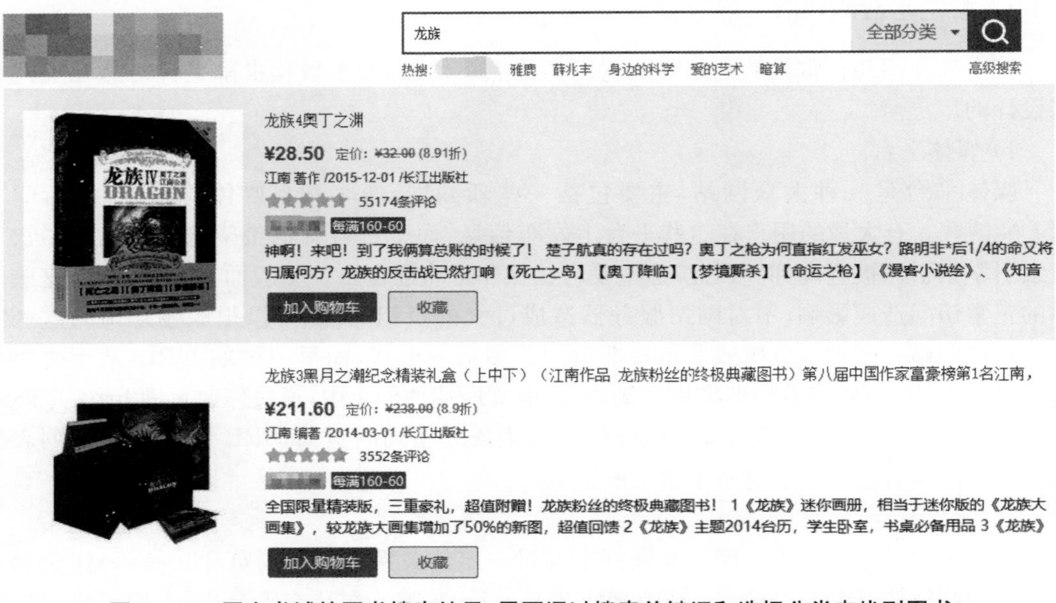

图 7-15 网上书城的图书搜索结果,需要通过搜索关键词和选择分类来找到图书

1) 对有表单页面的额外步骤

相比于通用爬虫,深网爬虫的主要特点在于其不能仅通过超链接进行网页发现,而是需要填写并提交页面当中的表单,从而获得对网站后台数据库的查询结果。为了实现这个需要,深网爬虫对于存在有表单的页面,需要执行以下几个额外步骤。

(1) 页面表单识别和分析:深网爬虫需要对爬取得到的网页中的表单进行分析,判断是否为需要进行操作的表单,并对这些表单的含义进行解析,判断应该如何将预先指定好的内容填写进去。

(2) 查询内容生成:深网爬虫需要基于根据表单响应和爬取需求,生成多组没有被提交过的最优表单数据,并提交表单。

(3) 响应网页分析和内容生成算法优化：深网爬虫获取到表单提交的响应结果后，可以以此为依据，优化表单的填写策略。

(4) 响应网页结果收集：深网爬虫可以从响应网页中收集到结果，可能是可以直接获取用户所需的信息，也可能是一般情况下无法获取到的详细信息页面的超链接。

2) 深网爬虫的基本流程

为了自动通过网站提供的表单获取内容，需要深网爬虫识别表单并自动生成填入表单中的内容。具体流程信息描述如下：

(1) 第一步是使用传统的方法(如广度优先爬取)搜集网页，以获取原始语料集。这些原始语料集是应当填入表单中的内容的来源。如该使用哪些关键词、哪些分类，以及有哪些作者等。

(2) 第二步是表单识别与分类。目标是识别出网页中的表单以及对表单进行分类。其中，分类的结果是单属性表单或多属性表单。单属性表单指只有一个属性的表单，用户可以键入一个关键词进行查询；而多值属性表单则允许用户使用多个关联属性进行组合查询。识别不同类型表单的一种简便做法是首先将 Web 页面解析为 DOM 树，检索其中的 form 节点，然后检索 form 表单中的 input 节点、radio 节点和 select 节点。如果只有一个 input 节点，则对应为单属性表单；若有多个 input 或 radio 等节点，则表单为多属性表单。例如，图 7-16 表示只有一个 input 节点的单属性表单，而图 7-17 表示具有多个 input 节点、radio 节点和 select 节点组合成的多属性表单。此外，也有不少学者对表单识别和分类问题做了更深一步的研究[10]，可以更好地检测和分类 web 页面中的表单信息。

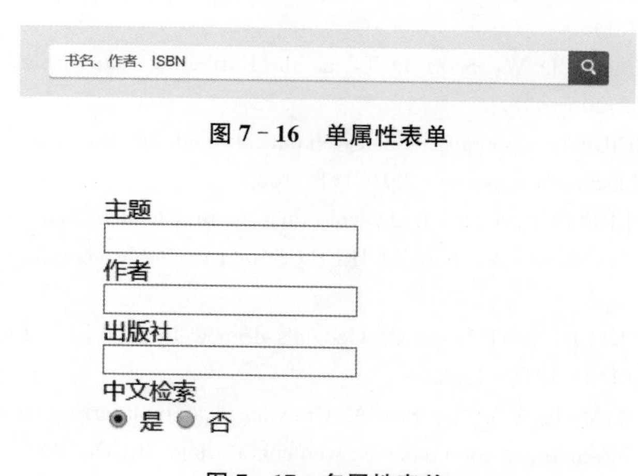

图 7-16　单属性表单

图 7-17　多属性表单

(3) 第三步是生成表单查询数据。此步的目标是自动生成需要填入表单中的信息并且提交，以期望网站服务器返回尽量多的未爬到的信息。对于单属性表单，需要填充的信息只是一个关键词。关键词生成的方法有很多种，主要可以通过从用户指定或收集得到的关键词列表中进行选择和组合。此外，若表单中含有说明信息，则可以极大地减小关键词的候选范围。如对于图 7-16 所示情况，可以通过网页解析得到输入框需要的值类型为书名、作者或者 ISBN 信息。因此，选择关键词时应尽量选择书名、作者名或 ISBN 列表。对于多属性表单而言，关键点在于提取表单各个输入选项的标签信息，一个表单项的标签通常出现在它的上方或者左方，并且中间没有其他数据单元。此时，只需要基于表单项的标签信息，为其中的每个表单项进行关键词选择即可。

7.4 小结

在大数据时代，从互联网上自动化地获取大量信息的爬虫技术有着十分重要的地位。一方面，爬虫是为各种数据驱动方法提供数据的重要基础设施；另一方面，爬虫也是模拟人类获取互联网信息的重要自动化技术。本章介绍了爬虫系统寻找目标、获取信息、规模化部署的一系列原理和技术，涵盖了列表式、主题式等多种类型的爬取需求和对静态、动态类型的网页信息获取手段。然而，随着互联网数据规模的爆炸式增长，以及动态网页技术的日新月异，以更高的效率更有效地获取互联网上数据的爬虫仍然是值得进一步研究的内容。

参◇考◇文◇献

[1] DE BRA P M E, POST R D J. Searching for arbitrary information in the www: The fish-search for mosaic [C]//WWW Conference. 1994.

[2] HERSOVICI M, JACOVI M, MAAREK Y S, et al. The shark-search algorithm. an application: tailored web site mapping [J]. Computer Networks and ISDN Systems, 1998,30(1-7):317-326.

[3] BERGMAN M K. White paper: the deep web: surfacing hidden value [J]. Journal of electronic publishing, 2001,7(1).

[4] LIDDLE S W, Embley D W, Scott D T, et al. Extracting data behind web forms [C]//ER (Workshops). 2002:402-413.

[5] BARBOSA L, FREIRE J. Siphoning hidden-web data through keyword-based interfaces [J]. Journal of Information and Data Management, 2010,1(1):133.

[6] NTOULAS A, ZERFOS P, CHO J. Downloading textual hidden web content through keyword queries [C]//Proceedings of the 5th ACM/IEEE-CS joint conference on Digital libraries. 2005:100-109.

[7] MADHAVAN J, KO D, KOT Ł, et al. Google's deep web crawl [J]. Proceedings of the VLDB Endowment, 2008,1(2):1241-1252.

[8] MESBAH A, BOZDAG E, VAN Deursen A. Crawling Ajax by inferring user interface state changes [C]//2008 eighth international conference on web engineering. IEEE, 2008:122-134.

[9] MIRTAHERI S M, DINÇKTÜRK M E, Hooshmand S, et al. A brief history of web crawlers [J]. arXiv preprint arXiv:1405.0749, 2014.

[10] El-DESOUKY A I, ALI H A, El-Ghamrawy S M. An automatic label extraction technique for domain-specific hidden Web crawling (LEHW) [C]//2006 International Conference on Computer Engineering and Systems. IEEE, 2006:454-459.

[11] NTOULAS A, ZERFOS P, CHO J. Downloading textual hidden web content through keyword queries [C]//Proceedings of the 5th ACM/IEEE-CS joint conference on Digital libraries. 2005:100-109.

[12] LU Y, HE H, ZHAO H, et al. Annotating structured data of the deep Web [C]//2007 IEEE 23rd International Conference on Data Engineering. IEEE, 2007:376-385.

第8章 知识图谱

大数据的价值变现需要机器理解数据，而机器理解数据需要知识图谱等背景知识。自知识图谱诞生以来，其研究与应用发展迅速，其理论体系日趋完善，应用效果也日益明显。以知识图谱为代表的大数据知识工程在各行各业的智能化升级与转型中发挥了重要作用。本章将围绕知识图谱的技术概要、技术特性和应用方式展开介绍。

8.1 知识图谱技术概要

8.1.1 知识图谱定义

从2012年Google提出知识图谱(knowledge graph)直到今天，知识图谱技术发展迅速，伴随着大数据(big data)技术的发展，知识图谱的内涵也越加丰富。狭义的知识图谱是特指一类知识表示(knowledge representation)，本质上是一种大规模语义网络(semantic web)。广义的知识图谱用于指代大数据时代知识工程(knowledge engineering)技术。

从知识表示的角度来理解知识图谱有两个要点。第一个要点是语义网络。语义网络包含的是实体(entity)、概念(concept)以及实体和概念之间各种各样的语义关系。如图8-1中的C罗是一个足球运动员，是一个实体；金球奖是一个特定的足球奖项，也是一个实体。实体有时有被称为是对象(object)或实例(instance)。何为实体？黑格尔在《小逻辑》里面曾经给实体下过一个定义："能够独立存在的，作为一切属性的基础和万物本原的东西"。也就是说实体是属性赖以存在的基础，并且必须是自在的，也就是独立的、不依附于其他东西而存在的。比如身高，单单说身高是没有意义的，说"运动员"这个类别的身高也是没有意义的，必须说某个人的身高，才是有明确所指且有意义的。理解何为实体，对于进一步理解属性、概念是十分必要的。再来看概念，概念又称之为类别(type)、类(category)等。例如"运动员"，不是指某一个运动员，而是指一类人，这类人有着相同的描述维度，这就构成一个类或概念。语义网络中的关联都是语义关联，这些语义关联发生在实体之间、概念之间或者实体与概念之间。实体与概念之间是InstanceOf(实例)关系，如"C罗"是"运动员"的一个实例。概念之间是SubclassOf(子类)关系，如"足球运动员"是"运动员"的一个子类。实体与实体之间的关系十分多样，如"C罗"效力于"皇家马德里足球队"。知识图谱示例如图8-1所示。

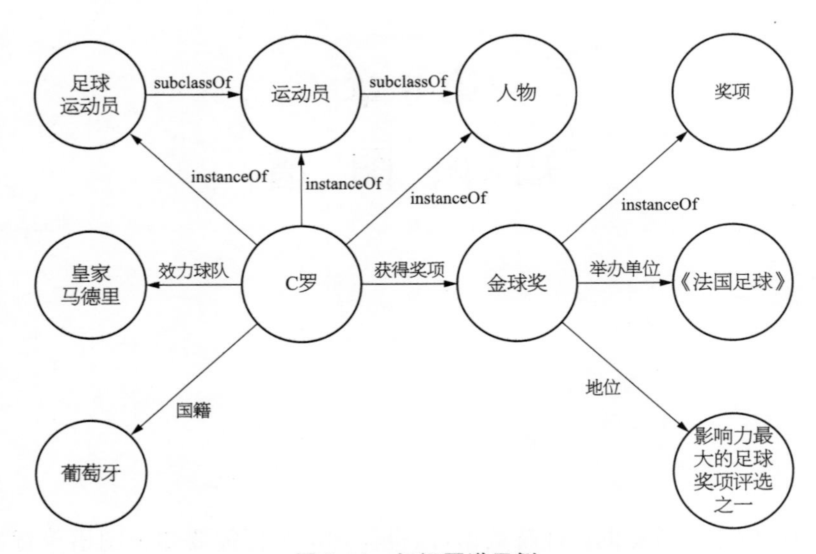

图 8-1　知识图谱示例

从知识表示的角度来理解知识图谱的第二个要点是大规模。除了语义网络之外，20 世纪伴随着专家系统的研制而发展出了类别多样的知识表示形式，如产生式规则、本体、框架，还有决策树、贝叶斯网络、马尔可夫逻辑网络等。这些知识表示表达了现实世界各种复杂语义。知识表示多种多样，语义网络只是各种知识表示之一。今天的知识图谱与传统二十世纪七八十年代的知识表示有一个根本的差别，主要是在规模上的差别；知识图谱是一个大规模语义网络，而七八十年代的语义网络规模相对较小。知识图谱规模巨大，例如，Google 在 2012 年发布之初发布的知识图谱就包含 5 亿多的实体，10 亿多的关系，如今规模更大。知识图谱的规模之所以如此巨大，是因为它强调对于实体的覆盖。假设运动员作为一个类别在知识图谱里涵盖了数以万计如 C 罗这样的实体。知识图谱的量变进一步带来了效用方面的质变。

知识图谱技术发展到今天，其内涵已远远超出了语义网络的范围，在实际应用中被赋予越来越丰富的内涵。当下，在更多实际场合下，知识图谱是作为一种技术体系，指代大数据时代知识工程的一系列代表性技术进展的总和。近几年，我国学科目录做了调整，出现了知识图谱的学科方向，教育部对于知识图谱这一学科的定位是“大规模知识工程”，这一定位是十分准确且内涵丰富的。知识图谱技术的发展是个持续渐进的过程。从二十世纪七八十年代的知识工程兴盛开始，学术界和工业界推出了一系列知识库，直到 2012 年 Google 推出了面向互联网搜索的大规模的知识库，被称为知识图谱。

随着近几年知识图谱技术的进步，知识图谱研究与落地发生了一些转向。其中一个重要变化就是越来越多的研究与落地工作从通用知识图谱转向了领域或行业知识图谱(domain knowledge graph)，转向了企业知识图谱(enterprise knowledge graph)。知识图谱技术与各行业的深度融合已经成为一个重要趋势。如果知识图谱聚焦在特定领域，就可以认为是领域知识图谱，如“足球知识图谱”包含了大量足球相关的实体和概念。领域知识图谱的范畴再大一些就是行业知识图谱了，如农业知识图谱。近几年，一些大型企业对于利用知识图谱解决企业自身的问题十分感兴趣，于是就有了横贯企业各核心流程的企业知识图谱。领域知识图谱、行业知识图谱与企业知识图谱有时边界也十分模糊。近几年,这几类知识图谱得到越来越多的关注。

8.1.2 知识图谱技术演化

为了加深对知识图谱内涵的理解,需要梳理其历史渊源。二十世纪七八十年代经历了知识工程的飞速发展,传统知识工程提出了包括语义网络在内的各种知识表示模型,而今天的知识图谱与传统的语义网络的本质差别就是澄清知识图谱内涵的关键问题之一。传统语义网络与知识图谱的差别首先表现在其规模上。知识图谱是一种大规模语义网络,与二十世纪七八十年代的各类语义网络相比较,最显著的差异就是规模上的差异。推而广之,以知识图谱为代表的大数据时代的各种知识表示与传统的知识表示的根本差别首先体现在规模上。传统知识工程一系列知识表示都是一种典型的"小知识(small knowledge)"。而到了大数据时代,得益于海量数据、强大计算能力、丰富多元的机器学习模型以及群智计算,大规模自动化知识获取或者大规模众包化知识获取成为可能,这使得大规模、高质量知识图谱构建,形成所谓"大知识"(big knowledge,合肥工业大学的吴兴东教授在很多场合下也提到类似观点)成为可能。因此,知识图谱与传统知识表示在浅层次上的区别,就是大知识与小知识的差别,是在规模上的显而易见的差别。

知识规模上的量变带来了知识效用上的质变。知识工程在二十世纪七八十年代曾辉煌一时,在规则明确、应用封闭的领域任务中(如数学定理证明、计算机系统配置)取得了成功;然而,二十世纪九十年代之后则遇到了瓶颈,逐渐走下神坛。其根本原因是传统知识工程主要依靠专家进行知识表示与获取,而基于人工的知识库构建代价高昂,知识库规模有限。例如我国的词林辞海是上万名专家花了十多年编撰而成的,但它只有十几万词条,其规模远小于互联网上动辄数千万实体的在线知识库(如 DBpedia)。专家之间的主观性与不一致性也常会造成知识库的质量问题。有限的规模、存疑的质量使得传统知识表示难以适应互联网与大数据时代的大规模开放应用的需求。互联网应用的特点在于:①规模巨大,比如很难预期用户下一个搜索关键词是什么。②精度要求相对不高,搜索引擎从来不需要保证每个搜索的理解和检索都是正确的。③简单知识推理,大部分搜索理解与回答只需要实现简单的推理,例如搜索刘德华推荐歌曲,是因为知道刘德华是歌星,至于"姚明老婆的婆婆的儿子有多高"这类的复杂推理在实际应用中所占比率是不高的。互联网上的这种大规模开放应用所需要的知识很容易突破传统专家系统(由专家预设好的知识库)的知识边界。因此,谷歌在 2012 年这个时间节点推出自己的知识图谱,利用一个全新名称而不是将其命名为谷歌语义网络,一定程度上是想表达与传统知识表示的毅然决裂。知识图谱的历史溯源对于把握其技术走势是十分必要的。传统语义网以及知识表示的很多理论与方法,必须在大数据时代重新思考。

8.1.3 典型知识图谱示例

近年来,从互联网上获取数以亿计实体的结构化信息的需求日益强烈,越来越多的知识图谱应运而生。据开放互联数据联盟(Linked Open Data)官方数据统计,截至 2021 年 5 月,共有 1301 个开放互联的知识图谱,图 8-2 展示了开放知识图谱云图[①],其中每个点代表一

---

① http://lod-cloud.net/

个知识图谱，点的大小表示了知识图谱的规模，规模越大，点越大；边代表它们之间的互联关系。本小节将按照时间顺序介绍其中一些具有代表性的知识图谱。

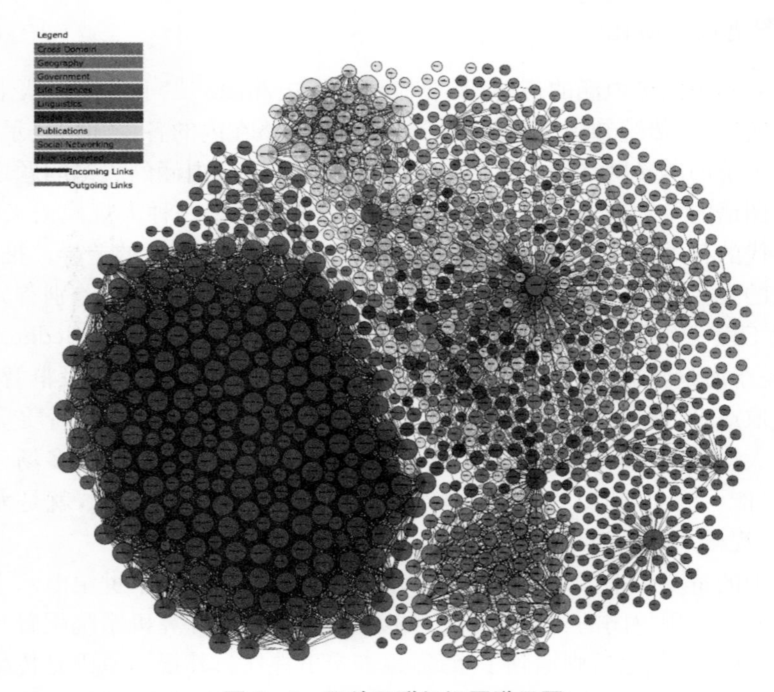

图 8-2 开放互联知识图谱云图

1) Cyc

Cyc① 始于 1984 年，其名称取自英文单词“百科全书”(Encyclopedia)[10]。最早由微电子与计算机技术公司(Microelectronics and Computer Technology Corporation, MCC)开发，现在归属于 Cycorp 公司。该项目试图将人类全部的常识编码，建成知识库。所有知识都用一阶逻辑来表示，便于机器阅读，用以支持机器的自动推理。典型的常识包括“鸽子是一种鸟”“鸟都会飞”等。当提出“鸽子会不会飞”时，系统会根据推理规则回答出正确的答案。Cyc 为研究人员提供了一个仅供研究的数据集 ResearchCyc，目前包含了 700 万条断言(事实和规则)，涉及 63 万个概念，38 000 种关系。Cyc 项目持续时间最久，目前仍在运营。它的主要特点是使用谓词逻辑的来表示知识，可以支持复杂的推理，但过于形式化也导致知识库的扩展性和应用的灵活性不足。

2) WordNet

WordNet[11] 始于 1985 年，是由普林斯顿大学的心理学家、语言学家和计算机工程师联合设计的一种基于认知语言学的英语词典，是传统的词典信息与计算机技术以及心理语言学的研究成果有机结合的产物。经过三十多年来的发展，WordNet 已经成为国际上非常有影响力的英语词汇知识库。

之所以将其看作是一个知识图谱，是由于 WordNet 是一个按词义关系网络组织的巨大

---

① http://www.cyc.com/

词库。WordNet 根据词条的意义将它们分组,每一个具有相同意义的词条组称为一组同义词集合(synset)。WordNet 为每一组同义词集合提供了一个定义,并记录不同同义词集合之间的语义关系。如图 8-3 中左图所示,英文单词“company”包含了多个不同的词义,WordNet 将每种词义分为单独一组。如第一种 company 的意思为“an institution created to conduct business”,而第二组 company 的意思为“small military unit; usually two or three platoons”等。如图 8-3 右图所示,第一种 company 的同义词集合又包含了许多的子概念,如 broadcasting company, car company 等。在 WordNet3.0 版中包含了大约 15 万个词,11 万组同义词集合,以及 20 万条关系。

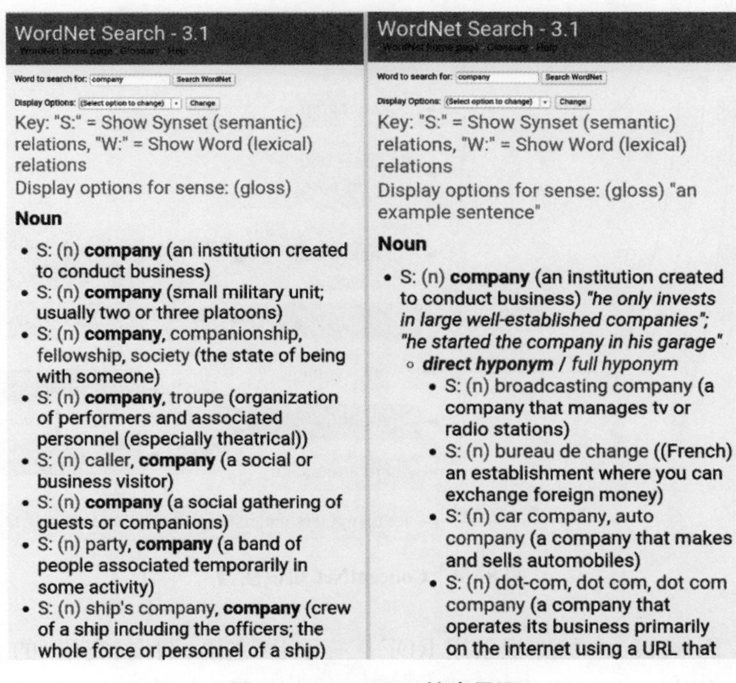

图 8-3 WordNet 搜索界面

3) ConceptNet

ConceptNet[12]始建于 2004 年,其目标也是构建一个常识知识库,源于 MIT 媒体实验室的 Open Mind Common Sense(OMCS)项目。目前最新版本为 Concept5[13],转型成为一个大型的多语言常识知识库,包含人们经常使用的词语和短语以及它们之间的常识关系。ConceptNet 的知识来源于多种渠道,包括互联网众包(Crowd-Sourcing)(例如 Wiktionary 和 Open Mind Common Sense),游戏(如 Verbosity 和 nadya.jp)以及专家创建(如 WordNet 和 JMDict)等。ConceptNet 侧重于词与词之间的关系,图 8-4 展示了实体“ConceptNet”的一些关系。与 Cyc 相比,ConceptNet 采用了非形式化、更加接近自然语言的描述。

4) Freebase

Freebase① 由 MetaWeb 公司于 2005 年创建,是个类似 Wikipedia 的开放共享、协同构

① http://www.freebase.com/

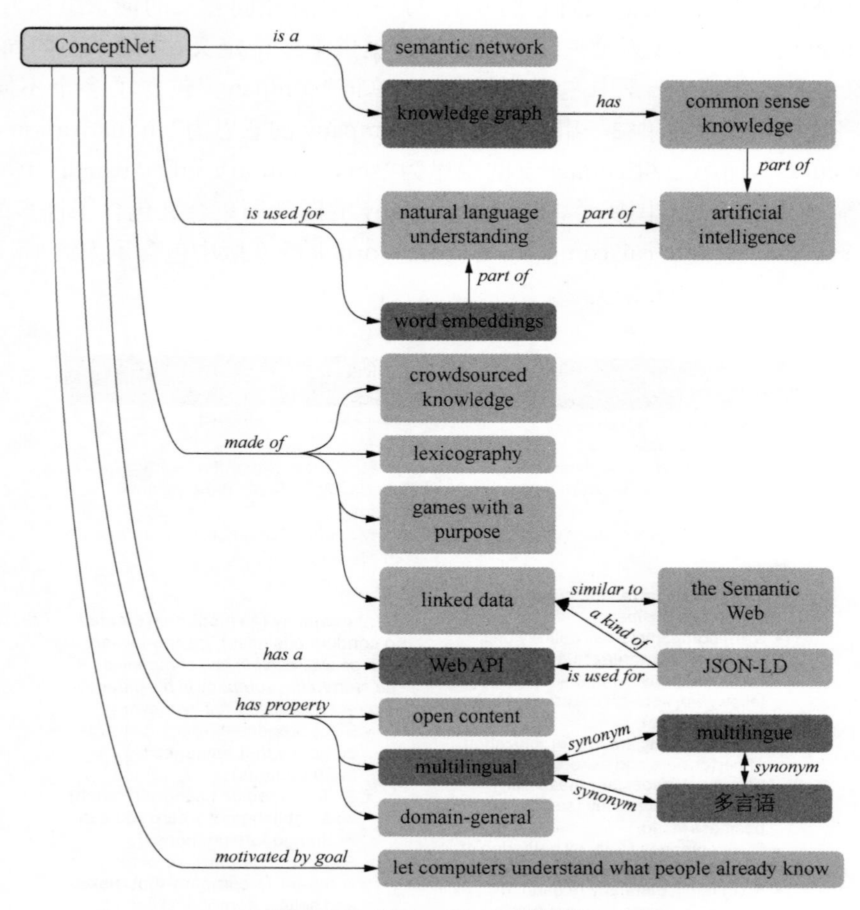

图 8-4 ConceptNet 知识图谱

建的知识图谱。Freebase 中的知识采用 RDF[1] 三元组(主语、谓词、宾语)的表现形式,其主要数据来源包括 Wikipedia、NNDB、MusicBrainz 以及社区志愿者的贡献等。2010 年,谷歌收购了 Freebase,将其作为谷歌知识图谱的数据来源之一。2016 年,谷歌宣布将 Freebase 的数据和 API 服务都迁移至 Wikidata,并正式关闭了 Freebase。

5) GeoNames

GeoNames[2] 始于 2006 年,是一个开放的全球地理知识图谱。它覆盖了 250 多个国家超过 1 000 万的地理位置信息,包括行政区划(所属国家、地区、州、省等)、水文(江、河、湖、海)、地区(公园、油田等)、城市(市、县、乡等)、道路(公路、铁路等)、建筑(医院、宾馆等)、地势(山、岩石等)、海底、植被等。主要提供位置的经纬度等基本信息。GeoNames 允许志愿者手动编辑、纠正以及添加新的地理信息。图 8-5 展示了上海东方明珠塔的编辑页面,用户可以自由编辑内容。此外,GeoNames 提供了免费 API 接口供大众使用,目前每天有 1.5 亿次调用量,已经广泛应用于各类系统中,包括旅游、商铺点评、房地产等方面。

① https://www.w3.org/RDF/
② http://www.geonames.org/

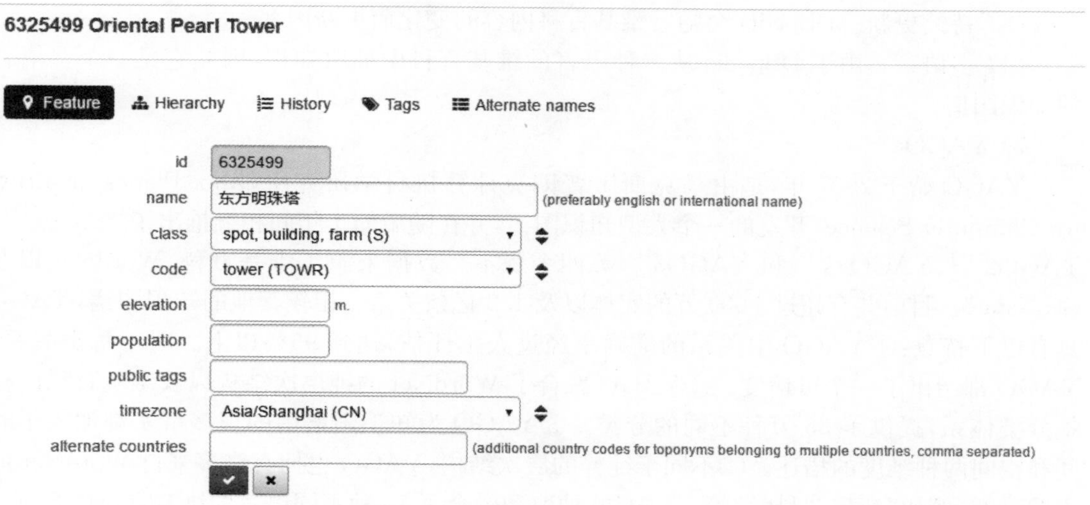

6325499 Oriental Pearl Tower
Feature
Hierarchy
History
Tags
Alternate names
id
6325499
name
东方明珠塔
(preferably english or international name)
class
spot, building, farm (S)
code
tower (TOWR)
elevation
m.
population
public tags
timezone
Asia/Shanghai (CN)
alternate countries
(additional country codes for toponyms belonging to multiple countries, comma separated)

图 8-5　GeoNames 允许志愿者手动编辑地理信息

6）DBpedia

DBpedia 项目开始于 2007 年，是一个多语言知识图谱，致力从维基百科页面中抽取出结构化的知识供大众使用，该项目是由柏林自由大学(Freie Universität Berlin)和莱比锡大学(Universität Leipzig)以及 OpenLink 软件公司联合完成的。DBpedia 规模巨大，以其 2016 年 4 月份的版本(DBpedia2016-04)为例，共收录有 127 种不同语言共计 2800 万实体，其中英文实体数量最大，为 467 万。DBpedia(图 8-6)的主要特点为：

Extraction Manager
Input
Parsing
Extraction
Output
Wikipedia
Dump Source
API Source
Wiki Parser
Label
Geo
Mapping based
Dump Sink
SPARQL Sink
DBpedia Dump
Triple Store Virtuoso
Ontology Mappings
SPARQL endpoint
Linked Data
The Web
DBpedia apps
SPARQL clients
RDF browser
HTML browser

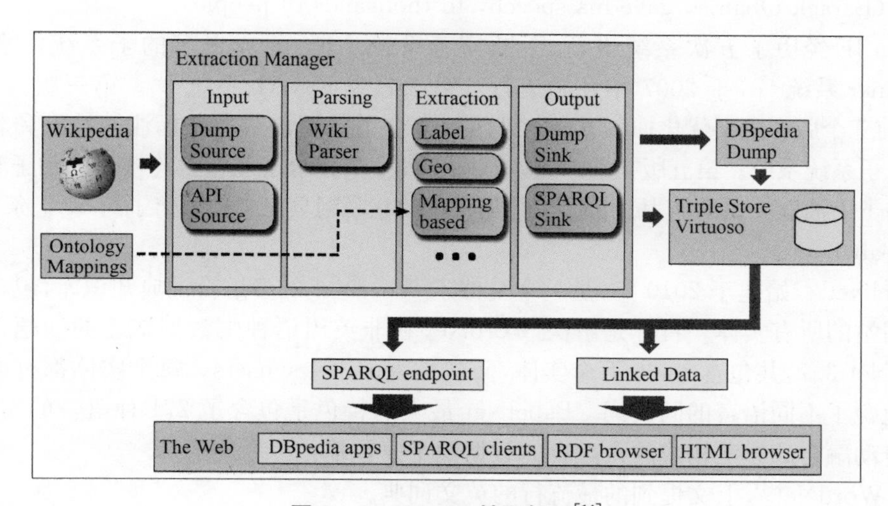

图 8-6　DBpedia 抽取框架[14]

(1) 半自动构建。DBpedia 以维基百科作为数据来源进行知识抽取。抽取框架如图 8-6 所示。通过数十种不同的关系抽取器，从维基百科中获取实体的各种知识。

(2) 协同构建。全球范围内的志愿者帮助 DBpedia 构建本体，并将维基百科的信息盒(infobox)模板映射到本体的概念中。

(3) 持续更新。DBpedia 会随着维基百科内容的变化而更新内容。

(4) 多语言。由于 DBpedia 从多种语言的维基百科中抽取知识,因此它是一个多语言的知识图谱。

7) YAGO

YAGO 始于 2007 年,是由马克斯·普朗克计算机科学研究所(Max Planck Institute for Computer Science)开发的一个大型知识图谱,并在随后的十年间相继推出了 YAGO[15]、YAGO2[16]、YAGO2s[17]和 YAGO3[18]等四个版本。数据来源于维基百科、WordNet 以及 GeoNames。目前共有超过 1 000 万的实体以及 1.2 亿条关系。相较其他的知识图谱,YAGO 具有以下特点:①YAGO 中关系的准确率经过人工评估,达到 95%以上。对于每类关系,YAGO 都给出了一个可信度。②YAGO 融合了 WordNet 的纯层次结构以及维基百科的标签分类体系,提供了 35 万种不同的分类。③YAGO 为知识图谱中的很多事实都加入了时间和空间两种维度的描述。④不同于纯粹的层次结构,YAGO 也拥有许多来自 WordNet 的主题分类,例如"音乐""科学"等。YAGO 抽取和融合了 10 种不同语言的维基百科内容。

8) Open IE

Open IE 是华盛顿大学图灵实验室研究开发的开放关系抽取系统,主要从句子中抽取开放关系。以句子"The U. S. president Barack Obama gave his speech on Tuesday and Wednesday to thousands of people."为例,通过 Open IE 工具可以从中得到五条关系:

(1) (Barack Obama, is the president of, the U. S.)

(2) (Barack Obama, gave, his speech)

(3) (Barack Obama, gave his speech, on Tuesday)

(4) (Barack Obama, gave his speech, on Wednesday)

(5) (Barack Obama, gave his speech, to thousands of people)

Open IE 经历了五次系统更新,不断完善系统功能,集成更多的子系统。第一版为 TextRunner 系统[19],于 2007 年开始运行。第二版为 Reverb 系统[20]。第三版为 Ollie 系统[21]。前三个版本主要优化抽取方法。第四版整合了基于语法角色标注的抽取和名词关系抽取两个子系统系统。第五版在前一版本基础上进一步整合了从包含连接词的句子和从包含数字的句子中抽取关系的能力。目前已经从十亿的互联网页面中抽取出了约 50 亿条关系。

9) BabelNet

BabelNet[22]始建于 2010 年,是一个类似于 WordNet 的多语言词典知识库,包含了词典和百科网站的所有实体。目标是解决 WordNet 在非英语语种中数据缺乏的问题。最新版为 BabelNet 3.7,共包含 1 400 万个实体,又被称为 Babel synsets。每个实体都有详细的解释并且包含了不同语言的同义词。BabelNet 最大的特色是包含了 271 种语言的实体,并且是通过自动融合的方法构成的。融合的数据源主要包括:

(1) WordNet①,上文提到的最流行的英文词典。

(2) Open Multilingual WordNet②,一个多语言版本的 WordNet。

(3) Wikipedia,最大的多语言百科类网站。

---

① http://wordnet.princeton.edu/

② http://compling.hss.ntu.edu.sg/omw/

(4) OmegaWiki[①],一个大型的协作多语言字典。

(5) Wiktionary[②],维基词典,是维基百科的姐妹工程,是一个基于所有语言的人人可编辑的词典。

(6) Wikidata[③],维基数据,也是维基百科的姐妹工程,是一个人人可编辑的知识库。

(7) Wikiquote[④],维基语录,一个包含各种语言的名人名言以及谚语等内容的自由的线上语录。

(8) Microsoft Terminology[⑤],可用于开发本地化版本的应用程序的术语集合。

(9) GeoNames,一个地理知识库。

(10) WoNeF[⑥],一个高质量、扩展版的法文 WordNet。

(11) ItalWordNet[⑦],意大利版 WordNet。

(12) ImageNet[⑧],一个按照 WordNet 层次结构组织的图片库。

(13) FrameNet[⑨],一个同时支持人和机器阅读的英文词典。

(14) WN-Map[⑩],一个自动生成的 WordNet 版本之间的对应词典。

10) WikiData

WikiData[⑪] 创始于 2012 年,是维基百科的姐妹工程,也是一个机器与人都可以进行读写的大型知识库。与 DBpedia 不同,Wikidata 不仅提供在线浏览功能,任何人都可以对相关词条进行编辑。截至 2017 年,WikiData 已经包含超过 2 500 多万个实体。

11) Google KG

谷歌知识图谱于 2012 年发布,被认为是搜索引擎的一次重大革新。在传统的搜索引擎中,对于用户输入关键字,搜索引擎将寻找所有包含该关键字的网页,并按照与关键字的相关程度以及网页的重要性进行排序并返回结果。然而,传统的搜索引擎并不能真正理解用户的意图,这样也就不能找到最符合用户需求的结果。Google 提出了知识图谱的概念,可以让搜索引擎真正理解用户的意图,从而提升搜索结果的相关度。例如,在当前的谷歌搜索引擎上搜索"Obama birthday",在结果页将直接返回奥巴马的生日,并在右侧显示奥巴马的其他相关信息,如奥巴马简介、全名、教育背景等。这表明搜索引擎理解了"Obama"指的是美国前总统,从而直接呈现相关信息。这种通过搜索词理解用户搜索的实体,没有知识图谱是难以做到的。

12) Probase

Probase 项目始于 2012 年,是由微软亚洲研究院开发。该项目数据源来自微软搜索引

---

① http://www.omegawiki.org/
② https://www.wiktionary.org/
③ https://www.wikidata.org/wiki/Wikidata
④ https://www.wikiquote.org/
⑤ https://www.microsoft.com/Language/en-US/Terminology.aspx
⑥ http://wonef.fr/
⑦ http://webilc.ilc.cnr.it/viewpage.php/sez=ricerca/id=834/vers=en
⑧ http://image-net.org/
⑨ https://framenet.icsi.berkeley.edu/fndrupal/
⑩ http://www.talp.upc.edu/index.php/technology/tools/45-textual-processing-tools/98-wordnet-mappings/
⑪ https://www.wikidata.org/

擎 Bing 的网页，主要利用 Hearst Pattern（如图 8－7 所示）从文本中抽取 IsA 关系，包含实体与概念之间的 instanceOf 关系以及概念与概念之间的 subclassOf 关系。Probase 目前拥有大约 270 万的概念，是当前概念数最多的知识图谱之一。

ID	Pattern
1	*NP* such as {*NP*,}* {(or | and)} *NP*
2	such *NP* as {*NP*,}* {(or | and)} *NP*
3	*NP*{,} including {*NP*,}* {(or | and)} *NP*
4	*NP*{,*NP*}* {,} and other *NP*
5	*NP*{,*NP*}* {,} or other *NP*
6	*NP*{,} especially {*NP*,}* {(or | and)} *NP*

图 8－7　Hearst Pattern（NP 代表名词短语），引自文献[23]

13）搜狗知立方

2012 年底搜狗在自己的搜索引擎中加入了知识图谱模块——知立方，主要来源于搜狗百科等。其知识图谱主要为娱乐领域的知识图谱，满足用户的“八卦”需求，提供了明星、电影、电视剧等方面的深度信息。同时，搜狗还在其搜索引擎中加入了推理的功能，例如能回答“梁启超的儿子的太太的情人的父亲是谁”这样的问题。

14）百度知心

2013 年百度也在自己的搜索引擎中加入知识图谱模块——百度知心，主要来源为百度百科。百度百科是目前世界上最大的中文百科类网站，它提供了丰富的中文百科知识，为搜索引擎带来了全新的用户体验。例如，用户在查询“刘德华”时，不仅提供了关于刘德华的结构化信息，同时还推荐了一些他主演的电影电视剧以及他唱过的歌曲等。

15）CN-DBpedia

CN-DBpedia① 创建于 2015 年，是目前开放的大规模中文百科知识图谱之一，由复旦大学知识工场实验室研发[24]。主要从中文百科类网站（如百度百科、互动百科、中文维基百科等）的半结构化页面中提取信息，经过滤、融合、推断等操作后，最终形成高质量的结构化数据，供机器和人使用。CN-DBpedia 包含完整的数据和服务接口，具有实时更新能力。目前包括 1 600 万实体以及 2.2 亿条关系。

8.1.4　知识图谱的研究意义

知识图谱是实现机器认知智能的基础。机器认知智能的两个核心能力：“理解”和“解释”，均与知识图谱有着密切关系。首先需要给出机器“理解与解释”的一种解释。机器理解数据的本质是建立起从数据到知识库中的知识要素（包括实体、概念和关系）映射的一个过程。例如，对于句子“2013 年的金球奖得主 C 罗”，人们之所以说自己理解了这句话，是因为人们把“C 罗”这个词汇关联到他们脑子中的实体“C 罗”，把“金球奖”这个词汇映射到脑中的实体“金球奖”，然后把“得主”一词映射到“获得奖项”这个关系。通过对人类自身文本理解过程的反思不难发现，理解的本质是建立从数据，包括文本、图片、语音、视频等数据到知识库中的实体、概念、属性映射的过程。而对于人类是如何“解释”的，例如有人问“C 罗为什

---

① http://kw.fudan.edu.cn/cndbpedia/

么那么牛?",可以通过知识库中的"C罗,获得奖项,金球奖"以及"金球奖,地位,影响力最大的足球奖项之一"这两条关系来解释这一问题。这一过程的本质就是将知识库中的知识与问题或数据加以关联的过程。有了知识图谱,机器完全可以重现人类的这种理解与解释过程。知识图谱对于机器认知智能的重要性也体现在下面几个具体方面。

1) 知识图谱使能机器语言认知

首先,对于机器认知的核心能力之一——自然语言理解来说。机器理解自然语言需要类似知识图谱这样的背景知识。自然语言是异常复杂的:自然语言有歧义性、多样性,语义理解有模糊性且依赖上下文。机器理解自然语言困难的根本原因在于,人类语言理解是建立在人类的认知能力基础之上的,人类的认知体验所形成的背景知识支撑了人类的语言理解。人类彼此之间的语言理解就如同根据冰山上浮出水面的一角来揣测冰山下的部分。人类之所以能够很自然地理解彼此的语言,是因为彼此共享类似的生活体验、类似的教育背景,从而有着类似的背景知识。冰山下庞大的背景知识使得人们可以理解水面上有限的几个字符。例如,西方人说的笑话,东方人很难产生共鸣。因为背景知识库不同,东方人早餐吃烧饼、油条,西方吃咖啡、面包,不同的背景知识决定了人们对幽默有着不同的理解。因此,语言理解需要背景知识,没有强大的背景知识支撑,是不可能理解语言的。要让机器理解人类的语言,机器必须共享与人类类似的背景知识。

实现机器自然语言理解所需要的背景知识有着苛刻的条件:规模足够大、语义关系足够丰富、结构足够友好、质量足够精良。以这四个标准来评判各种知识表示会发现,只有知识图谱是满足所有这些条件的:知识图谱规模巨大,动辄包含数十亿实体;关系多样,例如在线百科图谱 DBpedia 包含数千种常见语义关系;结构友好,通常表达为 RDF 三元组,这是一种对于机器而言能够有效处理的结构;质量也很精良,因为知识图谱可以充分利用大数据的多源特性进行交叉验证,也可利用众包保证知识库质量,所以知识图谱成为了机器理解自然语言所需背景知识的重要选择。

2) 知识图谱使能可解释人工智能

知识图谱对于认知智能的另一个重要意义在于:知识图谱让可解释人工智能成为可能。"解释"这件事情一定是跟符号化知识图谱密切相关的。由于解释的对象是人,人只能理解符号,没办法理解数值,因此一定要利用符号知识开展可解释人工智能的研究。可解释性不能回避符号知识。例如,若问鲨鱼为什么可怕?可能解释因为鲨鱼是食肉动物,这实质上是用概念在解释。若问鸟为什么能飞翔?可能会解释因为它有翅膀,这是用属性在解释。若问鹿晗关晓彤前些日子为什么会刷屏?可能会解释说因为关晓彤是鹿晗的女朋友,这是用关系在解释。人类倾向于利用概念、属性、关系这些认知的基本元素去解释现象,解释事实。而对机器而言,概念、属性和关系都表达在知识图谱里面。因此,解释离不开知识图谱。

3) 知识引导将成为解决问题的主要方式

知识图谱的另一个重要作用体现在知识引导将成为解决问题的主要方式。统计模型的效果已经接近"天花板",要想突破这个"天花板",需要知识引导。例如,实体指代这样的文本处理难题,没有知识单纯依赖数据是难以取得理想效果的。例如"张三把李四打了,他进医院了"和"张三把李四打了,他进监狱了",人类很容易确定这两个不同的"他"的分别指代。因为人类有知识,有关于打人这个场景的基本知识,知道打人的往往要进监狱,而被打的往往会进医院。但是当前机器缺乏这些知识,因此无法准确识别代词的准确指代。很多任务纯粹基于数据驱动的统计模型是解决不了的，知识在很多任务里不可或缺。比较务实的做法是将这两类方法深度融合。

4）知识将显著增加机器学习能力

知识对于认知智能的另一个重要意义就是将显著增强机器学习的能力。当前的机器学习是一种典型的“机械式”学习方式，与人类的学习方式相比显得比较笨拙。人类的孩童只需要父母告知一两次，如这是猫、那是狗，就能有效识别或区分猫狗。而机器却需要数以万计的样本才能习得猫狗的特征。在中国学习英语，虽然也要若干年才能小有所成，但相比于机器对语言的学习而言要高效得多。机器学习与人类学习的根本差异可以归结为人是有知识的且能够有效利用知识的物种。未来机器学习能力的显著增强也要走上知识的充分利用的道路。符号知识对于机器学习模型的重要作用会受到越来越多的关注。这一趋势还可以从机器智能解决问题的两个基本模式方面加以论述。机器智能的实现路径之一是习得数据中的统计模式，以解决一系列实际任务。另一种是专家系统，专家将知识赋予机器构建专家系统，让机器利用专家知识解决实际问题。如今，这两种方法有合流的趋势，无论是专家知识还是通过学习模型习得的知识，都将显式地表达并沉淀到知识库中。再利用知识增强的机器学习模型解决实际问题。这种知识增强下的学习模型，可以显著降低机器学习模型对于大样本的依赖，提高学习的经济性；提高机器学习模型对先验知识的利用率；提升机器学习模型的决策结果与先验知识的一致性。

因此，知识将成为比数据更为重要的资产。如果说数据是石油，那么知识就好比是石油的萃取物。如果只满足卖数据盈利，那就好比是直接输出石油在盈利，但是石油的真正价值蕴含于其深加工的萃取物中。石油萃取的过程与知识加工的过程也极为相像。都有着复杂流程，都是大规模系统工程。正如知识工程的鼻祖费根鲍姆曾经说过的一句话：“knowledge is the power in AI”。

8.2 知识图谱技术特性

8.2.1 知识图谱的表示学习

知识图谱本身的表示有多种方式。除了符号化表示之外，另一种重要表示方式是数值型表示。符号化(symbol)表示大量使用字符、箭头等符号。向量化表示将知识图谱中的实体、概念或关系用数值向量加以表示(如图 8－8 所示，将知识图谱中的三元组各成分分别表示成数值向量)。机器无法“理解”符号，只能处理数值和向量。向量化表示是将符号化知识图谱集成到深度学习框架中的一种基本方式。符号化表示是一种显性的表示，而向量化表示是一种隐性表示。符号化表示易理解、可解释，而向量化表示难解释、难理解。符号化表示的另一优点在于推理能力。例如数学定理证明都是基于符号推理进行的。虽然基于知识图谱的向量化表示，也可以开展一定程度上的推理；但是基于向量化表示的推理只能推理语义相关性，而无法明确是何种意义下的语义相关。因此基于向量化表示的推理能力有限，在实际应用中仍存在一定的局限性。基于向量化表示的知识图谱的推理在实际应用中大都只作为复杂任务

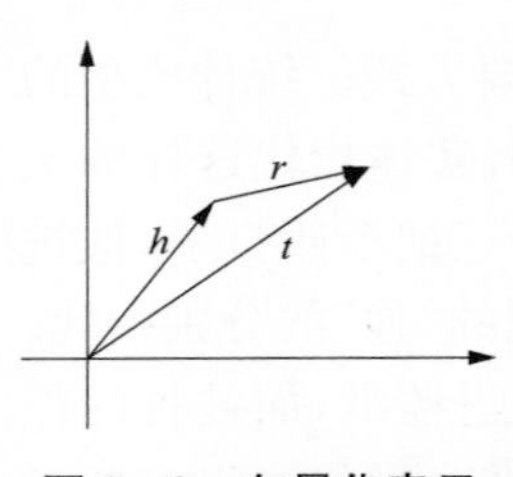

图 8－8 向量化表示

的预处理步骤,用于将明显语义不相关的元素加以剪枝,而后续处理仍须借助基于符号语义的方法进行精准的语义推理。

求解知识图谱的向量化过程是知识图谱表示学习中的热点问题。知识图谱的表示学习旨在学习实体和关系的向量化表示,其关键是合理定义知识图谱中关于事实(三元组 $\langle h, r, t\rangle$)的损失函数 $f_r(h, t)$,其中和是三元组的两个实体 h 和 t 的向量化表示。通常情况下,当事实 $\langle h, r, t\rangle$ 成立时,期望最小化 $f_r(h, t)$。考虑整个知识图谱的事实,则可通过最小化 $\sum_{\langle h, r, t\rangle \in O} f_r(h, t)$ 来学习实体以及关系的向量化表示,其中 O 表示知识图谱中所有事实的集合。不同的表示学习可以使用不同的原则和方法定义相应的损失函数。这里是以基于距离和翻译的模型介绍知识图谱表示的基本思路[1]。

(1) 基于距离的模型。其代表性工作是 SE 模型[2]。基本思想是当两个实体属于同一个三元组 $\langle h, r, t\rangle$ 时,它们的向量表示在投影后的空间中也应该彼此靠近。因此,损失函数定义为向量投影后的距离:

$$f_r(h, t) - \| W_{r,1} h - W_{r,2} t \|_{l1}$$

式中,矩阵 $W_{r,1}$、$W_{r,2}$ 用于三元组中头实体 h 和尾实体 t 的投影操作。但由于 SE 引入了两个单独的投影矩阵,导致很难捕获实体和关系之间的语义相关性。Socher 等人针对这一问题采用三阶张量替代传统神经网络中的线性变换层来刻画评分函数[3]。Bordes 等人提出能量匹配模型,通过引入多个矩阵的 Hadamard 乘积来捕获实体向量和关系向量的交互关系[4]。

(2) 基于翻译的表示学习。其代表性工作 TransE 模型通过向量空间的向量翻译来刻画实体与关系之间的相关性[5]。该模型假定,若 $\langle h, r, t\rangle$ 成立则尾部实体 t 的嵌入表示应该接近头部实体 h 加上关系向量 r 的嵌入表示,即 $h+r\approx t$。因此,TransE 采用

$$f_r(h, t) = \| h + r - t \|_{l_1/l_2}$$

作为评分函数。当三元组成立时,得分较低,反之得分较高。TransE 在处理简单的 1-1 关系(即关系两端连接的实体数比率为 1∶1)时是非常有效的,但在处理 $N-1$、$1-N$ 以及 $N-N$ 的复杂关系时性能则显著降低。针对这些复杂关系,Wang 提出了 TransH 模型通过将实体投影到关系所在超平面,从而习得实体在不同关系下的不同表示[6]。Lin 提出了 TransR 模型通过投影矩阵将实体投影到关系子空间,从而习得不同关系下的不同实体表示[7]。

除了上述两类典型知识图谱表示学习模型之外,还有大量的其他表示学习模型。例如,Sutskever 等人使用张量因式分解和贝叶斯聚类来学习关系结构[8]。Ranzato 等人引入了一个三路的限制玻尔兹曼机来学习知识图谱的向量化表示,并通过一个张量加以参数化[9]。

当前主流的知识图谱表示学习方法仍存在各种各样的问题,如不能较好刻画实体与关系之间的语义相关性、无法较好处理复杂关系的表示学习、模型由于引入大量参数导致过于复杂,以及计算效率较低难以扩展到大规模知识图谱上等。为了更好地为机器学习或深度学习提供先验知识,知识图谱的表示学习仍是一项任重道远的研究课题。

8.2.2 知识图谱的生命周期

知识图谱系统的生命周期(图 8-9)包含四个重要环节:知识表示、知识获取、知识管理

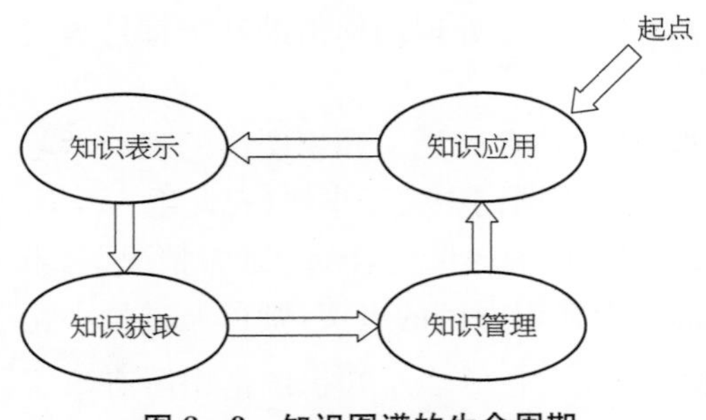

图 8-9 知识图谱的生命周期

与知识应用。这四个环节循环迭代。知识应用环节明确应用场景,明确知识的应用方式。知识表示定义了领域的基本认知框架,明确领域有哪些基本的概念,概念之间有哪些基本的语义关联。例如企业家与企业之间的关系可以是创始人关系,这是认知企业领域的基本知识。知识表示只提供机器认知的基本骨架,还要通过知识获取环节来充实大量知识实例。例如,乔布斯是个企业家,苹果公司是家企业,乔布斯与苹果公司就是“企业家-创始人-企业”这个关系的一个具体实例。知识实例获取完成之后是知识管理。这个环节将知识加以存储与索引,并为上层应用提供高效的检索与查询方式,实现高效的知识访问。四个环节环环相扣,彼此构成相邻环节的输入与输出。在知识的具体应用过程中,会不断得到用户的反馈,这些反馈会对知识表示、获取与管理提出新的要求,因此整个生命周期会不断迭代持续演进下去。

8.2.2.1 知识表示

在知识表示方面,常用三元组(主语、谓词、宾语)表示知识图谱。如三元组〈七里香,歌曲原唱,周杰伦〉表示“七里香这首歌曲的原唱是周杰伦”这一知识。知识图谱只能表达一些简单的关联事实,但很多领域应用的需求已经远远超出了三元组所能表达的简单关联事实,实际应用对于利用更加多元的知识表示丰富和增强知识图谱的语义表达能力提出了需求。首先,增强知识图谱的时间和空间语义表达。有很多知识和事实是有时间和空间条件的,例如说“美国总统是特朗普”这个事实的成立是有时间条件的,特朗普只在其任期是美国总统。还有很多事实是有空间条件的,例如“早餐是烧饼和油条”这件事,在中国是这样,但是在西方并非如此,西方的早餐可能是咖啡、面包等。从时空维度拓展知识表示对很多特定领域具有较强的现实意义。例如在位置相关的应用中,如何将 POI(point of interest)与该 POI 相关实体加以关联,成为当下拓展 POI 语义表示的重要任务之一。例如将“邯郸路 220 号”(复旦大学地址)关联到“复旦大学”是十分有意义的。在互联网娱乐领域,粉丝们往往不仅关心某个男明星的妻子是谁,可能更关心男明星的前任妻子、前任女友等信息,这些应用都对事实成立的时间提出了需求。此外,增强知识图谱的跨模态语义表示。当前的知识图谱主要以文本为主,但实际应用需要有关某个实体的各种模态表示方式,包括声音、图片、视频等。如对于实体“Tesla Model S”,需要将其关联到相应图片和视频。知识图谱时空维度拓展在物理实现上可以通过定义四元组或者五元组加以实现。跨模态表示可以通过定义相关的属性加以实现。

知识图谱的语义增强总体上而言将是未来一段时间知识表示的重要任务。知识图谱作为语义网络,侧重于表达实体、概念之间的语义关联,还难以表达复杂因果关联与复杂决策过程。如何利用传统知识表示增强知识图谱,或如何融合知识图谱与传统知识表示,更充分地满足实际应用需求,是知识图谱领域值得研究的问题之一。在一些实际应用中,研究人员已经开始尝试各种定制的知识表示,在知识图谱基础上适当扩展其他知识表示是一个值得尝试的思路。

8.2.2.2 知识获取

知识的获取是个系统工程,流程复杂,内涵丰富,涉及到知识表示、自然语言处理、数据库、数据挖掘、众包等一系列技术。知识获取的基本步骤如图 8－10 所示。

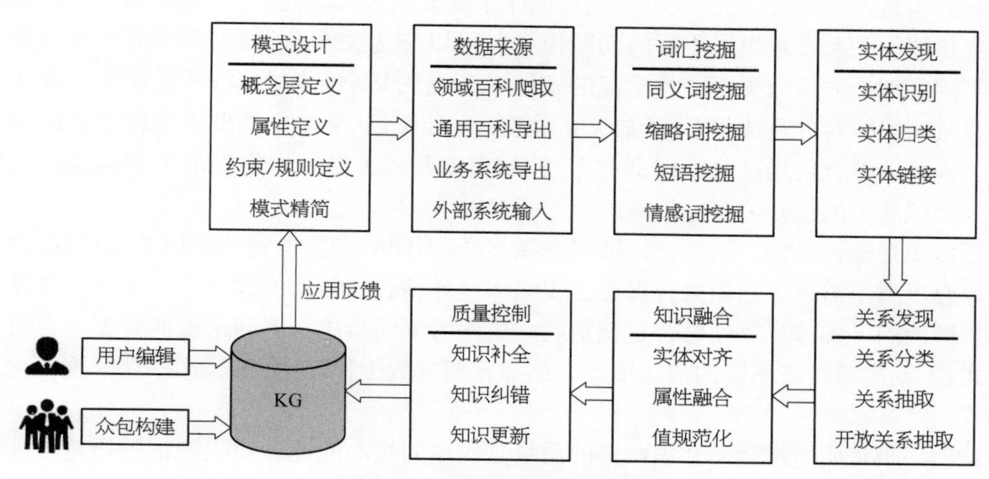

图 8－10　知识获取的基本步骤

第一步是模式(Schema)设计。这一步是传统本体设计所要解决的问题。基本目标是把认知领域的基本框架赋予机器。在所谓认知的基本框架中：①需要指定领域的基本概念，以及概念之间 Subclassof 关系(如足球领域需要建立“足球运动员”是“运动员”的子类)；②需要明确领域的基本属性；③明确属性的适用概念；④明确属性值的类别或者范围。如“效力球队”这个属性一般是定义在足球运动员这个概念上，其合理取值是一个球队。此外，领域还有大量的约束或规则，如对于属性是否可以取得多 SS 值的约束(如“奖项”作为属性是可以取得多值的)，再如球队的“隶属球员”属性与球员的“效力球队”是一对互逆属性。这些元数据对于消除知识库不一致、提升知识库质量具有重要意义。

第二步是明确数据来源。在这一步要明确建立领域知识图谱的数据来源。可能来自互联网上的领域百科爬取，也可能来自通用百科图谱的导出、内部业务数据的转换，以及外部业务系统的导入等。应尽量选择结构化程度相对较高、质量较好的数据源，以尽可能降低知识获取代价。

第三步是词汇挖掘。人们从事某个行业的知识的学习，都是从该行业的基本词汇开始的。在传统图书情报学领域，领域知识的积累往往是从叙词表的构建开始的。叙词表里涵盖的大都是领域的主题词，以及这些词汇之间的基本语义关联。这一步需要识别领域的高质量词汇、同义词、缩写词和领域的常见情感词。例如在政治领域，需要知道特朗普在我国台湾、香港地区又被译为“川普”，其英文拼写为 Trump。

第四步是领域实体发现(或挖掘)。需要指出的是领域词汇只是识别出领域中的重要短语和词汇。但是这些短语未必是一个领域实体。从领域文本识别某个领域常见实体是理解领域文本和数据的关键一步。在实体识别后，还须对实体进行实体归类。能否把实体归到相应的类别(或说将某个实体与领域类别或概念进行关联)，是实体概念化的基本目标，是理解实体的关键步骤。例如将特朗普归类到政治人物、美国总统等类别，对于理解特朗普的含义具有重要意义。实体挖掘的另一个重要任务是实体链接，也就是将文本里的实体提及(Mention)链接到知识库中的相应实体。实体链接是拓展实体理解，丰富实体语义表示的关键步骤。

第五步是关系发现。关系发现，或知识库中的关系实例填充，是整个领域知识图谱构建的重要步骤。关系发现根据不同的问题模型又可以分为关系分类、关系抽取和开放关系抽取等不同变种。关系分类旨在将给定的实体对分类到某个已知关系；关系抽取旨在从文本中抽取某个实体对的具体关系；开放关系抽取（OpenIE）从文本中抽取出实体对之间的关系描述。也可以综合使用这几种模型与方法，如根据开放关系抽取得到的关系描述将实体对分类到知识库中的已知关系。

第六步是知识融合。因为知识抽取来源多样，不同的来源得到的知识不尽相同，这就对知识融合提出了需求。知识融合需要完成实体对齐、属性融合、值规范化。实体对齐是识别不同来源的同一实体。属性融合是识别同一属性的不同描述。不同来源的数据通常有不同的格式、不同的单位或不同的描述形式。例如日期有数十种表达方式，这些需要规范化到统一格式。

最后一步是质量控制。知识图谱的质量是构建的核心问题。知识图谱的质量可能存在几个基本问题：缺漏、错误和陈旧。首先考虑知识库的缺漏问题，在一些开放性应用领域，知识库很难完备，总能枚举出知识库中缺漏的知识。知识缺漏对于自动化方法构建的知识图谱而言尤为严重。但即便如此，构建一个尽可能完整的知识图谱仍是首要目标。既然自动化构建无法做到完整，补全也就成为了提升知识图谱质量的重要手段。补全可以是基于预定义规则（例如一个人出生地是中国，可以推断其国籍也可能是中国），也可以从外部互联网文本数据进行补充（如很多百科图谱没有鲁迅身高的信息，需要从互联网文本寻找答案进行补充）。其次是纠错，自动化知识获取不可避免地会引入错误，这就需要纠错。根据规则进行纠错是基本手段。如A的妻子是B，但B的老公是C，那么根据妻子和老公是互逆属性，可以推断这对事实可能有错。知识图谱的结构也可以提供一定的信息帮助推断错误关联。在由概念和实例构成的概念图谱中，理想情况下应该是个有向无环图，如果其中存在环，那么有可能存在错误关联。最后一个质量控制的重要问题是知识更新，更新是一个具有重大研究价值，却未得到充分研究的问题。很多领域的知识图谱都面临着更新困难的问题。如电商的商品知识图谱必须保持知识实时更新，才能无法满足用户的实时消费需求（如"战狼同款饰品"这类与热点电影相关的消费需求很难及时更新进知识图谱中）。

经历了上述步骤之后得到一个初步的知识图谱。在实际应用中会得到不少反馈，这些反馈作为输入进一步指导上述流程的完善，从而形成闭环。此外，除了上述自动化构建的闭环流程，还应充分考虑人工的干预。人工补充很多时候是行之有效的方法。例如一旦发现部分知识缺漏或陈旧，可以通过特定的知识编辑工具实现知识的添加、编辑和修改。也可以利用众包手段将很多知识获取任务分发下去。如何利用众包手段进行大规模知识获取，是个十分有趣的问题，涉及知识贡献的激励机制等问题。

8.2.2.3 知识管理

知识图谱的管理主要包括图谱的存储、检索等问题。通常这些问题的解决需要数据库系统的支撑，因而系统的选型也是知识图谱管理的一个重要问题。这里主要讨论能用于知识图谱管理的数据库系统选型以及知识图谱查询语言。知识图谱存储是个较为专业化的问题，此处不再深入讨论。

知识图谱管理系统的选型。知识图谱本质上在表达关联上天然地可以用图加以建模，因而很多人想到用图数据库对领域知识图谱加以存储。图数据库的确是知识图谱存储选型的重要选择,但不是唯一选择。传统关系数据库,近几年充分发展的其他类型的 NoSQL 数据库在很多场景下也是合理选择。数据库的选择需要考虑的要素有两类:图谱的规模和操作复杂度。从图谱的规模角度来看,百万、千万的节点和关系规模(及以下规模)的图谱对于图数据库的需求并不强烈,图数据库的必要性在中等或小规模知识图谱上体现并不充分。但如果图谱规模在数亿节点规模以上,图数据库就十分必要了。从操作复杂性来看,图谱上的操作越是复杂,图数据库的必要性越是明显。图谱上的全局计算(如平均最短路径的计算),图谱上的复杂遍历,图谱上的复杂子图查询等都涉及图上的多步遍历。图上的多步遍历操作如果是在关系数据库上实现需要多个联结(Join)操作。多个联结操作的优化一直以来是关系数据库的难题。图数据库系统实现时针对多步遍历做了大量优化,能够实现高效图遍历操作。除了上述因素之外,还应该充分考虑系统的易用性、普及性与成熟度。总体而言图数据库还是发展中的技术,对于复杂图数据管理系统的优化也是只有少部分的专业人员才能从事的工作。在数据库选型时需要充分考虑这些因素,例如复旦大学知识工场实验室在实现 CN-DBpedia(2 000 万实体、2.2 亿关系)在线服务系统时先后采用了关系型数据库、图数据库和 MongoDB,最后出于综合考虑选用的是 MongoDB,并已经稳定运行了七年,累计提供 13 亿多次 API 服务。

知识图谱查询语言。通常对于表达为 RDF 形式的知识图谱,可以使用 SPARQL 查询语言。SPARQL 语言针对 RDF 数据定义了大量的算子,对于推理操作有着很好的支撑,因而能够适应领域中的复杂查询与复杂推理。从应用角度来看,也可以将知识图谱仅表达为无类型的三元组。对于这种轻量级的表示,也可以选用传统的关系型数据库,并使用对应的 SQL 语言进行查询。SQL 十分成熟,语法简单、用户众多且有着几十年的成功应用基础。很多领域图谱上的查询是相对简单的,以单步或两到三步遍历居多。此时,SQL 完全能够胜任,但不排除有一些特定场景,特别是公共安全、风控管理等领域,通常需要进行复杂关联分析、较长路径的遍历或开展复杂子图挖掘,此时 SQL 的表达能力就显得相对较弱了。

8.2.2.4 知识图谱的评价

领域图谱的评价标准是落地过程中常常被问及的问题。总体而言,有三个方面的指标应该予以充分考虑。

第一个是规模。规模一般而言是个相对指标。关于规模问题,在落地过程有两个有意思的问题。一是,当前知识图谱是否足以支撑实际应用,或多大规模就足够了?这个问题没有绝对答案。一般可以通过实际应用的反馈,也就是知识图谱上线后的用户满意率。例如在利用知识图谱支撑语义搜索方面,可以使用用户查询中能被准确识别并理解的比率,评价知识图谱的完整性。当然查询理解率不仅涉及知识图谱的覆盖率,也关系到查询理解模型自身的准确率。因此,在实际评估中需要客观对待查询理解率,不能简单地将查询理解率直接等同于图谱覆盖率。

第二个是质量。当前 AI 系统努力避免的一个事实就是“Garbage In Garbage Out”。给机器输入错误知识,就会导致错误的应用结果。提升知识图谱质量是知识图谱构建的核心命题。那么知识图谱质量又应该从哪些维度进行衡量呢?至少有以下几个维度:一是准确率,例如是否存在错误事实,错误事实所占比率就是质量的直接反映;二是知识的粒度,如很多知识图谱只涵盖人物这样的大类,无法细化到作家、音乐家、运动员这些细分类目(fine-grained concepts);三是知识的精度,比如在领域知识图谱,只能做到判定商品与场景相关联,可是商品与场景是何种意义下的关联则不清晰。再如沙滩裤、沙滩鞋、泳装显然与海边度假场景相关,西湖龙井、临安小核桃与杭州特产相关,但前后两类的相关关系是不同的。精化语义关联是领域知识图谱的构建过程中的重要任务之一。

第三个是实时。绝对实时是不现实的,因而实时性大都从知识的延时性(latency)进行刻画,短延时显然是所期望的。知识图谱的更新是个复杂问题,不同的更新策略导致不同的延时。一般而言,知识图谱更新包括被动更新和主动更新两种方式。实际落地往往需要结合两种方式。被动更新往往采取周期性更新策略,这种策略延时长,适用于大规模知识更新。主动更新,往往从需求侧、消费侧和应用侧出发,主动触发相关知识更新,适用于头部或者高频实体及知识的更新。关于知识库更新的细节,可参考本章后的文献[25]。

8.3 知识图谱应用方式

8.3.1 知识图谱的应用价值

基于知识图谱的认知智能有着广泛多样的应用,包括数据分析、智慧搜索、智能推荐、智能解释、更自然的人机交互和深层关系推理等典型应用方式。

(1) 基于知识图谱的数据精准与精细分析。如今,越来越多的行业或者企业积累了规模可观的大数据。但是这些数据并未发挥出应有的价值,很多大数据还需要消耗大量的运维成本。大数据非但没有创造价值,在很多情况下还成为了一笔负资产。这一现象的根本原因在于,当前的机器缺乏诸如知识图谱这样的背景知识,机器理解大数据的手段有限,限制了大数据的精准与精细分析,从而大大降低了大数据的潜在价值。例如,在娱乐圈王宝强离婚案刚刚开始的时候,新浪微博的热搜前三位分别是“王宝强离婚”“王宝宝离婚”和“宝强离婚”。也就是说,当时的微博平台还没有能力将这三件事自动归类到一件事,在统计事件热度的时候就分开统计了。这种错误的原因在于当时机器缺乏背景知识,不知道王宝强又称为“王宝宝”或“宝强”,因此没有办法做到大数据的精准分析。事实上,舆情分析、互联网的商业洞察,还有军事情报分析和商业情报分析都需要大数据的精准分析,而这种精准分析就必须要有强大的背景知识支撑。除了大数据的精准分析,数据分析领域另一个重要趋势——精细分析,也对知识图谱和认知智能提出了诉求。例如很多汽车制造厂商都希望实现个性化制造。个性化制造希望从互联网上搜集用户对汽车的评价与反馈,并以此为据实现汽车的按需与个性化定制。为了实现个性化定制,厂商不仅需要知道消费者对汽车的褒贬态度,还需要进一步了解消费者不满意的细节之处,以及消费者希望如何改进,甚至用户提及了哪些竞争品牌。显然面向互联网数据的精细化数据分析必须要求机器具备关于汽车评价的背景知识(如汽车的车型、车饰、动力、能耗等)。因此,大数据的精准和精细化分析需要智能化的技术支撑。

(2) 基于知识图谱的智慧搜索。下一代智慧搜索对机器认知智能提出了需求。智慧搜索体现在很多方面。首先,体现在搜索意图的精准理解方面。如在淘宝上搜索“iPad 充电器”,用户的意图显然是要搜索一个充电器,而不是一个 iPad,这个时候淘宝应该反馈给用户若干个充电器以供选择,而不是 iPad。再比如在 Google 上搜索“toys kids”或“kids toys”,不管搜索这两个中的哪一个，用户的意图都是在搜索给孩子的玩具，而不是玩玩具的小孩，因为一般不会有人用搜索引擎搜孩子。“toys kids”“kid's toys”中两个词都是名词，要辨别出哪一个是核心词，哪一个是修饰词，在缺乏上下文的短文本上，仍然是个具有挑战性的难题。其次，搜索的对象越来越复杂多元化。传统搜索以文本为主要对象，当下图片、语音、视频搜索需求日益广泛。一切皆可搜索渐渐成为趋势。再次，搜索的粒度也越来越多元化。当下的搜索需求不仅需要篇章级搜索，更希望做到段落级、语句级、词汇级搜索。惊喜粒度的搜索需求在知识管理领域体现得尤为明显。传统的知识管理只能做到文档级搜索，只能实现粗粒度知识管理，已难以满足实际应用中细粒度的知识获取需求。最后，是跨模态协同搜索。传统搜索以面向单一模态单一数据源的搜索居多。跨媒体的协同搜索具有迫切应用需求。比如根据微博、社交网络、在线地图中的各种图文信息通过联合检索准确推断出问题答案，有着日益广泛的应用需求。因此，未来的趋势是一切皆可搜索，并且搜索必达。

(3) 基于知识图谱的智能推荐。智能推荐表现在很多方面。第一是场景化推荐。比如用户在淘宝上搜“沙滩裤”“沙滩鞋”，可以推测这个用户很有可能要去沙滩度假。那么平台最好能推荐“泳衣”“防晒霜”之类的沙滩度假常用物品。事实上，任何搜索关键字背后，购物篮里的任何一件商品背后都体现着特定的消费意图，很有可能对应到特定的消费场景。建立场景图谱，实现基于场景图谱的精准推荐，对于电商推荐而言至关重要。第二是任务型推荐。很多搜索背后的动机是完成特定任务。比如用户购买了“羊肉卷”“牛肉卷”“菠菜”“火锅底料”，那么用户很有可能是要做一顿火锅，这种情况下，系统推荐火锅调料、火锅电磁炉，用户很有可能买单。第三是冷启动下的推荐。冷启动阶段的推荐一直是传统基于统计行为的推荐方法难以有效解决的问题。利用外部知识，特别是关于用户与物品的知识指引冷启动阶段的匹配与推荐，是有可能让系统尽快度过这个阶段的。第四是跨领域的推荐。比如，是否能将淘宝的商品推荐给微博的用户？如果一个微博用户经常晒九寨沟、黄山、泰山的照片，那么为这位用户推荐一些淘宝的登山装备是合理的。这是典型的跨领域推荐，微博是一个媒体平台，淘宝是一个电商平台。两个平台的语言体系、用户行为完全不同，实现这种跨领域推荐显然商业价值巨大，但却需要跨越巨大的语义鸿沟。如果能有效利用知识图谱这类背景知识，不同平台之间的这种语义鸿沟是有可能被跨越的。比如百科知识图谱告诉人们九寨沟是个风景名胜，是个山区，山区旅游需要登山装备，登山装备包括登山杖、登山鞋等等，从而就可以实现跨领域推荐。第五是知识型的内容推荐。在淘宝上搜索“三段奶粉”，能否推荐“婴儿水杯”，同时系统最好也能推荐用户一些喝三段奶粉的婴儿每天的需水量是多少，如何饮用等知识。这些知识的推荐，将显著增强用户对于推荐内容的信任与接受程度。消费背后的内容与知识需求将成为推荐的重要考虑因素。因此，未来的推荐趋势就是精准感知任务与场景，想用户之未想。推荐技术演进的重要趋势是从单纯基于行为的推荐过渡到行为与语义融合的推荐。换言之，基于知识的推荐，将逐步成为未来推荐技术的主流。

(4) 基于知识图谱的智能解释。2017年年底的时候，微信上流传Google17年最流行的搜索关键字是“how”，这说明人们希望Google平台能做“解释”。类似于“如何做蛋炒饭”“怎么来北理工”等这类问题在搜索引擎上出现次数日益增多，这些问题都在考验机器的解释水平。总体而言，人们对解决“why”和“how”类问题的需求越来越多。这一趋势实际上体现了人们的一个普遍诉求，那就是希望智能系统具备可解释性。因此，可解释性将是智能系统一个非常重要的体现，也是人们对智能系统的普遍期望。可解释性决定了AI系统的决策结果能否被人类采信。可解释性成为很多领域(金融、医疗、司法等)中阻碍 AI 系统落地应用的最后一公里。比如在金融领域的智能投资决策,即便 AI 决策的准确超过 90%,但是如果系统不能给出做出决策的理由,投资经理或者用户也是十分犹豫的。智能系统的可解释性体现在很多具体任务中,包括解释过程、解释结果、解释关系、解释事实。事实上,可解释人工智能最近受到了越来越多的关注。在学术界,机器学习,特别是深度学习的黑盒特性,日益成为学习模型实际应用的主要障碍之一。越来越多的学术研究项目旨在打开深度学习的黑盒。美国军方也有项目在尝试解释机器的学习过程。知识图谱中包含各种概念、实体、属性、关系可以作为解释依据,是实现可解释人工智能的重要支撑。

(5) 基于知识图谱的自然语言交互。人机交互将会变得越来越自然,越来越简单。越自然简单的交互方式越依赖强大的机器智能水平。自然人机交互包括自然语言问答、对话、体感交互、表情交互等。特别是自然语言交互的实现需要机器能够理解人类的自然语言。会话式(Conversational UI)、问答式(QA)交互将逐步代替传统的关键字搜索式交互。对话式交互还有一个非常重要的趋势就是一切皆可问答。Bots(对话机器人)将代替人类阅读文章、新闻,浏览图谱、视频,甚至代替人类看电影、电视剧,然后回答所关心的任何问题。自然人机交互的实现显然需要机器的较高认知智能水平,以及具备强大的背景知识。知识图谱以及相应的推理能力是实现自然语言问答的重要技术。

(6) 基于知识图谱的深层关系发现与推理。人们越来越不满足于“叶莉是姚明妻子”这样的简单关联的发现,而是希望发现和挖掘一些深层、潜藏关系。例如,王宝强离婚的时候,就有人挖过为什么王宝强找张起淮当律师。通过人物关联图谱很容易发现王宝强与该律师之间,存在一条冯小刚-徐静蕾-赵薇的中间关系链路。这样的关系链路一定程度上揭示了王宝强与他的律师之间的深层次关联,也解释了王宝强为何选择这位律师。更多类似例子发生在金融领域。在金融领域,人们可能十分关注投资关系,例如为何某个投资人投资某家公司;人们十分关注金融安全,如信贷风险评估需要分析一个贷款人的相关关联人物和关联公司的信用评级。知识图谱对于实体之间的深层关系发现与推理是十分必要的。

8.3.2 知识图谱的行业应用

知识图谱的应用场景非常广泛,通用领域的应用已经在 8.3.1 小节进行了介绍。本小节以知识图谱在金融、政府、医疗等领域应用为例介绍知识图谱的行业应用。

金融领域的应用主要包括风险控制和智能投顾等。在风险控制方面,通过构建工商知识图谱,可以将人、公司的信息用可视化的方式清晰地展示出来。一来可以用于人的特征的不一致性检测;二来可以进行异常节点分析,如正常借贷人只用一个手机号在一个金融产品中进行借贷,而异常借贷人会使用多个手机号在多个不同的金融产品中进行借贷;三来很多欺诈团伙组织会通过一系列的复杂操作来持有公司,利用知识图谱的可视化可以发现其中的潜在风险。在智能投顾方面,通过对金融数据进行结构化提取和智能化分析,根据客户自身的理财需求,达到自动理财顾问。

政府领域的应用主要包括数据治理、司法智能辅助审判和智能情报研判等。在数据治理方面,可将所有政务公开数据进行融合,构建政务知识图谱,为用户提供统一的政务数据访问服务。在司法智能辅助审判方面,通过建立司法知识图谱,建立了一套智能判案辅助机器人系统。为当事人提供专业的案件咨询、案件风险评估、法院服务和法律援助等。提高简单案件的审判效率,减少宝贵的司法资源的浪费。在智能情报研判方面,主要对公安情报数据进行智能整合,将真实世界的海量异构碎片化数据等价转换为一张唯一的关系大网,与真实世界的人事地物组织对象一一对应,类似于"公安大脑"。构建完成后,每个民警都可以借助这个"公安大脑"来进行情报分析,准确做出判断。

医疗领域的主要应用包括智能辅助问诊和导诊和医药研发等。在智能辅助问诊和导诊方面,通过构建医疗知识图谱及相应的虚拟助手,实现对患者进行自动问诊并生成规范、详细的门诊电子病历。同时,根据患者的病历,自动对其进行导诊。在医药研发方面,传统药物研发需要经历靶点筛选、药物挖掘、临床试验、药物优化等阶段,耗时十分巨大。通过从海量医学文献、论文、专利、临床试验信息等非结构化数据中抽取出可用的信息,构建生物知识图谱,可加快医药的研发速度。

领域知识图谱落地过程中需要坚持一些基本原则以提升落地效果。领域知识图谱成功应用案例日益增多,这些成功案例背后基本遵循了以下原则。第一是应用引领,明确应用出口对于图谱的规划是非常重要的。第二是避难就简。在当前阶段,文本处理仍然面临不少困难。即便是一个简单的中文分词任务仍然需要大量的研究工作,如"南京市长江大桥"分词,可以是"南京市+长江大桥",也可以是"南京市长+江大桥"。因此,在实际落地过程中,应该综合考虑各条技术路径的难度,优先考虑从结构化的数据中加以转换,然后是半结构化数据(如带格式标记的各类文本,如 XML、百科文本等),最后才是无结构的自然语言文本。事实上,如果能够综合考虑各类技术路径,融合各类数据源,一些巧妙的策略可以显著提升非结构化文本抽取的有效性。例如利用结构化数据与非结构文本进行比对,获取很多高质量的关系描述就是一个非常有效的落地策略。第三是避免从零开始。很多行业或企业在建设知识图谱项目时,或多或少已经存在很多知识资源,如领域本体、叙词表等,互联网上的公开来源也存在不少相关的百科资源,通用百科图谱对于某个领域已经涵盖了大量的实体。充分利用这些资源,提高知识图谱项目落地的起点,是知识图谱项目能否成功的一个关键因素之一。已经存在的这些知识资源很多是消耗了巨大人工成本通过人工方式积累的,对于领域知识图谱的构建与完善具有重要意义。知识资源建设有个很有意思的现象,那就是让人从无到有的贡献一条知识的代价要显著高于让人在一个不那么完善的知识库上进行完善的代价。最后是跨领域迁移。相近领域的知识是可以复用的。如同样是电信领域知识图谱,A 公司的电信知识图谱,可以一定程度迁移到 B 公司的知识图谱中。

8.3.3 知识图谱面临的挑战

从 2012 年发展至今,知识图谱技术发生了一系列的变革。从两个方面来讲,一方面是应用场景,另一个方面是技术生态。

随着应用场景和技术生态的变化,整个知识图谱面临着全新的挑战,以前的技术手段在应对现在智能化大潮提出的挑战的时候,已经有些力不从心,因此需要研发一些新技术。从应用的角度来讲,知识图谱的应用趋势越来越从通用领域走向具体领域,给知识图谱技术带来巨大挑战。例如,领域知识库构建的语料往往比较稀疏,比如在某个领域提到某个事实,某类关系的样本非常少,这个时候利用关系去构建有效的抽取模型就会变得十分困难,在样本稀疏的环境下去做领域知识图谱的自动化构建仍然是件非常困难的事情。

再从技术生态的角度来看,人工智能也发生了很大的变化。从机器学习来看,虽然深度学习发展非常迅速,并且在样本数据丰富的场景下取得了很好的效果,但机器学习仍然存在很多问题,小样本学习、无监督学习手段有限,现有模型难以有效利用大量先验知识。再从自然语言处理角度来看,虽然自然语言处理在深度学习的推动下取得了很大的进展,但自然语言处理离实际应用需求还很远,且只是在处理阶段,远远谈不上理解。从知识库本身来看,英文图谱积累迅速,发展得相当成熟,并且在很多应用中发挥了巨大的作用,但是其他语种的知识图谱十分缺乏。虽然现在知识图谱很多,但大部分都侧重于简单事实,对于常识的覆盖仍然十分有限。很多知识图谱都是依赖手工构建的,如何从大规模数据里用数据挖掘的方法自动挖掘出知识图谱的手段仍然缺乏。

上述应用场景以及技术生态变化造成的挑战主要表现在知识表示、知识获取和知识应用等三个方面。在知识表示层面,越来越多的领域应用不仅需要关联事实这种简单知识表示,还要表达包括逻辑规则、决策过程在内的复杂知识;需要同时表达静态知识和动态知识。仅知识图谱已不足以解决领域的很多实际问题。如何去增强知识图谱的语义表达能力,如何综合使用多种知识表示来解决实际应用中的复杂问题是非常重要的研究课题。在知识获取方面,领域知识图谱一般样本很小,如果需要构建抽取模型,那就需要基于小样本构建有效的模型。目前,基于小样本的机器学习仍然面临巨大挑战。解决这一问题的思路之一就是利用知识引导机器学习模型的学习过程。具体实现手段已有不少团队在开展相关的探索工作,如利用知识增强样本、利用知识构建目标函数的正则项以及利用知识构建优化目标的约束等。然而,这仍然是个开放问题需要巨大的研究投入。在知识的深度应用方面。如何将领域知识图谱有效应用于各类应用场景,特别是推荐、搜索、问答之外的应用,包括解释、推理、决策等方面的应用仍然面临巨大挑战,仍然存在很多开放性问题。

总体而言,知识图谱技术的落地应用前景是光明的,但需要充分意识到知识图谱落地的巨大挑战,要做好充足的准备应对知识图谱在领域应用中的各种挑战。

8.4 小结

知识图谱是一种大规模语义网络,是知识工程在大数据时代的代表性产物。互联网的大规模开放性应用催生了知识图谱,大数据时代的数据积累、算力增长以及一系列机器学习技术的发展也为知识图谱技术的发展奠定了必要的基础。知识图谱的诞生宣告了知识工程进入大数据知识工程的新阶段。

本章力求对知识图谱的技术与应用进行全面的介绍,但受限于篇幅,仍有大量相关概念与技术未予详细介绍。若需进一步深入了解本章内容,读者可以参考相关专业书籍[26]。

参◇考◇文◇献

[1] 刘知远,孙茂松,林衍凯,等. 知识表示学习研究进展[J]. 计算机研究与发展,2016,53(2):247-261.
[2] BORDES A, WESTON J, COLLOBERT R, et al. Learning structured embeddings of knowledge bases [C]//Proceedings of the AAAI conference on artificial intelligence. 2011,25(1):301-306.
[3] SOCHER R, PERELYGIN A, WU J, et al. Recursive deep models for semantic compositionality

over a sentiment treebank [C]//Proceedings of the 2013 conference on empirical methods in natural language processing, 2013:1631 - 1642.

[4] BORDES A, USUNIER N, GARCIA-DURAN A, et al. Irreflexive and hierarchical relations as translations [J]. arXiv preprint arXiv:1304.7158,2013.

[5] BORDES A, USUNIER N, GARCIA-DURAN A, et al. Translating Embeddings for Modeling Multi-relational Data [J]. Advances in Neural Information Processing Systems,2013:2787 - 2795.

[6] WANG Z, ZHANG J, FENG J, et al. Knowledge graph embedding by translating on hyperplanes [C]//Proceedings of the AAAI conference on artificial intelligence, 2014,28(1).

[7] LIN Y, LIU Z, SUN M, et al. Learning entity and relation embeddings for knowledge graph completion [C]//Proceedings of the AAAI conference on artificial intelligence, 2015,29(1).

[8] SUTSKEVER I, TENENBAUM J, SALAKHUTDINOV R R. Modelling relational data using bayesian clustered tensor factorization [J]. Advances in neural information processing systems, 2009, 22.

[9] RANZATO M A, KRIZHEVSKY A, HINTON G. Factored 3-way restricted boltzmann machines for modeling natural images [C]//Proceedings of the thirteenth international conference on artificial intelligence and statistics. JMLR Workshop and Conference Proceedings, 2010:621 - 628.

[10] LENAT D, GUHA R. Building large knowledge-based systems: Representation and inference in the cyc project [J]. Artificial Intelligence, 1993,61(1):41 - 52.

[11] MILLER G A. Wordnet: a lexical database for english [J]. Communications of the ACM, 1995,38 (11):39 - 41.

[12] LIU H, SINGH P. ConceptNet — a practical commonsense reasoning tool-kit [J]. BT technology journal, 2004,22(4):211 - 226.

[13] Speer R, Havasi C. Representing general relational knowledge in conceptNet 5 [C]//LREC. 2012, 2012:3679 - 3686.

[14] LEHMANN J, ISELE R, Jakob M, et al. Dbpedia — a large-scale, multilingual knowledge base extracted from wikipedia [J]. Semantic web, 2015,6(2):167 - 195.

[15] SUCHANEK F M, KASNECI G, WEIKUM G. Yago: a core of semantic knowledge [C]// Proceedings of the 16th international conference on World Wide Web, 2007:697 - 706.

[16] HOFFART J, SUCHANEK F M, BERBERICH K, et al. YAGO2: exploring and querying world knowledge in time, space, context, and many languages [C]//Proceedings of the 20th international conference companion on World wide web, 2011:229 - 232.

[17] BIEGA J, KUZEY E, SUCHANEK F M. Inside YAGO2s: A transparent information extraction architecture [C]//Proceedings of the 22nd International Conference on World Wide Web, 2013:325 - 328.

[18] MAHDISOLTANI F, BIEGA J, SUCHANEK F. Yago3: A knowledge base from multilingual wikipedias [C]//7th biennial conference on innovative data systems research. CIDR Conference, 2014.

[19] YATES A, BANKO M, BROADHEAD M, et al. Textrunner: open information extraction on the web [C]//Proceedings of Human Language Technologies: The Annual Conference of the North American Chapter of the Association for Computational Linguistics (NAACL-HLT), 2007:25 - 26.

[20] FADER A, SODERLAND S, ETZIONI O. Identifying relations for open information extraction [C]//Proceedings of the 2011 conference on empirical methods in natural language processing, 2011: 1535 - 1545.

[21] SCHMITZ M, SODERLAND S, BART R, et al. Open language learning for information extraction [C]//Proceedings of the 2012 joint conference on empirical methods in natural language processing and computational natural language learning, 2012:523 - 534.

[22] NAVIGLI R, PONZETTO S P. BabelNet: Building a very large multilingual semantic network [C]// Proceedings of the 48th annual meeting of the association for computational linguistics, 2010: 216 - 225.

[23] WU W, LI H, WANG H, et al. Probase: A probabilistic taxonomy for text understanding [C]// Proceedings of the 2012 ACM SIGMOD international conference on management of data, 2012: 481 - 492.

[24] XU B, XIE C, ZHANG Y, et al. Learning Defining Features for Categories [C]//IJCAI. 2016: 3924 - 3930.

[25] LIANG J, ZHANG S, XIAO Y. How to keep a knowledge base synchronized with its encyclopedia source [C]//Proceedings of the 26th International Joint Conference on Artificial Intelligence, 2017: 3749 - 3755.

[26] 肖仰华,等. 知识图谱:概念与技术[M]. 北京:电子工业出版社,2020.

第9章 大数据挖掘

数据、技术和应用是大数据的三个内涵[1]。大数据时代，传统的数据处理技术经过演进依然有效，新兴技术在不断探索和发展中。数据挖掘技术支撑了数据应用，是数据价值体现的手段，成为高效利用数据、发现价值的核心技术。大数据集是大数据挖掘的研究对象，挖掘的对象(数据)有了新的特征，这决定了大数据挖掘将被赋予新的含义，相应地，也产生了新的挖掘算法和模型。本章介绍大数据挖掘的基本概念，阐述大数据挖掘任务的原理，并给出各个任务相应的代表性算法。

9.1 概述

关于数据挖掘有很多相近的术语，如数据库中的知识发现(knowledge discovery in databases，KDD)、知识挖掘、知识提取、数据/模式分析、数据考古、数据融合等。其中，最常使用的是数据挖掘和知识发现，且二者在使用中常常不加区分[2]。就术语的使用情况看，自1996年数据挖掘被提出，到2012年大数据尚未被广泛关注之前，人工智能领域主要使用知识发现，而数据库领域和工业界主要使用数据挖掘，市场上的绝大部分产品也称为数据挖掘工具，而非知识发现工具。通常认为，数据挖掘与应用更加紧密结合，挖掘的数据来源于应用，设计的算法要考虑到实际应用需求，并在实际应用中得到检验。大数据受到广泛关注之后，“数据挖掘”被更加广泛的使用，其他术语则越来越少被使用。本节将给出大数据挖掘的定义，阐述大数据挖掘的相关技术，列举大数据挖掘的各项任务，最后提出大数据挖掘面临的挑战。

9.1.1 数据挖掘概念

数据挖掘是大数据的关键技术，用于发现大数据价值。本书将大数据挖掘定义为：从大数据集中寻找其规律的技术[3]。相比于其他数据挖掘定义[2,4-6]，该定义有如下特点[2]：

(1) 突出了数据挖掘的核心“大数据集”和“寻找”，将“大数据集”强调为大数据挖掘的对象。需要注意的是，在大数据挖掘中，“寻找”变得更具挑战性，因为大数据具有高价值低密度的特性，即规律更加不是显而易见的，而是隐含在大数据之中，所以是需要有新的方法和技术去寻找的。

（2）对挖掘到的“规律”没有做任何描述或限制，即没有要求“规律”是“有用的”。事实上，一个规律有用与否是由用户的需求决定的。挖掘算法本身很难保证挖掘结果的有用性，一般需要用户在挖掘过程中不断调整相关参数（如支持度、置信度等）来获得有用的结果。有时，一些被认为是“无用”的结果经过评价后可能是意外的好结果。此外，大数据的价值更加是难以估量的，需要在大数据的应用中去实现价值。

9.1.2 大数据挖掘的相关技术

数据挖掘过程从技术角度来讲主要有数据准备、规律寻找和规律表示三个步骤。数据准备是从相关的数据源中选取所需的数据并集成用于数据挖掘的数据集；规律寻找是用某种方法将数据集所含的规律找出来；规律表示是尽可能以用户可理解的方式（如可视化）将找出的规律表示出来。在具体实施数据挖掘应用时，还有一个步骤是结果评价[①]。这是因为数据挖掘算法寻找出来的是数据的规律，其中有些是用户感兴趣的有用的，还有一些可能是用户不感兴趣的没有用的。这就要对寻找出的规律进行评估。例如，“跟尿布一起购买最多的商品是啤酒”这样一条规律是否有用呢？这需要市场调查和评估工程师根据实际情况做出评估判断。与上述步骤相关的技术涉及大数据获取、大数据存储与管理和大数据可视化等，这些技术在大数据挖掘过程中起到重要的作用，它们在本书其他各章均有详细介绍，本章不做赘述。

数理统计、机器学习、人工智能、数据库等技术也都是与数据挖掘相关的，下面将对它们做一些澄清（但不认为有必要将这些技术加以严格区分）。

（1）数理统计与数据挖掘：两者都是从数据中发现规律。从区别来说，①统计学研究问题的结果通常得到一个统计模型，这个模型是普遍使用的；而数据挖掘得到的是某个数据集的规律，常常不具有普遍意义。②数理统计主要是用样本推断总体规律；数据挖掘直接找出总体规律。当然，数据挖掘也常常关注样本，因为常常需要考虑挖掘算法的时间性能；随着计算能力的提高，数理统计在有的情况下也尽可能寻求足够多的样本。事实上，数据挖掘很多方法来源于统计基础理论，与数理统计的很多方法在很多情况下是同根同源的，例如，朴素贝叶斯分类、支持向量机分类（support vector machine，SVM）等算法是从统计理论的发展和延伸。然而，相对于数理统计的大多算法，很多数据挖掘应用中，分析人员通常不对数据分布做任何假设。

（2）机器学习、人工智能与数据挖掘：在数据挖掘一词出现之前以及产生初期，机器学习和人工智能的研究主要聚焦在模型的设计上，并不关注是否可以处理足够规模的数据，也不考虑应用领域产生的数据的特征；随着数据库技术发展，需要分析的数据规模增大，数据挖掘技术发展迅速，此时，机器学习和人工智能的研究也开始转为面向数据（以数据驱动）来设计模型。可见，机器学习、人工智能和数据挖掘事实上目标是一致的，有大量的研究者的工作是交叉融合的。特别是大数据环境下，机器学习、人工智能、数据挖掘的相关研究人员的工作逐渐交叠相互推动。例如，AAAI、IJCAI 和 ICML 等会议上越来越多出现数据挖掘方面的研究论文。同时，数据挖掘应用了大量的机器学习、人工智能领域研究出来的模型和

---

① 需要注意的是，结果评价是一个复杂的过程，包括采用标准评价指标（例如，accuracy、F-Score、AUC、ROC、ARI、NMI 等），还包括人工的领域评估。

算法。无论怎样，在大数据时代，人工智能和机器学习的发展离不开数据的支持，所谓人工智能“智在算法，能在数据”。

(3) 数据库与数据挖掘：数据库技术提供了大规模数据的存储、管理、访问和处理能力，是数据挖掘过程中所必需的技术支持。我们可以在没有 DBMS(database management system)支持下进行数据挖掘，但在数据挖掘过程中需要用到数据库技术(例如索引技术)。当然，更多的数据挖掘工作是针对数据库中数据进行的。数据挖掘和数据库没有概念上的冲突。值得注意的是，越来越多的 DBMS 厂商将数据挖掘算法集成到了其 DBMS 产品中。这说明了一个问题，统计领域、人工智能领域和数据库领域都说数据挖掘是其一部分，但最终数据库领域会取得胜利。这也正是工业界不叫“知识发现”而叫“数据挖掘”的根本所在。数据挖掘可以在任意数据源上进行，其数据源可以是数据仓库、数据库、TEXT 文件、WEB 数据、流数据等等。相反，建立数据仓库的主要目的倒是进行数据挖掘①。

9.1.3　数据挖掘的基本任务

数据挖掘在自身发展的过程中，吸收了数理统计、数据库和人工智能中的大量技术。从挖掘的主要任务角度看，大数据挖掘任务仍然是传统的五大类数据挖掘任务[2]，但从技术角度看，针对大数据集的特点、大数据应用的需求，每一类任务都有扩展。

下面仅给出各个挖掘任务的定义，更详细的将在后续各个小节进行介绍。

(1) 关联分析：寻找数据项之间的关联关系。例如，我们可以通过对交易数据的分析可能得出“86%买‘啤酒’的人同时也买‘尿布’”这样一条“啤酒”和“尿布”之间的关联规则。

(2) 聚类分析：根据最大化簇内的相似性、最小化簇间的相似性的原则将数据对象集合划分成若干个簇的过程。例如，我们可以通过对电子商务网站用户的注册数据和购买行为数据的分析，划分消费者的消费层次为节约时间型消费、冲动型消费、价格敏感型消费、品牌忠诚型消费等。

(3) 分类分析：找出描述并区分数据类的模型(可以是显式或隐式)，以便能够使用模型预测给定数据所属的数据类。例如，银行可以将贷款人的信用等级分类为高、中、低。分类分析通过对贷款人的基础数据、历史借还贷记录及其类标签的分析给出一个信用等级模型，然后对于一个新提交信用审核申请的贷款人，就可以根据他的特征预测其信用等级。

(4) 异常分析：一个数据集中往往包含一些特别的数据，其行为和模式与一般的数据不同，这些数据称为“异常”。对“异常”数据的分析称为“异常分析”。例如，在对银行客户信用卡刷卡记录数据进行监测的过程中，发现某一笔交易明显不同于以往的消费模式。

(5) 演变分析②：描述时间序列数据随时间变化的数据的规律或趋势，并对其建模。包括时间序列趋势分析、周期模式匹配等。例如，通过对交易数据的演变分析，可能会得到“89%情况股票 X 上涨一周左右后，股票 Y 会上涨”这样一条序列知识，或者通过对股票某一历史交易时间区间的价格变化情况，可以预测出下一交易日的价格。

值得指出的是，面向高价值低密度的大数据集，除了上述数据挖掘任务外，特异群组挖

---

① 在此顺便说明，在没有弄清数据挖掘需求之前，就盲目进行数据仓库的建设是一种巨大的浪费。

② 演变分析是一大类数据挖掘任务，但是本章没有列出一个小节进行专门介绍，这是因为，演变分析是与时间相关的分析，主要有 ARMA 模型，以及近期在深度学习中备受关注的 RNN、LSTM 等。前者是时间序列分析的常用基于统计的方法，有兴趣的读者可以参考本章后的文献[10－12]，后者在深度学习章节中会详细介绍。

掘分析是一类新型的大数据挖掘任务[7]。

9.1.4 发展与挑战

大数据挖掘的对象是大数据集，大数据的特点使传统的数据挖掘方法超出了其使用条件和范围。一方面，大数据挖掘技术在传统方法上进行延伸拓展，例如 KMeans++[8]、KMeans||[9]等聚类算法是对经典 KMeans 算法的改进，实现了大规模数据的高效聚类，同时许多传统的数据挖掘算法（例如决策树、朴素贝叶斯、SVM、关联分析等）都实现了基于 MapReduce 和 Spark① 的版本。另一方面，业务、数据和技术结合一直是数据挖掘技术发展的推动力，大数据挖掘针对业务应用的需求和挑战进行了扩展和创新，具体表现如下所述。

1）数据集中训练标签缺失

以分类分析任务为例，分类分析是一种有监督的（或半监督的）数据技术，即需要有标签的训练集以指导分类模型的构建。在大数据环境下，我们拥有多源融合的、规模巨大的数据集，为数据挖掘积累了更丰富的数据基础，但现实情况是数据集中更多的数据是没有经过专家打好标签的，当有标签的样本较少时，所获得的分类器的泛化能力和预测精度往往较差。大数据环境下，有更多的数据可以被使用，然而，对大数据集中大量数据样本进行标记耗时耗力，变得不切实际，收集足够多的标签样本变得困难。例如，高血压危险因素分析中，将包含有大量的因为没有出现高血压症状而没有就医的人群，但从其健康档案记录或者其他就医记录中已隐藏了潜在的高血压危险因素，这需要有新的大数据分类方法，在训练过程中综合利用较少的有标签样本和较多的无标签样本进行学习，降低对数据进行人工标注的昂贵开销。这就是新的分类分析任务。

即使在一些情况下，有足够数量的标签样本，但这些标签的真实性和正确性也是难以校验和保证的。例如，移动业务订购服务分析业务中，在构建分类模型对用户进行划分时，通常采用用户已购套餐作为类标签数据，这些套餐通常是附带订购的，并不能很好地反映用户的真实意愿。因此，如何充分利用较少的有限的有标签样本，结合大量的无标签样本进行学习以获得较好的分类器，以提升分类器的性能，是大数据挖掘技术发展中面临的技术问题。目前，基于训练标签缺失的半监督挖掘方法主要集中于“各类别样本数分布均衡”的假设基础上。面向大数据集，各类别样本数有较大差异（即非平衡数据集），因此，大数据环境下，还需探索非平衡数据集上的基于训练标签缺失的大数据建模方法，目前，迁移学习领域的小样本学习如 one-shot learning、zero shot learning[13]等方法成为关注热点。

2）数据的高维性

通过对大数据本身的压缩来适应有限存储和计算资源，除了研发计算能力更强、存储量更大的计算机之外，维规约技术（包括选维、降维、维度子空间等）是一类有效的方法，但也具备技术挑战。需要面向不同类型的数据研究语义保持下的大数据规约技术（包括特征分析、特征选择、降维、子空间等），形成新的高维大数据挖掘方法。目前，备受关注的特征 embedding 方法[14-15]在这方面取得了大量进展。

3）数据的异质性和动态性

大数据环境下，数据的组织方式和以前不同，数据网络成为一种主要组织方式，例如社

---

① http://spark.apache.org/mllib/

交网络、文献网络、生物数据网络等。数据网络用节点和属性描述了数据对象的特征信息，用边描述了对象间的关系信息。越来越多的数据价值蕴涵在跨界、多源、融合的数据集中，这样的数据集含有多种异质数据对象，形成异质数据网络[16-17]。例如，一个生物网络的节点可以包括疾病、药物、副作用、靶点基因等。不同类型节点之间的关系变得更加复杂，且富含语义。理清数据对象之间存在的各种语义关联和相互作用，构建异质网络，探索异质网络挖掘方法也是大数据挖掘技术发展过程中的重要组成部分。同时，这样的关系网络也是随着时间动态变化的，动态异质网络挖掘也逐渐受到关注。

4）数据的高价值低密度特性

值得指出的是，面向高价值低密度的大数据集，存在这样一类数据挖掘需求：发现给定大数据集里面少数相似的数据对象组成的、表现出相异于大多数数据对象而形成异常的群组[7]。这是一种高价值低密度的数据形态。这种挖掘需求和聚类、异常检测都是根据数据对象间的相似程度来划分数据对象的数据挖掘任务，但它们在问题定义、算法设计和应用效果上存在差异，需要针对大数据的特征，研究和探索特异群组挖掘方法。

5）用于结果评估的 BenchMark 数据集缺乏

针对大数据分析的目标，利用现有的数据建立挖掘模型之后，需要对大数据挖掘模型的效用进行评估，即对模型的泛化能力、解释能力等做出客观的评价。特别地，在多个模型中选择最佳模型时，模型的效用评估显得尤为重要。然而，与传统数据挖掘模型相比，大数据挖掘算法更加复杂多样。因此，对其进行评估需研究可用于评估的 BenchMark 数据集，并探索新的大数据挖掘模型质量评估指标体系，这不仅对于大数据挖掘模型的选择，而且对模型分析结果的科学性、可靠性有强的指导意义，这也是大数据挖掘中的一个基础问题。

6）大数据挖掘工具的高门槛

除了方法本身研究外，大数据挖掘系统的开发也是大数据挖掘技术发展的一个重要内容。大数据挖掘系统能够使得不同应用领域的数据分析人员都能利用数据挖掘技术对数据进行分析，无编程、可交互的大数据挖掘平台的研发将降低数据挖掘方法的使用门槛。一个数据挖掘任务可由多个子任务配置，整合多种挖掘算法，在分布式计算环境中运行。大数据挖掘工具化、集成化，可以渗透到各行各业当中，推动大数据挖掘技术的应用。

综上所述，大数据挖掘技术发展过程中在方法研究本身，研究对象数据特点、应用业务场景以及方法评估、工具平台实现方面都面临挑战，但这些也正是大数据挖掘技术发展的动力和机遇。需要指出的是，无论数据挖掘技术如何发展变化，相似性依然是数据挖掘技术的核心。在关联分析中，频繁模式挖掘可能涉及模式间的模糊匹配，这需要定义模式间的相似性度量；聚类分析的关键是定义对象间的相似性，以及探索簇间对象的相似性，因为聚类分析是根据对象之间是否相似来划分簇的；分类分析也是基于相似对象赋予同一类标签的思想，对数据对象进行分类的；异常分析虽然是找到相异于大部分数据对象的少部分数据对象，但是，如何判断少部分对象不同于其他对象，这也离不开相似性；特异群组分析仍然是基于对象是否相似而开展的，只是目的是发现那些不同于大部分不相似对象的相似对象的集合；演变分析本身就是发现时间序列中有相似规律的片段用以预测，这也需要相似性的支撑。可以看到，相似性是任何一种数据挖掘任务的核心。关于相似性已经有很多研究，但相似性总是根据应用场景、用户需求的不同而有所差异，这就形成了目前还没有一种相似性度量能够适用于任何场合的现象。因此，可以发现每一种数据挖掘任务都有许多种挖掘算法。

9.2 关联分析

关联分析是寻找数据项之间感兴趣的关联关系[①]，用关联规则（Association Rule）的形式描述，辅助用户管理决策。关联分析是数据挖掘中最具代表性的一类挖掘任务，其方法的提出就是为了提升在大规模数据中发现关联关系的能力，聚焦如何处理大规模数据，不直接来源于机器学习、人工智能中已有的算法[②]。下面将介绍基于支持度-置信度框架的关联分析方法。

9.2.1 关联分析的描述与定义

关联规则是形如 $X \Rightarrow Y$ 的蕴涵式（X、Y 为项集，且 $X \cap Y = \Phi$）。数据集中有限的项能产生大量的关联规则，然而只有一小部分是特定用户感兴趣的，因此，引入兴趣度度量帮助用户评估得到的关联规则。支持度和置信度是最常用的两种兴趣度度量。支持度表示关联规则出现的概率是多少，是对规则重要性的衡量；置信度表示关联规则正确的概率是多少，是对规则准确度的衡量。下面给出支持度和置信度的定义及计算方法：

定义 9.1（支持度 *Support*）：关联规则 $X \Rightarrow Y$ 在交易数据集 D 中的支持度是指交易数据集中包含项 X 和 Y 的交易数与所有交易数之比，表示在所有交易中同时含有 X 与 Y 的概率（$P(X \cup Y)$，其中 P 表示概率），记为 $support(X \Rightarrow Y)$。

$$support(X \Rightarrow Y) = P(X \cup Y) = |\{T: X \cup Y \subseteq T,\ T \in D\}| / |D| \times 100\%$$

（其中 $|D|$ 是数据集 D 中的所有交易数）

定义 9.2（置信度 *Confidence*）：关联规则 $X \Rightarrow Y$ 在交易数据集 D 中的置信度是指交易数据集中包含项 X 和 Y 的交易数与包含 X 的交易数之比，表示在所有出现了 X 的交易中出现 Y 的概率［$P(Y \mid X)$，其中 P 表示概率］，记为 $confidence(X \Rightarrow Y)$。

$$\begin{aligned} confidence(X \Rightarrow Y) &= P(Y \mid X) \\ &= |\{T: X \cup Y \subseteq T, T \in D\}| / |\{T: X \subseteq T,\ T \in D\}| \times 100\% \end{aligned}$$

为了发现符合特定应用和用户感兴趣的关联规则，需要给每个度量指定一个可以由用户控制的阈值，分别被称为最小置信度阈值（min_conf）和最小支持度阈值（min_supp）。

关联规则挖掘的实质是在交易数据集中发现超过用户指定的最小支持度阈值和最小置信度阈值的强关联规则。由支持度和置信度的定义可以看出，计算项集的支持度和置信度需要计算项集出现的频率。

定义 9.3（频繁项集 Frequent Itemset）：项集出现的频率表示包含项集的交易数，如果项集的出现频率大于或等于最小支持度阈值与交易数据集 D 中交易总数的乘积，即项集满足最小支持度阈值要求，则该项集是频繁项集；其余称为非频繁项集（inFrequent itemset）。

---

① 这里使用“感兴趣”作为关联规则的限定词，与前文数据挖掘定义中对“规律”不做限制不同，因为关联分析要描述数据之间关联的强弱。关联规则的强弱用兴趣度度量，兴趣度一般由领域专家指定。

② 聚类、分类等任务的基础算法（例如，KMeans、ID3、C4.5 等）均在数据挖掘概念产生前就已出现，源自机器学习/人工智能等领域。但是一些机器学习、人工智能的算法也可以用于关联分析。

关联规则的挖掘过程一般分为两个步骤：①频繁项集的生成；②由频繁项集到关联规则的生成。步骤②(规则生成)相对比较简单，在此不做介绍，这里主要介绍如何找到这些频繁项集的算法。

上述定义是基于支持度-置信度框架的关联规则挖掘，对大多数应用是有用的，但在某些情况下支持度-置信度框架也可能会产生误导，除支持度、置信度度量外还常用到期望可信度、改善度等度量加以辅助[2]。上述度量是基于系统客观层面的度量，但一个规则的有用兴趣程度最终取决于用户的要求，只有用户可以决定规则的有效性、可行性，这属于另一个用户主观层面的度量，这方面的应用可以采用一种基于约束(constraint-based)、基于效用的关联规则挖掘(有兴趣的读者可以参阅本章后的相关文献[18,19])。

应该注意的是，在应用关联规则时，有时很难决定利用所发现的关联规则可以做些什么，比如，在超市货架的摆放策略上，按照发现的关联规则把相关性很强的物品放在一起，反而可能会使整个超市的销售量下降，因为顾客如果可以很容易的找到他要买的商品，他就不会再买那些本来不在他的购买计划内的商品。此外，有些关联规则 $X \Rightarrow Y$，其支持度和置信度都很低，却常常会在超市货架上摆放在一起(如可口可乐饮料和百事可乐饮料)。因此，即使是利用数据挖掘得到的知识，在采取决策之前也一定要经过更多的分析和实验。

接下来将介绍两种代表性的频繁模式挖掘方法。

9.2.2 基于 Apriori 性质的频繁模式挖掘

Apriori 算法[20]是较早提出的频繁项集挖掘算法，算法的特点是生成候选项集(Candidate Itemset)，再由候选项集生成频繁项集。

首先介绍一个重要的性质——Apriori 性质：一个频繁项集的任何非空子集也一定是频繁项集，即如果长度为 k 的项集在数据库中是非频繁的，那么长度为 $k+1$ 的项集在数据库中也不可能是频繁的。

Apriori 算法基本思想：使用逐层搜索的迭代方法，利用 Apriori 性质，反复地从长度为 k 的频繁项集中得到长度为 $k+1$ 的候选项集，进一步由此产生长度为 $k+1$ 频繁项集。

算法需要对交易数据库进行多遍扫描，具体过程如下：在第一次扫描中，计算单个项的支持度，并且将超过最小支持度阈值的项作为频繁项集，在后续的每一次扫描中，利用上一轮扫描产生的频繁项集作为种子项集，产生候选项集，进一步确定频繁项集，并把它们作为下一次扫描的种子项集。这个过程一直进行，直到不能找到新的频繁项集。

由于候选项集是最终所得频繁项集的超集，其成员可能是频繁的也可能是不频繁的，因此若每次扫描数据库都通过计算候选项集中的支持度计数来确定频繁项集，则可能由于候选项集过大，造成计算量过大，为减少候选集的数量，压缩搜索空间，利用 Apriori 性质判定候选项集中的候选项是否频繁，即：若一个候选 k -项集的 $(k-1)$-子集不在频繁 $(k-1)$-项集中，则该候选也不可能是频繁的，从而可将其从 k -项集的集合中删除，由此一定程度的减少了候选项集的数量，相应的减少计算支持度的次数。

综上，由频繁 $(k-1)$-项集(种子项集)产生频繁 k -项集的迭代过程由连接和剪枝两个步骤实现。

(1) 连接步：通过频繁 $(k-1)$-项集通过自连接产生候选 k -项集的集合；

(2) 剪枝步：通过候选 k -项集的集合确定频繁 k -项集(利用 Apriori 性质压缩候选 k -

项集)。

Apriori 算法需要大量候选项集的生成以及多遍数据库扫描,这导致算法效率较低。随之出现不少优化方法,如划分、采样、哈希、事务压缩、动态项集计数等,但候选项集的生成仍是该算法本质上难以克服的瓶颈。

9.2.3 无候选生成的频繁模式挖掘

FP-Growth 算法[21]是一个具有更好性能和伸缩性的频繁项集挖掘算法,其特点是不需要生成大量的候选项集。算法将数据库压缩到一棵频繁模式树中,之后的挖掘就在这棵相对于原始数据库要小很多的树上进行,避免了扫描庞大的数据库,比 Apriori 算法具有明显的性能提升。

FP-Growth 算法是采用分而治之的策略:第一次扫描交易数据库,与 Apriori 算法第一步相同,收集单个项的支持度,并且将超过最小支持度的项作为频繁项集(1-项集);然后构造一个压缩的数据结构:频繁模式树(frequent-pattern tree, FP-Tree),用于存储关于频繁模式的关键信息;再将频繁模式树分化成一些条件库,每个条件库和一个频繁项相关,再对这些条件库分别进行挖掘。

这里不赘述 FP 树的构造过程[21],主要介绍如何在 FP 树上进行频繁模式挖掘。

当 FP-树构造完成后(图 9-1),对数据库频繁项集的挖掘问题就转换成挖掘 FP-树问题。长度为 1 的频繁模式形成 FList(〈(f:4)(c:4)(a:3)(b:3)(m:3)(p:3)〉),可以被划分为若干个子集:包含 p 的模式,包含 m 但不包含 p 的模式,…,包含 c 但不包含 a、b、m、p 的模式,包含 f 但不包含 c、a、b、m、p 的模式等。挖掘过程首先对节点 p,可以得到一个频繁模式(p:3)和 FP 树中的两条路径:〈f:4, c:3, a:3, m:2, p:2〉,〈c:1, b:1, p:1〉。第一条路径表示"(f, c, a, m, p)"在数据库中出现两次,尽管〈f, c, a〉出现了三次,〈f〉出现了四次,但它们和 p 一起出现的次数是两次。因此考虑和 p 同时出现的序列,可以得到符合条件的 p 前缀路径〈f:2, c:2, a:2, m:2〉。同样地,第二条路径表示"(c, b, p)"在数据库的交易中只出现一次,p 的前缀路径是〈c:1, b:1〉。p 的这两条前缀路径{(f:2, c:2, a:2, m:2), (c:1, b:1)}组成了 p 的子模式库,称为条件模式库(conditional pattern base)(即在 p 存在时的子模式库)。在这个条件模式库上建立的 FP 树(称为 p 的条件 FP 树,conditional FP_tree),只生成了一个分支(c:3),因为其他支持度计数小于最小支持度计数(已设为 3),如 f 的支持度为 2。最后只得到一个频繁模式(c, p:3)。至此,查找和 p 有关的频繁模式结束,得到两个

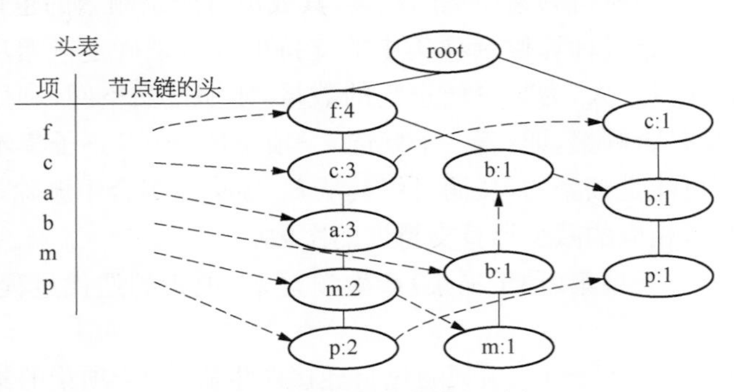

图 9-1 由表生成的 FP 树

频繁模式：(p：3)和(cp：3)(需要注意的是，一个模式是一个项集，在这里用一个串表示)。

对节点 m，可以得到一个频繁模式(m：3)和 FP 树中的两条路径：〈f：4，c：3，a：3，m：2〉，〈f：4，c：3，a：3，b：1，m：1〉。注，虽然 p 和 m 是一起出现的，但在这里分析时不需要考虑 p，因为包含 p 的频繁模式已经在前面分析过。和前面分析过程类似，m 的条件模式库为{(f：2，c：2，a：2)，(f：1，c：1，a：1，b：1)}。在这之上构造 FP 树，得到 m 的条件 FP 树〈f：3，c：3，a：3〉，是一个单独路径，然后对 m 的条件 FP 树进行递归挖掘，用 mine(〈f：3，c：3，a：3〉|m)表示，过程如图 9-6 所示。

m 的条件 FP 树挖掘过程包括三项：(a)、(c)、(f)。由此，除 m 本身外(即频繁模式 m：3)，对于(a)，得到第一个含有 m 的频繁模式：am：3，对应 am 的条件模式库为{(fc：3)}，再递归挖掘，即 mine(〈f：3，c：3〉|am)；对于(c)，得到第二个含有 m 的频繁模式：cm：3，对应 cm 的条件模式库为{(f：3)}，再递归挖掘，即 mine(〈f：3〉|cm)；对于(f)，得到第三个含有 m 的频繁模式：fm：3，无对应条件模式库，不须进行递归挖掘。

再来看递归挖掘过程：mine(〈f：3，c：3〉|am)，生成两个模式 cam：3 和 fam：3，以及一个条件模式库{(f：3)}，于是递归挖掘，即 mine(〈f：3〉|cam)，得到最长的模式 fcam：3；同样的，对于 mine(〈f：3〉|cm)，得到一个频繁模式 fcm：3。

因此，包含 m 的所有频繁模式的集合有：{(m：3)(am：3)(cm：3)，(fm：3)，(cam：3)(fam：3)(fcam：3)(fcm：3)}，如图 9-2 所示。

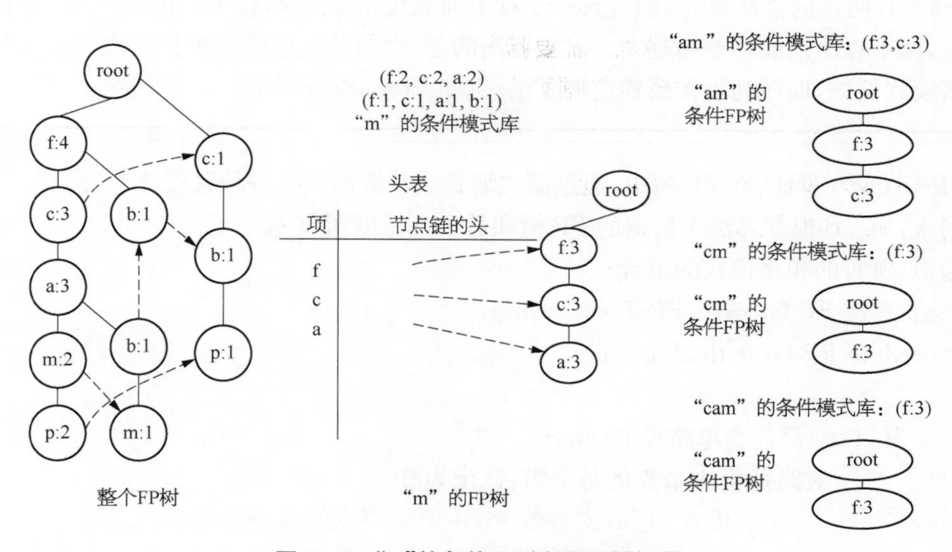

图 9-2　"m"的条件 FP 树("FP 树|m")

容易发现，对一个单独路径的 FP 树进行挖掘时，可以通过输出该路径上所有项的组合来实现。

类似地，由节点 b 可以得到(b：3)和三条路径〈f：4，c：3，a：3，b：1〉，〈f：4，b：1〉，〈c：1，b：1〉。因为 b 的条件模式库{(f：1，c：1，a：1)，(f：1)，(c：1)}没有生成频繁项，挖掘结束。而由节点 a 得到一个频繁模式(a：3)和一个子模式库{(f：3，c：3)}，这是一个单路径的 FP 树，因此，它的频繁模式集可以由组合得到。将它们和(a：3)相连，得到{(fa：3)，(ca：3)，(fca：3)}。从节点 c 得到(c：4)和一个子模式库{(f：3)}，得到一个与(c：3)关联的频繁模式集{(fc:3)}。而从节点 f 只得到(f:4)，它没有条件模式库。

条件模式库和条件 FP 树的生成可以见表 9-1。

表 9-1 创建条件模式库来挖掘所有模式

项	条件模式库	条件 FP 树
p	{(fcam:2), (cb:1)}	{(c:3)}|p
m	{(fca:2), (fcab:1)}	{(f:3, c:3, a:3)}|m
b	{(fca:1), (f:1),(c:1)}	ϕ
a	{(fc:3)}	{(f:3, c:3)}|a
c	{(f:3)}	{(f:3)}|c
f	Φ	ϕ

FP-Growth 算法在相对于原始数据库要小很多的树上进行，避免了扫描庞大的数据库，有效地降低了搜索空间。此外，当原始数据量很大的时候，也可以结合划分的方法，使得一个 FP-tree 可以放入主存中。对比 FP-Growth 与 Apriori 的性能可以发现，FP-Growth 比 Apriori 具有明显的性能提升，FP-growth 对不同长度的模式都有很好的适应性，挖掘的模式越长，两个算法性能的差异越大。需要指出的是，类似的思想已经被扩展到具有序列关系的频繁模式挖掘，即序列频繁模式挖掘算法，例如 PrefixSpan 算法[22]。

FP-Growth 算法：在 FP 树中，通过模式增长和片段增长挖掘频繁模式
输入：用 DB 根据算法 1 构造的 FP 树和最小支持度阈值 ξ；
输出：所有的频繁模式的集合；
方法：调用 FP-Growth(FP-Tree, null)；

```
Procedure FP-Growth(Tree, α)
{
1)   if(Tree 只包含单路径 P)then
2)          对路径 P 中节点的每个组合(记为 β)
3)               生成模式 β∪α，支持数=β 中所有节点的最小支持度
4)   else 对 Tree 头上的每个 a_i, do
          {
5)        生成模式 β=a_i∪α，支持度=a_i.support；
6)        构造 β 的条件模式库和 β 的条件 FP 树 Tree_β；
7)             if Tree_β≠ϕ   then call FP-Growth(Tree_β, β)
        }
}
```

9.3 聚类分析

聚类分析是根据最大化类内的相似性、最小化类间的相似性的原则将数据对象聚类或分组，所形成的每个簇可以看作一个数据对象类，即将具有相似性的数据对象划分在一个簇中。需要指出的是，聚类分析和分类分析(9.3节将介绍分类分析)都是将数据对象集合分门别类，但二者存在区别。分类分析是有监督的(或半监督的)学习过程，分类之前已经知道应该把数据分成哪几类，每个类的性质是什么，例如客户信用卡等级；聚类分析是无监督的学习过程，常常针对没有先验知识的问题，不依赖预先定义的类和带类标号的训练样本。聚类分析除了作为单独的数据归类技术外，还常常作为其他算法的预处理步骤，用于获得对数据分布和聚集特性的初步了解，以在此基础上进行其他数据挖掘操作(如分类器的构造等)。

聚类分析研究如何在没有训练的条件下把数据样本划分为若干个簇，不仅需要用户深刻了解所用的技术，而且还要知道数据收集过程中的细节以及拥有应用领域的专家知识，用户对可用数据了解的越多，用户越能成功地评估它的真实结构。此外，新的数据类型、高维的数据集的处理等是对聚类分析技术的挑战。其中相似性问题是聚类的关键，每个领域、每个问题、每个用户对数据对象是否相似的理解都是有差异的[23]，因此，相似性理论研究也是一个一直在研究的课题。关于聚类有很多综述，有兴趣的读者可以查阅这些文献，对聚类算法做更多、更深入地掌握。本节主要介绍聚类分析的原理以及代表性的基于划分的聚类算法 K-Means[24] 和基于密度的聚类算法 DBSCAN[25]。

9.3.1 描述与定义

数据样本记为 X，它由 d 个属性值组成：$X=(x_1, x_2, \cdots, x_d)$，其中 x_i 表示样本中的各属性，d 是样本空间的维数(或属性个数)。数据样本集记为 $X\{X_1, X_2, \cdots, X_n\}$，第 i 个样本记为 $X_i=\{x_{i1}, \cdots, x_{id}\}$，许多情况下聚类的样本集看成是一个 $n\times d$(n 个样本$\times d$ 个属性)的数据矩阵：

$$\begin{bmatrix} x_{11} & \cdots\cdots & x_{1f} & \cdots\cdots & x_{1d} \\ & . & . & . & . \\ x_{i1} & \cdots\cdots & x_{if} & \cdots\cdots & x_{id} \\ . & . & . & . & . \\ x_{n1} & \cdots\cdots & x_{nf} & \cdots & x_{nd} \end{bmatrix}$$

定义 9.4(簇 Cluster)：n 个数据样本组成的数据样本集 X 分成 k 个簇($1\leqslant k\leqslant n$)，每个簇 C_i 是相应数据样本的集合，相似样本在同一簇中，相异样本在不同簇中。C_i($i=1, \cdots, k$) 是 X 的子集，如下所示：

$$C_1 \cup C_2 \cup \cdots \cup C_k = X \quad 且 \quad C_i \cap C_j = \phi, i \neq j$$

常用簇的质心作为特征描述一个簇 C_i，簇的质心(centroid)①是簇的“中间值”，即样本

① 为简单起见，在符号说明这部分表示的是球状簇的情况，事实上，很多聚类算法针对的是非球状簇，并且是非数值型的数据对象，因此，并没有质心计算的说法。

的平均值,但并不一定是簇中的实际点。

定义 9.5(聚类 Clustering):给定一数据样本集 $X\{X_1, X_2, \cdots, X_n\}$,根据数据间的相似程度将数据集合分成 k 个簇:$\{C_1, C_2, \cdots, C_k\}$,使得相似样本在同一个簇中,相异样本在不同簇中的过程称为聚类,即 $\bigcup_{i=1}{}^{k}C_i = X$ 且 $C_i \cap C_j = \phi$①, $i \neq j$。

在聚类分析过程中,需要注意一些最基本但又最重要的对聚类分析结果将产生较大影响的问题:

1) 相似性度量的选择

聚类分析算法先定义一个相似性度量函数,同一个簇中样本之间的相似性比不同簇之间样本间的相似性大,因此,当两个样本之间的簇相似性②大于某个阈值 s_0 时,这两个样本就可被认为属于同一簇。此外,对于包含部分或全部不连续属性的样本,因为不同类型的属性常常是不可比的,只用一个标准作为度量可能是不合适的。

2) 簇的数量的选取

聚类分析得到结果簇的数量的任意性是聚类过程中的主要问题。选择正确的簇个数非常重要,但是这在实际应用中往往是困难的,已经有一些算法在簇个数选择方面给出了参考策略[28]。

3) 属性的选取

属性的选取会影响聚类分析的最终结果,选取时需要考虑能满足所要求目标的所有相关方面,使用不重要的属性将使得结果较差。通常令人满意的情况应该是聚类结果对所使用属性集的微小变化不会太敏感。

4) 算法的选择

目前已存在大量聚类算法,包括基于划分的方法、基于层次的方法、基于密度的方法、基于网格的方法以及基于模型的方法等。还有一些聚类算法集成了多种聚类方法的思想。算法的选择取决于样本集的数据类型、聚类目的和应用等。

如图 9-3 是用不同的算法或相同算法不同簇数量下对相同数据集聚类的结果,可以看出,聚类的结果是有差异的。

9.3.2 基于划分的聚类算法

K-Means 算法是一种基于划分的聚类方法,基本思想是:给定一个包含 n 个样本的数据集,将数据划分为 k 个划分③($k \leqslant n$),每个划分表示一个簇,同时满足:①每个簇至少包含一个样本;②每个样本必须属于且仅属于一个簇。

1) K-Means 算法的具体步骤

K-Means 算法也被称为基于质心的方法,相似度计算是根据一个簇中对象的平均值(簇的质心)进行的,目标是找到数据的 k 个划分使得 k 个簇的质心点不再发生变化或准则函数

---

① 这里指的是非重叠簇。

② 注:不能简单地通过计算样本间的距离来确认样本是否属于同一个簇,对于明显分离的簇而言,同一簇中的样本间的距离足够小,不同簇中的样本间的距离都是足够大;对于基于质心的簇而言,不同簇中的样本间的距离甚至可能小于同一个簇中的样本间的距离。所以,样本间的距离和簇中样本的相似是两个不同的概念,不可混淆。因此,聚类算法实际是找簇相似性[2]。

③ 簇的数量 k 是在算法运行前确定的

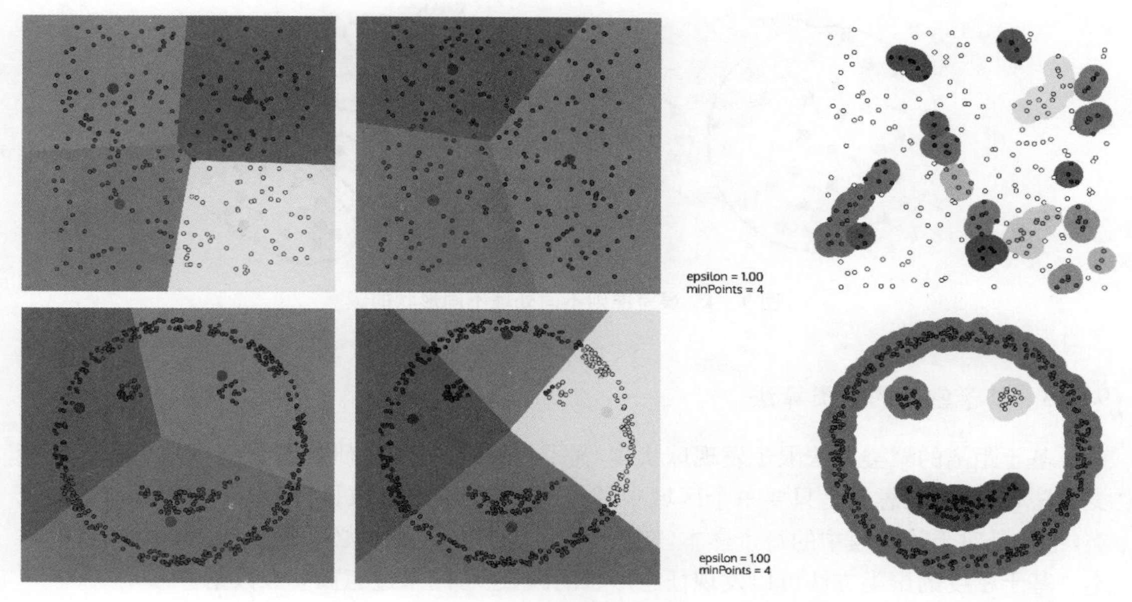

图 9-3　聚类可视化[①]

(例如误差平方和)收敛。具体步骤如下:

(1) 选择一个含有随机样本的 k 个簇的初始划分,计算这些簇的质心。

(2) 根据欧氏距离把剩余的每个样本分配到距离它最近的簇质心的一个簇。

(3) 计算被分配到每个簇的样本的平均值,作为新的簇的质心。

(4) 重复步骤 2 和 3,直到 k 个簇的质心点不再发生变化或准则函数收敛。

2) K-Means 算法的局限性

K-Means 算法的时间复杂度与数据集的大小是线性关系:O(nkl),其中 n 是样本数量,k 是簇的数量,l 是算法收敛时已迭代的次数(通常 k 和 l 预先给定)。算法不依赖样本顺序,即给定一个初始簇分布,无论样本顺序如何,聚类结束后生成的簇都一样。K-Means 算法是当前应用中最为常用的一种数据挖掘算法。但是,K-Means 算法存在如下局限性:

(1) 缺少一个可应用于选择初始划分的最佳方向、更新分区、调整簇数和停止准则等方面的指导,因此,K-Means 算法要求用户必须事先给出要生成的簇的数目。初始点的选择不同聚类的结果也不相同,因此,在初始点选取上有很多变体算法。

(2) 由于 K-Means 算法通过计算簇的平均值来使准则函数最小化,算法只有在簇的平均值被定义的情况下才能使用,这可能不适用于某些应用,如涉及有类别属性的数据[②],大小很不相同的簇或具有凹状的簇等(图 9-4)。

(3) K-Means 算法对噪声和异常点非常敏感,因为即使是少数这样的数据对平均值的影响也相当大,因此算法必须在预处理时清除异常点;另外需要进行后处理,包括合并相互接近的簇、清除小的簇(因为它们可能表示异常点的集合)、分割可能导致错误的松散的簇。

① 更多样例参见 https://www.naftaliharris.com/blog/visualizing-dbscan-clustering/
https://www.naftaliharris.com/blog/visualizing-k-means-clustering/

② k-means 被限定在欧氏空间中,但 k-means 的变体可被用于其他类型的数据。

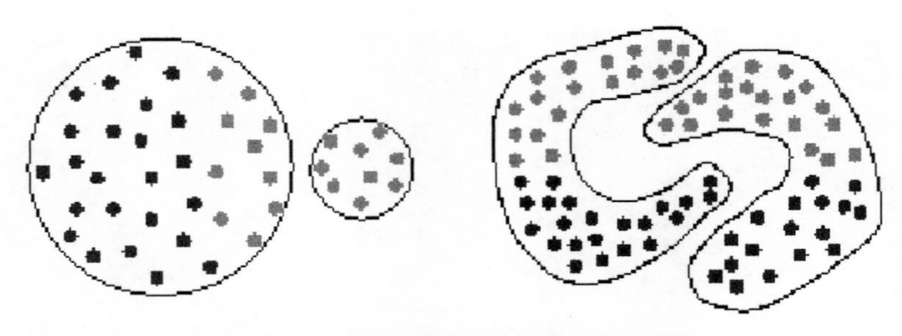

图 9－4　误差准则不同处理不同形状的簇

9.3.3　基于密度的聚类算法

基于距离的聚类方法限于发现球状簇，为了克服这一不足，研究者提出了基于密度的聚类方法，它的主要思想是只要一个区域中的点的密度（样本的数目）超过某个阈值则继续聚类，也就是对于给定簇中的每个样本，在一个给定范围的区域中必须至少包含一定数目的样本。基于密度的聚类方法可以发现任意形状的簇，还可用来过滤孤立点数据。

给定数据对象集合 D，下面给出基于密度聚类的相关定义：

定义 9.6（对象 p 的 ε -邻域）：一个对象 p 的 ε -邻域记为 $N_\varepsilon(p)$，定义为：$N_\varepsilon(p)=\{q\in D \mid \text{dist}(p,\ q)\leqslant\varepsilon\}$，即给定对象半径 ε 内的区域称为该对象的 ε -邻域。

定义 9.7（核心对象 core point）：如果一个对象 p 的 ε -邻域至少包含最小数目（MinPts）个对象，则称对象 p 为核心对象。此外，如果一个对象 p 的 ε -邻域包含对象数目少于最小数目（MinPts）个对象，称对象 p 为边界对象（border point）。

定义 9.8（直接密度可达 directly density-reachable）：如果一个对象 p 是在另一对象 q 的 ε -邻域内，且 q 是一个核心对象，则对象 p 从对象 q 出发是直接密度可达的。

也就是说，一个对象 p 是从另一对象 q 出发，关于 ε，MinPts 直接可达的，要求满足条件：$p\in \mathrm{N}_\varepsilon(q)$，且 $|\mathrm{N}_\varepsilon(q)|\geqslant \mathrm{MinPts}$　（核心对象条件）。

直接密度可达对于一对核心对象而言具有对称性，但如果其中一个对象是核心对象，而另一个是边界对象，则不具备对称性。如图 9－5 所示为非对称情形：

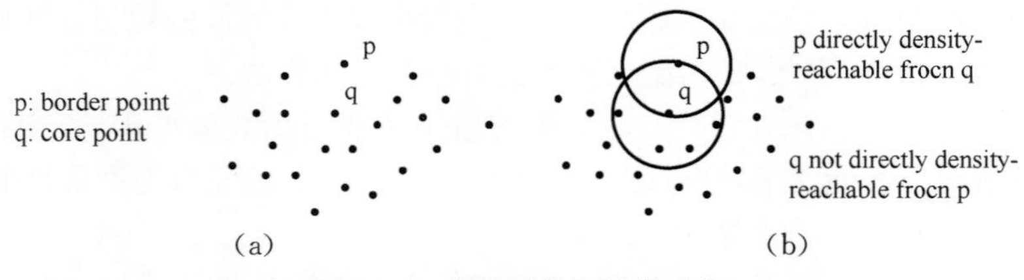

图 9－5　核心对象与边界对象

定义 9.9（密度可达 density-reachable）：如果存在一个对象链 $p_1,\ p_2,\ \cdots,\ p_n,\ p_1=q,\ p_n=p$，对 $p_i\in D(1\leqslant i\leqslant n)$，$p_{i+1}$ 是从 p_i 关于 ε 和 MinPts 直接密度可达的，则对象 p 是从对象 q 关于 ε 和 MinPts 密度可达的。

密度可达性是直接密度可达性的一个扩展，这个关系具有传递性，但不一定是对称的（当两个均为核心对象时，这个关系是对称的）。同一个簇 C 中的两个边界点可能相互不是密度可达的，因为核心点条件对它们不成立，但应该存在 C 中的一个核心点，这两个边界点都是从它密度可达的。

定义 9.10(密度相连 density-connected)：如果对象集合 D 中存在一个对象 o，使得对象 p 和 q 是从 o 关于 ε 和 MinPts 密度可达的，那么对象 p 和 q 是关于 ε 和 MinPts 密度相连的。

密度相连性是一个对称关系，如图 9-6，图 9-7 解释了定义 9.9 和定义 9.10，这是一个二维向量空间中的样本数据点集。注：以上定义仅要求一个距离度量，所以可以应用于来自任何距离空间的数据点。

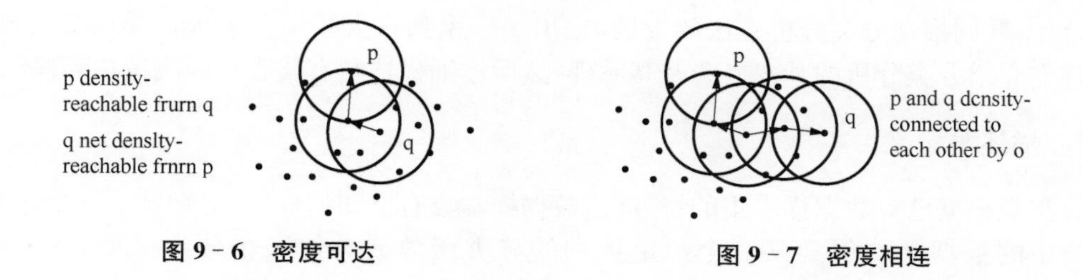

图 9-6 密度可达　　图 9-7 密度相连

直观地讲，一个簇是相对于密度可达性达到最大值的一个密度相连的点集，而噪声则相对一族簇来定义，即为数据集中那些不属于任何簇的数据点集。下面给出它们的定义：

定义 9.11(基于密度的簇 cluster)：设 D 是存储对象的数据库，关于 ε 和 MinPts 的簇 C 是满足下列条件的 D 的非空子集：

1) $\forall p, q$：如果 $p \in C$ 且对象 q 是从对象 p 关于 ε 和 MinPts 密度可达，则 $q \in C$。(最大性)

2) $\forall p, q \in C$：对象 p 和对象 q 关于 ε 和 MinPts 密度相连。

根据上面的条件，一个基于密度的簇即是基于密度可达性的最大的密度相连对象的集合。

需要注意的是，一个簇不仅包含核心对象，也包含不满足核心对象条件的边界对象，这些对象至少是从簇中的一个核心对象直接可达的(否则就是噪声对象)。

定义 9.12(噪声 noise)：设 $C_1, C_2, \cdots, C_k$ 是数据库 D 关于 ε_i 和 $\mathrm{MinPts_i}$ 的簇，不属于任何簇 C_i 的数据库中点集称为噪声。

DBSCAN 算法是最基本的基于密度的聚类算法，算法通过递归地进行最近邻搜索，来检索直接密度可达的对象，即检查数据库中每个对象的 ε-邻域，如果一个点 p 的 ε-邻域 N_ε(p)包含多于 MinPts 个点，则创建一个以 p 作为核心对象的新簇 C；然后，检查 C 中每个未被处理过的点 q 的 ε-邻域，如果 $N_\varepsilon(q)$ 包含多于 MinPts 个对象，那么 q 的邻域中所有未在 C 中的对象被加到簇 C 中来，并且下一步检查它们的 ε-邻域 N；循环这个过程直到不再有新的对象点能被加到当前的簇 C 中，过程结束。

DBSCAN 算法将具有足够高密度的区域划分为簇，并可以在含有噪声的空间数据库中发现任意形状的簇。但是，如前所述，由于相似性定义的挑战，导致聚类算法在实际应用中有许多改进的需求，有代表性的如 Yufei Tao 等证明了著名的 DBSCAN 算法原始论文存在不足[26]。

9.4 分类分析

“啤酒尿布”的故事启发销售商采用关联分析了解客户的购买习惯，进而选择更优的营销方案，但仅由这种技术来制定营销方案仍然是不够的，销售商还要考虑需要对哪些客户采用哪种营销方案，这需要分类技术，将如客户或营销方案等分门别类，为各类客户提供相应的方案。分类分析是有监督(或半监督)的学习方法，主要有决策树方法、统计方法、神经网络方法等。这些方法在机器学习和人工智能领域已经出现，在数据挖掘技术发展过程中，他们也被广泛应用于数据挖掘业务应用中。同时，数据挖掘、机器学习和人工智能领域研究者相互合作，共同推动分类分析方法的发展，提出了一系列在大数据上表现优异的分类算法。本节首先介绍分类分析的基本概念及其原理，然后详细描述具有代表性的决策树算法①。

9.4.1 描述与定义

分类是根据已有数据样本集的特点(该数据样本集有已知的样本标签)建立一个能够把数据集中的数据项映射到某一个给定类别的分类函数或构造一个分类模型(或分类器Classifier)的技术，从而对未知类别的样本赋予类别，以更好的辅助决策。

定义 9.13(分类 classify)：给定一个数据样本集 $D=\{X_1, X_2, \cdots, X_n\}$，样本 $X_i \subseteq D$，类的集合 $C=\{C_1, C_2, \cdots, C_m\}$，分类是从数据样本集到类集合的映射 $f:D \to C$，即数据集中的样本 X_i 分配到某个类C_j 中，有 $C_j=\{X_i \mid f(X_i)=C_j, 1 \leqslant i \leqslant n, 1 \leqslant j \leqslant m$，且$X_i \subseteq D\}$。

构造分类器的过程一般分为模型训练和测试两个阶段。具体过程如下：

(1) 模型训练阶段：分析输入数据，通过在训练数据集中的数据表现出来的特性，为每一个类找到一种准确的描述或模型。通常学习，模型用分类规则、决策树或数学公式的形式提供。

(2) 测试阶段：使用模型分类的阶段，利用类别的描述或模型对测试数据进行分类。首先用测试数据评估分类规则的准确率(正确被模型分类的测试样本的百分比)，如果准确率是可以接受的，则模型可用于对类标号未知的新的数据样本进行分类，即模型应用。

一般来说，测试阶段的代价远远低于训练阶段。

定义 9.14(训练数据集 training set)：给定一个数据样本集和一组具有不同特征的类，数据样本集中为建立模型而被分析的数据样本的集合称为训练数据集。每个样本属于一个预定义的类，由一个称作类别属性(类标号属性)的属性确定。

定义 9.15(训练样本)：训练数据集中的单个样本称为训练样本，训练样本随机地由数据样本集选取，每个训练样本有一个类别标记。一个具体样本的形式可记为：$(v_1, v_2, \cdots, v_n; C)$，其中 v_i 表示属性值，C 表示类别。

训练集用于调节所采用模型的参数，训练集是有标注的，事先知道的。

9.4.2 分类模型的评估

不同的分类模型有不同的特点，数据样本分类的结果也不同。在整个分类分析工作的

① 基于神经网络的分类算法和深度学习算法将在本书的其他章节(深度学习)有详细描述，不在此赘述。

最后阶段，分类器的效果评价非常重要，没有任何分类器能够百分百的正确，任何分类算法都会发生一定的误差，而在大数据的情况下，有些数据的分类本身就是比较模糊的。因此在实际应用之前对分类器的效果进行评估显得很重要。评价分类模型的尺度主要有：

1）预测准确度

预测准确度是分类模型正确预测新的未知类别数据样本的类标号的能力，方法如保持方法和交叉有效性验证方法等；

(1) 保持方法：这种评估方法只有一部分初始数据用于导出的分类模型。该方法将给定数据随机地划分成两个独立的集合：训练集和测试集。通常，三分之二的数据分配到训练集，其余三分之一分配到测试集，使用训练集导出分类模型，用测试集评估。

(2) 交叉有效性方法：将训练数据集 S 分为互不相交且大小相等的 k 个子集 S_1，S_2，…，S_k，对于任意子集 S_i，用 $S-S_i$ 训练分类模型，用 S_i 对生成的分类模型进行测试，该方法称为 K-fold cross validation[①]。

对分类器的效果评价指标有很多，包括 accuracy，precision，recall，f score，roc，auc，log loss，MAE(Mean absolute error)，MSE(Mean Squared error)，RMSE(Root Means Squared error)，MAPE(Mean absolute % error)，R2(Coefficient of determination)等。

2）计算复杂度

计算复杂度是依赖于具体的实现细节和硬件环境，在数据挖掘中，由于操作对象是大规模数据，因此空间和时间的复杂度问题是非常重要的一个环节；

3）模型描述的简洁度

模型描述的简洁度是对于描述型的分类任务，模型描述应尽量简洁，例如，采用规则表示的分类器构造法易于理解，而神经网络方法产生的结果却难以理解。

分类的效果还与数据的特点有关，如噪声大、存在空缺值、样本分布稀疏、属性间的相关性强、存在离散值属性或连续值属性或混合式的属性等。但目前并不存在某种方法能适合于各种特点的数据。

9.4.3 基于决策树的分类算法

决策树是一种树性结构，基本组成部分包括根节点、叶节点、分割点(split point)、分支(split)。树的最顶层节点是根节点，是整个决策树的开始；叶节点代表类或类的分布，对应一个类别属性 C 的值；非叶节点对应一个分割点，表示对一个或多个属性的测试，用于决定数据样本的分支，每个分割点都有一个分支判断规则：对连续属性 A，分支判断规则形式是 $\text{value}(A)<x$（x 是属性 A 值域中的一个值）；而对离散属性 A，分支判断规则形式则为 $\text{value}(A)\in x$（$x\subset \text{domain}(A)$）。每个分支代表一个测试输出，要么是一个新的分割点，要么是树的结尾(叶节点)。

决策树模型构造快且简单易于理解，但在决策树构造过程中将面临如下一些主要问题：

1）训练数据集的大小

生成的决策树的结构取决于训练数据集的大小。如果训练数据集太小，那么生成的决策树可能不够详细，导致难以适应更一般的数据；而如果训练数据集太大，可能导致生成的

---

① K-fold cross validation 通常适合小数据。对于规模大的数据，通常使用 holdout validation。

树过适应(或过学习)。因此,过学习造成所建立的决策树对历史数据样本可能非常准确,但一旦应用到新的数据样本时准确性却急剧下降。对决策树的剪枝是尽可能避免过学习的一种策略。

定义 9.16(过学习):推出过多的假设与训练数据集相一致而导致所作出的假设泛化能力过差称为过学习(或过适应)。

2) 属性选择度量(最佳分支属性、分支属性顺序及分支数量的选择)

如何找到节点测试的分割点、找到分割点后如何划分数据是决策树构造算法的关键,目前几种常用的属性选择方法,如信息增益标准 Gain、最小 GINI 指标(lowest GINI index)方法等,对应前者的算法有 ID3、C4.5 等,后者有 CART、SLIQ 和 SPRINT 等。这些算法要求计算每个属性的信息增益,然后选择具有最高信息增益的属性作为当前节点的测试属性,对该属性的每个值创建分支,据此划分样本,这个属性使得对结果划分中的样本分类所需的信息量小,且对一个对象分类所需的期望测试数目最小。

分支数量:属性的值域越小则分支的数量相对较小,如性别属性;然而如果值域是连续值或具有大量的离散值,则分支的数量会难以决定。

3) 树的结构

一些算法仅建立二叉树、层次少的平衡树,但复杂的具有多路分支的决策树也常常需要。这要求根据具体问题的需求进行选择权衡。

4) 停止的标准

为防止树的过大生长(如树的大小、高度、叶节点个数等),需要在决策树构造过程中设定一定的停止标准以较早停止树的增长,防止过适应。

5) 剪枝

为避免过学习,需要通过删除部分节点和子树,对决策树进行剪枝。

ID3 和 C4.5 算法是最基础的决策树算法。下面具体介绍 ID3 算法。

ID3 算法使用信息增益标准从候选属性中选择属性,其基本思想是:构造决策树,决策树的每个节点对应一个非类别属性,每条边对应该属性的每个可能值。以信息熵的下降速度作为选取测试属性的标准,即所选的测试属性是从根到当前节点的路径上尚未被考虑的具有最高信息增益的属性。对于非终端的后继节点,用相同的过程选择一个新的属性分割训练样本,直到满足以下两个条件中的任一个:

(1) 所有的属性已经被这条路径包括;

(2) 与这节点关联的所有训练样本都具有相同的目标属性值。

为进一步说明信息增益标准,下面给出一些信息论的相关概念:

定义 9.17(自信息量):根据人们的实践经验,一个事件给予人们信息量的多少,与这一事件发生的概率大小有关:一个小概率事件的发生,给予人们的信息量多;相反,一个大概率事件的出现,给予人们的信息量少。用 $I(A)=-\log_2 p$ 〔p 表示事件 A 发生的概率〕来度量事件 A 给出的信息量,称为事件 A 的自信息量。

定义 9.18(信息熵):若一次试验有 n 个可能结果(事件),它们出现的概率分布 $P=(p_1, p_2, \cdots, p_n)$,用 Entropy($P$)信息熵度量一次试验所给出的平均信息量,计算公式为:

$$Entropy(P)=-(p_1\log_2(p_1)+p_2\log_2(p_2)+\cdots+p_n\log_2(p_n)) \tag{9-1}$$

例如，若 P 为(0.5，0.5)，则 Entropy(P)等于1；若 P 为(0.67，0.33)，则 Entropy(P)为0.92；若 P 为(1，0)，则 Entropy(P)为0。

定义9.19(给定的样本分类所需的期望信息)：设 S 是 s 个数据样本的集合，假定类别属性具有 m 个不同值，定义 m 个不同类 C_i ($i=1, 2, \cdots, m$)，s_i 是类 C_i 中的样本数(即 $|C_i|$)，p_i 是任意样本属于 C_i 的概率，并用 s_i/s 估计，对一个给定的样本分类所需的期望信息由式4-2给出：

$$Entropy(s_1, s_2, \cdots, s_m) = -\sum_{i=1}^{m} p_i \log_2(p_i) \tag{9-2}$$

定义9.20(由A划分成子集的熵)：设非类别属性A具有 v 个不同值 $\{a_1, a_2, \cdots, a_v\}$，利用非类别属性A将S划分为v个子集 $\{S_1, S_2, \cdots, S_v\}$；其中 S_j 包含 S 中在 A 上具有值 a_j 的样本。若 A 选作测试属性，则这些子集对应于由包含集合 S 的节点生长出来的分支。设 s_{ij} 是子集 S_j 中类 C_i ($i=1, 2, \cdots, m$) 的样本数，由A划分成子集的熵(或期望信息)由式9-3给出：

$$Entropy(A) = \sum_{j=1}^{v} \frac{s_{1j} + \cdots + s_{mj}}{s} Entropy(s_{ij}, \cdots, s_{mj}) \quad (i=1, 2, \cdots, m) \tag{9-3}$$

其中，项 $\left(\frac{s_{1j} + \cdots + s_{mj}}{s}\right)$ 表示第 j 个子集(即 A 值为 a_j 的子集)中的权，等于子集中的样本个数除以 S 中的样本总数。

对于给定的子集 S_j，$Entropy(s_{1j}, s_{2j}, \cdots, s_{mj}) = -\sum_{i=1}^{m} p_{ij} \log_2(p_{ij})$　　(9-4)

其中，$p_{ij} = \frac{s_{ij}}{|S_j|}$ 是 S_j 中的样本属于类 C_i 的概率。

定义9.21(信息增益)：是指两个信息量之间的差值，其中一个信息量是识别一个 S 的元素所需信息量，另一个信息量是属性 A 的值已经得到以后识别一个 S 的元素所需信息量，即信息增益与属性 A 相关。信息增益定义为：

$$\text{Gain}(A, S) = Entropy(s_1, s_2, \cdots, s_m) - \text{Entropy}(A) \tag{9-5}$$

ID3算法被限制为取离散值的属性：①学习到的决策树要预测的目标属性必须是离散的；②树的决策结点的属性也必须是离散的。C4.5算法对原始的ID3算法引入了扩充，它除了拥有ID3算法的功能外，还增加了：①使用增益比率的概念；②合并具有连续值的属性；③处理缺少属性值的训练样本；④通过使用不同的修剪技术以避免树的不平衡；⑤k 次迭代交叉验证；⑥规则的产生。

接下来主要介绍增益比率(gain ratio)的使用。

信息增益偏袒具有较多值的属性，太多的可能值必然把训练样本分割成非常小的空间，相对训练样本，将会有非常高的信息增益，特别地，当属性的每条记录的值都不一样，那么Entropy(A，S)=0，于是Gain(A，S)最大。例如，考虑属性“日期”(Date)，它有大量的可能值(如2004年11月10日)，在所有属性中将具有最大的信息增益，因为单独的Date属性就可以完全预测训练数据的目标属性，于是这个属性会被选作树的根结点的决策属性，生成一棵深度为1，但却非常宽的树，这棵树可以理想地分类训练数据，但这个决策树对分析后来的数据性能将相当差，这样的决策树不是一个好的分类器。

为了避免这个不足的情况，选用其他度量而不是信息增益来选择决策属性。一个可选的度量标准是增益比率。增益比率通过加入分裂信息(split information)来惩罚类似 Date 的具有较多值的属性。

定义 9.22(分裂信息)：分裂信息是数据样本集合 S 关于属性 A 的各值的熵，用于衡量属性分裂数据的广度和均匀性，由式(9-6)计算：

$$SplitInformation(A, S) = -\sum_{i=1}^{c} \frac{|S_i|}{|S|} \log_2 \frac{|S_i|}{|S|} \tag{9-6}$$

其中，S_1 到 S_c 是含有 c 个值的属性 A 分割 S 而形成的 c 个样本子集。

定义 9.23(增益比率)：增益比率度量由信息增益和分裂信息度量共同定义，由式(9-5)计算：

$$GainRatio(A, S) = \frac{Gain(A, S)}{SplitInformation(A, S)} \tag{9-7}$$

分裂信息 SplitInformation(A, S)是根据类别属性 A 的值分隔 S 的信息量，它阻碍选择值均匀分布的属性，例如，考虑一个含有 n 个样本的集合被属性 A 彻底分割，则分裂信息值为 $\log_2 n$；一个布尔属性 B 分割同样的 n 个实例，如果恰好平分两半，那么分裂信息是 1。如果属性 A 和 B 产生同样的信息增益，那么根据增益比率度量，显然属性 B 具有更高的增益比率。

使用增益比率代替增益来选择属性时，产生的一个实际问题是，如果某个属性对于 S 的所有样本有几乎同样的值，使 $|S_i| \approx |S|$，则分母分裂信息值可能为 0 或非常小，将导致增益比率无定义或增益比率非常大。为避免选择这种属性，可以采用一些启发式规则，例如先计算每个属性的增益，然后仅对增益高于平均值的属性应用增益比率测试。

总体来说，决策树具有生成的规则易于理解、计算量相对不大、可处理连续和离散属性，且明确显示哪些属性更为重要等多方面优点。但决策树也存在不足，主要表现在对连续性的属性比较难预测；对有时间顺序的数据，需要很多预处理的工作；当类别太多时，错误可能增加较快。

需要引起读者注意的是，在实际中应用的决策树可能非常复杂，例如，利用历史数据建立一个包含几百个属性、十几种输出类的决策树，这样的一棵树可能太复杂，但每一条从根结点到叶节点的路径所描述的含义仍然是可以理解的。决策树的这种易理解性对数据挖掘的使用者来说是一个显著的优点。然而决策树的这种明确性可能带来误导，如决策树每个节点对应分割的定义都是非常明确毫不含糊的，但在实际生活中这种明确可能带来麻烦，例如，可能出现这样的情况：年收入￥40 001 的人具有较小的信用风险而￥40 000 的人却不具有。这些特殊情况都需要使用者在实际应用中注意权衡。

同时，单决策树存在容易过拟合问题，虽然剪枝可以减少这种情况，但是还是不够的。集成算法也是当前研究的热点，如多棵决策树的集成算法，这类方法用一些相对较弱的学习模型独立地就同样的样本进行训练，然后把结果整合起来进行整体预测。例如 Boosting，

Bagging 等算法最终的结果是生成 N(可能会几百以上)棵树,其中每棵决策树都很简单,但是它们组合起来很强大。例如,随机森林[]用随机方式建立一个森林,通过多棵决策树联合组成;GBDT(Gradient Boosting Decision Tree)[]是一种迭代的决策树算法,由多棵决策树组成,所有树的输出结果进行累加;XGBoost[]算法因其模型的可解释性高,并更易于调参,成为近期被广泛应用的大数据分类方法。

除了本节介绍的决策树分类分析算法外,分类算法还有很多,逻辑回归、支持向量机(SVM)等,这里没有更进一步的介绍。我们相信这些基础有助于读者提出具有更好性能的新的分类算法,以及如何在应用时对算法进行选择和使用。此外,深度学习是大数据分析的一个热点,本书其他章节会有专门的介绍,在此不赘述。此外,大数据环境下,分类分析方法还面临着数据更加稀疏,有标签的数据难以获得等挑战,因此,非平衡分类问题[27]、少类分类问题[28]也是值得关注的问题。

9.5 异常分析

前面讨论的关联、分类、聚类分析等数据挖掘技术研究的问题主要是针对数据集中的大部分对象,而数据集中那些小部分明显不同于其他数据的对象(异常对象)常常被人们忽略或作为噪声消除。事实上,一些应用中,这些异常对象可能包含比正常数据更有价值的信息,如信用卡欺诈检测问题中,相对被窃前的使用模式而言,被窃后的使用模式很可能是个异常点,因此可通过识别这个异常点检测信用卡是否被窃。异常分析已成为数据挖掘中的一个重要方面,它是在诸如信用卡使用模式这样的大量数据中发现明显不同于其他数据的异常对象的技术。本节介绍异常、异常分析的基本概念,及其相应的基础算法。

9.5.1 描述和定义

一个数据集中往往包含一些特别的数据,其行为和模式与一般的数据不同,这些数据称为“异常”。对“异常”数据的分析称为“异常分析”。

定义 9.24(异常分析 Outlier Analysis):发现数据集中明显不同于其他数据的对象的过程。可被分为两个子问题:

(1) 在给定数据集合中定义什么样的数据可以被认为是异常。

(2) 找到一个有效的方法来挖掘这样的异常。

大多数聚类算法(如 DBSCAN、BIRCH 等),都具有一定的噪声处理能力,在一定程度上可以检测异常数据。但聚类算法定义中的“噪声”和本章提到的“异常”在概念上是有偏差的:“噪声”是定义在簇的基础上,是不隶属于任何簇的数据;而异常分析中定义的“异常”是不依赖于是否存在簇。聚类算法中具有处理噪声能力的出发点和目的是优化簇,在生成结果簇时,噪声是可以容忍或忽略的。

定义 9.25(异常 outlier):一个数据集中包含的一些特别的数据称为“异常”,他们的行为和模式与一般的数据不同,它不同于聚类算法中定义的“噪声”,不依赖于是否存在簇。

9.5.2 基于距离的异常分析算法

自 20 世纪 80 年代,异常分析问题就在统计学领域里得到了广泛研究。通常,用户用某个统计分布（如正态分布 Normal、泊松 Poisson 分布等），对数据点进行建模，然后用不一致检验（discordancy test）来确定异常。因此使用基于统计的异常分析方法要求预先得到关于数据集合参数的知识，如分布模型（如假设的数据分布）、分布参数（如平均值和方差）、预期的异常数目和异常数据类型等，但在许多情况下，数据分布可能是未知的，而且现实数据也往往不符合任何一种理想状态的数学分布，特别地，即使在低维（一维或二维）时的数据分布已知，在高维情况下，估计数据点的分布却是极其困难的。

为解决这个问题，Knorr 和 Ng 提出了基于距离的异常定义[29]：如果数据集中与点 p 的距离小于 d 的点的个数不超过 M，那么就称 p 为相对于 M 和 d 的异常，这里的距离可以是任意的度量距离函数。

基于距离的异常是那些没有“足够多”邻居的对象，这里的邻居是基于距给定对象的距离来定义的。

但在 Knorr 和 Ng 算法中，输入参数 M 和 d 很难确定，并且对于不同参数 M 和 d 对结果的影响有很大不稳定性。这需要用户反复输入 M 和 d 进行测试，以确定一个满意解。这种需要用户拥有相当的领域知识，并且进行人工干预算法的办法也并不理想。Rastogi 和 Ramaswamy 改进了 Knorr 和 Ng 的定义，引入了基于距离异常的新定义：$D_n{}^k$ 异常[30]。

用 $D^k(p)$ 表示点 p 和它的第 k 个最近邻的距离，对某个点 p 根据它的 $D^k(p)$ 进行排序，就得到下面的 $D_n{}^k$ 异常的定义：

定义 6.4（$D_n{}^k$ 异常）：给定 δ 维空间中包含 N 个点的数据集，参数 n 和 k（自然数），如果满足 $D^k(p') > D^k(p)$ 的点 p' 不超过 $n-1$ 个，即 $|\{p' \in D \mid D^k(p') > D^k(p)\}| \leqslant n-1$，那么称 p 为 $D_n{}^k$ 异常。

换言之，如果根据数据点的 $D^k(p)$ 距离，对数据点进行排序，在该排序中的前 n 个点则被认为是异常。这里两点间距离可以采用任意的 Minkwinski 距离 L_p 标准，如 L_1（“manhattan”）或 L_2（“Euclidean”）。在其他特定应用领域（如文本文档），也可以采用其他非标准度量距离函数，这样，$D_n{}^k$ 异常定义更加通用。

先介绍一种简单的循环嵌套算法，基本思想为：对每个数据点 p，计算它的第 k 个最近邻的距离 $D^k(p)$，把具有极大 D^k 值的前 n 个点作为异常。在计算 $D^k(p)$ 时，算法扫描整个数据库，可以先设置一个链表存放 p 的 k 个最近邻，然后对数据库中的每个点 q 计算 dist(p, q)，如果 dist(p, q) 小于 p 与链表中某个最近邻的距离，那么就把 p 放入链表（如果链表中的数据点超过 k 个，则把与 p 距离最远的那个点删除）。

算法每次处理一个点 p 需要扫描数据库 N 次（N 为数据点数）。可以在对数据库进行一遍扫描时同时处理多个 $p_1, \cdots, p_m$ 点，同时计算它们的 $D^k(p)$ 值以降低 I/O 负载，每次从磁盘读入点 q 时，可以同时对 $p_1, \cdots, p_m$ 作上面的检测，此时只需扫描数据库 N/m 次。

上述算法简单，但是，即使利用 I/O 优化，循环嵌套方法的计算代价仍是昂贵的，特别是在数据点的维数较大时尤其如此。下面介绍一种基于索引连接（Index-Based Join）的算法，即通过使用空间索引如 R^*-树可使距离计算工作量大大减少。该算法使用一个数据集的最小边界矩形 MBR（Minimum Bounding Rectangle）来近似估计数据点。通过对每个 MBR 中的点 p 计算 $D^k(p)$ 的上、下边界，可以判定是否包含 $D_n{}^k$ 异常，以及裁剪不可能包含 $D_n{}^k$ 异常的 MBR。

通过一些修剪简化减少计算点之间的距离：假设已经从整个数据集的一个子集中计算

了点 p 的 $D^k(p)$，这个值显然是 p 真正的 $D^k(p)$ 的上界，如果 R^*-树上一个点的 MBR 和 p 的距离超过当前的 $D^k(p)$，那么以这个点为根节点的子树里所有的点不可能是 p 的 k 最近邻。这个过程修剪了所有包含与 p 的 k 最近邻无关的点的子树。

另外，根据定义只计算前 n 个异常，还可以利用以下的修剪规则来优化计算 $D^k(p)$。假设在基于索引算法中的每一步，都保存已计算好的前 n 个异常（暂时的），记 D_{nmin} 为这些异常的 D_k 值的最小值。如果在计算某个点 p 的 $D^k(p)$ 值时，发现 $D^k(p)$ 小于 D_{nmin}，则可以判定 p 不是异常，这是因为 $D^k(p)$ 是随着检查的点数的增加而递减的，因此 p 不可能是前 n 个异常。

9.5.3 基于密度的异常分析算法

上述算法中的异常被认为是二元性质的，即要么在数据集中该对象是异常，要么不是异常，然而在大多数应用中，情况是复杂的；基于距离的异常分析中因为考虑的是整个数据集，找出的异常是全局意义的，因此关于异常的定义只能发现某些类型的异常。而异常这个概念本身具有一定的"局部"性，即某一点异常是指这一点与之邻近的簇相对较远。Breunig 和 Kriegel 引入了局部异常因子的概念[31]，认为异常不应该是对象的二元性质，而是某个度量。

相对于关联、聚类和分类等关注数据集中大部分对象的特征和模式不同，异常分析集中在少部分数据上。异常分析方法还有更多值得关注和研究的方面，包括：解释算法所识别出的异常确实是合理的；改进现有的异常分析算法的效率；拓展异常的定义；针对高维数据集的异常分析的处理方法；等等。限于篇幅，这些主题的讨论我们不在此扩展，有兴趣的读者可以参考相关文献，例如 Isolation Forest 异常检测算法[32]（该算法也有 spark 版本的相关实现）。更多关于异常分析方面的综述请参考本章后的文献[33]。

9.6 特异群组挖掘

高价值低密度常常被用于描述大数据的特征[34]，挖掘高价值低密度的数据对象是大数据的一项重要工作。特异群组是一类高价值低密度的数据形态，是指在众多行为对象中，少数对象群体具有一定数量的相同（或相似）的行为模式，表现出相异于大多数对象而形成异常的群组[7]。特异群组挖掘由朱扬勇和熊赟于 2009 年首次提出[35]①。特异群组挖掘任务和方法已被应用于包括医保基金欺诈、市场操纵行为发现、团伙作案等多种应用场景。本节介绍特异群组挖掘任务定义，并给出一个特异群组挖掘框架算法以及半监督特异群组挖掘方法。

9.6.1 描述与定义

特异群组挖掘与聚类、异常挖掘都属于根据数据对象的相似性来划分数据集的数据挖

① 本章后的文献[35]中，特异群组英文使用 peculiarity groups，意指这些群组具有特殊性、异常性；而后，本章后的文献[36]强调这些群组中的对象具有强相似性、紧粘合性（即 cohesive），因此，将特异群组挖掘问题的英文进一步深化，表达为 cohesive anomaly mining，意指挖掘的特异群组不仅具有特殊性、异常性，且群组对象是强相似、紧粘合。并且，将这些对象形成的群组的英文改用 abnormal groups[36]。

掘任务，但特异群组挖掘在问题定义、算法设计和应用效果方面不同于聚类和异常等挖掘任务。特异群组挖掘结合了聚类和异常检测的一些特点，又具有自身的特性。特异群组挖掘所关注的是一个大数据集中大部分数据对象不相似，而每个特异群组中的对象是相似的，即特异群组对象的群体性和普通对象的个体性不同，群组中的个体对象本身单独而言并不一定特异，只是和群组中的相关对象一起构成了特异群组。也即，如果一个数据集中的大部分数据对象都能够归属于某些簇，那么那些不能归属于任何簇的数据对象就是异常对象；如果一个数据集中的大部分数据对象都不属于任何簇，那么那些具有相似性的数据对象所形成的群组就是特异群组(图 9-8)。因此，挖掘的需求决定了簇、特异群组、异常点：如果需要找大部分数据对象相似，则是聚类问题；需要找少部分数据对象相似，则为特异群组；如果是找少数不相似的数据对象，则为异常。

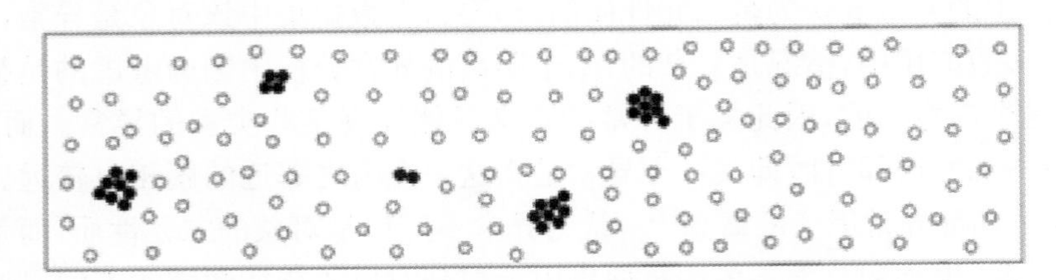

图 9-8 大数据集里的特异群组

设 F^d 为 d-维特征空间，$D=\{O_1, O_2, \cdots, O_i, \cdots, O_n\}$ 是对象集合，$O_i \in F^d$。两个对象 O_i 和 O_j 间的相似性 f 由相似性函数 $sim(O_i, O_j)$ 计算($0 \leqslant f \leqslant 1$)。

定义 9.26(相似对象)：给定一个相似性阈值 δ，对于一个对象 $O_i(O_i \in D)$，如果数据集中至少存在另一个对象 O_j，使得 $sim(O_i, O_j) \geqslant \delta$。那么对象 O_i 称为对象集合 D 中关于 δ 的相似对象。

在特异群组挖掘问题中，由于大部分数据对象都是不相似的，只有群组中的对象才是相似对象，表现出相异于大部分对象的特性，因此在特异群组挖掘问题中，相似对象被称为特异对象，特异对象的集合记为 P，剩下不在 P 中的对象记为 $D \backslash P$。相应地，度量数据对象是否为相似对象的相似性函数被称为特异度度量。特异度度量是定义一个特异群组的基础。

对于一个数据集，形成特异群组集合中的数据对象相对整个数据集中的数据对象是少数的。在很多情况下，指定合适的相似性阈值对用户而言是困难的。例如，在证券市场合谋操纵账户挖掘中，多个账户在一定时间段内的多次相同交易行为是价格操纵的基本行为。简单直观地，可以以相同交易行为的数量 l 来定义两个账户的相似度，用这个数量作为相似度阈值。然而，在实际实施过程中，这个相似性阈值对用户而言是困难的。

然而，对于特异群组挖掘需求而言，用户更容易知道的是他们希望发现的特异对象的数量，例如作为证券监管者，他们希望发现的涉嫌操纵股价的账户数量更加清楚。进一步而言，特异群组挖掘问题是挖掘"少量"数据对象构成的特异群组，一般观点认为 20%应该已经很少了，但在许多应用中，如证券市场合谋操纵账户挖掘这个例子中，10%都不是"少量"，操纵账户可能小于 0.2%或更小才是"少量"，这个数量完全由实际问题的用户理解所决定。例如，用户可以根据预算的经费和时间等指定其期望的特异对象数量。同时，这也是用户的直接需求，用户易于理解和指定。

下面对特异群组挖掘问题进行定义：

定义 9.27（τ -特异群组挖掘）：特异群组挖掘是在一个数据集中发现特异群组的过程，这些特异群组形成的集合包含 τ 个数据对象，τ 是一个相对小的值（$\tau << n \times 50\%$，n 是数据集中对象总个数）。

特异对象的数量 τ 不仅易于用户描述其需求，而且因为 τ 相对较小，算法可以利用 τ 设计剪枝策略，以提高大数据集特异群组挖掘算法的效率。

定义 9.28（对象的特异度评分，特异对象）：一个对象 O_i 的特异度评分 ω 是 O_i 和该数据集中其他对象间的最大相似性值，即 $\omega(O_i)=\max_{1\leqslant j\leqslant n,\ j\neq i}S(O_i,\ O_j)$，其中 $S(O_i,\ O_j)$ 表示对象 O_i 和 O_j 的相似性度量值。

给定一个特异度评分阈值 $\delta>0$，当一个对象 O 的特异度评分 $\omega(O_i)>\delta$，则该对象 O 是一个特异对象。用 $\ddot{O}$ 来表示在整个数据集中 θ 特异对象的集合。

在特异度评分定义的基础上，定义特异群组。

定义 9.29（特异群组）：一个特异对象的集合 G 是一个候选特异群组，当且仅当 $|G|\geqslant 2$，并且 G 中的每两个对象都是相似的，即对于 $O_i,\ O_j\in G$，有 $S(O_i,\ O_j)|\geqslant\delta$。如果不存在任何一个 G 的超集是一个候选特异群组，那么 G 是一个特异群组。

特异群组的紧致性度量如下。

定义 9.30（紧致性）：一个特异群组 G 的紧致性 ζ 是该群组中所有对象的总体特异度评分之和，即 $\zeta=\sum_{i=1}^{|G|}\omega(O_i)(O_i\in G)$。

设 Ç 是特异群组集，Ç 的紧致度是 Ç 中所有特异群组紧致度之和。

如前所述，特异度评分阈值 δ 在实际应用中用户是很难设置的。为了克服这个困难，用户可以设置一个特异群组集合的对象总数阈值 τ，这对于用户以及特异群组挖掘问题本身而言是一个容易设置和接受的阈值。这两个阈值（τ 和 δ）间的关系如下。

给定一个相对小的阈值 $\tau(\tau\geqslant 2)$（特异群组集合中的对象个数相对较少，因此 τ 的值相对较小），可以找到具有最高特异度评分的 τ 个对象。那么，第 τ 个对象的特异度评分就是相应的特异度评分阈值 δ，即这 τ 个对象具有最高的特异度评分值，并且包含 τ 个对象的特异群组集 Ç 的紧致度最大。

在对象特异度评分定义基础上，给出进一步深化的特异群组挖掘任务定义。

定义 9.31（τ -特异群组挖掘）：特异群组挖掘问题是找到数据集中所有的特异群组，满足特异群组集合 Ç 的紧致度最大，且 $|\text{Ç}|=\tau$，其中 $\tau(\tau\geqslant 2)$ 是一个给定阈值。

9.6.2　特异群组挖掘框架算法

对于 τ -特异群组挖掘问题，传统的聚类算法无法直接使用。因为聚类算法通常要求用户指定一个相似性阈值（或相关参数），而这样的限制不能保证结果中相似对象的数量满足阈值 τ。一种修改是通过多次调用聚类算法调整参数值，终止的条件是当簇中对象的数量满足用户指定的数量 τ。然而，由于重复多次的聚类算法调用，造成大量冗余的计算。更坏的情况是，当多个参数之间相关时，这是相当困难的。虽然层次聚类方法看上去能够简单地使用一个对象数量的阈值作为参数提前终止聚类，且易于处理任何形式的相似性，但对象间相似性的计算具有相当高的复杂度[37]。

还有一些聚类算法给出如何选择参数阈值的指导，如 DBSCAN 算法中的 MinPts＝4[25]；或者自动调整参数阈值，如 SynC 算法[38]。然而，对于一般用户，根据参数阈值指导选择参数仍然是一项困难的工作，并且算法推荐的默认值在很多情况下并不适合，因此用户仍然必须做出许多尝试；而自动参数调整方法在某些应用场景中会显示出局限性，例如当为了满足特异群组中用户指定数量 τ 对象的情况，自动策略如 SynC 中的 MDL（minimum description length）原则并不适合。此外，Top－c 聚类[39]是一种试图将相似性度量阈值转化为簇个数的聚类算法，即将数据集中的数据对象划分到符合簇质量定义的 c 个簇中，但簇的数量 c 并不能决定对象的数量，即 c 个簇可能包含数据集中大量的数据对象（如 70%）。

因此，简单地修改聚类算法处理 τ－特异群组挖掘问题不是很好的解决方案，本质是因为两者的目的是不同的。

值得指出的是，Gupta 等提出 bregman bubble clustering（BBC）算法[40]挖掘 c 个密集的簇，包含 τ 个对象，这和特异群组挖掘问题的出发点相似。然而，一方面，BBC 算法需要指定 c 个簇的代表点，然后将对象指定到与代表点相近的对象中，直到 τ 个点被聚类。对于用户而言指定这样的代表点是困难的；另一方面，BBC 试图同时限制对象的数量和簇的数量 c，因此又遇到了 τ 个对象必须划分到 c 个簇的困境。

此外，由于特异群组挖掘任务处理的都是大规模数据中的少部分形成群组的对象，因此，提高特异群组挖掘性能是该任务研究的重点。

考虑到上述问题，下面给出一个特异群组挖掘框架算法。该算法是一个两阶段算法，如图 9－9 所示。第一阶段是找到给定数据集中的最相似的数据对象对，并采用剪枝策略将不可能包含特异对象的对象对删除，然后从候选对象对中计算得到特异对象；第二阶段将对象对划分到特异群组中。

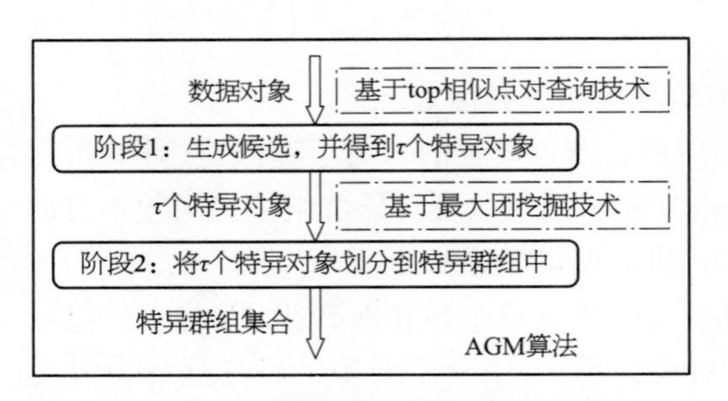

图 9－9　τ－特异群组挖掘算法框架[35]

在第一阶段，采用 top k 相似点对查询策略找到 top k 个相似点对，在这些相似点对中的对象被认为是候选对象。不难证明，k 与 τ 之间的关系为 $k=\tau\times(\tau-1)/2$。因为 τ 是一个相对小的数，所以对于较小的 k，具有剪枝策略的 top k 相似点对查询算法[41-43]有良好的运行效率。其中，即使对于高维数据对象，相似点对查询算法复杂度可以降到 $O((dn/B)^{1.5})$[42]（d 为数据对象的维度，n 为数据对象集中对象数，B 为数据集所在外存页字节数）。之后，在获得的 top k 个点对中找到 top τ 个具有最大特异度评分的对象作为特异对象。在第二阶段，根据特异群组定义，特异群组中的每对对象之间必须相似，因此特异群组事实上是一个最大团，采用最大团挖掘算法[44,45]将所有的 τ 个特异对象划分到相应的特异群组中。最大团挖掘的最坏情况时间复杂度为 $O(\tau 3^{\tau/3})$[45]（τ 为图的顶点数），因为特异群组挖掘算法第一阶段的输出为 top τ 个对象，而 τ 是一个相对较小的数，因此，对 τ 个数据对象集发现其最大团而言，特异群组挖掘算法是具有较好效率。

9.6.3　半监督特异群组挖掘

实际应用中，可以通过线索获得少量的特异群组，总结这些特异群组的规律，再从网络中寻找更多符合该规律的特异群组，提升特异群组挖掘的查全率。因此，特异群组挖掘不同于在大规模网络中的社区发现问题。具体地，以社区发现的方式检测大规模网络中所有社区通常计算代价过高，也是不必要的。例如，异常群组、犯罪团伙通常仅占网络中的一小部分。如图 9－10(a)所示，社区检测算法会发现网络中所有社区，其中包括了一个正常的群组和两个异常群组。

此外，种子扩展(seed node expansion)[46] 在该场景下或许更有帮助。给定一个查询节点，节点扩展方法会给出一个包含了查询节点的局部社区。例如，给定一个嫌疑人，种子扩展可以发现涉及该嫌疑人的一个团伙。种子扩展的算法主要基于设计社区评分函数[47,48]，如 Conductance、Cut-Ratio 等，或对社区结构做一定结构假设[49,50]，如 k-core、k-clique、k-truss 等，随后利用启发式规则来最优化评分函数，并寻找满足结构约束的包含种子节点的社区。例如，Andersen 等人提出的算法[48] 通过计算关于种子的 PPR(Personalized PageRank，个性化佩奇排序)分数对节点排序，再返回前 k 个节点的子图作为社区。

种子扩展仅关注查询节点(即给定的线索节点)的局部子图结构，因此可以高效地找到一个包含查询节点的群组，且运行效率与图的规模无关。种子扩展的局限性在于它的覆盖率可能较低，因为通常情况下，并不是每个特异群组都有线索可循。如图 9－10(b)所示，由于仅有一个种子(红色节点)，因而只寻找到了一个特异群组。

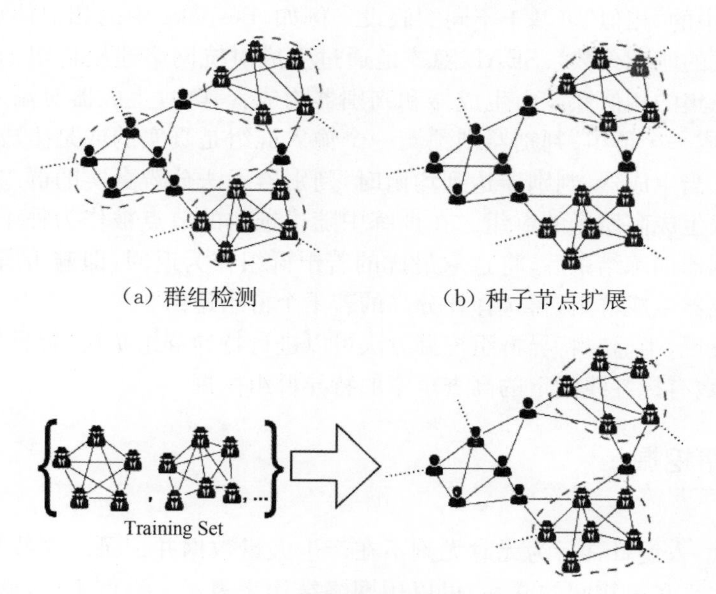

图 9－10 群组检测、种子节点扩展和半监督群组检测方法对比示意图

此外，社区发现与种子扩展有一个共同的问题，即“社区”一直都没有一个人们普遍接受的定义，不同的工作做出了不同的假设[47,51,48,49]。如果给定的图是有属性的，社区将更难被定义[52,53]。对于一个新的场景、新的数据集，需要不断试错和\或依赖领域专家知识才能给出一个合适的“社区”定义。

为了解决社区定义的难题，Bakshi 等[54] 于 2018 提出了半监督社区发现模型 Bespoke。他们发现，一个网络中的社区都有一定的相似性，通常可被概括为 3～5 类社区模式。因此，给定若干社区作为训练集，Bespoke 从中总结出若干社区模式，然后计算各个节点与社区模式的匹配程度，将匹配分数较高的若干节点作为种子节点，最后每个种子节点及其一阶邻居作为社区返回。然而，Bespoke 虽然未显式地定义社区，但仍对社区的结构做了一定的假设，即社区均为 1 - ego 网络；此外，Bespoke 不能处理属性图。这都限制了其应用范围。

如何有效地利用训练群组(即通过线索获得的那些特异群组)发现网络中其他的群组？引入半监督的学习方式是有线索特异群组发现的关键问题。本章后的文献[55]给出了一个基于生成式对抗网络(generative adversarial networks, GAN)[56]的半监督群组检测算法(seed expansion with generative adversarial learning, SEAL)，能够有效地利用训练数据集，发现与训练群组类似的其他群组。限于篇幅，本节简要介绍该方法的基本思想，更为具体的内容可参阅本章后的文献[55]。

定义 9.32：半监督群组检测(Semi-Supervised Community Detection)。给定一个网络 $G=(V, E, X)$，其中 V 为节点集，E 为边集，$X \in \mathfrak{R}^{|V| \times d_0}$ 为节点的特征 $x(u)$ 构成的矩阵。对于无属性图，可以令 $x(u)=1$。给定训练集 $\mathfrak{D}=\{G_{C_1}, \cdots, G_{C_N}\}$，其中 G_{C_i} 为节点为 C_i 的连通子图，称为群组。半监督群组检测的任务是寻找网络中的其他群组 $G_{\hat{C}_1}, \cdots, G_{\hat{C}_M}$，使得其与训练集中的群组相似。群组 G_C 为网络中节点集 C 的导出子图/群组。

定义 9.33 中的“相似”可基于不同的假设。例如，Bespoke 中的相似体现为社区的中心节点与社区模式的匹配分数。SEAL 隐式地通过生成对抗网络建模群组的定义，并保证生成的群组与训练集的相似性。由生成器和判别器构成。其中，生成器对输入的种子节点进行扩展，从而形成一个群组；判别器则预测一个输入群组是真实的或是生成的，从而对群组进行隐式建模。当生成器、判别器达到均衡时，判别器无法分辨真实的群组与生成的群组，此时生成器可以生成高质量的群组。在训练中随机选取的节点被作为种子提供给生成器。当生成器与判别器训练结束后，将选取最优的若干群组作为返回，即遍历所有节点，将其作为种子输入生成器生成群组，再选择评分高的若干个群组返回。

综上可以发现，半监督特异群组挖掘方法可以进行特异群组扩展，提升特异群组挖掘查全率，实现在少数有标签线索下的高查全率的特异群组挖掘。

9.7 异质网络挖掘

大数据时代，人们日常行为无时无刻不在产生大量数据并记录。这些数据反映了人们生活中的社交关系和事物间的联系，可以用网络结构来表示。举例来说，微信、微博等社交网站记录了人与人之间的社交关系网络和通信网络；淘宝、京东等电商网络记录了人与商品间的购物网络；百度等搜索引擎记录了网页之间的链接网络以及用户的搜索行为网络。数据网络成为我们日常生活的一种重要信息载体。分析这些网络揭示了社会生活的不同方面，如社会结构，信息传播和不同的交流模式。

数据网络包含多种多样的形式，包括有向(无向)网络、带权重(无权重)网络、同质(异质)网络。此外，网络中的节点和边都可以带有外部信息，例如文本和多媒体信息。网络形式越复杂，其中提供的信息就越多。通过对网络数据进行挖掘，有着非常广泛的应用场景，如节点分类、边预测、推荐等任务，具有很大的实际应用价值。

数据网络用节点和属性描述数据对象的特征信息，用边描述对象间的关系信息。例如，Facebook 上的用户形成一个社交网络。在这个网络中，用户用节点表示，他们的一些信息，如姓名、性别、年龄、注册时间等，构成了他们的属性，而用户和用户之间的朋友关系则形成了节点之间的边。这类网络中节点和边的类型单一，被称为同质网络（homogeneous information network）。随着网络规模的增大以及数据形式的复杂化，虽然同质假设下的网络分析方法取得了一些有影响力的成果（如 PageRank 算法[57]），但是采用同质网络的建模方法往往只抽取了节点和边的单一信息，忽略了网络中隐含的重要语义信息[58]，没有区分网络中对象及关系的差异性，造成信息不完整或信息损失。现实世界的网络通常是异质的，如何对复杂信息网络做出有效合理的数据分析成为学术研究和工业应用的热门话题。研究人员开始用异质信息网络（Heterogeneous information network）[59]来对现实中的网络结构信息进行建模。Jiawei Han、Philip S Y 等形式化的定义了这种具有多类型、半结构化的异质数据网络模型[16,17,58,59]，开创了异质数据网络挖掘这一新的研究方向。目前，已有研究者在异质网络上开展了几种数据挖掘任务的研究。本节主要介绍异质网络中的相似性计算和异质网络的节点表示学习算法。更详细的其他异质数据网络挖掘任务与算法可以参见本章后的文献[59]。

9.7.1　描述与定义

异质网络包含了不同类型的节点和边，以描述现实中不同类型的对象和关系，异质网络中的每个对象属于一个特定的对象类型，每条关系属于一个特定的关系类型。

定义 9.34（网络）：给定一个网络模式 $S_G=(\Lambda, '\gamma)$①，其中 $\Lambda=\{A\}$表示所有类型组成的集合，$'\gamma=\{R\}$ 表示所有关系组成的集合。一个网络定义为有向图 $G=(V, E)$和两个映射：节点到类型的映射 $\phi: V\rightarrow\Lambda$ 和边到关系的映射 $\phi: E\rightarrow '\gamma$，即，对于图中的每一个节点 $v\in V$，有 $\phi(v)\in\Lambda$；对于图中的每一条边 $e\in E$，有 $\phi(e)\in '\gamma$。当节点的类型数或边的关系数大于 1，即 $|\Lambda|>1$ 或 $|'\gamma|>1$ 时，我们将网络称之为异质网络；否则，称之为同质网络。

使用$|A|$表示属于某一类型 A 的节点的个数，即，$|A|=|\{v\in V \mid \phi(v)=A\}|$；使用$|R|$表示属于某一关系 R 的边的条数，即，$|R|=|\{e\in E \mid \phi(e)=R\}|$。给定从类型 A 到类型 B 的关系 R，$A\xrightarrow{R}B$，则对于 R 的逆关系 R^{-1}，成立 $B\xrightarrow{R^{-1}}A$。

图 9-11、图 9-12 给出了三个异质网络的网络模式。例如，DBLP 是一个文献网站，用来提供计算机领域科学文献的索引服务。如图 9-12(a)所示，其主要包含四类对象，即论文(P)、作者(A)、会议(C)和主题词(T)。不同类型对象之间的关系类型也不同，如作者与论文之间是发表与被发表的关系，会议与论文之间是录用与被录用的关系，论文之间是引用与被引用的关系等。

异质网络分析中一个重要的概念是元路径（meta-path）[58]。元路径是定义在网络模式上的链接两类对象的一条路径，不仅可以刻画对象之间的语义关系，而且能够抽取对象之间的特征信息。图 9-13 显示了学术网络中两个元路径的例子，分别简记为「作者-论文-作者(A-P-A)」和「作者-论文-会议-论文-作者(A-P-C-P-A)」(A、P、C 分别表示作者、论

① 网络模式（network schema）是定义在对象类型和关系类型上的一个有向图，是信息网络的元描述。

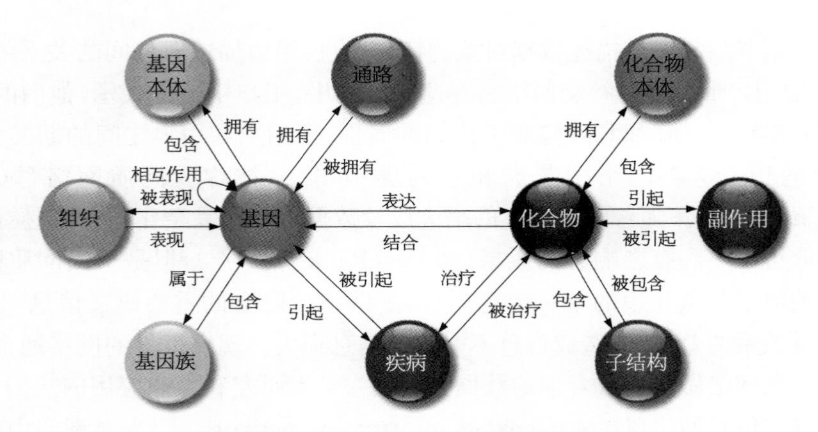

图 9-11　一个异质生物网络示例

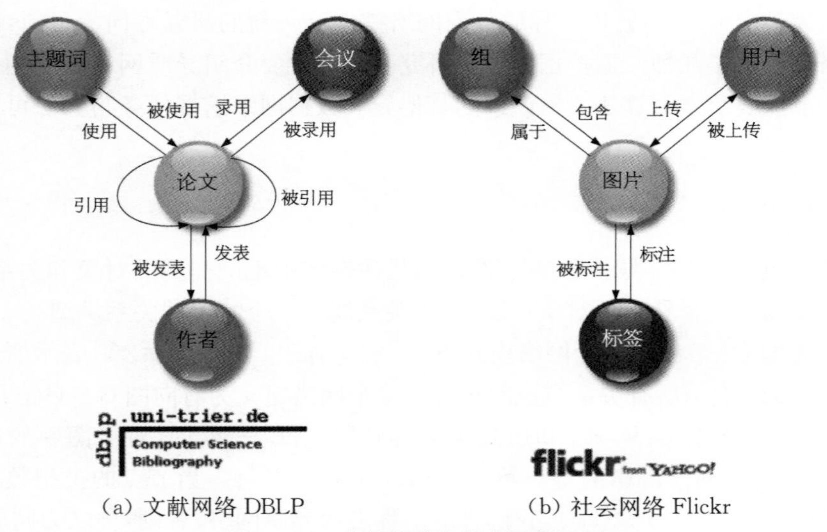

(a) 文献网络 DBLP　　(b) 社会网络 Flickr

图 9-12　文献网络和社会网络示例

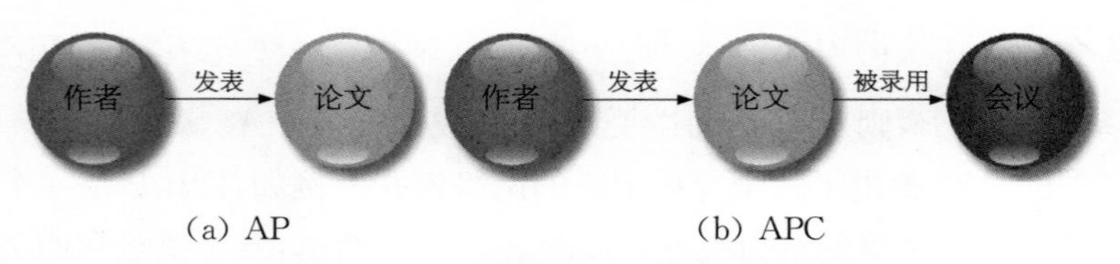

(a) AP　　(b) APC

图 9-13　文献网络中的连接路径示例

文和会议类型)。其中,元路径「A-P-A」代表了作者之间的相似度由作者和论文之间的关系决定,也即两个作者合作的论文;元路径「A-P-C-P-A」代表了作者之间的相似度由作者和会议之间的关系决定,也即两个作者共同参与的会议。网络中的不同路径代表了节点之间的不同关系,诠释了不同的语义信息。在度量对象之间相似性的时候需要考虑这些信息,例如,给定一条路径,计算路径起始类型中不同对象之间的相似度,然后基于该相似度进行各种挖掘分析,如找出最相似的对象对等。表 9-2 给出了在这两条路径下的前五对最相似作者。在路径 AP 下,最相似的作者 Divyakant Agrawal 和 AmrEl Abbadi 合作了 239 篇论文，多于次相似的作者 Wynne Hsu 和 Mong-Li Lee（合作了 92 篇论文）；在路径 APC 下，无论是 Jiawei Han 和 Hans-Peter Kriegel，还是 Jiawei Han 和 Christos Faloutsos，他们并没有合作过很多文章，然而他们却参加过许多相同的会议，如 Jiawei Han 和 Hans-Peter Kriegel 在一些相同的会议上发表了超过 110 篇的论文①。

表 9-2 不同路径下最相似的五对作者

排名	AP	APC
1	Divyakant Agrawal Amr El Abbadi	Jiawei Han Hans-Peter Kriegel
2	Wynne Hsu Mong-Li Lee	Jiawei Han Christos Faloutsos
3	Ravi Kmmar Andrew Tomkins	Wei Wang Haixun Wang
4	Clement T. Yu Weiyi Meng	Philip S. Yu Jiawei Han
5	Dimitris Papadias Yufei Tao	Hans-Peter Kriegel Dimitrios Gunopulos

又如，一个生物网络（图 9-14）的节点可以包括疾病、药物、副作用、靶点基因等。以药物分析为例，可以是分析具有相同副作用的药物（例：可他敏 Diphenhydramine 和扑尔敏 Chlorpheniramine 都可能引起嗜睡 somnolence）；也可以是分析能够治愈同种疾病的药物（例：氨茶碱 Aminophylline 和柳丁氨醇 Salbutamol 都能治疗哮喘 Asthma）。

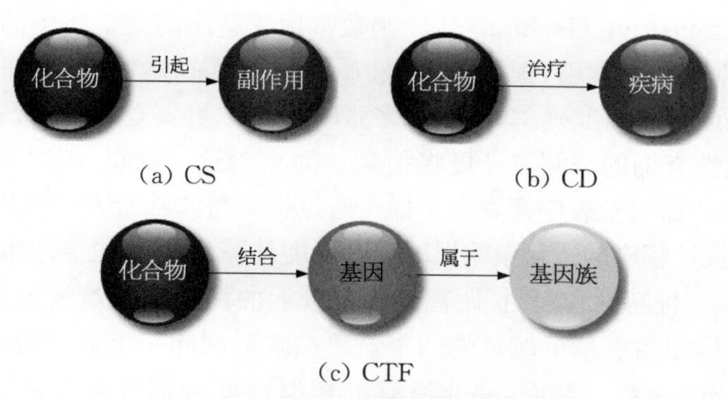

图 9-14 SLAP 中的连接路径示例

9.7.2 异质网络中的相似性计算

相似性是衡量数据对象之间的关系、研究数据和分析数据的基础。如何定义异质网络中节点间的相似性是异质网络挖掘研究的核心问题，直接影响着挖掘结果的质量。数据网络上节点之间的相似度采用某种相似性度量方式进行计算，传统的有基于节点间链接关系的 Personalized PageRank（PPR）[60]、SimRank（SR）[61]等。PPR 用随机游走策略计算从源节点到目标节点的概率；SR 是为衡量结构性上下文（structural-context）的相似性而提出的，基于假设：如果两个对象分别和其他相似的对象相似，那么这两个对象相似。然而，它们都

① 所有的数据来源于 DBLP。

忽视了在异质网络中不同路径所表达的语义信息，并且它们偏重于高可见的对象(即具有大量路径的节点对象)或是高密集的对象[58]。虽然相似性度量 ObjectRank[62] 和 PopRank[63] 考虑了异质关系可能对节点间的相似性衡量产生影响，但它们仅给出使用固定权值的所有可能路径的特定组合。在异质数据网络分析中，路径隐含了语义信息，是度量节点间相似性的重要因素之一。相似性度量的设计需要结合路径因素，然而，路径的组合非常巨大，需要有相应的路径选择指导策略，且用户通常没有足够的背景知识来选择合适的元路径或它们的组合。2011 年，Sun 等给出了一个基于元路径的相似性度量数 PathSim[58]，该度量通过指定不同路径捕获异质网络中隐含的语义信息，并在该框架上实现了 top - k 异质网络的同类元素间的相似性查询[58]。之后，Shi 等人对异质网络相似性查询问题进行了扩展，实现了不同类型元素间的相似性查询[64]。

在线相似性查询不仅要求查找相似对象的结果具有高准确度，而且还要求有更快的查询响应时间。处理速度快是大数据区分于传统数据技术的显著特征之一。在大数据环境下，对查询的处理速度、响应时间提出更高的要求和面临更多的挑战。为了在度量节点间相似性时结合路径背后的语义信息，可以给出表示路径起始类型和终止类型之间复合关系的矩阵形式，即一条路径包含三方面的信息：起始类型、终止类型和关系矩阵。起始类型定义问题域，终止类型和关系矩阵共同定义节点的特征。这三者中只要有一个发生变化，从关系中抽取出的节点特征就会随之发生变化。对路径而言，其特征向量的维数通常是很大的，在相似性计算情况下的精确结果将变得十分困难。于是，为提高相似性查询的响应速度，可以采用近似方法以在效率和准确率间进行折中，即将精确问题转化成近似问题。位置敏感哈希(LSH，Locality Sensitive Hashing)[65,66]函数常用于解决高维空间中的近似最近邻问题，即引入 LSH 为数据集建立索引，根据 LSH 性质，只在查询对象所在的桶中查找相似对象。但这样的方法为保证较高的准确率，需要在多张哈希表中重复查询，哈希表的个数 t 通常很大，基本 LSH 相似性查询的空间复杂度将很高。为克服这个缺点，需要采取 LSH 相似性查询的扩展方法，即在一张哈希表中探查多个桶。通过提高每张哈希表的利用率，以减少所需哈希表的数量。通过设计相应的优化策略以减少相似度计算的数量，提高相似性查询的效率。

LSH 满足这样一种特性：在目标距离度量下较近的两个对象被映射到同一个值的概率较大；相反地，在目标距离度量下较远的两个对象被映射到同一个值的概率较小。不同的距离度量有不同的 LSH 函数。然而，并非所有的相似性度量都有符合位置敏感哈希模式的 LSH 函数族。

由于 Dice 系数对应的距离度量不满足三角不等式，因此它没有相应的 LSH 函数族。考虑到 Dice 系数是 PathSim 在元路径长度为 2 时的退化形式，可以推断，PathSim 也不支持 LSH。PathSim 的这个缺点限制了它在 LSH 索引中的应用，即限制了在该相似性定义下的相似性查询等挖掘任务效率的提升(例如，不支持常用于加快大量数据间相似度计算的 LSH)。因此，为提升异质网络数据上的相似性查询效率，需要在相似性度量上进行改进。

另一方面的研究是关于相似性连接的研究，即从一个或两个数据集中查找出所有相似的对象对(从一个数据集中查找出所有的相似对象对称为自相似性连接)。相似对象对既可以指相似度不小于阈值的对象对，又可以是按相似度从大到小排序后的前 k 个对象对。数据网络的相似性连接有许多重要应用，如相似网页检测、实体解析、数据清洁、链路预测和相似文献检索等。然而，现有的相似性连接算法都是针对同质网络的[67,68]，没有考虑异质网络中隐含的语义信息。虽然相似性连接通常不是在线需求，但是由于数据量巨大，且相似性连接问题本身涉及庞大的计算量。早期研究是在空间数据库中返回满足指定相似性阈值的最相似的数据对或前 k 个数据对(top－k 相似性连接)，通常采用欧式距离度量对象间的相似性[69]。最近，更多的相似性连接研究集中在集合(set)[70-72]，相似性度量通常用海明距离、编辑距离或 Jaccard 相似性度量。然而，很少关于网络的相似性连接工作。Silc-Join[73] 和 Distance-Join[74] 分别研究了路网和图模式匹配的相似性连接问题，采用最短路径距离。2011 年，Sun 等人提出的 LS-join 研究了网络上的相似性连接问题[67]，采用了基于连接(link-based)相似性度量(PPR 和 SR)。如前所述，PPR 和 SR 忽略了异质网络中的不同路径蕴含的语义信息。此外，LS-join 采用迭代计算模型计算 PPR 和 SR，该方法对大规模的网络不是有效的。2013 年，Zheng 等人提出了针对图的基于 SimRank 的相似性连接算法(SRJ)[68]，然而该方法仍采用 SR 作为相似性度量，该度量不能抓住不同路径下的语义信息。上述研究都没有考虑异质网络特征，以及蕴含的语义信息。相似性连接也可采取基于 LSH 的优化技术。最基本的策略是认为相近的节点对象会被哈希到相同或相近的桶中，这样可以忽略不同桶中节点形成的节点对，但这样的方法也需要大量的哈希表，复杂度较高。因此，除了在同一个桶中查找相似节点对，可以在相近的桶中进行查找，过滤距离较远的桶中的节点形成的节点对。但是相近桶中仍然存在一些节点对不可能出现在最后的结果集中，为解决该问题，可以根据相似性度量的性质设计剪枝优化策略，建立扩展的 LSH 索引，以减少节点对候选集的大小，通过采取这样的优化技术设计有效的相似性连接算法。

$$\arg\max_x \prod_{u\in V} \prod_{v\in s(u)} p(v \mid u;\ X)$$

9.7.3 异质网络的节点表示学习算法

$$p(v \mid u) = \frac{e^{f(u,\ v)}}{\sum_{v'\in V_V} e^{f(u,\ v')}}$$

大多数网络分析方法面临高计算和空间成本的限制，为解决这一问题，研究者们一直在试图寻找合适的网络信息表示方法。传统的网络表示一般使用高维稀疏向量，但这种表示方式需要花费较多的运行时间和计算空间，随着网络规模的扩大而面临瓶颈。网络表示学习是解决网络分析问题的有效且高效的方法，它将信息网络数据转换为低维空间，其中网络结构信息和网络属性得到最大限度的保留。最近，受到表示学习技术在自然语言处理等领域的发展和广泛应用，网络表示学习也得到了较大的改进和发展。使用基于深度学习和非线性降维的技术的方法大幅增加，使得我们可以高效地将信息网络映射到低维向量空间中。在得到了网络的特征向量之后，可以基于向量的余弦距离或者欧氏距离来计算网络节点的相似度，也可以直接用于网络可视化。同时，这些向量可用作后续机器学习算法的输入。例如，顶点的向量表示可以作为输入到分类器，作为分类任务的特征输入。

网络表示学习通过探索网络中网络结构与节点外部信息，旨在解决大规模复杂网络研究与应用的效率问题，目标是学习能最大限度保留网络信息的网络表示。网络表示学习的目标是使得学习到的网络节点向量最大限度地保留原始网络的拓扑结构，顶点内容和其他边信息等，而异质网络作为一种包含了大量信息的网络数据，需要一种不同于一般网络表示学习的算法来捕捉来自多种类型节点的异质信息，从而学到更合理的特征向量表示。本节给出网络表示学习的形式化定义，并给出一种基于异质信息的网络表示学习算法。

受到词向量学习的启发，DeepWalk 算法[75]将词向量中的技术引入到网络表示学习领域。在词向量学习算法中，目标函数试图优化每个词和其上下文词的共现概率。可以把文档认为是一种特殊的网络结构，其中每个词都是网络中的一个节点，而相邻出现的词之间认为存在一条边连接。词的上下文语境就是和它在文档中表达相同主题的词，一般是相近位置出现的词。而对于一般的网络数据，只要能找到每个节点的上下文，也就是其在网络中的相关节点，就可以使用类似于训练词向量的方法训练节点向量。DeepWalk 算法提出通过网络随机游走来确定网络中的相关节点。该算法首先通过实验验证了随机游走序列中节点和文档中的单词一样都遵从指数定律（power-law），从而进一步将词表示学习算法 word2vec[76]应用在随机游走序列上。

形式化地，表示学习的目标是根据网络结构来最大化所有相关节点对的共现概率。其中，$S(u)$表示节点 u 在网络中所有相关节点的集合，X 是待学习的网络表示向量。而节点 v 和节点 u 具有相关性或是相似性的概率可以通过 softmax 函数来建模：

$f(u, v)$定义为节点 u 和节点 v 特征向量的点积，即 $f(u, v)=X\mathrm{u}\cdot X\mathrm{v}$，$V\mathrm{v}$ 是在异质网络中和节点 v 类型相同的节点集合。

为了提升计算效率，在词向量学习中通常会采用负采样(Negative Sampling)的方法来简化计算，其思想是最大化正样本的概率而最小化随机样本的概率，避免了对所有节点都计算一次概率。改进后的目标函数如下：

$$O(X)=\log\sigma(X_u^T\cdot X_v)+\sum\nolimits_{k=1}^{K}E_{uk-NEG(u)}[\log\sigma(X_{uk}^T\cdot X_v)]$$

尽管简单的网络随机游走可以用来发现节点的相关节点，然而，这种随机游走方法只基于节点间边的连接，对每个节点所有连接的边都等概率地对待，而忽略了节点和边的异质性。举例来说，在异质学术网络中，每个论文节点会和大量的词节点相连接，而相连的作者和会议节点较少，但后两者对论文的相关性更大。如果简单地在网络中通过随机游走来寻找相关节点，则论文的相关节点会存在大量的词节点，而作者和会议节点可能很少，甚至不出现，这是不合理的。因此，需要一种有效地手段利用网络的异质信息，并和网络随机游走的方法相结合。这里，采用基于元路径的随机游走方法来发现网络中的异质相关节点。

前已述及，元路径是异质网络中一种有效捕捉异质网络语义信息的方法。每条元路径都包含自己的语义信息，异质网络中的节点根据元路径的不同语义信息产生不同的语义关联，而这种语义关联正适合用来定义相关节点。然而，这种元路径的拓展随着路径距离的增加相关性逐渐减弱，因此我们需要指定距离窗口大小 w 来限定相关节点的范围。具体地，我们以语义明确的元路径为基础(通常为短路径)，在网络中不断执行受元路径控制的随机游走，从而生成基于语义的相关节点序列。以元路径「$A-P-A$」为例，随机游走开始于节点 A_1，生成的序列为 A_1，P_1，A_2，P_2，A_3，P_3，…。在窗口大小 $w=5$ 的情况下，A_1 的相关节点包括在序列中和它距离不超过 5 的节点，包括他的 1 度共同作者 A_2，2 度共同作者 A_2，以及这些作者的论文 P1，P2，P3。通过对每条元路径执行游走的过程，我们可以得到大量节点序列。为了提高随机游走的效率，可以限定每条序列的长度，并多次执行从每个节点开始的游走过程，使得随机游走可以并行执行。

尽管元路径可以帮助我们探索异质相关节点，然而单条元路径包含的语义信息是有限的。为了更进一步地利用异质信息，我们提出将元路径进行组合的方式来使得随机游走探索到更全面的相关节点。具体地，让随机游走的过程轮流受到多个元路径的控制。例如，给定两个元路径「A－P－C－P－A」(发表论文在同一会议的作者)和「A－P－T－P－A」(发表含有相同词语论文的作者)，随机游走产生的序列为(…，A1，P1，C1，P2，A2，P3，T1，P4，A3，…)。其中，作者A2的相关节点包括他发表的论文(P2，P3)，他论文发表的会议(C1)，他论文包含的词语(T1)，和他的论文同会议(P1)或者包含相同词语(P4)的论文，以及和他发表在相同会议(A1)或者包含相同词语(A3)的作者。可以看出，这些节点同样都和作者A2十分相关。

9.8 小结

数据是重要的资源，数据挖掘成为高效利用数据、发现价值的核心技术。大数据的复杂特征对数据挖掘在理论和算法研究方面提出了新的要求和挑战。本章介绍了一系列数据挖掘基础算法以及大数据环境下的新方法，并给出了大数据挖掘面临的挑战和研究进展。值得指出的是，数据挖掘是理论技术和实际应用的结合。虽然大数据环境下，获取数据变得更加便利，方法不断创新，利用创新的数据分析方法分析数据，可以更好地理解世界；但是如果没有足够的背景信息，仅靠数据可能会产生误导，大数据分析也可能会背离事实，例如，Google流感趋势[77]受到影响会受到谷歌搜索引擎的算法的影响(搜索建议会增加热门词汇的搜索频率等)，或是因为用户搜索行为并不仅仅受外部事件影响，还受服务提供商影响等等。因此，结合应用场景和需求，将开发出更多创新的大数据挖掘方法。

参◇考◇文◇献

[1] 朱扬勇，熊贇. 大数据是数据、技术，还是应用[J]. 大数据，2015，1(1)：71－81.
[2] 朱扬勇，熊赟. 数据学. 上海：复旦大学出版社，2009.
[3] 熊赟，朱扬勇，陈志渊. 大数据挖掘. 上海：上海科学技术出版社，2016.
[4] FAYYAD U，PIATETSKY-SHAPIRO G，SMYTH P. From data mining to knowledge discovery in databases [J]. AI magazine，1996，17(3)：37.
[5] FRIEDMAN J H. Data Mining and Statistics：What's the connection? [J]. Computing science and statistics，1998，29(1)：3－9.
[6] HAN J W，KAMBER M，PEI J. Data mining：concepts and techniques third edition [J]. University of Illinois at Urbana-Champaign Micheline Kamber Jian Pei Simon Fraser University，2012.
[7] 熊赟，朱扬勇. 特异群组挖掘[M]. 北京：人民邮电出版社，2020.
[8] DAVID A. VASSILVITSKII S. K-means＋＋：The advantages of careful seeding [C]//18th annual ACM-SIAM symposium on Discrete algorithms (SODA)，New Orleans，Louisiana，2007：1027－1035.
[9] BAHMANI B，MOSELEY B，VATTANI A，et al. Scalable K-Means＋＋ [J]. Proceedings of the VLDB Endowment，2012，5(7)：622－633.

[10] LIPTON Z C, BERKOWITZ J, ELKAN C. A critical review of recurrent neural networks for sequence learning [J]. arXiv preprint arXiv:1506.00019,2015.

[11] HOCHREITER S, SCHMIDHUBER J. Long short-term memory [J]. Neural computation, 1997,9(8):1735 - 1780.

[12] GERS F A, SCHMIDHUBER J, CUMMINS F. Learning to forget: Continual prediction with LSTM [J]. Neural computation, 2000,12(10):2451 - 2471.

[13] XIAN Y, LAMPERT C H, SCHIELE B, et al. Zero-shot learning — a comprehensive evaluation of the good, the bad and the ugly [J]. IEEE transactions on pattern analysis and machine intelligence, 2018,41(9):2251 - 2265.

[14] GOLINKO E, ZHU X. Generalized feature embedding for supervised, unsupervised, and online learning tasks [J]. Information Systems Frontiers, 2019,21:125 - 142.

[15] ZHENG L, WANG S, TIAN Q. Coupled binary embedding for large-scale image retrieval [J]. IEEE transactions on image processing, 2014,23(8):3368 - 3380.

[16] SUN Y, HAN J. Mining heterogeneous information networks: principles and methodologies [J]. Synthesis Lectures on Data Mining and Knowledge Discovery, 2012,3(2):1 - 159.

[17] SUN Y, HAN J, YAN X, et al. Mining knowledge from interconnected data: a heterogeneous information network analysis approach [J]. Proceedings of the VLDB Endowment, 2012,5(12):2022 - 2023.

[18] HOSSEININASAB A, VAN HOEVE W J, CIRE A A. Constraint-based sequential pattern mining with decision diagrams [C]//Proceedings of the AAAI Conference on Artificial Intelligence, 2019,33(01):1495 - 1502.

[19] YIN J, ZHENG Z, CAO L. USpan: an efficient algorithm for mining high utility sequential patterns [C]//Proceedings of the 18th ACM SIGKDD international conference on Knowledge discovery and data mining, 2012:660 - 668.

[20] AGRAWAL R, IMIELIŃSKI T, SWAMI A. Mining association rules between sets of items in large databases [C]//Proceedings of the 1993 ACM SIGMOD international conference on Management of data, 1993:207 - 216.

[21] HAN J, PEI J, YIN Y. Mining frequent patterns without candidate generation [J]. ACM sigmod record, 2000,29(2):1 - 12.

[22] HAN J, PEI J, MORTAZAVI-ASL B, et al. Prefixspan: Mining sequential patterns efficiently by prefix-projected pattern growth [C]//proceedings of the 17th international conference on data engineering. IEEE, 2001:215 - 224.

[23] XU R, WUNSCH D. Survey of clustering algorithms [J]. IEEE Transactions on neural networks, 2005,16(3):645 - 678.

[24] JAIN A K, MURTY M N, FLYNN P J. Data clustering: a review [J]. ACM computing surveys (CSUR), 1999,31(3):264 - 323.

[25] ESTER M, KRIEGEL H P, SANDER J, et al. A density-based algorithm for discovering clusters in large spatial databases with noise [C]//kdd, 1996,96(34):226 - 231.

[26] GAN J, TAO Y. DBSCAN revisited: Mis-claim, un-fixability, and approximation [C]//Proceedings of the 2015 ACM SIGMOD international conference on management of data, 2015:519 - 530.

[27] ERTEKIN S, HUANG J, BOTTOU L, et al. Learning on the border: active learning in imbalanced data classification [C]//Proceedings of the sixteenth ACM conference on Conference on information and knowledge management, 2007:127 - 136.

[28] HE J. Analysis of rare categories [M]. New York: Springer Science & Business Media, 2012.

[29] KNOX E M, NG R T. Algorithms for mining distancebased outliers in large datasets [C]// Proceedings of the international conference on very large data bases. Citeseer, 1998: 392 - 403.

[30] RAMASWAMY S, RASTOGI R, SHIM K. Efficient algorithms for mining outliers from large data sets [C]//Proceedings of the 2000 ACM SIGMOD international conference on Management of data, 2000: 427 - 438.

[31] BREUNIG M M, KRIEGEL H P, NG R T, et al. LOF: identifying density-based local outliers [C]//Proceedings of the 2000 ACM SIGMOD international conference on Management of data, 2000: 93 - 104.

[32] LIU F T, TING K M, ZHOU Z H. Isolation forest [C]//2008 eighth ieee international conference on data mining. IEEE, 2008: 413 - 422.

[33] CHANDOLA V, KUMAR V. Outlier Detection: A Survey [J]. ACM Computing Surveys, 2009, 41 (3): 1 - 58.

[34] GARTNER I, BEYER M. Gartner says solving 'Big Data' challenge involves more than just managing volumes of data [J]. Gartner Special Report Examines How to Leverage Pattern-Based Strategy to Gain Value in Big Data, Gartner. Stamford, CT, US, 2011.

[35] XIONG Y, ZHU Y. Mining peculiarity groups in day-by-day behavioral datasets [C]//2009 Ninth IEEE International Conference on Data Mining. IEEE, 2009: 578 - 587.

[36] XIONG Y, ZHU Y, YU P, et al. Towards cohesive anomaly mining [C]//Proceedings of the AAAI Conference on Artificial Intelligence, 2013, 27(1): 984 - 990.

[37] DETTLING M, BÜHLMANN P. Supervised clustering of genes [J]. Genome biology, 2002, 3: 1 - 15.

[38] BöHM C, PLANT C, SHAO J, et al. Clustering by synchronization [C]//Proceedings of the 16th ACM SIGKDD international conference on Knowledge discovery and data mining, 2010: 583 - 592.

[39] JIANG D, PEII J, ZHANG A. A general approach to mining quality pattern-based clusters from microarray data [C]//Database Systems for Advanced Applications: 10th International Conference, DASFAA 2005, Beijing, China, April 17 - 20, 2005. Proceedings 10. Springer Berlin Heidelberg, 2005: 188 - 200.

[40] GUPTA G, GHOSH J. Bregman bubble clustering: A robust, scalable framework for locating multiple, dense regions in data [C]//Sixth International Conference on Data Mining (ICDM'06). IEEE, 2006: 232 - 243.

[41] CORRAL A, MANOLOPOULOS Y, THEODORIDIS Y, et al. Algorithms for processing k-closest-pair queries in spatial databases [J]. Data & Knowledge Engineering, 2004, 49(1): 67 - 104.

[42] TAO Y, YI K, SHENG C, et al. Efficient and accurate nearest neighbor and closest pair search in high-dimensional space [J]. ACM Transactions on Database Systems (TODS), 2010, 35(3): 1 - 46.

[43] XIONG Y, ZHU Y, PHILIP S Y. Top-k similarity join in heterogeneous information networks [J]. IEEE Transactions on Knowledge and Data Engineering, 2014, 27(6): 1710 - 1723.

[44] CHENG J, KE Y, FU A W C, et al. Finding maximal cliques in massive networks [J]. ACM Transactions on Database Systems (TODS), 2011, 36(4): 1 - 34.

[45] TOMITA E, TANAKA A, TAKAHASHI H. The worst-case time complexity for generating all maximal cliques and computational experiments [J]. Theoretical computer science, 2006, 363(1): 28 - 42.

[46] ANDERSEN R, LANG K J. Communities from seed sets [C]//Proceedings of the 15th international

conference on World Wide Web, 2006:223 - 232.

[47] YANG J, LESKOVEC J. Defining and evaluating network communities based on ground-truth [J]. Knowledge and Information Systems, 2015,42(1):181 - 213.

[48] ANDERSEN R, CHUNG F, LANG K. Local graph partitioning using pagerank vectors [C]//2006 47th Annual IEEE Symposium on Foundations of Computer Science (FOCS'06). IEEE, 2006:475 - 486.

[49] FANG Y, HUANG X, QIN L, et al. A survey of community search over big graphs [J]. The VLDB Journal, 2020,29(1):353 - 392.

[50] SOZIO M, GIONIS A. The community-search problem and how to plan a successful cocktail party [C]//Proceedings of the 16th ACM SIGKDD international conference on Knowledge discovery and data mining, 2010:939 - 948.

[51] YANG J, LESKOVEC J. Overlapping community detection at scale: a nonnegative matrix factorization approach [C]//Proceedings of the sixth ACM international conference on Web search and data mining, 2013:587 - 596.

[52] LI Y, SHA C, HUANG X, et al. Community detection in attributed graphs: An embedding approach [C]//Proceedings of the AAAI Conference on Artificial Intelligence, 2018,32(1).

[53] YANG J, MCAULEY J, LESKOVEC J. Community detection in networks with node attributes [C]//2013 IEEE 13th international conference on data mining. IEEE, 2013:1151 - 1156.

[54] YANG J, MCAULEY J, LESKOVEC J. Community detection in networks with node attributes [C]//2013 IEEE 13th international conference on data mining. IEEE, 2013:1151 - 1156.

[55] ZHANG Y, XIONG Y, YE Y, et al. SEAL: Learning heuristics for community detection with generative adversarial networks [C]//Proceedings of the 26th ACM SIGKDD International Conference on Knowledge Discovery & Data Mining, 2020:1103 - 1113.

[56] GOODFELLOW I, POUGET-ABADIE J, MIRZA M, et al. Generative adversarial networks [J]. Communications of the ACM, 2020,63(11):139 - 144.

[57] BRIN S, PAGE L. The anatomy of a large-scale hypertextual web search engine [J]. Computer networks and ISDN systems, 1998,30(1 - 7):107 - 117.

[58] SUN Y, HAN J, YAN X, et al. Pathsim: Meta path-based top-k similarity search in heterogeneous information networks [J]. Proceedings of the VLDB Endowment, 2011,4(11):992 - 1003.

[59] SUN Y, HAN J. Mining heterogeneous information networks: a structural analysis approach [J]. Acm Sigkdd Explorations Newsletter, 2013,14(2):20 - 28.

[60] JEH G, WIDOM J. Scaling personalized web search [C]//Proceedings of the 12th international conference on World Wide Web, 2003:271 - 279.

[61] JEH G, WIDOM J. Simrank: a measure of structural-context similarity [C]//Proceedings of the eighth ACM SIGKDD international conference on Knowledge discovery and data mining, 2002:538 - 543.

[62] BALMIN A, HRISTIDIS V, PAPAKONSTANTINOU Y. Objectrank: Authority-based keyword search in databases [C]//VLDB. 2004,4:564 - 575.

[63] NIE Z, ZHANG Y, WEN J R, et al. Object-level ranking: bringing order to web objects [C]// Proceedings of the 14th international conference on World Wide Web, 2005:567 - 574.

[64] SHI C, KONG X, YU P S, et al. Relevance search in heterogeneous networks [C]//Proceedings of the 15th international conference on extending database technology, 2012:180 - 191.

[65] INDYK P, MOTWANI R. Approximate nearest neighbors: towards removing the curse of

dimensionality [C]//Proceedings of the thirtieth annual ACM symposium on Theory of computing, 1998:604 - 613.

[66] CHARIKAR M S. Similarity estimation techniques from rounding algorithms [C]//Proceedings of the thiry-fourth annual ACM symposium on Theory of computing, 2002:380 - 388.

[67] SUN L, CHENG R, LI X, et al. On Link-based similarity join [J]. Proceedings of the VLDB Endowment, 2011,4(11):714 - 725.

[68] ZHENG W, ZOU L, FENG Y, et al. Efficient SimRank-based similarity join over large graphs [J]. Proceedings of the VLDB Endowment, 2013,6(7):493 - 504.

[69] CORRAL A, MANOLOPOULOS Y, THEODORIDIS Y, et al. Algorithms for processing k-closest-pair queries in spatial databases [J]. Data & Knowledge Engineering, 2004,49(1):67 - 104.

[70] SARAWAGI S, KIRPAL A. Efficient set joins on similarity predicates [C]//Proceedings of the 2004 ACM SIGMOD international conference on Management of data, 2004:743 - 754.

[71] ARASU A, GANTI V, KAUSHIK R. Efficient exact set-similarity joins [C]//Proceedings of the 32nd international conference on Very large data bases, 2006:918 - 929.

[72] XIAO C, WANG W, LIN X, et al. Top-k set similarity joins [C]//2009 IEEE 25th International Conference on Data Engineering. IEEE, 2009:916 - 927.

[73] SANKARANARAYANAN J, ALBORZI H, SAMET H. Distance join queries on spatial networks [C]//Proceedings of the 14th annual ACM international symposium on Advances in geographic information systems, 2006:211 - 218.

[74] ZOU L, CHEN L, ÖZSU M T. Distance-join: pattern match query in a large graph database [J]. Proceedings of the VLDB Endowment, 2009,2(1):886 - 897.

[75] PEROZZI B, AL-RFOU R, SKIENA S. Deepwalk: online learning of social representations [C]// The 20th ACM SIGKDD International Conference on Knowledge Discovery and Data Mining. New York: ACM Press, 2014:701 - 710.

[76] MIKOLOV T, SUTSKEVER I, CHEN K, et al. Distributed representations of words and phrases and their compositionality [C/OL]// 27th Annual Conference on Neural Information Processing Systems, 2013:3111 - 3119.

[77] LAZER D, KENNEDY R, KING G, et al. The parable of Google Flu: traps in big data analysis [J]. science, 2014,343(6176):1203 - 1205.

第10章
深 度 学 习

近年来，以机器学习、知识图谱为代表的人工智能技术逐渐变得普及。从车牌识别、人脸识别、语音识别到自动驾驶、AlphaGo等，人们在日常生活中都可能有意无意地使用到了人工智能技术。这些技术的背后都离不开人工智能领域的研究者们的长期努力。特别是近几年，得益于数据的增多、计算能力的增强、学习算法的成熟以及应用场景的丰富，越来越多的人开始关注这一个"崭新"的研究领域——深度学习(deep learning)。目前，深度学习技术在学术界和工业界取得了广泛的成功，并逐渐受到了高度重视，并掀起新的一轮人工智能热潮。本章主要对深度学习的基本原理、主要模型和应用等内容进行了综合性的介绍。

10.1 深度学习原理

深度学习是近年来发展十分迅速的研究领域，并在人工智能的很多子领域都取得了巨大的成功。从根源来讲，深度学习是机器学习的一个分支，是指一类问题以及解决这类问题的方法。

首先，深度学习问题是一个机器学习问题，指从有限样例中，通过算法总结出一般性的规律，并可以应用到新的未知数据上。例如，人们可以从一些历史病例的集合，总结出症状和疾病之间的规律。这样当有新的病人时，人们可以利用总结出来的规律，来判断这个病人得了什么疾病。

其次，与传统的机器学习不同，深度学习采用的模型一般比较复杂，指样本的原始输入到输出目标之间的数据流经过多个线性或非线性的组件(components)。因为每个组件都会对信息进行加工，并进而影响后续的组件。当人们最后得到输出结果时，并不清楚其中每个组件的贡献是多少。这个问题叫做贡献度分配问题(credit assignment problem, CAP)。在深度学习中，贡献度分配问题是一个很关键的问题，这关系到如何学习每个组件中的参数。目前可以比较好解决贡献度分配问题的模型是人工神经网络(artificial neural network, ANN)。人工神经网络，也简称神经网络，是一种受人脑神经系统的工作方式启发而构造的一种数学模型。

再次，与目前计算机的结构不同，人脑神经系统是一个由生物神经元组成的高度复杂网络，是一个并行的非线性信息处理系统。人脑神经系统可以将声音、视觉等信号经过多层的编码,从最原始的低层特征不断加工、抽象,最终得到原始信号的语义表示。和人脑神经网络类似,人工神经网络是由人工神经元以及神经元之间的连接构成,其中有两类特殊的神经元:一类是用来接收外部的信息,另一类是输出信息。这样,神经网络可以看作是信息从输入到输出的信息处理系统。如果我们把神经网络看作是由一组参数控制的复杂函数,并用来处理一些模式识别任务(比如语音识别、人脸识别等)时,神经网络的参数可以通过机器学习的方式来从数据中学习。由于神经网络模型一般比较复杂,从输入到输出的信息传递路径一般比较长,所以复杂神经网络的学习可以看成是一种深度的机器学习,即深度学习。

最后,神经网络和深度学习并不等价。深度学习可以采用神经网络模型,也可以采用其他模型(比如深度信念网络是一种概率图模型)。但是由于神经网络模型可以比较容易地解决贡献度分配问题,因此神经网络模型成为深度学习中主要采用的模型。

虽然深度学习一开始用来解决机器学习中的表示学习问题,但由于其强大的能力,深度学习越来越多地被用来解决一些通用人工智能问题,如推理、决策等。

10.1.1 机器学习与表示学习

机器学习(machine learning, ML)是从有限的观测数据中学习(或“猜测”)出具有一般性的规律,并可以将总结出来的规律推广应用到未观测样本上。

传统的机器学习主要关注于如何学习预测函数。一般需要首先将数据表示为一组特征(feature),特征的表示形式可以是连续的数值、离散的符号或其他形式。然后预测函数将这些特征作为输入,并输出预测结果。这类机器学习可以看作是浅层学习(shallow learning)。浅层学习的一个重要特点是不涉及特征学习,其特征主要靠人工经验或特征转换方法来抽取。

当人们用机器学习来解决实际任务时,会面对多种多样的数据形式,如声音、图像、文本等。像图像这类数据很自然地可以表示为一个连续的向量。而文本数据一般由离散符号组成。特别是计算机内部,每个符号都是表示为无意义的编码,很难找到合适的表示方式。

因此,在实际任务中使用机器学习模型一般会包含特征处理。特征处理以及预测一般都是分开进行处理的。传统的机器学习模型主要关注于最后一步,即构建预测函数。但是实际操作过程中,不同预测模型的性能相差不多,而前三步中的特征处理对最终系统的准确性有着十分关键的作用。由于特征处理一般都需要人工干预完成,利用人类的经验来选取好的“特征”,并最终提高机器学习系统的性能。因此,很多的模式识别问题变成了特征工程(feature engineering)问题。开发一个机器学习系统的主要工作量都消耗在了预处理和特提取以及特征转换上。

为了提高机器学习系统的准确率,人们就需要将输入信息转换为有效的特征,或更一般性称为表示(representation)。如果有一种算法可以自动地学习出有效的特征,并提高最终机器学习模型的性能,那么这种学习就是可以叫做表示学习(representation learning)。

表示学习的关键是解决语义鸿沟(semantic gap)问题。语义鸿沟问题是指输入数据的底层特征和高层语义信息之间的不一致性和差异性。如给定一些关于“车”的图片,由于图片中每辆车的颜色和形状等属性都不尽相同,不同图片在像素级别上的表示(即底层特征)差异性也会非常大。但是人类理解这些图片是建立在比较抽象的高层语义概念上的。如果一个预测模型直接建立在底层特征之上,会导致对预测模型的能力要求过高。如果可以有一个好的表示在某种程度上可以反映出数据的高层语义特征,那么我们就可以相对容易地构建后续的机器学习模型。

在表示学习中，有两个核心问题：一是“什么是一个好的表示?”；二是“如何学习到好的表示?”

“好的表示”是一个非常主观的概念，没有一个明确的标准，但一般而言，一个好的表示具有以下几个优点：

(1) 一个好的表示应该具有很强的表示能力，即同样大小的向量可以表示更多信息。

(2) 一个好的表示应该使后续的学习任务变得简单，即需要包含更高层的语义信息。

(3) 一个好的表示应该具有一般性，是任务或领域独立的。虽然目前的大部分表示学习方法还是基于某个任务来学习，但人们期望其学到的表示可以比较容易地迁移到其他任务上。

为了学习一种好的表示，需要构建具有一定“深度”的模型，并通过学习算法来让模型来自动学习出好的特征表示(从底层特征，到中层特征，再到高层特征)，从而最终提升预测模型的准确率。

所谓“深度”是指原始数据进行非线性特征转换的次数。如果把一个表示学习系统看作是一个有向图结构，深度也可以看作是从输入节点到输出节点所经过的最长路径的长度。这样就需要一种学习方法可以从数据中学习一个“深度模型”，即深度学习。深度学习是机器学习的一个子问题，其主要目的是从数据中自动学习到有效的特征表示。通过多层的特征转换，把原始数据变成为更高层次、更抽象的表示。这些学习到的表示可以替代人工设计的特征，从而避免“特征工程”。

目前，深度学习主要以神经网络模型为基础，研究如何设计模型结构，如何有效地学习模型的参数，如何优化模型性能以及在不同任务上的应用等。

10.1.2 神经网络

神经网络是指一系列受生物学和神经学启发的数学模型。这些模型主要是通过对人脑的神经元网络进行抽象，构建人工神经元，并按照一定拓扑结构来建立人工神经元之间的连接，来模拟生物神经网络。

10.1.2.1 神经元

生物学家在20世纪初就发现了生物神经元的结构。一个生物神经元通常具有多个树突和一条轴突。树突用来接收信息，轴突用来发送信息。当神经元所获得的输入信号的积累超过某个阈值时，它就处于兴奋状态，产生电脉冲。轴突尾端有许多末梢可以给其他个神经元的树突产生连接(突触)，并将电脉冲信号传递给其他神经元。图10－1给出了典型的生物神经元结构。

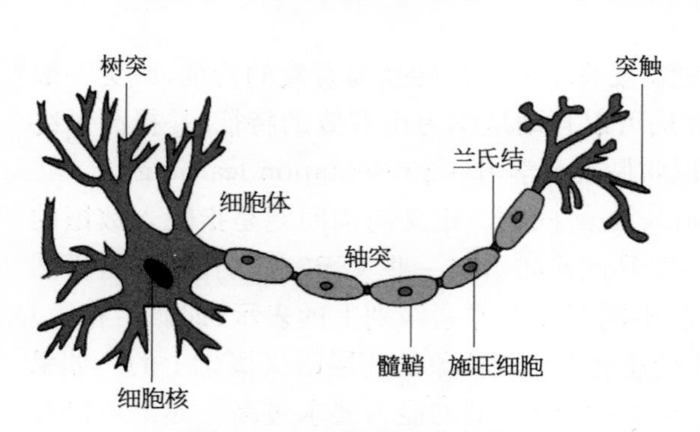

图10－1 生物神经元结构

1943年，心理学家McCulloch和数学家Pitts根据生物神经元的结构，提出了一种非常简单的神经元模型，MP神经元。现代神经网络中的神经元和M-P神经元的结构并无太多变化。不同的是，MP神经元中

的激活函数 f 为0或1的阶跃函数，而现代神经元中的激活函数通常要求是连续可导的函数。神经元的状态，即活性值 a 的计算方式为

$$a = f(w_1x_1 + w_2x_2 + \cdots + b)$$
$$= f(w^T x + b)$$

式中，$x = [x_1;\ x_2;\ \cdots;\ x_d]$ 为神经元的输入，$w = [w_1;\ w_2;\ \cdots;\ w_d]$ 为权重向量，b 为偏置，f 为非线性连续函数，称为激活函数。图10-2给出了典型的人工神经元结构。

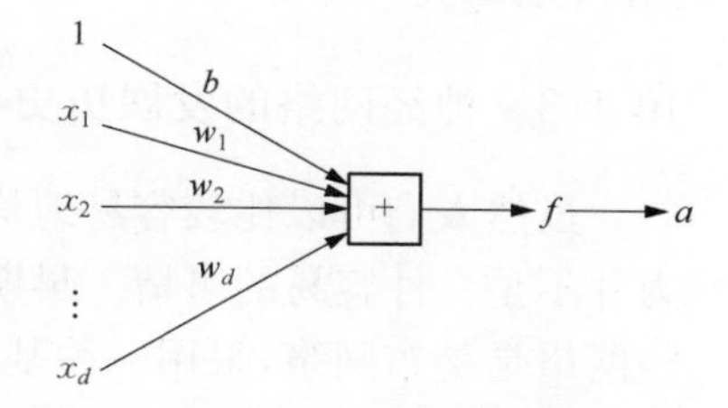

图10-2 人工神经元结构

激活函数 f 通常选择 Sigmoid 型函数(logistic 函数和 tanh 函数)或 ReLU(Rectified Linear Unit)函数。

$$logistic(x) = \frac{1}{1 + \exp(-x)},$$

$$\tanh(x) = \frac{\exp(x) - \exp(-x)}{\exp(x) + \exp(-x)},$$

$$ReLU(x) = max(0,\ x)$$

10.1.2.2 网络结构

一个生物神经细胞的功能比较简单，而人工神经元只是生物神经细胞的理想化和简单实现，功能更加简单。要想模拟人脑的能力，单一的神经元是远远不够的，需要通过很多神经元一起协作来完成复杂的功能。这样通过一定的连接方式或信息传递方式进行协作的神经元可以看作是一个网络给定一组神经元，我们可以以神经元为节点来构建一个网络。不同的神经网络模型有着不同网络连接的拓扑结构。

到目前为止，研究者已经发明了各种各样的神经网络结构。目前常用的神经网络结构有以下三种：

1) 前馈网络

前馈网络中各个神经元按接收信息的先后分为不同的组。每一组可以看作一个神经层。每一层中的神经元接收前一层神经元的输出，并输出到下一层神经元。整个网络中的信息是朝一个方向传播，没有反向的信息传播，可以用一个有向无环路图表示。

前馈网络可以看作一个函数，通过简单非线性函数的多次复合，实现输入空间到输出空间的复杂映射。这种网络结构简单，易于实现。

2) 反馈网络

反馈网络中神经元不仅可以接收其他神经元的信号，也可以接收自己的反馈信号。与前馈网络相比，反馈网络中的神经元具有记忆功能，在不同的时刻具有不同的状态。馈神经网络中的信息传播可以是单向或双向传递，因此可用一个有向循环图或无向图来表示。

反馈网络可以看作一个程序，具有更强的计算和记忆能力。为了增强记忆网络的记忆容量，可以引入外部记忆单元和读写机制，用来一些网络的中间状态，称为记忆增强网络。

3) 图网络

前馈网络和反馈网络的输入都可以表示为向量或向量序列。但实际应用中很多数据是图结构的数据，比如知识图谱、社交网络、分子(molecular)网络等。前馈网络和反馈网络很难处理图结构的数据。

图网络是定义在图结构数据上的神经网络。图中每个节点都一个或一组神经元构成。节点之间的连接可以是有向的，也可以是无向的。每个节点可以收到来自相邻节点或自身的信息。图网络是前馈网络和记忆网络的泛化，包含很多不同的实现方式，例如图卷积网络(graph convolutional network, GCN)、消息传递网络(message passing neural network, MPNN)等。

10.1.3 神经网络的发展历史

虽然人们可以比较容易地构造一个人工神经网络，但如何让人工神经网络具有学习能力并不是一件容易的事情。早期的神经网络模型并不具备学习能力。首个可学习的人工神经网络是赫布网络，采用一种基于赫布规则的无监督学习方法。感知器是最早的具有机器学习思想的神经网络，但其学习方法无法扩展到多层的神经网络上。直到1980年左右，反向传播算法才有效地解决了多层神经网络的学习问题，并成为最为流行的神经网络学习算法。

人工神经网络诞生之初并不是用来解决机器学习问题。由于人工神经网络可以看作是一个通用的函数逼近器，一个两层的神经网络可以逼近任意的函数，因此人工神经网络可以看作一个可学习的函数，并应用到机器学习中。

神经网络的发展大致经过如下五个阶段。

1) 模型提出

第一个阶段为1943—1969年，是神经网络发展的第一个高潮期。在此期间，科学家们提出了许多神经元模型和学习规则。

在1943年，心理学家Warren McCulloch和数学家Walter Pitts最早描述了一种理想化的人工神经网络，并构建了一种基于简单逻辑运算的计算机制。他们提出的神经网络模型称为MP模型。至此，开启了神经网络研究的序幕。

阿兰·图灵在1948年的论文中描述了一种“B型图灵机”。之后，研究人员将基于赫布型学习的思想应用到“B型图灵机”上。

1951年，McCulloch和Pitts的学生Marvin Minsky建造了第一台神经网络机SNARC。

Rosenblatt在1958年最早提出可以模拟人类感知能力的神经网络模型，并称之为感知器(Perceptron)，并提出了一种接近于人类学习过程(迭代、试错)的学习算法。但感知器因其结构过于简单，不能解决简单的异或(XOR)等线性不可分问题。

在这一时期，神经网络以其独特的结构和处理信息的方法，在许多实际应用领域(自动控制领域、模式识别等)中取得了显著的成效。

2) 冰河期

第二阶段为1969—1983年，为神经网络发展的第一个低谷期。在此期间，神经网络的研究处于长年停滞及低潮状态。

1969年，Marvin Minsky出版《感知机》一书，指出了神经网络的两个关键缺陷：第一个是感知机无法处理异或回路问题；第二个是当时的计算机无法支持处理大型神经网络所需要计算能力。这些论断直接将以感知器为代表的神经网络打入冷宫，导致神经网络的研究进入了十多年的“冰河期”。

1974年，哈佛大学的Paul Webos发明反向传播算法(backpropagation, BP)，但当时未

受到应有的重视。

1980年,福岛邦彦提出了一种带卷积和子采样操作的多层神经网络:新知机。新知机的提出是受到了动物初级视皮层简单细胞和复杂细胞的感受野的启发。但新知机并没有采用反向传播算法,而是采用了无监督学习的方式来训练,因此没有引起足够的重视。

3) 反向传播算法引起的复兴

第三阶段为1983—1995年,为神经网络发展的第二个高潮期。这个时期中,反向传播算法重新激发了人们对神经网络的兴趣。

1983年,加州理工学院的物理学家John Hopfield提出了一种用于联想记忆和优化计算的神经网络,称为Hopfield网络。Hopfield网络在旅行商问题上获得当时最好结果,并引起了轰动。

1984年,Geoffrey Hinton提出一种随机化版本的Hopfield网络,即玻尔兹曼机。

真正引起神经网络第二次研究高潮的是反向传播算法。1986年,David Rumelhart和James McClelland对于连接主义在计算机模拟神经活动中的应用提供了全面的论述,并重新发明了反向传播算法。Geoffrey Hinton等将引入到多层感知器,人工神经网络才又重新引起人们的注意,并开始成为新的研究热点。随后,Lecun等人将反向传播算法引入了卷积神经网络,并在手写体数字识别上取得了很大的成功。反向传播算法是迄今最为成功的神经网络学习算法,不仅用于多层前馈神经网络,还用于其他类型神经网络的训练。

4) 流行度降低

第四个阶段为1995—2006年,在此期间,支持向量机和其他更简单的方法(例如线性分类器)在机器学习领域的流行度逐渐超过了神经网络。

虽然神经网络可以很容易地增加层数、神经元数量,而从构建复杂的网络,但其计算复杂性也会指数级增长。当时的计算机性能和数据规模不足以支持训练大规模的神经网络。在20世纪90年代中期,统计学习理论和以支持向量机为代表的机器学习模型开始兴起。相比之下,神经网络的理论基础不清晰、优化困难、可解释性差等缺点更加凸显,神经网络的研究又一次陷入低潮。

5) 深度学习的崛起

2006年,Hinton等发现多层前馈神经网络可以先通过逐层预训练,再用反向传播算法进行精调的方式进行有效学习。随着深度的人工神经网络在语音识别和图像分类等任务上的巨大成功,以神经网络为基础的“深度学习”迅速崛起。近年来,随着大规模并行计算以及GPU设备的普及,计算机的计算能力得以大幅提高。此外,可供机器学习的数据规模也越来越大。在计算能力和数据规模的支持下,计算机已经可以训练大规模的人工神经网络。各大科技公司都投入巨资研究深度学习,神经网络迎来第三次高潮。

10.1.4 神经网络的局限

虽然深度学习目前已经在语音识别、计算机视觉、自然语言处理、知识图谱等领域取得了广泛的成功,并在很多任务上都超过了人类水平;但本质上,深度学习依然是一种机器学习技术,其在泛化性、鲁棒性、可控性、可解释性、迁移性等方面依然有很多不足。例如目前在自动驾驶中的一些严重事故往往都是由于其背后的深度学习模型判断错误所致。在开放环境下,深度学习技术还不够成熟。深度学习主要以神经网络模型为主,其主要局限如下:

（1）模型优化：由于神经网络模型的优化是一个非凸优化问题，难以找到全局最优解，并且对超参数以及参数的初始值比较敏感。目前主流的优化方法是通过随机梯度下降来进行优化，通常需要一些技巧才能得到一个比较好的模型。

（2）可解释性：神经网络是一个非常复杂的函数，参数数量非常多。虽然其能力很强，但其中每个参数或神经元单独来看并没有太多的直观含义，可解释性比较差。如果预测错误也很难分析其原因的。

（3）通用智能：目前神经网络虽然取得了很大的成功，但主要还只是作为一个机器学习模型，即输入到输出的映射函数。这与广义的通用人工智能还差别很大，因而不能期望神经网络能解决所有的人工智能问题，特别是和常识有关的问题。

10.2 深度学习的主要模型

神经网络是一种典型的分布式并行处理模型，通过大量神经元之间的交互来处理信息，每一个神经元都发送兴奋和抑制的信息到其他神经元。目前主流的神经网络模型有以下四种：前馈神经网络、卷积神经网络、循环神经网络和图网络。在实际应用中，这些网络模型也经常作为一个部件用在一个更大的复合网络中。

10.2.1 前馈神经网络

给定一组神经元，可以以神经元为节点来构建一个网络。不同的神经网络模型有着不同网络连接的拓扑结构。一种比较直接的拓扑结构是前馈网络。前馈神经网络（feedforward neural network，FNN），也经常称为多层感知器，是最早发明的简单人工神经网络。

在前馈神经网络中，各神经元分别属于不同的层。每一层的神经元可以接收前一层神经元的信号，并产生信号输出到下一层。第 0 层叫输入层，最后一层叫输出层，其他中间层叫做隐藏层。整个网络中无反馈，信号从输入层向输出层单向传播，可用一个有向无环图表示。

假设一个 L 层的前馈神经网络，其每两层之间的计算关系如下：

$$z^l = W^l a^{l-1} + b^l$$
$$a^l = f(z^l)$$

式中，a^l 为第 l 层神经元的状态或活性值，z^l 为第 l 层神经元的净输入，W^l 为可学习的权重矩阵，b^l 为可学习的偏置。这样，前馈神经网络可以通过逐层的信息传递，得到网络最后的输出 a^L。整个网络可以看作一个复合函数。图 10 - 3 给出了一个三层前馈神经网络的示例。

前馈神经网络具有很强的拟合能力。根据通用近似定理，对于具有线性输出层和至少一个使用“挤压”性质的激活函数的隐藏层组成的前馈神经网络，只要其隐藏层神经元的数量足够，它可以以任意的精度来近似任何从一个定义在实数空间中的有界闭集函数。所谓“挤压”性质的函数是指像 sigmoid 函数的有界函数，但神经网络的通用近似性质也被证明对于其他类型的激活函数，如 ReLU，也都是适用的。

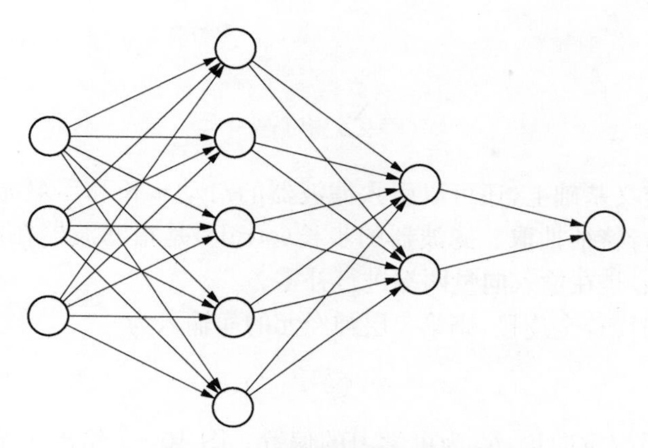

图 10-3 三层的前馈神经网络

通用近似定理只是说明了神经网络的计算能力可以去近似一个给定的连续函数,但并没有给出如何找到这样一个网络,以及是否是最优的。此外,当应用到机器学习时,真实的映射函数并不知道,一般是通过经验风险最小化和正则化来进行参数学习。因为神经网络的强大能力,反而容易在训练集上过拟合。前馈神经网络在 20 世纪 80 年代后期就已被广泛使用,但基本上都是两层网络(即一个隐藏层和一个输出层),神经元的激活函数基本上都是 sigmoid 型函数,且使用的损失函数大多数是平方损失。虽然当时前馈神经网络的参数学习依然有很多难点,但其作为一种连接主义的典型模型,标志人工智能从高度符号化的知识期向低符号化的学习期开始转变。

10.2.2 卷积神经网络

卷积神经网络(convolutional neural network, CNN)是受生物学上感受野的机制而提出。感受野主要是指听觉、视觉等神经系统中一些神经元的特性,即神经元只接受其所支配的刺激区域内的信号。在视觉神经系统中,视觉皮层中的神经细胞的输出依赖于视网膜上的光感受器。视网膜上的光感受器受刺激兴奋时,将神经冲动信号传到视觉皮层,但不是所有视觉皮层中的神经元都会接受这些信号。一个神经元的感受野是指视网膜上的特定区域,只有这个区域内的刺激才能够激活该神经元。

卷积神经网络有三个结构上的特性:局部连接,权重共享以及汇聚。这些特性使得卷积神经网络具有一定程度上的平移、缩放和旋转不变性。和前馈神经网络相比,卷积神经网络的参数更少。

卷积神经网络主要使用在图像和视频分析的各种任务上,如图像分类、人脸识别、物体识别、图像分割等,其准确率一般也远远超出了其他的神经网络模型。近年来卷积神经网络也广泛地应用到自然语言处理、推荐系统等领域。

卷积神经网络一般由卷积层、汇聚层和全连接层构成。

1) 卷积层

卷积层是利用卷积来代替全连接来计算层与层的信息传递。对于一个信号序列 x 和长度为 m 的卷积核 w,卷积的定义为

$$y = w \otimes x$$

其中，

$$y_t = \sum_{k=1}^{m} w_k x_{t-k+1}$$

在卷积的标准定义基础上，还可以引入滤波器的滑动步长和零填充来增加卷积的多样性，可以更灵活地进行特征抽取。滤波器的步长(stride)是指滤波器在滑动时的时间间隔。零填充(zero padding)是在输入向量两端进行补零。

如果采用卷积来代替全连接，则第 l 层神经元的净输入为

$$z^l = w^l \otimes a^{l-1} + b^l$$

式中，w^l 为可学习的权重向量，b^l 为可学习的偏置。图 10-4 给出了全连接层与卷积层的比较，卷积层中相同颜色的连接表示使用相同的权重。

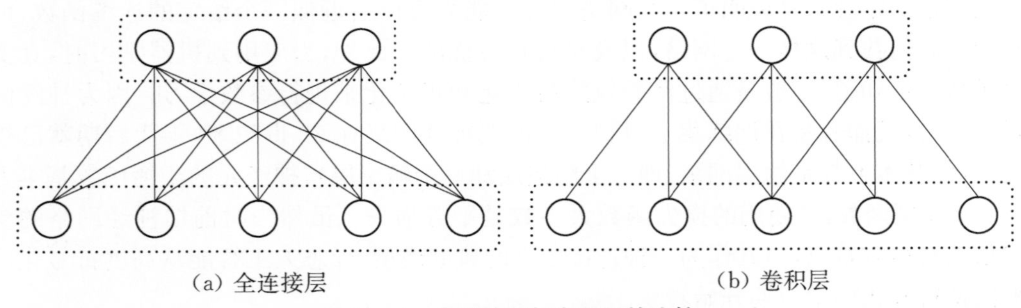

图 10-4　全连接层与卷积层的比较

由于局部连接和权重共享，卷积层的参数只有一个 m 维的权重和 1 维的偏置 b(l)，共 $m+1$ 个参数，参数数量和神经元的数量无关。

卷积也经常用在图像处理中，称为二维卷积。对一个二维输入 X 和一个大小为 $m \times n$ 的卷积核二维卷积的定义为

$$Y = W \otimes X$$

其中，

$$y_{ij} = \sum_{u=1}^{m} \sum_{v=1}^{n} w_{uv} x_{i-u+1,\ j-v+1}$$

卷积层的作用是提取一个局部区域的特征，不同的卷积核相当于不同的特征提取器。为了提高卷积网络的表示能力，可以在每一层使用多组卷积，以更好地表示图像的特征。我们用特征映射(feature map)来表示一幅图像(或其他特征映射)在经过卷积提取到的特征，每个特征映射可以作为一类抽取的图像特征。根据卷积的性质，在一个深层的卷积神经网络中，低层的卷积层只能提取一些低级的图像特征如边缘、线条和角等层级，而高层的卷积层则能从低级特征中进一步提取出更复杂的高级特征，从而得到更好的语义表示。

2) 汇聚层

汇聚层(pooling layer)的作用是进行特征选择，降低特征数量，并从而减少参数数量。

卷积层虽然可以显著减少网络中连接的数量，但特征映射组中的神经元个数并没有显

著减少。如果后面接一个分类器,分类器的输入维数依然很高,很容易出现过拟合。为了解决这个问题,可以在卷积层之后加上一个汇聚层,从而降低特征维数,避免过拟合。

对于每一个特征映射,我们可以将其划分为很多区域,这些区域可以重叠,也可以不重叠。汇聚(pooling)是指对每个区域进行下采样(down sampling)得到一个值,作为这个区域的概括。常用的汇聚函数有两种:

(1) 最大汇聚(maximum pooling):一般是取一个区域内所有神经元的最大值。

(2) 平均汇聚(mean pooling):一般是取区域内所有神经元的平均值。

典型的汇聚层是将每个特征映射划分为 2×2 大小的不重叠区域,然后使用最大汇聚的方式进行下采样。

3) 全连接层

一个典型的卷积网络的最顶层一般由 1—2 层的全连接层组成,输出为预测类别的概率。

目前,整个网络结构趋向于使用更小的卷积核以及更深的结构。此外,由于卷积的操作性越来越灵活(比如不同的步长),汇聚层的作用变得也越来越小,因此目前比较流行的卷积网络中,汇聚层的比例也逐渐降低,趋向于全卷积网络。

4) 典型的卷积网络

卷积神经网络的发展比较迅速、比较早,但是是一个非常成功的神经网络模型。基于 LeNet-5 的手写数字识别系统在 20 世纪 90 年代被美国很多银行使用,用来识别支票上面的手写数字。2012 年后,卷积在计算机视觉领域取得了巨大的成功,也涌现出了很多优秀的卷积网络,比如 AlexNet、VGG 网络、Inception 网络、残差网络等。目前,卷积神经网络已经成为计算机视觉领域的主流模型。

10.2.3 循环神经网络

循环神经网络(recurrent neural network, RNN)是一类具有短期记忆能力的神经网络。在循环神经网络中,神经元不但可以接受其他神经元的信息,也可以接受自身的信息,形成具有环路的网络结构。和前馈神经网络相比,循环神经网络更加符合生物神经网络的结构。循环神经网络已经被广泛应用在语音识别、语言模型以及自然语言生成等任务上。

循环神经网络的参数学习可以通过随时间反向传播算法来学习。随时间反向传播算法即按照时间的逆序将错误信息一步步地往前传递。当输入序列比较长时,会存在梯度爆炸和消失问题,也称为长程依赖问题。

以最简单的只有一个隐藏层的神经网络为例,循环网络增加了从隐藏层到隐藏层的反馈连接,如图 10-5 所示。

假设在时刻 t 时,网络的输入为 x_t,隐层状态(即隐层神经元活性值)为 h_t 不仅和当前时刻的输入 x_t 相关,也和上一个时刻的隐层状态 h_{t-1} 相关。

$$h_t = f(W[x_t; h_{t-1}] + b)$$

式中,$f()$是非线性激活函数,通常为 logistic 函数或 tanh 函数,W 为权重矩阵,b 为偏置。

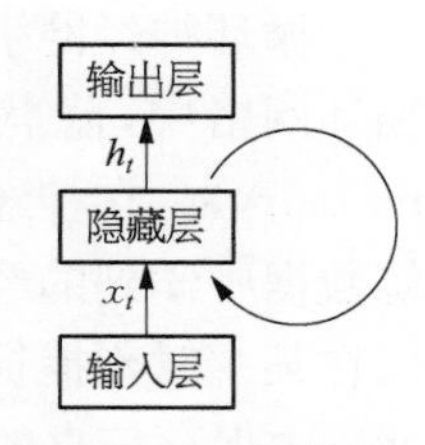

图 10-5 循环神经网络

如果把每个时刻的状态都看作是前馈神经网络的一层的话，循环神经网络可以看作是在时间维度上权值共享的神经网络。图给出了按时间展开的循环神经网络。

由于循环神经网络具有短期记忆能力，相当于存储装置，因此其计算能力十分强大。前馈神经网络可以模拟任何连续函数，而循环神经网络可以模拟任何程序。所有的图灵机都可以被一个由使用 sigmoid 型激活函数的神经元构成的全连接循环网络来进行模拟。

10.2.3.1 长程依赖问题

循环神经网络在学习过程中的主要问题是长程依赖问题。虽然简单循环网络理论上可以建立长时间间隔的状态之间的依赖关系，但是由于梯度爆炸或消失问题，实际上只能学习到短期的依赖关系，称为长程依赖问题(long-term dependencies problem)。

为了缓解长程依赖问题，一种非常好的解决方案是引入门控来控制信息的累积速度，包括有选择地加入新的信息，并有选择地遗忘之前累积的信息。这一类网络可以称为基于门控的循环神经网络。本节介绍一种常见的基于门控的循环神经网络——长短期记忆(long short-term memory, LSTM)网络。

10.2.3.2 LSTM 网络

长短期记忆网络(LSTM)是循环神经网络的一个变体，可以有效地解决简单循环神经网络的梯度爆炸或消失问题。LSTM 网络引入门机制来控制信息传递的路径。

在数字电路中，门(gate)为一个二值变量 0, 1, 0 代表关闭状态，不许任何信息通过；1 代表开放状态，允许所有信息通过。LSTM 网络中的“门”是一种“软”门，取值在(0, 1)之间，表示以一定的比例运行信息通过。在 LSTM 中，三个“门”分别为输入门、遗忘门和输出门。LSTM 网络中三个门的作用为

(1) 遗忘门 f_t 控制上一个时刻的内部状态 c_{t-1} 需要遗忘多少信息。

(2) 输入门 i_t 控制当前时刻的候选状态 $\tilde{c}_{t-1}$ 有多少信息需要保存。

(3) 输出门 o_t 控制当前时刻的内部状态 c_t 有多少信息需要输出给外部状态 h_t。

$$f_t = \sigma(W_f[x_t;\ h_{t-1}] + b_f)$$
$$i_t = \sigma(W_i[x_t;\ h_{t-1}] + b_i)$$
$$o_t = \sigma(W_o[x_t;\ h_{t-1}] + b_o)$$

式中，$\sigma()$ 为 logistic 函数，其输出区间为(0, 1)，x_t 为当前时刻的输入，h_{t-1} 为上一时刻的外部状态。

$$\tilde{c}_t = tanh(W_c[x_t;h_{t-1}] + b_c)$$
$$c_t = f_t \tilde{c}_{t-1} + i_t \odot \tilde{c}_t$$
$$h_t = o_t \odot tanh(h_{t-1})$$

循环神经网络中的隐状态 h 存储了历史信息，可以看作是一种记忆(memory)。在简单循环网络中，隐状态每个时刻都会被重写，因此可以看作是一种短期记忆(short-term memory)。在神经网络中，长期记忆(long-term memory)可以看作是网络参数，隐含了从训练数据中学到的经验，并更新周期要远远慢于短期记忆。而在 LSTM 网络中，记忆单元 c 可以在某个时刻捕捉到某个关键信息，并有能力将此关键信息保存一定的时间间隔。记忆单元 c 中保存信息的生命周期要长于短期记忆 h，但又远远短于长期记忆，因此称为长的短期记忆(long short-term memory)。

LSTM 网络目前为止最成功的循环神经网络模型，成功应用在很多领域，比如语音识别、机器翻译、语音模型以及文本生成。LSTM 网络通过引入线性连接来缓解长距离依赖问题。

虽然 LSTM 网络取得了很大的成功，但其结构的合理性一直受到广泛关注。人们不断有尝试对其进行改进来寻找最优结构，如减少门的数量、提高并行能力等。

10.2.4 图网络

在实际应用中，很多数据是图结构的，如知识图谱、社交网络和分子网络等，而前馈网络和反馈网络很难处理图结构的数据。图网络(graph network, GN)是将消息传递的思想扩展到图结构数据上的神经网络。

对于一个任意的图结构 $G(V, E)$，其中 V 表示节点集合，E 表示边集合。每条边表示两个节点之间的依赖关系。节点之间的连接可以是有向的，也可以是无向的。图中每个节点 v 都用一组神经元来表示其状态 h_v，初始状态可以为节点 v 的输入特征 x_v。每个节点可以收到来自相邻节点的消息，并更新自己的状态。

在整个图更新一定次数次后，可以通过一个读出函数(readout function)来得到整个网络的表示。

目前，图网络为深度学习的主要前沿和热点研究方向之一。

10.3 深度学习优化技术

将神经网络作为一个函数应用到机器学习，则可以使用数值优化的方法来学习其参数。

10.3.1 目标函数

根据通用近似定理，神经网络在某种程度上可以作为一个“万能”函数来使用，可以用来进行复杂的特征转换，或逼近一个复杂的条件分布。令 $y=f(x, \theta)$ 为一个神经网络，其参数为 θ，输入为样本特征 x，输出为预测类别的后验概率。因此，神经网络用于机器学习，作为一个输入到输出的映射函数，用来预测目标，其网络参数可以通过数值优化的方法进行学习。

令训练集 $D=\{x^{(n)}, y^{(n)}\}_{n=1}^{N}$ 是由 N 个独立同分布的样本组成，即每个样本 $x^{(n)}$, $y^{(n)}$ 是按照某个未知分布 $p_r(x, y)$ 独立地随机产生的。神经网络的参数主要通过梯度下降来进行优化的。以监督学习为例，使用交叉熵损失函数作为优化的目标函数：

$$L(\theta)=\sum_{n=1}^{N}\log f_{y^{(n)}}(x^{(n)}, \theta)+\frac{1}{2}\lambda||\theta||^2$$

式中，$f_{y^{(n)}}(x^{(n)}, \theta)$ 为神经网络预测的标签为 $y^{(n)}$ 的后验概率，λ 为正则化项系数，用来避免过拟合。

当确定了目标函数后，我们使用梯度下降来进行参数优化，寻找最优的参数 θ^*：

$$\theta^*=argmin_\theta L(\theta)$$

10.3.2 梯度下降法

在机器学习中，最简单、常用的优化算法就是梯度下降法(Gradient Descent, GD)，即通过迭代的方法来计算上目标函数的最小值。假设第 t 步时参数为 θ_t，则下一步的参数为沿着梯度的反方向更新一定的步长：

$$\theta_{t+1}=\theta_t-\alpha\frac{\partial L(\theta)}{\partial\theta}$$

式中，θ_t 为第 t 次迭代时的参数值，α 为搜索步长。在机器学习中，α 一般称为学习率。

梯度下降法中，目标函数是整个训练集上风险函数，这种方式称为批量梯度下降法(Batch Gradient Descent, BGD)。批量梯度下降法在每次迭代时需要计算每个样本上损失函数的梯度并求和。当训练集中的样本数量 N 很大时，空间复杂度比较高，每次迭代的计算开销也很大。

在机器学习中一般假设每个样本都是独立同分布的从真实数据分布中随机抽取出来的，真正的优化目标是期望风险最小。批量梯度下降相当于是从真实数据分布中采集 N 个样本，为了减少每次迭代的计算复杂度，我们也可以在每次迭代时只采集一个样本，计算这个样本损失函数的梯度并更新参数，即随机梯度下降法(stochastic gradient descent, SGD)。当经过足够次数的迭代时，随机梯度下降也可以收敛到局部最优解。

随机梯度下降法的一个缺点是无法充分利用计算机的并行计算能力。小批量梯度下降法(mini-batch gradient descent)是批量梯度下降和随机梯度下降的折中。每次迭代时，我们随机选取一小部分训练样本来计算梯度并更新参数，这样既可以兼顾随机梯度下降法的优点，也可以提高训练效率。

10.3.3 自动微分与计算图

在梯度下降方法中，最关键的是如何计算目标函数关于参数的偏导数 $\frac{\partial L(\theta)}{\partial\theta}$。早期一般通过用链式法则来计算风险函数对每个参数的梯度(即误差反向传播算法)，并用代码进行实现。但是手动求导并转换为计算机程序的过程非常琐碎并容易出错，导致实现神经网络变得十分低效。并且当网络结构比较复杂时，也很难通过链式法则进行手动求导。目前，神经网络的偏导数计算一般都通过自动微分的方法来实现，即我们可以只考虑网络结构并用代码实现，其梯度可以自动进行计算，无须人工干预。这样开发的效率就大大提高了。

自动微分(automatic differentiation, AD)是一种可以对一个(程序)函数进行计算导数的方法。符号微分的处理对象是数学表达式，而自动微分的处理对象是一个函数或一段程序。而自动微分可以直接在原始程序代码进行微分。自动微分的基本原理是所有的数值计算可以分解为一些基本操作，包含基本的四则运算(+，-，×，/)和一些初等函数(exp, log, sin, cos)等。

自动微分也是利用链式法则来自动计算一个复合函数的梯度。首先，将复合函数分解为一系列的基本操作，并构成一个计算图(Computational Graph)。计算图是数学运算的图形化表示。计算图中的每个非叶子节点表示一个基本操作，每个叶子节点为一个输入变量或常量。每个基本函数的导数都十分简单，可以通过规则来实现。整个复合函数关于参数的导数可以通过计算图上的节点与参数之间路径上所有的导数连乘来得到。如果函数和参数之间有多条路径,可以将这多条路径上的导数再进行相加,得到最终的梯度。

计算图的构建可以分为静态计算图和动态计算图。静态计算图是在编译时构建计算图,计算图构建好之后在程序运行时不能改变,而动态计算图是在程序运行时动态构建。两种构建方式各有优缺点:静态计算图在构建时可以进行优化,并行能力强,但灵活性比较差低;动态计算图则不容易优化,当不同输入的网络结构不一致时,难以并行计算,但是灵活性比较高。在目前深度学习框架里,Theano 和 Tensorflow 采用的是静态计算图,而 DyNet, Chainer 和 PyTorch 采用的是动态计算图。

10.3.4 优化的难点问题

神经网络的参数学习比线性模型要更加困难,主要原因有两点:①非凸优化问题和②梯度消失问题。

首先,由于神经网络是一个非凸函数,其优化问题是一个非凸优化问题,因此很难找到全局最优解,并且局部最优解往往受参数初始化影响,导致网络优化比较困难。

其次,在计算梯度时,梯度经过每一层传递都会不断衰减。当网络层数很深时,梯度就会不停地衰减,甚至消失,使得整个网络很难训练。这就是所谓的梯度消失问题(vanishing gradient problem),也叫梯度弥散问题。梯度消失问题在过去的二三十年里一直没有有效地解决,是阻碍神经网络发展的重要原因之一。

目前,在使用导数比较大的激活函数,如 ReLU 等,以及批量归一化等优化技巧后,深层神经网络的梯度消失问题在很大程度得到了缓解。

10.4 深度学习应用

10.4.1 语音识别

语音识别是将人类的讲话声音转换为文字。语音识别是人机交互必不可少的技术,也是人工智能的一个重要任务。在 2010 年以前,基于数据驱动的方法已经成为实现语音识别系统的主流方法,但是如何抽取有效的语音特征依然是很难的问题。2011 年,来自微软的研究人员首次将深度学习应用于语音识别。由于深度学习在语音识别领域的巨大突破,各种语音识别服务也如雨后春笋大规模出现,也开启了深度学习研究的新浪潮。目前,深度学习方法已经成为语音有关研究的主流方法。

10.4.2 计算机视觉

1) 图像分类

图像分类是指根据输入图像的内容进行分析,并赋予某个已知的类别标签。图像分类是计算机视觉的核心,实际应用广泛。图像分类的难点是如何提出有效的分类特征。例如图像经常由于视角、大小、变形、遮挡、光照、干扰等因素很难提取有效的特征。而通过深度学习计算,可以通过构建一个深层的卷积神经网络来实现一个更加准确、高效的图像分类模型,无须人工提取特征。在 ImageNet 大规模图像识别竞赛(ILSVRC)上,在 1 000 类的图像分类任务上，微软提出的残差网络达到了96.43%的Top5正确率，超过了人类水平(人类的正确率也只有94.9%)。

2) 人脸检测

人脸检测是指给定一幅图像，找出图像中所有人脸的位置，并输出包含人脸的矩形框坐标的一项计算机视觉任务。人脸检测是计算机视觉领域的经典问题，也是各种人脸应用中的一项基本任务，人脸检测在安防监控、人像摄影、身份验证等领域都有重要的应用价值，例如，人脸检测可以用于人体特征识别，作为人脸识别系统的一部分，数码相机或手机等摄影设备使用人脸检测技术来辅助自动对焦，一些美颜软件也使用人脸检测来进行人像后期处理。传统的人脸检测技术使用滑动窗口和图像特征来实现人脸检测，如经典的Viola-Jones方法，基于类哈尔特征，使用AdaBoost算法来训练级联的人脸分类器。随后的方法引入了可变形部件模型(deformable parts model, DPM)，对可变形面部关系进行建模。近年来，基于深度学习和卷积神经网络的方法被用于人脸检测问题后，检测精度取得了大幅度的提升。深度学习方法使用卷积神经网络自动提取特征，并实现端到端的优化，同时，多任务学习也被广泛使用，将人脸检测和人脸框位置矫正以及人脸关键点定位、姿态、姿态等属性的检测相结合。

3) 物体检测

物体检测是比人脸检测更加复杂的计算机视觉问题。图像中可能有多个不同形状大小的物体，物体检测的目标就是确定每个物体的位置并判断出物体的种类。物体检测在众多领域有应用需求，被广泛应用于视频监控、自动驾驶、智能交通、行人检测等生产生活领域。物体检测的方法，也经历了传统的人工特征+浅层分类器的方法，到基于大数据和神经网络方法的转变。传统物体检测方法需要人工设计出图像的特征，并将图像特征送入分类器中进行分类。常用的图像特征包括Haar特征、LBP特征、HOG特征，传统特征的设计需要专家的经验，以及大量的尝试，缺乏泛化性和鲁棒性，因此往往效果不佳。近年来，基于深度学习的物体检测算法得到了很大发展，主要可以分为两大类：two-stage物体检测算法和one-stage物体检测算法。Two-stage物体检测算法将物体检测分为候选区域提取和边框回归两个阶段，以R-CNN为开端，并发展出了Fast-RCNN、SPP Net、Faster-RCNN、Mask RCNN等算法，速度越来越快，效果越来越好，实现了端到端的训练和预测。针对Two-stage方法开销大的问题，以YOLO、SSD、FPN为代表的one-stage物体检测算法也被提出。在one-stage方法中，去掉了候选区域提取这一步骤，直接将特征提取、边框回归和分类在同一个卷积神经网络中完成，使得网络结构变得更加简单，检测速度有了巨大的提升，使得物体检测开始能够满足实时检测任务的需求。

10.4.3 自然语言处理

1) 机器翻译

机器翻译是让计算机将一种语言描述的句子(源语言)转为用另外一种语言描述的且和源语言句子同义的句子(目标语言)。机器翻译技术可以分为三种：规则机器翻译、统计机器翻译和神经机器翻译。统计机器翻译为深度学习技术之前非常成功的机器翻译技术。神经机器翻译(neural machine translation, NMT)是目前深度学习在自然语言处理领域最成功的应用之一。神经机器翻译是一个典型的异步序列到序列模型，也称为编码器-解码器模型。该模型包含两个神经网络,一个神经网络为编码器,负责对源语言进行编码,得到一个固定维度向量;另一个神经网络为解码器,负责将编码器得到的向量解码到目标语言(实际上为一个语言模型)。这种方式有两个问题:一是编码向量的容量瓶颈问题,即源语言所有的信息都需要保存在编码向量中,才能进行有效地解码;二是长距离依赖问题,即编码和解码过程中在长距离信息传递中的信息丢失问题。

引入注意力机制,可以将源语言中每个位置的信息都保存下来。在解码过程中生成每一个目标语言的单词时,都可以通过注意力机制直接从源语言的信息中选择相关的信息作为辅助。这样的方式就可以有效地解决上面的两个问题。一是无须让所有的源语言信息都通过编码向量进行传递,在解码的每一步都可以直接访问源语言的所有位置上的信息;二是源语言的信息可以直接传递到解码过程中的每一步,缩短了信息传递的距离。目前,谷歌、百度等公司的机器翻译系统都已采用了神经机器翻译技术。

2) 机器阅读理解

机器阅读理解(machine reading comprehension, MRC)是让计算机像人类一样阅读一些文本信息然后回答与已知信息相关的问题,按照答案提取方式可以分为抽取式、生成式和判别式等类型。因为机器阅读理解对理解的要求比较高且变化多端,很难用规则求解,也很难建立与之对应的统计模型,所以目前最有效的方法就是深度学习建立的模型。

对于生成式问题大多也是先用抽取式的方法抽取一段与答案最相关的信息然后将此信息通过序列到序列模型生成最终的答案。判别式问题一般是将问题和文章(大部分时候也包括候选答案)的最终表示用于分类选出最优答案,而获得最终表示的过程与前两者大同小异,都是通过基于深度学习的模型进行编码。而问题和文章之间的信息交互也是通过注意力机制完成,除注意力机制以外还可通过 RNN 及 CNN 的各种变种进行额外的编码,RNN 中比较有代表性的长短期记忆网络(long short-term memory, LSTM)和门控循环单元网络(gated recurrent Unit, GRU), Transformer 则是 CNN 和注意力机制结合的一种方式。抽取答案的过程一般是通过 Pointer Network 获得原文中概率最大的起始和结束位置来锁定答案。

当前人们又开始关注基于对话的阅读理解任务,不是像之前单轮问答要求机器对文章和一个问题建模找到答案,更要求机器能够根据历史问题和答案信息来理解当前问题和文章的关系,从而找到正确答案。

3) 文本匹配

文本匹配(text matching)是指自动判断两段文本之间的关系,是自然语言处理中基础问题之一。信息检索、文本蕴涵等任务都可以看作是匹配问题。传统的文本匹配技术如信息检索中的向量空间模型 VSM、BM25 等算法,主要解决词汇层面的相似度问题。但这类算法有很大的局限性,无法解决语义级别的文本匹配。最近深度学习方法也在文本匹配上显示出了巨大的优势。词嵌入的训练方式不需要更多的人工特征,而且所得的词语向量表示的语义可计算性进一步加强。在此基础上用有监督的神经网络的语义匹配模型大幅提高了模型效果。

10.5 深度学习常用框架

在深度学习中,一般通过误差反向传播算法来进行参数学习。采用手工方式来计算梯度再写代码实现的方式会非常低效，并且容易出错。此外，深度学习模型需要的计算机资源比较多，一般需要在 CPU 和 GPU 之间不断进行切换，开发难度也比较大。因此，一些支持自动梯度计算、无缝 CPU 和 GPU 切换等功能的深度学习框架就应运而生。比较有代表性的框架包括 TensorFlow、Pytorch、Keras、PaddlePaddle、Mindspore 等。

10.6 小结

本章主要介绍了常用的深度学习模型、优化算法以及应用。虽然深度学习已经在很多领域取得成功，但有新的模型和方法在不断被提出。因此，要了解深度学习的前沿技术就必须要关注相关学术会议上发表的最新论文。若希望全面了解深度学习的基础知识，可参考本章后的文献[1]和[12]。

参◇考◇文◇献

[1] 邱锡鹏，神经网络与深度学习[M]. 北京：机械工业出版社，2020，9787111649687.

[2] Marvin Minsky. Steps toward artificial intelligence. Computers and thought, 406:450, 1963.

[3] Jeffrey L. Elman, Finding structure in time, Cognitive science, Vol. 14(2), pp. 179 - 211, Elsevier, 1990.

[4] Simon Haykin. Neural networks: A comprehensive foundation: Macmillan college publishing company. New York, 1994.

[5] Sepp Hochreiter, Jurgen Schmidhuber, Long short-term memory, Neural computation, Vol. 9(8), pp. 1735 - 1780, MIT Press, 1997.

[6] Yann LeCun, Léon Bottou, Yoshua Bengio, and Patrick Haffner. Gradient-based learning applied to document recognition. Proceedings of the IEEE, 86(11):2278 - 2324, 1998.

[7] Geoffrey E. Hinton, Simon Osindero, Yee-Whye Teh, A fast learning algorithm for deep belief nets, Neural computation, Vol. 18(7), pp. 1527 - 1554, MIT Press, 2006.

[8] Alex Krizhevsky, Ilya Sutskever, Geoffrey E. Hinton, Imagenet classification with deep convolutional neural networks, In Advances in neural information processing systems, pp. 1097 - 1105, 2012.

[9] Junyoung Chung, Caglar Gulcehre, KyungHyun Cho, Yoshua Bengio, Empirical evaluation of gated recurrent neural networks on sequence modeling, arXiv preprint arXiv:1412.3555, 2014.

[10] Alex Graves, Greg Wayne, Ivo Danihelka, Neural Turing Machines, arXiv preprint arXiv:1410.5401, 2014.

[11] Yann LeCun, Yoshua Bengio, Geoffrey Hinton, Deep learning, Nature, Vol. 521(7553), pp. 436 - 444, Nature Publishing Group, 2015.

[12] Ian Goodfellow, Aaron Courville, Yoshua Bengio, Deep Learning, 2015.

[13] Alec Radford, Luke Metz, Soumith Chintala, Unsupervised representation learning with deep convolutional generative adversarial networks, arXiv preprint arXiv:1511.06434, 2015.

[14] Kaiming He, Xiangyu Zhang, Shaoqing Ren, Jian Sun, Deep residual learning for image recognition, In Proceedings of the IEEE conference on computer vision and pattern recognition, pp. 770 - 778, 2016.

[15] Chiyuan Zhang, Samy Bengio, Moritz Hardt, Benjamin Recht, Oriol Vinyals, Understanding deep learning requires rethinking generalization, arXiv preprint arXiv:1611.03530,2016.
[16] Peter W Battaglia, Jessica B Hamrick, Victor Bapst, Alvaro Sanchez-Gonzalez, Vinicius Zambaldi, Mateusz Malinowski, Andrea Tacchetti, David Raposo, Adam Santoro, Ryan Faulkner, et al. Relational inductive biases, deep learning, and graph networks. arXiv preprint arXiv: 1806.01261, 2018.

第11章
区块链技术

区块链技术从比特币一路走来，面向数字经济、价值互联网的可信计算支撑能力越来越得到认可。其背后的逻辑是：①区块链技术为数据存证以保障其真实性奠定了基础；②区块链系统为数据上升为数据资产提供必需的确权和流通手段，并进一步成为网络空间数字资产存在与运作的容器。

11.1 区块链技术原理

11.1.1 比特币起源与动机

2008年10月31日，一个署名中本聪(Satoshi Nakamoto)的人在metzdowd.com的邮件列表组中发表了一篇技术报告《比特币：一种对等式电子现金系统》(*Bitcoin*：*A Peer-to-Peer Electronic Cash System*)，揭开了比特币的序幕。而在这之前，2008年8月18日，bitcoin.org域名被匿名者注册；在这之后，2008年11月9日，中本聪在sourceforge.org注册了Bitcoin开发项目。回头来看，这些都是风暴来临前的小雨点、小涟漪，是中本聪为比特币上线所做的前期准备工作。中本聪究竟是何许人也，至今无人知晓，但我们也许应该尊重其不想出头露面的愿望，把关注度集中到技术和系统本身就够了。

中本聪在报告摘要中开宗明义地指出："无需通过金融机构便可直接在伙伴间进行在线支付"，明确了比特币是一种数字化的货币，基于网络运行，其基本作用是实现网上支付，但不再需要第三方中介参与，而是在伙伴(成员、节点)间直接进行对等式操作。这里所说的对等式(Peer-to-Peer，简称P2P)无疑是比特币有别于传统金融系统的最显著特征，中本聪的报告题目中也包含这个关键词，因为中本聪们认为金融史上周期性的通货膨胀、经济危机等均源于少数人的垄断，而使大多数人的利益被动受到侵害。

因此，比特币系统创建的动机是试图改变原有以金融机构为中心的货币运行模式，一是实现所有参与者平等平权，不论是货币生成还是流通，都是共同协商做出决定；二是不需要第三方来赋予信用及中介，而是运用密码学技术来实现任何不存在信任关系的双方直接就可以达成可信、可靠的交易。对于这一目标，实际上已经有不少前人进行了各种探索和尝试，但有些只是局部性的理论研究、有些系统不够完备或不够严密、有些系统无法应对大规模应用，因而均没有取得成功。究其原因，并非技术不够成熟或难度巨大，恰恰相反，所有需要的技术都已具备，而缺乏将各种技术有机整合的集成式创新，同时缺乏对金融系统的深刻理解。以计算机技术人员的视角，通常会下意识地聚焦在货币本身，从而千方百计去实现安全存放、安全使用的电子现金，殊不知金融系统的核心其实是簿记(bookkeeping)或记账(accounting)，有了可信的账本，货币本身是否加密、如何防伪就不成为问题了。

终于，出现了中本聪这位既对计算机软件和网络技术了如指掌、又对金融系统和业务逻辑十分精通的高手，比特币系统在 2009 年 1 月 3 日发布上线，产生了第一个"区块"(被称为"创世区块")，标志着比特币这种虚拟货币的正式面世。数日后的 1 月 9 日，中本聪又发布了开源的 0.1 版比特币系统客户端软件(即比特币钱包)。

比特币同时也是计量单位，简称 BTC，例如可表示为 2.3 比特币(2.3 BTC)；最小的比特币计量单位是聪(Satoshi)，1 比特币＝100,000,000 聪，即 1 亿分之一比特币为 1 聪。在比特币系统中，比特币是以整数型数值的聪来存储和表示的，最小为 1 聪。

2009 年 1 月 12 日，中本聪给其好友兼技术贡献者哈尔·芬尼转账了 10 个比特币，产生了第一笔比特币交易。2009 年 10 月 5 日，有记录的最早比特币汇率为 1 美元＝1 309.03 比特币。2010 年 5 月 22 日，美国一名程序员用 1 万个比特币通过朋友代购了两个披萨，被认为是有记载最早的成功将比特币当钱花出去的"交易"，5 月 22 日因此被比特币社区命名为"比特币披萨日(Bitcoin Pizza Day)"。

比特币是首个经过互联网全网规模考验和长期运行验证的对等网络电子货币系统，无疑是这项技术的奠基者。后续的区块链系统都采用了与比特币相同的技术原理，因此比特币系统是最好的学习入手点，掌握了比特币技术，才能准确把握区块链技术的要素，并可进行有的放矢的变化和扩展。

11.1.2　比特币技术原理

比特币是一个构造精巧、环环相扣的系统。从一种看似非常普通的数据结构出发，最终构建起一套功能齐备、安全可信的电子货币体系。去除过于繁杂的技术细节，可以把比特币系统核心技术归纳为"二结构、二机制、一引擎"架构。

11.1.2.1　链式区块结构

区块(block)是比特币系统最基本的数据结构，既是各区块链节点存储、交换的数据单元，也是区块链系统实现运行控制、数据保存的载体。

如图 11－1 所示，比特币区块由区块头、区块体两部分构成。从版本号开始的区块头总长度固定为 80 B，由 6 个字段构成，用以记录必要的控制信息，并形成与区块体的关联关系；下接不定长区块体(但会限制最大容量)，用于存放最近发生的交易记录。

版本号(version)若取值为 1(0x00000001)，就表示该区块为 1.0 版本。与许多网络协议报文中的版本号作用类似，目的是保持兼容性。未来当区块链版本升级后，可能发生区块数据结构(尤其是交易数据的结构)变化的情形，当软件需要读取"古老"的区块时，就可根据区块链版本号来自动判别应该用哪个版本的数据结构及其规则来解析。

时间戳(timestamp)是初始化区块头并开始挖矿的时间，可看作是区块生成的时间。时间戳采用 UNIX 时间表示法，是从格林尼治时间 1970 年 1 月 1 日 0 时 0 分 0 秒(北京时间 1970 年 1 月 1 日 8 时 0 分 0 秒)起至当前的总秒数。例如，创世区块的时间戳数值为

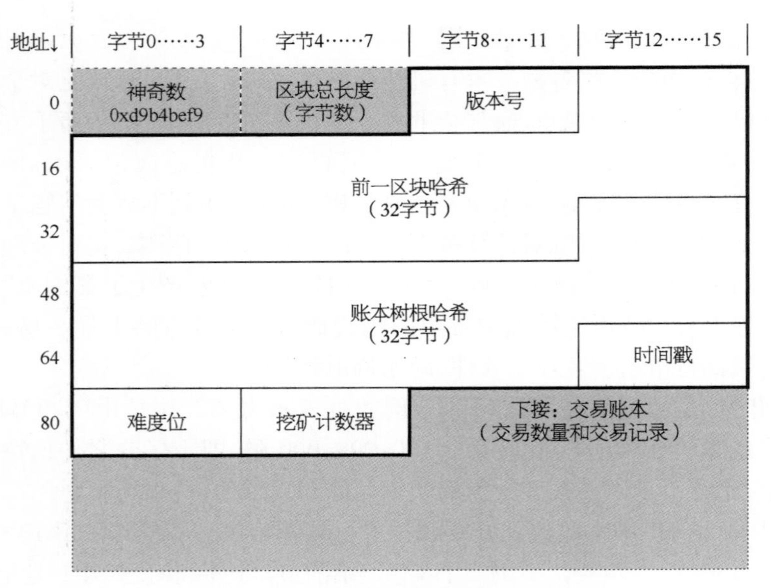

图 11-1　比特币区块数据结构示意

0x495FAB29，为格林尼治时间 2009 年 1 月 3 日 18:15:05，换算为北京时间是 2009 年 1 月 4 日 02:15:05。前一区块哈希（prev-block）是对前一个区块的区块头进行双重单向函数 SHA256 运算后得到的为 32 字节哈希值。由于编号为 0 的创世区块没有“前一区块”，其 prev-block＝0。设：前一区块头数据为 prev-block-header，则

$$\text{prev-block} = \text{SHA256}(\text{SHA256}(\text{prev-block-header}))$$

前一区块哈希就是链（chain）。如图 11-2 所示，由于哈希值具有验证作用，每个区块校验前一区块，构成链式缠结关系，区块的数据难以被篡改。利用该哈希值还能用来快速检索区块，只需根据区块头哈希值搜索各区块头，即可定位到相应区块编号（高度）。

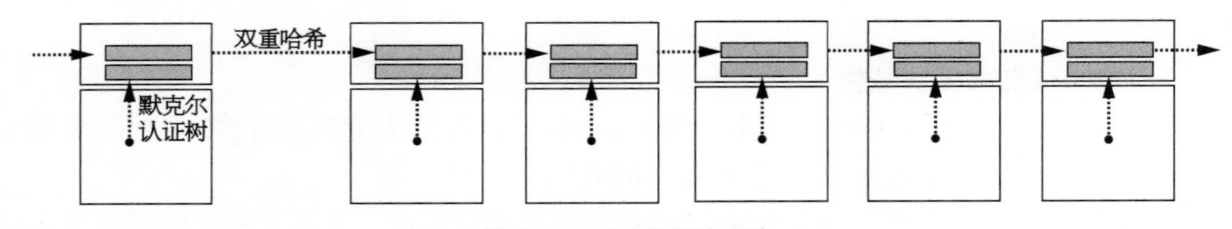

图 11-2　链式区块示意

难度位（bits）由比特币系统自动生成，全网统一，可推出挖矿计算的目标值（target）。比特币系统希望始终维持 10 min 左右生成一个新区块的节奏，而电脑运算能力总体上是加快的，因此必须要同步提高计算难度，迫使电脑花费更多计算时间。挖矿难度每经过 2 016 个区块（即 2 周）调整一次，称为一个难度调整周期，难度系数是由最新的 2 016 个区块生成所花费的时长决定的。

计数器（nonce）用于生成新区块（即挖矿）。准备挖矿时，区块头的版本号、时间戳、前一区块哈希、难度位及默克尔树根这五个字段是确定的，对于从难度位推出的目标值，如图 11-3 所示，挖矿算法就是穷举计数器字段取值，使区块头的双重哈希值满足小于目标值的要求。

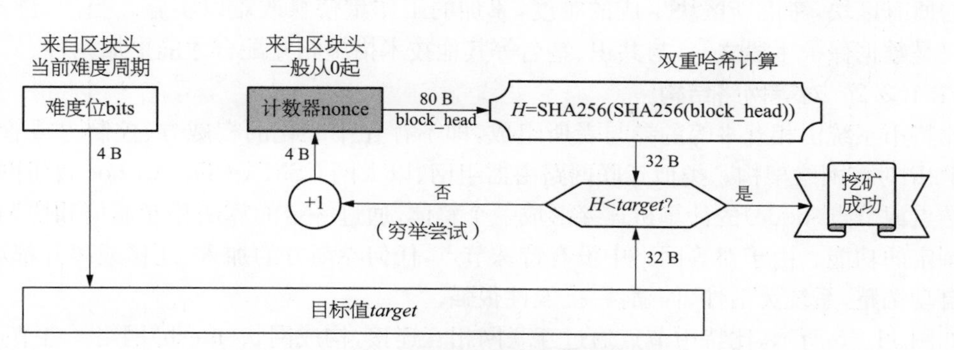

图 11－3　比特币生成新区块算法示意

显然，除了反复尝试哈希值，无法推算出 nonce 值，因此没有捷径，对所有节点而言具有公平性。然而，考察该算法：①每次哈希尝试相互独立，故可以采用并行计算，这就是部署大量计算板卡的“矿场”的由来，事实上造成算力垄断和不公平性；②海量的计算工作量造成资源的巨量消耗，代价高昂。

账本树根哈希（merkle-root）是区块体中账本的校验值，如图 11－4 所示，采用默克尔认证树（merkle authentication tree）求得所有交易记录的根哈希，使交易记录的篡改可被感知到。结合链式区块实现的校验关系，如图 11－3 所示，要改变区块上的任何数据势必要修改

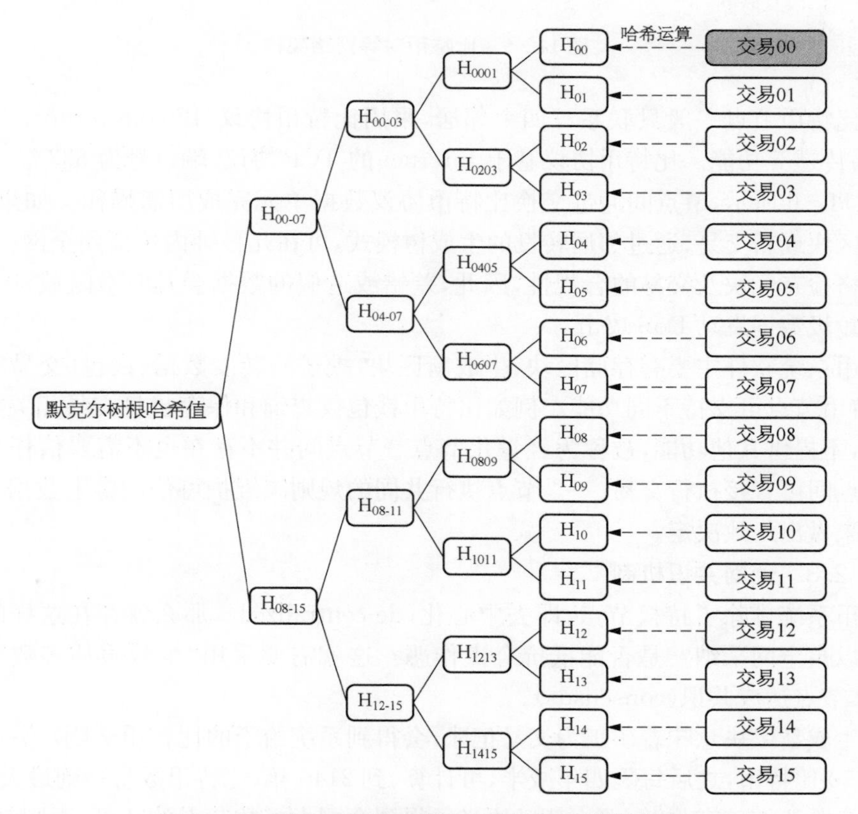

图 11－4　默克尔认证树实现交易记录哈希校验示意

后续的所有区块，考虑新区块生成的难度，累加的工作量使篡改难以实施。当然，链式区块结构只是数据保护手段之一，与共识、签名等其他技术措施相互配合才能更加完善。

11.1.2.2 对等网络结构

比特币系统由相互平等的参与者所组成，即不存在中心化的权威方、控制方或管理方，称为 P2P 对等网络架构。类似互联网路由器组网、以太网 CSMA-CD、Ad-hoc 自组网等，被称为结点或节点(node)的计算机连接形成一个整体，通过一定的算法相互通信和协调运行，实现特定的功能。由于对等网络中没有特殊节点，任何参与方的加入、迁移或离开都可被发现并自动调整，系统灵活性、伸缩性、抗毁性很强。

如图 11-5 所示，比特币节点通过互联网相互连接，构成网状(mesh)网络。各节点上可以保存所有区块数据，为全冗余数据存储方式。即便少数节点的数据被篡改或损毁，也不影响整体数据健康，且每个节点可以高效率查询本地化数据。

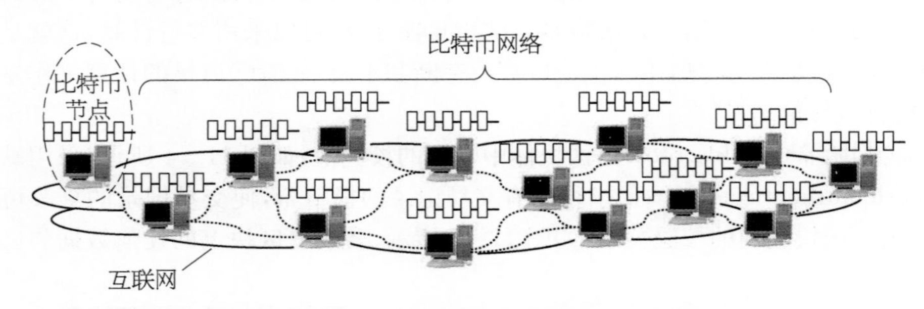

图 11-5 比特币对等网络架构

每个比特币节点一般只联系三四个邻居，采用比特币协议(Bitcoin protocol)实现区块获取、交易传递等功能。比特币协议基于 Internet 的 TCP 协议，端口号为 8333。

如图 11-6 所示，节点间通过交换比特币协议数据单元完成所需操作。如果一个节点产生了新区块或新交易，通过邻居转发的生成树模式，可在几秒钟内传播到全网。节点转发数据前严格检查区块及交易的合规性，因此，差错或造假的数据会及时被阻截，区块链网络不容易被垃圾数据发动 DoS 攻击。

比特币系统软件主要有存储区块、生成新区块(挖矿)、转发数据、钱包(交易客户端)等功能，比特币节点可支持不同功能。例如比特币钱包仅查询和保存自身交易相关数据、可发送新交易，不提供其他功能，被称为轻量化节点。节点间并不存在也不需要信任关系，之所以任意节点间可直接执行交易：一是节点执行共同的规则来维护可信的链上数据，二是节点通过协商来做出一致决定。

11.1.2.3 全网共识机制

比特币系统排除了特权节点，即去中心化(de-centralized)，那么就存在这样的问题：什么决定可以被全网采纳？是否能抵抗合谋作恶？这就需要采用“少数服从多数”的协商机制，即全体节点达成共识(consensus)。

挖矿生成新区块意味着矿工为交易记账，会得到系统给予的比特币奖励，第一个四年周期奖金为 50 比特币，之后每隔四年减半，可计算：到 2140 年，比特币数量达到最大值约 2100 万比特币。既然挖矿有收益，那么新区块必须得到全网大多数节点的认可，否则就会被造假

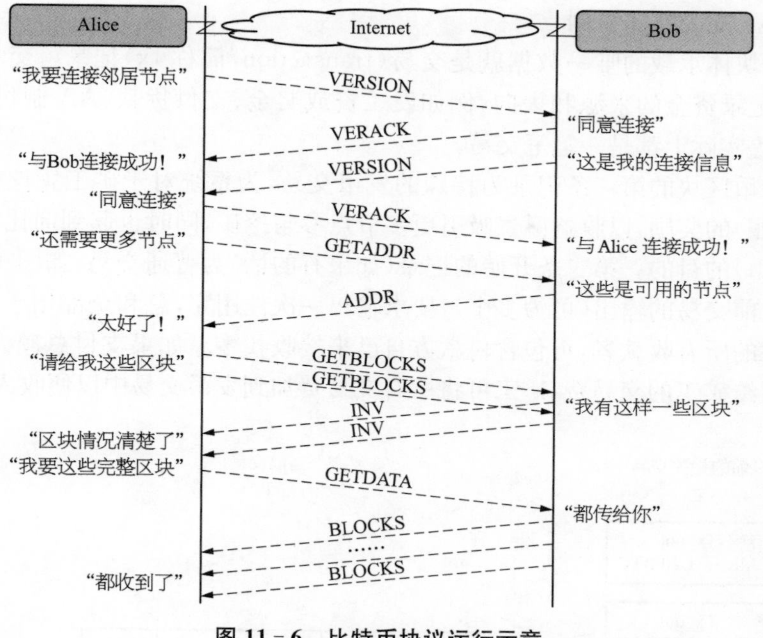

图 11－6　比特币协议运行示意

者钻空子，所以共识机制是必不可少的。

虽然分布式系统可靠性保障技术已有成熟的拜占庭容错（Byzantine fault tolerance, BFT）算法，但在互联网大规模系统中，需要避免海量交互报文对负载和效率的不利影响，因此比特币系统巧妙地设计了一种基于算力的工作量证明（proof of work, PoW）共识算法，基本思想是每个挖矿节点凭自身算力来参与投票，在最早收到的新区块后挖后续区块来表达认可（无需发送“投票”报文）。如图 11－7 所示，如果几乎同时产生了两个以上新区块，那么获得更多节点算力认可者容易更快产生后续新区块、该分叉延长更快，相当于多数方会赢得越来越多的支持。当一条分叉的长度超过另一条两块以上时，较短的分叉将被裁剪。单链延续的模式由此得到保持，所有节点算力的合力始终保持在同一个方向上而不会分散，最终达成的效果是全网数据完全一致，少数节点也无法窜通作恶。

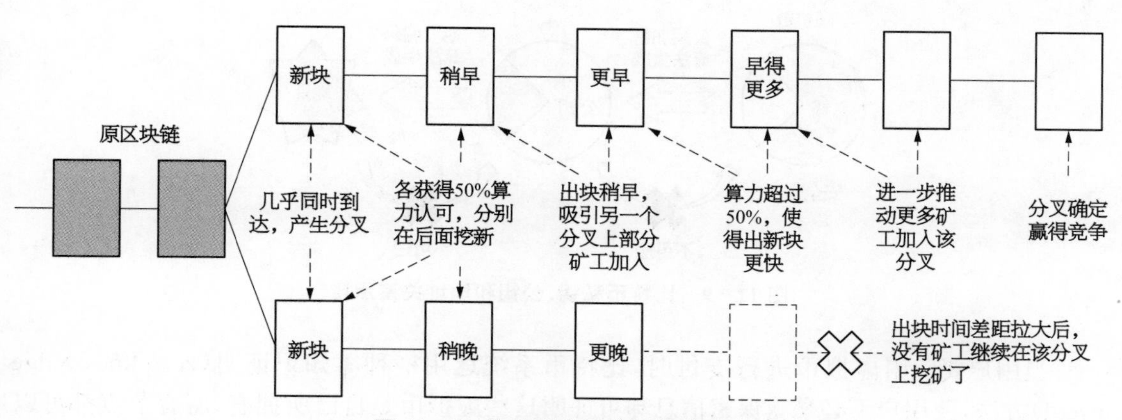

图 11－7　比特币分叉共识解决示意

11.1.2.4 交易签名机制

比特币区块体承载的唯一数据就是交易(transaction,简称 tx)记录。交易是金融系统的核心需求,记录资金的来源和去向,例如发工资或奖金、支付货款、AA 制付餐费、向朋友转账、发红包等实际上都是一笔笔交易。

每个比特币区块的第一条记录为特殊的发币交易,为系统对于矿工凭挖矿工作生成新区块(实现记账)的奖励,以收益愿景吸引更多节点参与挖矿,同时也起到向比特币系统发放新币(实现铸币)的目的。第二条开始的记录(如果有的话)为普通交易,如图 11-8 所示,交易输入引用之前交易的输出(可为多个),要求输出一次性用完,总和全部用于支付给本次交易输出所列举的所有收款者,可包含付款方自己来接收找零。如果支付总额大于收入总额,则差额为预留给矿工的交易费,矿工可将所有交易费加到发币交易中以便收入囊中。

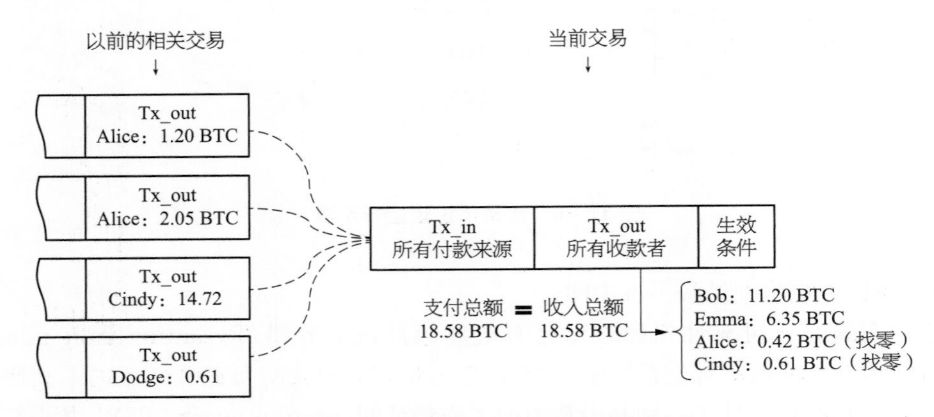

图 11-8 比特币交易构成示意

交易中的比特币的归属关系用比特币地址(Bitcoin address)来确定。运用非对称密钥加密(或称为公钥加密)算法,例如比特币系统采用椭圆曲线加密算法,如图 11-9 所示,用户用随机数生成并保存保密的私钥,用公钥算法生成公钥,然后经编码得到公钥地址。这一过程是不可逆的,因此链上公布的公钥地址是安全的,而且不会泄露用户身份信息。

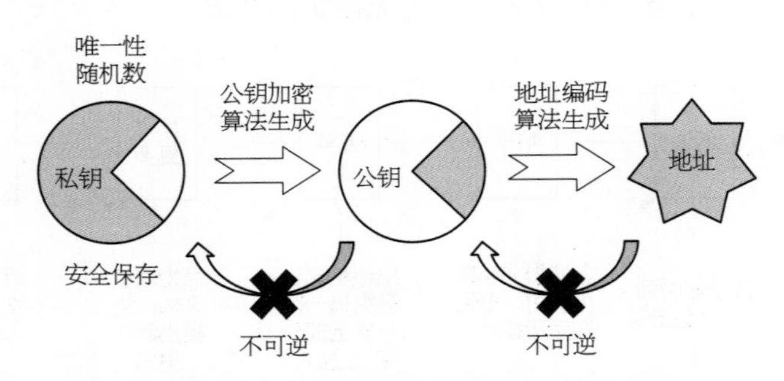

图 11-9 比特币私钥、公钥和地址关系示意

当用户要使用虚拟币进行支付时,比特币系统运用一种零知识证明(zero-knowledge proof)方法,使用户不必暴露保密信息却可证明这些虚拟币是自己所拥有,所有节点都可以验证,这就是数字签名(digital signature)算法:

假设，输入信息为 T，哈希算法为 H，公钥算法为 E，用户私钥为 k，则 T 的数字签名 S 为

$$S = E(H(T), k)$$

如图 11－10 所示，用户只需在交易记录中提供自己的公钥和数字签名，验证节点使用签名方在交易记录中提供的公钥，既可验证数字签名是否正确，又可验证地址是否可由该公钥导出，如果都通过，则虚拟币确实被证明是该用户所持有，因为其他用户没有正确的私钥，就无法提供正确的证据。可见，这个过程没有泄露用户隐私。

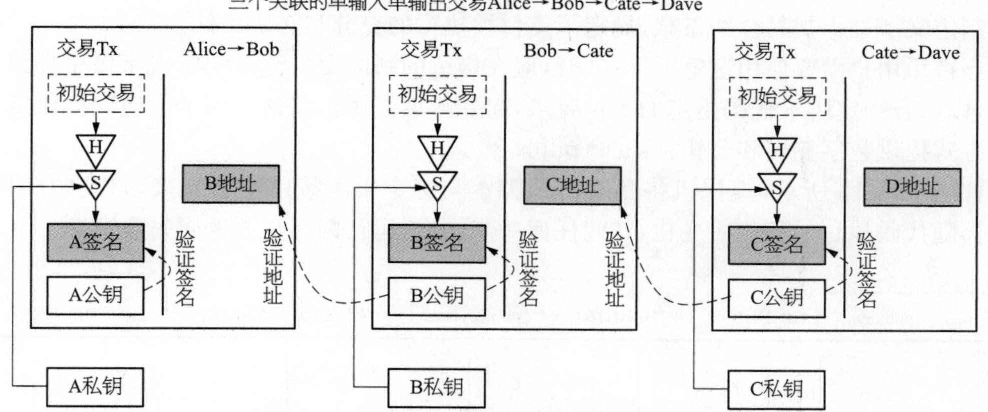

图 11－10　基于数字签名算法的交易验证示意

从交易记录的技术原理可以看到，交易与之前的关联交易不断回溯，构成了严密的交易链，源头只能是发币交易，凡是做不到这一点的交易必然是虚假的，这就是可追溯性。

此外，比特币没有账号，所有资金仅与公钥地址关联，一名用户可管理多个私钥及对应的公钥地址。如果一笔资金没有后续交易使用，就称为未花费交易输出（unspent tx output，UTXO），用户管理的所有地址的 UTXO 总和即为其总资产。

11.1.2.5　智能合约引擎

交易就是卖方和买方间的合约，根据事先的约定在条件满足的前提下进行资产转移，简单到一笔钱款的支付、转账，复杂到合同（协议）的履约甚至分阶段实施、涉及多方的关系。比特币创新性地设计了一种自动执行合约的引擎，在交易记录中嵌入计算机代码，称为链上代码（on-chain code），节点软件内置的虚拟机通过执行这些代码来履行合约。其思想来自“代码即规则”，用于排除履约中的人为因素干扰，由计算机铁面无私地公正执行。

这种用链上代码来实现的合约就称为智能合约（smart contract）。相比采用以数据表示一些条件、用设定的规则来判别的传统方法，智能合约使用的链上代码显然更为灵活、易扩展，不需要面向不同的业务而修改规则，只需要对不同的合约进行编程，包括设定对象、关系、条件及操作。

比特币系统的链上代码是比较简单的脚本语言，由虚拟机解释执行而不需要事先编译为机器代码，可以跨计算机系统、跨操作系统平台运行。比特币虚拟机运用栈（stack）作为容器来执行代码，操作指令将代码中包含的数据对象进行入栈、出栈、复制、比较等，若直到结束代码执行都没有出现 False 结果，并且栈已为空，则表示成功。

以一个最常见的“公钥地址支付”比特币交易为例，UTXO 交易输出的数据结构内包含一段链上代码，起到锁定作用。例如代码的十六进制数据为

76 A9 14 89 AB CD EF AB BA AB BA AB BA AB BA AB BA AB BA AB BA AB BA 88 AC

可解析为脚本代码：

OP_DUP OP_HASH160 〈pubKeyHash〉 OP_EQUALVERIFY OP_CHECKSIG

这段代码既包含了代表比特币权属关系的公钥地址〈pubKeyHash〉，又明确了如何进行签名验证才能使用这笔虚拟币的方法(算法原理如图 11－10 所示)。这相当于运用智能合约机制定义了一个交易合约条款，规定了支付被执行的充分和必要条件。

当持币用户需要使用这笔 UTXO 时，应在构造的新的交易记录的输入字段中提供证明材料，以符合锁定脚本代码指定的支付要求，起到解锁作用。在这一例子中应同样以链上代码的方式提供数字签名和公钥：〈sig〉〈pubKey〉。

如图 11－11 所示，虚拟机将两段解锁脚本与锁定脚本按序组合起来，自动顺序执行。栈容器随代码执行过程相应变化，其间任何一步出错，运行即终止并返回失败结果。

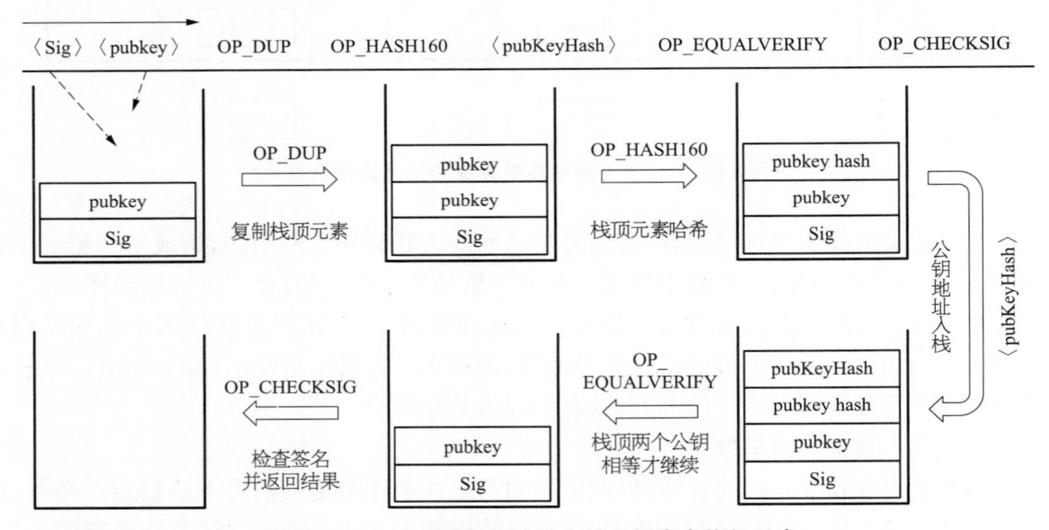

图 11－11　比特币公钥地址交易示例脚本执行示意

除了比特币脚本代码，智能合约可使用其他高级语言来编写。一种是专用的编程语言，如以太坊的 Solidity 和 Vyper，另一种是通用的编程语言，如 Java、JavaScript、Go、Python 甚至 C++。需要注意的是，功能越强大的语言、实现越复杂的合约，越容易产生逻辑漏洞等问题，这对于区块链系统是致命的，因为代码一旦上链即无法修改或删除，假如出现了代码缺陷则可能导致难以挽回的局面。

智能合约理论上可支持各种业务合同，但业务人员、法律人士通常并不擅长编程，因此应事先建好智能合约库，可便捷选用，满足大部分典型应用场景需求。

11.1.3　比特币系统本质

从表面上看，比特币实现了一种电子现金系统，可以支持发币、用币等比较单一的功能；

而从本质上看，比特币创建了一种多方验证的可信计算环境，不仅可以满足数字货币等金融应用需求，且可以支撑更多信息化应用。

矿工的挖矿操作看似在“发掘”新的虚拟币，而实际上矿工真正争夺的是记账权。当矿工率先挖出了新区块并最终得到全网共识认可，其实是完成了对一批未上链交易的确认，等于其争取到了为全网记账的权力，自然就得到系统对其辛苦而成功的记账工作的奖励。可见，记账才是关键，账本方为目的。

比特币系统的最大价值就是一本全网一致的账本。一个区块就相当于账本的一页，上面记录了一系列交易，页与页按序排列、依次锚定，周期性一页页增加。链式区块的校验技术保障任何人无法篡改任何页上的任何数据、无法插入伪造页、无法删除任何页、无法调换页序，从而成为一本可信的账本(数据记录空间)。

11.1.4　区块链技术及其演化

11.1.4.1　区块链技术概念

比特币系统的成功催生了一大批同类系统，演化出区块链(blockchain)技术。区块链技术来自于比特币，但超越了比特币，在系统结构、共识机制、密码算法、应用支撑等各个方面得到发展，逐步成为信息技术的中坚力量之一。

区块链技术可定义为：在对等网络基础上，以密码学技术构建链式区块数据结构、以智能合约自动执行链上代码进行操作验证、以共识机制协商并确保数据的全网一致性的可信计算技术。

虽然区块链技术具有链上读写数据、检索数据的能力，但有别于数据库。由表11-1可知，两者存在很大差别，应准确把握，才能在应用中做出技术方案的正确选择。

表11-1　区块链与数据库技术比较表

技术比较项目	区块链	数据库
系统结构	基于互联网，对等网络	局域网，集中式或分布式
保存方式	多副本或全冗余	单副本或主从式
存储容量	较小(限于单台用户终端)	极大
确认效率	较低(比特币上链确认约60 min)	读写速度极快
吞吐能力	很弱(比特币约每秒7笔)	极强，每秒上万笔或更高
存取操作	不支持删除、修改	可支持所有读写操作
数据关联	记录相关性强，可追溯	较弱
智能执行	智能合约可编程执行链上代码	无
访问权限	链上数据对所有节点公开	仅对授权系统开放，可配置
分析功能	无	数据筛选、统计、分析等

11.1.4.2 链上与链下

为解决已有区块链的存储容量限制、存证性能瓶颈、全网传播负担，同时避免原始数据上链造成信息泄露安全隐患，区块链可扩展链下(off-chain)存储与操作，并与链上存储结合，达到提升应用效果的目的。

例如，闪电网络(lightning network)在链下构造了一个可扩展的微支付通道网络，交易双方可通过支付通道进行快速支付和确认。支付通道可以是一条关联多方的、由多个支付通道串联构成的支付路径，同时借助准备金策略，解决链下交易的确认问题。对于一段时间内大量、小额、快速的交易，闪电网络采用的链下交易方式可以大幅度提高交易速度和交易容量，但由于支付过程脱离了区块链环境，交易安全不受区块链共识机制的保障。

再比如链下存储原始文件，链上存证文件的数字指纹(哈希值)，可以实现既不披露原始数据、又可检验原始文件是否被篡改或伪造，然而运用这一方法时，区块链系统不能保障原始文件上链前的真实性，也无法保障其不被修改、替换或损毁，仅能感知其变化。

11.1.4.3 币圈与链圈

区块链发展初期，多数系统与比特币类似，以发行虚拟币为主要目的，形成建链发币、矿机挖矿、虚币买卖的狭窄产业，俗称币圈。币圈的核心是所谓虚拟币交易所，用于各种虚拟币与法定货币进行兑换，亦称为炒币。

如图 11-12 所示，虚拟币交易平台显而易见是中心化系统、基于资金账户的、第三方代理机构，与区块链的设计思想完全背道而驰，是一种有害无益的“外挂”。比特币的动机是以一种崭新的货币形态“替代”传统的需信用背书的货币，但虚拟币交易直接与法币挂钩，使虚拟币“弱化”“降级”为一种数字商品。

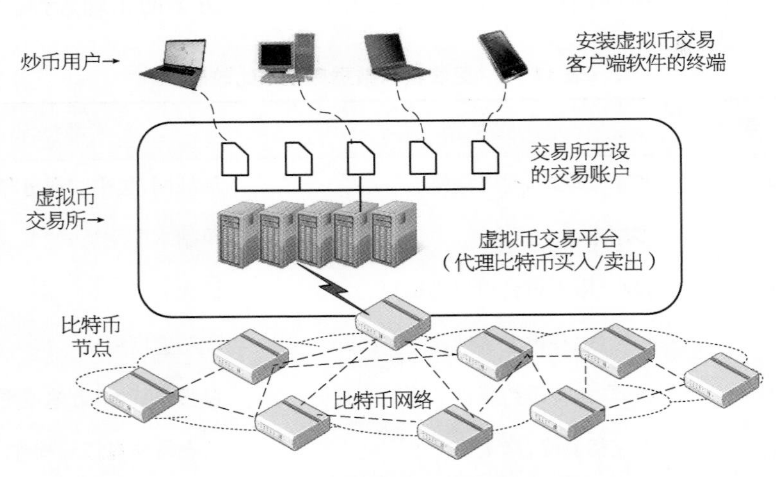

图 11-12 虚拟币交易平台架构示意

那么，虚拟币这种数字商品究竟价值几何？由于虚拟币的发行(包括数量、节奏)与社会经济状况毫无关联，因此任何定价都无据可依。可见，虚拟币的“币价”都是市场炒作的结果，币价的大起大落也是出于同样原因。而产生虚拟币的挖矿操作则产生了巨大的能源浪费。仅以比特币为例，据估算，挖矿每年消耗约 91 万亿瓦时的电力，占全球电力消费总量的 0.5%，是 550 万人口的年用电量，5 年间耗电量增长了 10 倍。此外，虚拟币交易成为非法集资、庞氏骗局、敲诈勒索、黑产交易、逃避管制、赃款洗钱等违法勾当的“温床”。

因此，区块链技术的应用应发挥其可信计算的价值，支撑业务的数字化转型升级。相比币圈的狭隘和不堪，链圈才是正途、才有空间。但链圈不等于无币化，一方面，数字主权国币、区域稳定币、业务代币等都是虚拟币的有效应用；另一方面，基于虚拟币衍生出的金融科技能力是许多行业应用所迫切需要的。

11.1.4.4　区块链技术改进

区块链技术不是一成不变的，更非死水一潭。在保持区块链技术要素的前提下，块链结构、区块生成、共识机制、签名算法等环节都可不断产生技术创新。

1）块链结构

比特币是单链结构，运用哈希缠结建立区块间的验证关系。除这一经典结构以外，如图 11－13 所示，区块链可以采用其他多种形式的块链结构。

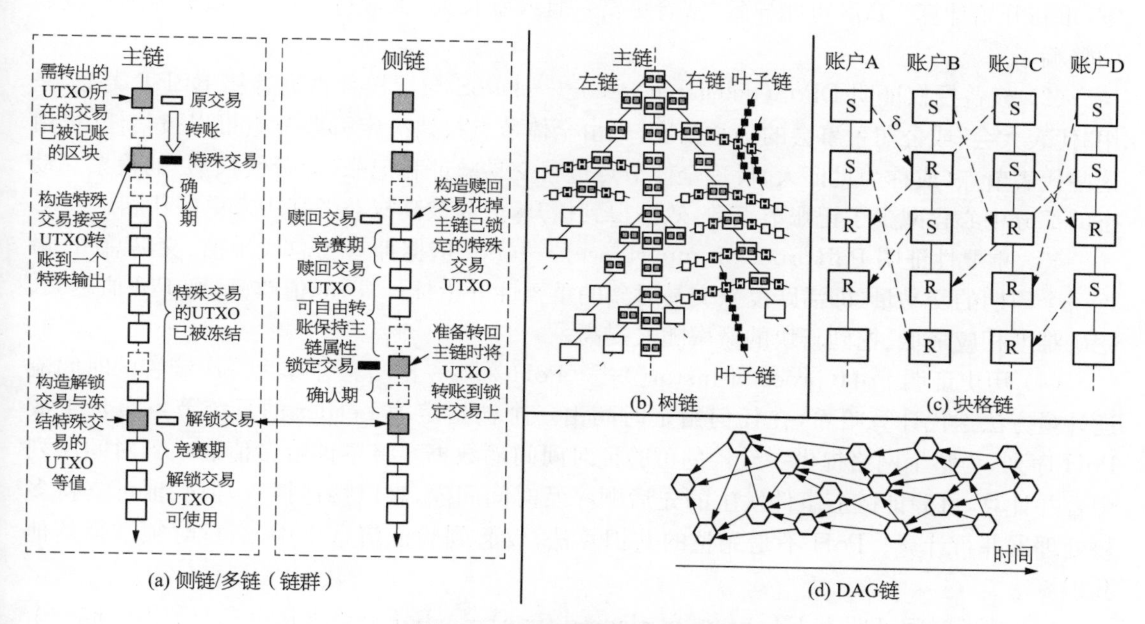

(a) 侧链/多链（链群）　(b) 树链　(c) 块格链　(d) DAG链

图 11－13　四种块链结构示意

图 11－13(a)是在主链之外运行一条或多条侧链(side chain)。侧链可采用与主链相同或不同的技术，用于承载更多业务，并可通过协议在区块链之间进行跨链操作，比如用于资产的转移、管辖权的迁移等。多条区块链可以不分主次，形成相对独立又相互可跨链协作的链群。图 11－13(b)则从主链上产生子链(sub-chain)分枝，并可继续产生更小的分枝，形成树链。分枝区块链可定期在主链上嵌入哈希锚点(可双向锚定)，增强了分枝可信度，而业务承载互不干扰。树链比较适用于国家、省市、区县、居村等基于组织架构的大规模应用系统。图 11－13(c)每个参与者(用户)可独自成链，区块产生的同时与其他用户的区块建立额外的关联关系，适合私密性要求很强的业务。图 11－13(d)更为特殊，采用有向无环图(DAG)结构，每个区块锚定多个最近生成的合规区块，使每个节点可以独立实时出块，无法得到后续区块锚定链者意味着没有通过其他节点验证。DAG 链与物联网传感器节点数据采集自组网络(例如 WSN)的特点和需求十分吻合。

2）区块生成

挖矿并非生成新区块的唯一方式。尤其在无币化区块链网络中，由于无利可图，因此没有节点会主动参与挖矿（记账）。在保障记账存证过程安全的情况下，区块可以由指定或选举产生的节点生成、由节点自行产生（如块格链、DAG链）。区块的生成方式一般与共识机制的设计紧密相关。

3）共识机制

比特币基于PoW算力投票的共识机制虽然保障了公平性和安全性，但效率低下、浪费严重，难以适应业务系统的需求。因此，后比特币时代的其他区块链系统纷纷通过设计不同的共识算法试图提升区块链存证信息的性能。比较典型和成熟的共识算法有：

(1) 权益证明PoS(proof of stake)——PoS规定每个代币持有一天为1币龄，币龄越大、挖矿难度越小、能挖到新区块的概率就越大。一旦挖矿成功即获得奖励收益，币龄将清零，重新开始计算。PoS可能导致“富者更富”，且鼓励长期、大额持有代币，造成流通性减弱的弊端。

(2) 权益授权证明DPoS(delegated PoS)——DPoS与授权拜占庭容错DBFT类似，采用“代表大会”或公司董事会的选举制度，先由全体节点投票决定哪些节点可以被信任，再由这些代表节点（或称为见证人）代理全体节点进行交易验证和记账（即行使权力）的投票。动态的部分中心化减少了记账节点数，效率得到提升，但易被高权益者利用来更多获利。

(3) 重要性证明PoI(proof of importance)——PoI依据拥有的总代币值、交易总量、最近一个周期的交易量（即活跃度）、交易对象的重要性等指标计算，取值越高，则PoI值越大、挖矿难度相应降低、挖到新块的概率随之提高。

(4) 历史证明PoH(proof of history)——PoH采用一次哈希计算为一次滴答的时间流逝计量方法迭代计算哈希，在任何给定时间由一个被指定为Leader的系统节点负责生成PoH序列，为整个网络提供一致性的可验证时间间隔数据。将事件哈希值插入到时间序列中合并计算，可验证链上事件发生的先后顺序及时间间隔，难以伪造插入，但验证可支持多核处理器并行计算。PoH不是完整的共识算法，仅起到验证信息作用，运行时须结合其他共识算法。

(5) 消逝时间证明PoET(proof of elapsed time)——PoET要求每个参与节点生成一个随机等待时间并进入休眠状态，等待时间最短首先唤醒的向区块链提交新块。该方法需要硬件支持，以防止作弊。

(6) 燃烧证明PoB(proof of burn)——PoB通过将其他代币（如比特币）支付到无效地址来“烧掉”，燃烧的代币越多、被选中开采下一个区块的机会就越大。理论上PoB可以用被烧毁的高价值代币快速标定默默无闻的新生代虚拟币。

类似的区块链共识机制还有很多，有些富有创意，有些适合许可型网络，有些则有失偏颇，还有些完全是哗众取宠。共识算法需要兼顾安全与效率、需要平衡代价与效果、更需要经得起规模化网络长期运行的考验，是区块链技术设计难点之一。

提升区块链运行效率的另一种思路是分片(shard)技术。借鉴自数据库技术，将拥有大量节点的区块链网络划分成若干个子网络，每个子网络中包含一部分节点，成为一个网络分片，网络中的交易被分配到不同的分片中去处理，不同的分片可以并行处理和验证交易（交易分片），区块链账本也可分散存放于各个分片（状态分片），从而提升整个网络的吞吐能力。

4）签名算法

除了数字签名外，区块链底层或应用中还可以使用其他签名及验签技术。

群签名(group signature scheme)允许一名成员代表群组匿名地对消息进行签名。签名可以验证是由这个群组的某位成员创建的，但不知道（也无需知道）究竟是哪位所签，是一种签名者模糊的签名方案。环签名(ring signature)就是群签名的一种简化算法，环签名中只有环成员、没有管理者，不需要环成员间的合作。可见环签名非常适合于区块链这种对等网络系统，可以让参与者自主地完成签名操作，其他成员起到共同为签名的有效性"背书"的作用，比仅依赖自身单一私钥的签名方式（如 ECDSA）具有更强的可信度和安全性，可满足特定应用场景的需求。

环签名的基本原理是：签名者首先选定一个临时的签名者集合，成员数不限，集合中包括签名者本身；然后签名者利用自己的私钥和签名者集合中其他人的公钥（在区块链交易记录中可以获得），独立地产生签名，而无需他人协助；签名者集合中的成员可能并不知道自己被包含在签名中。由于不掌握签名者的私钥，因此环签名无法被其他人伪造。

盲签名(blind signature)是另一种特殊的数字签名技术，意图是当消息被签名时，签名者无法获知消息的内容。类似于将待签名的文件垫上复写纸，然后塞进信封，再由签名者在信封上签字，签好的名透过信封和复写纸已经落在文件上，而签名者自始至终看不到文件的内容。

盲签名具有盲性的特点，其基本原理是：送签者首先将消息的哈希盲化(blinding)，交给签名者作数字签名，得到盲签名；送签者将盲签名去除盲因子（脱盲），得到消息的数字签名；消息和签名一起进行发布，验签者可以使用签名者的公钥对数字签名进行验证，得到签名是否有效的结果。

11.2 区块链技术特性

11.2.1 区块链网络及其分类

区块链网络依据结点分布、准入条件等因素，可以分为公有链、私有链、联盟链三种类型。

1）公有链

公有链(public blockchain)，简称公链，运行在整个互联网上，节点间采用普通的互连方式。任何人（或机构）不需要特定授权即可自由加入或离开，通常为匿名访问，可自行决定节点的角色，如作为挖矿节点或轻量化钱包。公有链无准入门槛，亦被称为非许可链。

如图 11-14 所示，公有链是开放性最强的区块链，就像 Internet 一样，只要安装了标准化的区块链软件就可以接入网络。公有链开发者与用户被很好地隔离开，一旦区块链开始运行，开发者就无权任意修改规则、不能随意影响或控制用户，重要决定必须由全网共识通过，一定程度上使用户利益得到保护。公有链一般没有企业进行支撑，好处是不容易为企业利益所左右，坏处是缺少维护资金来源。为了吸引互联网用户投入节点参与挖矿记账，公有链都需要支持发行虚拟币，使矿工和维护人员有利可图。公有链上的存证数据通常是公开透明的，以便全网节点进行审计，因此比较适合虚拟货币及其他对于存储容量和吞吐量要求较小、对隐私保护不敏感的应用场景。

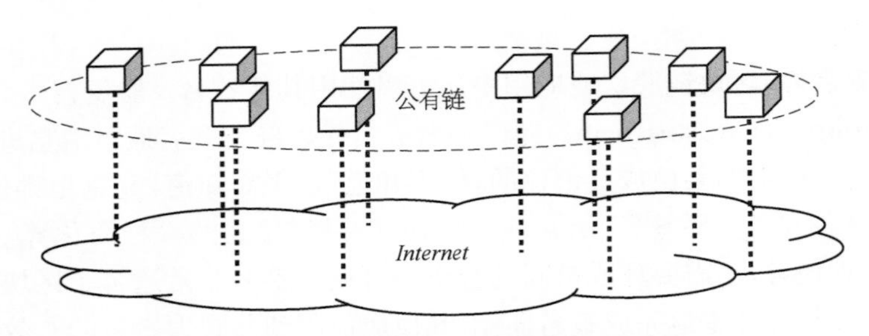

图 11-14 公有链与互联网关系示意

在应用中使用公链一般具有初期投入成本较低、实施周期短、维护工作量小、支撑技术丰富等优点，但也要注意长期使用的风险，包括上链规则改变与业务需求产生冲突、资费调整带来成本上升、公链性能难以支撑提升的业务量、链上数据迁移成本高昂、公链停服造成业务中断等。

2）私有链

私有链(private blockchain)，简称私链，是指仅限于一个机构内部使用的、封闭的区块链，通常节点数量较少，都从属于同一组织机构，参与者相互间具有较高的信任度，节点加入授权、记账权认定等均由机构决定。私有链常用于实现机构(如企业、政府部门)内部业务，因此需要较高的私密性，同时可充分利用集权特性，简化共识机制、优化系统操作，使之具备很高的执行效率。

如图 11-15 所示，私有链属于许可链的一种，运行的网络环境是 Intranet(机构内部网)。Intranet 在地理位置上可以在一个局部范围内，如公司大楼、园区或家庭，也可以跨 Internet 采用 IPsec-VPN(虚拟专用网)安全隧道实现子网互连。由于区块链研发和运行投入较大、机构往往是中心化决策，因此除非是政府部门或超大型企业(如集团公司、跨国公司)并有特定业务需求，否则运用私有链的性价比较低，作用不明显。

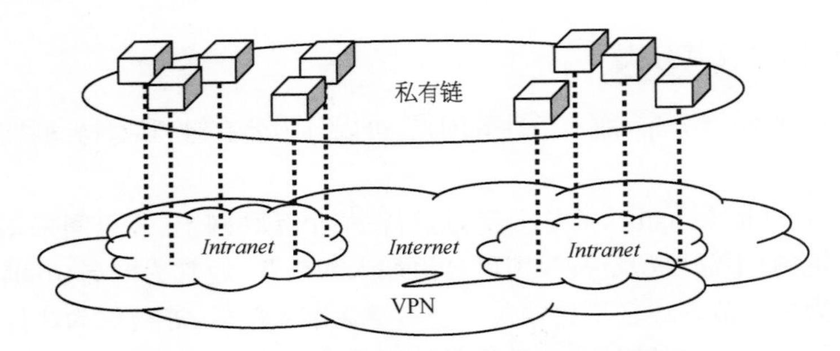

图 11-15 私有链与机构内部网关系示意

3）联盟链(consortium blockchain)

联盟链是指只针对经过授权的成员开放的区块链。有些联盟链基于私有链，但在限定的范围、限定的角色、限定的功能上允许外部成员操作，记账等核心功能由指定的内部节点完成，外部成员只能提供、查询与自身相关的信息；有些联盟链则所有成员几乎平等，允许由部分指定节点完成审计、记账操作，相当于弱中心化模式。

如图 11-16 所示，联盟链也属于许可链，运行在 Intranet 或 Extranet(机构外部网)上。

Extranet与联盟链的构成、作用十分相似，允许合作方通过安全连接相互联系并进行有限的授权操作。一个联盟链可以包含多个外部机构成员节点，甚至可以是其他机构的区块链（跨链操作）。例如，电子商务联盟链可以连接银行节点、各个物流公司节点、供应商节点、代理商节点、海关节点；汽车公司联盟链可以连接各个零部件供应商节点、销售网点节点、金融服务商节点；保险公司联盟链可以连接汽车修理厂节点、银行节点、交管部门节点。可以预见，联盟链在支撑行业应用中将会扮演重要角色。

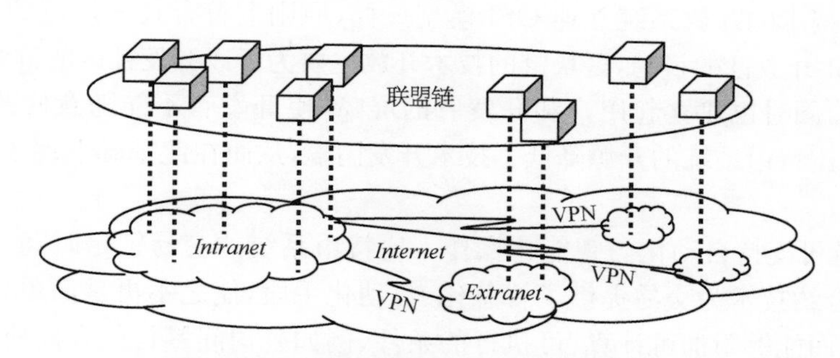

图11-16　联盟链与机构外部网关系示意

11.2.2　区块链技术分析评估

1）主要技术优势

从区块链技术之源比特币系统出发进行分析，可以归纳为9个方面的主要技术优势：

（1）区块链是对等网络系统的底层解决方案之一。区块链技术面向对等网络进行架构，其功能、性能均已被互联网上长期实践所证明，因此集中式平台不再是信息系统组织结构的不二之选，特别是包含大量分散的用户节点、或节点间难以形成主从关系时，区块链就是将各个节点紧密关联在一起的纽带。

（2）区块链可形成自主完备的生态系统。考察比特币网络，可以发现系统内具备虚拟货币的“生产者”（矿工）、使用者（用户支付或收入）和记账者（矿工），自成独立的生态体系，不需要外部输入和干预、也不需要对外输出，构成了完备的闭环系统，对商业和运营模式规划具有启示性。

（3）区块链是不依赖于信任关系的高可信网络。比特币工作量证明的共识机制使节点间的互信与否不再是障碍，而且可以不依赖第三方可信平台，利用区块链技术实现对等式验证和投票，从而像拜占庭将军们一样，用“服从多数”策略来取代点对点信任，但同样达到保障数据完整性、一致性的目的。

（4）区块链可实现数据记录的保全。区块链所采用哈希缠结、共识验证、副本冗余等一整套方法，具有存证作用，使数据记录一经入链即难以改变，包括不能进行删除、更改（篡改）、替换、添加（伪造），还包括防范否认（抵赖）、造假、仿冒、作弊等，可用于固化数据，使之具有很强的置信度，例如可在法律上形成有效的电子证据。

（5）区块链具有数据全程追溯能力。区块及交易采用哈希链式结构、签名和验签、时间戳机制等，建立起数据之间的关联关系，从最新的数据可逐一回溯，直到源头，可梳理出清晰的呈递过程、刻画出完整的发展（行为）轨迹，有利于开展数据流水审计。

(6) 区块链可运用加密技术保护隐私。区块链可采用类似比特币的匿名访问机制、零知识证明,使公开的数据具有一定的防范隐私泄露的能力。尤其对于公有链,在数据公开可验证的同时必须做到防泄密、防追踪(不同于追溯),仅暴露必要的、有限的信息,并尽可能采用技术手段混淆有关私密信息。但私密性并非区块链技术的必备特征,有些应用可能需要彻底的信息公开。

(7) 区块链具有良好的技术透明度和开放性。区块链技术原理、算法、协议和源码都是公开的,与网络技术的开放系统互连 OSI 模型一样,原则上符合技术规范的节点都可以接入。不同于 OSI 开放性的目的,区块链的技术开放主要为了以开发社区的群策群力来"技术众筹"完善系统,同时也建立起用户和开发者的屏障,使开发者不能随意修改规则、左右用户。此外,正是比特币系统的开源降低了技术开发门槛,从而在此基础上逐步衍生出了各种区块链系统。

(8) 区块链可支持自动化与智能化操作。比特币系统的交易锁定时间、交易锁定与解锁脚本等智能合约技术为交易提供了智慧化、自动化手段,使之不再是简单死板、直来直去的支付和收入,而能够附加可计算、可执行的条件,例如公司间签订的合同所约定的各种条款,极大地增强了区块链技术的能力以及灵活性、适用性、扩展性。

(9) 区块链可以进行多种功能的能力输出。区块链具备一定的数据存储能力(虽然不适合存储海量数据),可支持金融功能,具有记账能力(包括交易型和非交易型),此外还可以开发其他功能,以支撑经济、治理、社会、生活各领域应用系统的不同需求。

2) 普遍共性弱点

但同时也应清醒地认识到区块链技术存在的薄弱环节,只有这样才能在实际应用中扬长避短,或者在技术上有针对性地改进,从而更好发挥出区块链技术的价值。如图 11-17 所示,区块链技术普遍具有几个方面比较共性的弱点。

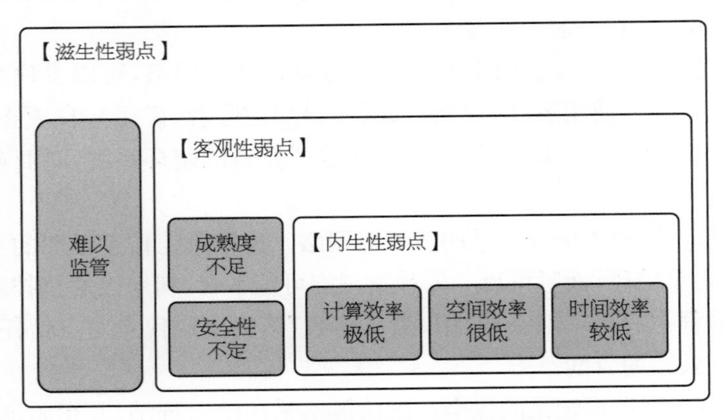

图 11-17　区块链技术共性弱点示意

(1) 内生性弱点之一——计算效率极低。

比特币系统采用的新区块生成的工作量证明方法需要全网贡献巨量的哈希运算,每一轮有且只有一个区块得到认可,其他算力都被浪费了。算力的背后就是可观的能源、设备、金钱和时间。算力越高,浪费越大。这一工作量证明方法对于比特币系统的公平、公正性而言是必要的，但应当进行改进，而其他不需要全网竞争的系统应避免采用低效计算的方法。

（2）内生性弱点之二——空间效率很低。

比特币系统的区块链副本被全冗余地存储在每个节点上（仅轻量化节点存储部分信息），全网存储容量只与单个节点存储能力相关，与系统规模大小无关，因此存储空间的利用率随节点数的增加反而会降低。受限于节点的存储能力，特别是嵌入式系统、移动终端等节点，虽然全冗余存储方案有助于降低共谋攻击风险，但是造成对节点压力过大的弊端。

（3）内生性弱点之三——时间效率较低。

比特币系统运用的共识机制有其巧妙之处，具有合理性，然而会带来交易确认的“成熟时间”较长的问题，难以进行快速的交易活动。此外，区块和交易信息在全网的传播也存在逐步扩散的时延，可能造成局部的数据不同步（不一致）问题。

（4）滋生性弱点——金融监管困难。

比特币系统的匿名机制有助于隐私保护，却对实施金融监管造成困难，不利于打击犯罪过程中进行调查取证，导致威慑力缺位，使不法之徒存有可以逃避惩罚的侥幸心理，一定程度上可能助长违法活动气焰，例如利用无法追踪的虚拟货币进行黑产交易、敲诈勒索、走私、逃税和洗钱等。

（5）客观性弱点之一——技术成熟度低。

区块链技术相比其他信息技术而言起步较晚、落地应用较少，还缺少大量成功案例的实践检验，技术成熟性普遍不足，可能有一些隐藏的技术缺陷还没有显露出来。如果盲目在区块链技术上做过多的“加法”，如增加很多功能，会造成系统复杂性提高，更容易导致可靠性降低、技术风险增大。

（6）客观性弱点之二——安全性不确定。

比特币已被发现存在设计上（如脚本系统）、软件上（如代码漏洞）的安全问题，还不断遭到直接或间接的外部安全攻击。其他区块链系统运行时间更短、应用范围更小，必然有更大的安全隐患。目前区块链专有的安全测评技术比较缺乏，因此在系统安全保障上存在不可预知的不确定因素。

对于一套区块链技术和系统，见表11-2，主要可以从技术性、安全性、应用性、扩展性四个维度及其下属多个指标项进行评价。

区块链系统的技术综合性很强，而且各项技术乃至各个参数间都有非常紧密的关联性，并非某个指标越高越好，而是需要统筹兼顾。此外，系统实际部署的状况与技术含量同等重要。例如，如果区块链网络仅有一两个记账节点，再优秀的区块链技术也发挥不出效能，与中心化系统相比并没有多少差别；再如同样是三个节点，部署在同一个机房与位于互联网不同位置、属于同一个用户或机构与归属不同，差别就非常大。

区块链技术因其特殊性，应特别关注应用界限。在区块链技术和应用评价中，无论其他指标表现多么出色，倘若有一个点突破法律法规“红线”，则被一票否定。例如，公链共识中应避免全网“挖矿”机制，其造成巨大的资源和能源浪费而在禁止之列；虚拟币的运用应限定在链上业务范畴，提供相关金融科技能力，既不可与法币形成浮动汇率，也不可作为标的物进行买卖或募资。

表 11－2　区块链技术和系统评价指标表

<table>
<tr><td rowspan="6">技术性要素</td><td colspan="5">可信账本</td><td colspan="5">共识机制</td></tr>
<tr><td colspan="3">可信计算能力</td><td colspan="2">防伪造防篡改</td><td colspan="2">共识算法</td><td colspan="3">共识方法和效率</td></tr>
<tr><td colspan="3">数据记账能力</td><td colspan="2">多类型数据存证</td><td colspan="2">出块机制</td><td colspan="3">新区块生成方式</td></tr>
<tr><td colspan="3">数据吞吐能力</td><td colspan="2">交易吞吐量 TPS</td><td colspan="2">交易确认能力</td><td colspan="3">共识确认速度</td></tr>
<tr><td colspan="3">数据存储能力</td><td colspan="2">存储空间容量</td><td colspan="2">区块链协议</td><td colspan="3">协议功能与效率</td></tr>
<tr><td colspan="3">数据审计能力</td><td colspan="2">数据可追溯性</td><td colspan="2">网络分片</td><td colspan="3">分片与否和类型</td></tr>
<tr><td rowspan="6">安全性要素</td><td colspan="3">密码算法</td><td colspan="2">身份识别</td><td colspan="2">隐私保护</td><td colspan="3">攻击防御</td></tr>
<tr><td>数据完整性</td><td colspan="2">哈希算法及强度</td><td>用户身份编码</td><td>用户地址生成</td><td>零知识证明</td><td>签名和验签算法</td><td>系统自我防护</td><td colspan="2">合法系统识别</td></tr>
<tr><td>数据归属性</td><td colspan="2">公钥算法及强度</td><td>用户识别依据</td><td>用户私钥</td><td>最小化披露</td><td>隐私保护机制</td><td>规则完善性</td><td colspan="2">抗非法数据 DoS</td></tr>
<tr><td>数据保密性</td><td colspan="2">私钥算法及强度</td><td>节点准入认证</td><td>节点许可方法</td><td></td><td></td><td>交易有效性</td><td colspan="2">抗双花攻击等</td></tr>
<tr><td>随机数安全性</td><td colspan="2">随机数生成方法</td><td></td><td></td><td></td><td></td><td>全网共识安全</td><td colspan="2">抗分叉攻击等</td></tr>
<tr><td></td><td colspan="2"></td><td></td><td></td><td></td><td></td><td>网络可靠性</td><td colspan="2">避免单点故障</td></tr>
<tr><td rowspan="5">应用性要素</td><td colspan="2">网络部署</td><td colspan="2">应用支持</td><td colspan="2">数字资产</td><td colspan="2">组织架构</td><td colspan="2">自主可控</td></tr>
<tr><td>区块链网络</td><td>部署网络类型</td><td>区块链类型</td><td>所属类型与特性</td><td>数字资产确权</td><td>资产权属关系</td><td>技术支撑团队</td><td>企业或开源社区</td><td>基础技术可控性</td><td>掌握关键技术和设施</td></tr>
<tr><td>区块链节点部署</td><td>数量与分布性</td><td>应用领域覆盖</td><td>支撑行业应用</td><td>数字资产流通</td><td>资产权属流转</td><td>组织决策机制</td><td>DAO 共识决策</td><td>核心技术自主性</td><td>创新与国密标准运用</td></tr>
<tr><td>区块链节点类型</td><td>节点功能差异性</td><td>应用开发能力</td><td>Dapp 开发系统</td><td>非同质化资产</td><td>NFT 资产应用</td><td></td><td></td><td></td><td></td></tr>
<tr><td>轻量化节点</td><td>区块链客户端</td><td>应用支撑能力</td><td>区块链 BaaS 平台</td><td></td><td></td><td></td><td></td><td></td><td></td></tr>
<tr><td rowspan="4">扩展性要素</td><td colspan="3">智能合约</td><td colspan="2">跨链协作</td><td colspan="2">脱链操作</td><td colspan="3">技术升级</td></tr>
<tr><td>智能合约运行</td><td colspan="2">合约虚拟机</td><td>跨链数据和事务</td><td>数据跨链合约</td><td>链下数据保全</td><td>链下数据上链</td><td>基础链技术改进</td><td colspan="2">支持兼容性升级</td></tr>
<tr><td>智能合约开发</td><td colspan="2">合约开发系统</td><td>跨链身份</td><td>用户身份映射</td><td>链下存储</td><td>分布式存储方法</td><td>区块链性能扩展</td><td colspan="2">规模和存储扩容</td></tr>
<tr><td>智能合约运用</td><td colspan="2">合约模板库</td><td>侧链部署</td><td>侧链及业务协同</td><td>链下数据访问</td><td>数据安全访问</td><td></td><td colspan="2"></td></tr>
</table>

11.2.3　区块链思维

在掌握区块链技术的基础上，有必要建立起区块链思维模式，以区块链视角观察和思考事务，才能正确用好区块链技术手段来实现业务的转型升级、开展技术和应用创新。

1）要遵从区块链技术的客观规律

在金融领域有一种“三难选择”理论，指资本自由流动性、汇率稳定性和货币政策独立性三者不可兼得，被称为“不可能三角”(impossible trinity)，也称三元悖论(mundellian trilemma)。在区块链技术方面，安全性、分布性、效率性是三大要素，如图 11－18 所示，三者之间也存在与“三元悖论”相似的关系。比如比特币比较强调节点的对等、公平、同权，凡事由全网共识决定，同时注重交易安全，杜绝造假、分叉、双花，但代价是计算、存储效率十分低下。再如有些经过改造的区块链技术通过增强脚本系统、脱链支付、会话协议、链间转移等提升了灵活性、适应性和多业务支撑的扩展能力并提升了效率，却需要加强中心化控制力而在一定程度上丧失对等性、公平性，或增加了系统复杂性而在安全性方面难以确保。既然三要素无法完美兼顾，那么可在为满足应用目的需要而突出某一点外，尽可能地保持另两点的平衡，避免过度偏废，特别是安全性方面不能妥协。

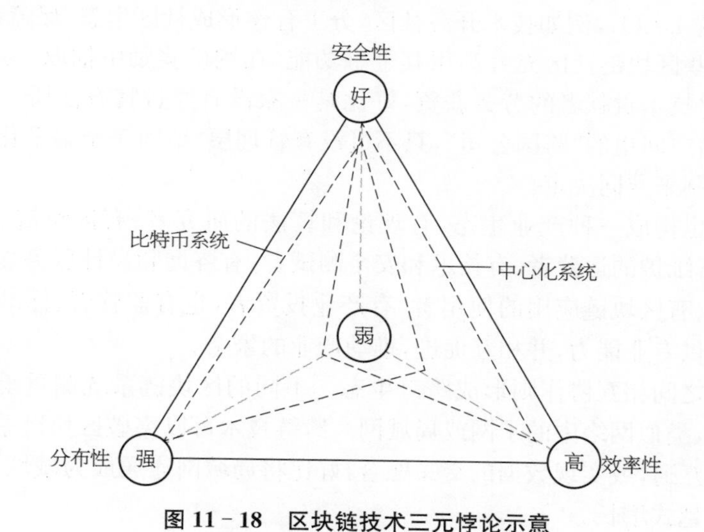

图 11－18　区块链技术三元悖论示意

2）要区分区块链技术的不同概念

(1) 信任与可信——区块链系统解决了数字空间的信任(trust)问题，但并非构建了参与方之间的信任关系。恰恰相反，参与方之间越不互信、共识机制可以运行得越好，因为不互信就不易达成共谋。因此，在区块链系统中，成员间信任与否毫无关系，也不是有值得信任的中介方，参与方之所以愿意加入系统、放心与其他方交易，是因为区块链建立了可信(trustable)的账本，各方认可这是一种公平、安全、可靠的交易环境。

(2) 隐私与监管——区块链上的交易数据是向所有节点(特别是记账节点)公开的，故如何保护资产、信息等上链数据的隐私安全十分必要，没有参与者愿意让其他人全盘掌握自己的财产和流动情况，为此可采用非账户公钥地址、零知识证明、多地址混用、随机交易合并等方式。然而，金融系统审计和监管同样重要，以威慑及侦查违法行为，这就需要区块链系统能够以上链前后解耦等方式实现两方面的兼顾。

(3) 追溯与追踪——区块链交易记录可关联已确认的交易，形成交易链，以达到追溯资产、信息来源的目的，并防止虚假数据产生。数据可追溯性应与追踪区别开，后者是区块链技术要防范的，即防止攻击者试图通过链上信息与行为分析来发现资产、信息持有者的真实身份(不同于监管)。

(4) 杠杆和支点——科学史上阿基米德有一句名言：给一个支点，就可以撬动地球。重要前提一定是先掌握了知识、技术和工具的杠杆，然后只要找到巧妙的支点，两者结合就能产生巨大的效益。但有些人错误认识或故意混淆杠杆的概念，比如金融领域的“借杠杆”、区块链领域克隆链发币募资，其实是自身并不掌握能力，而是只想着用别人的“杠杆”来牟利，无疑是一种舍本求末、急功近利的行为。

3) 要注重区块链生态系统特性

区块链应像大自然生态系统一样，降低对外部输入依赖，依靠记账节点、审计节点、组网节点、消费节点及共识规则，节点间互惠互利、相互依存并协作，构成自主完备、独立运行的闭环体系，结合链上代码的智能合约功能，提升抗外部干扰、人为干预的鲁棒性。区块链技术和应用开发者往往也在互联网上形成去中心化自治组织(de-centralized autonomous organization，简称 DAO)，例如技术开源社区，分工合作形成社区生态，保障系统的长效运行和技术发展。有些区块链社区充分利用其金融功能，在挖矿奖励中抽取一定份额(类似“开采税”)，用于支付技术贡献者的劳务薪资，好比是一家没有经过官方注册、员工分布在全球各地、工作在网络空间里的“跨国公司”，只不过没有管理层，结构完全扁平化，所有决策由参与者通过共识机制来共同决定。

区块链领域也构成一种产业生态，有理论和算法的研究者、有区块链底层系统的研发者、有基础链部署维护的运营者、有技术和安全测试者、有咨询和设计服务提供者、有区块链应用集成开发者、有区块链应用的使用者、有产业投资者，也有监管者、标准和政策制定者，各方各司其职提供专业能力，并相互促进，推动产业的繁荣。

区块链系统之间相互协作则形成跨链生态。不同的区块链系统侧重承载不同的业务，或者具有区域性，类似网络中的子网或局域网。跨链技术可以突破区块链系统的界限，实现数据及业务互连互通，或实现数据的交叉融合，好比将局域网连通成为城域网、互联网，其应用成效可获得跨越式增长。

11.3 区块链应用

在区块链技术的实际应用中，应当深入理解区块链技术本质、全面掌握区块链技术特征，在此基础上还应当对如何应用区块链技术有正确的认识，避免走入误区。

(1) 以应用目标和需求驱动技术，而非为了用上区块链技术而去生搬硬套。就好比拿到一把锤子，看什么都是钉子，那就贻笑大方了。区块链技术绝不是“万能药”，只能解决其擅长应对的问题。如果区块链能够为应用插上翅膀，疏堵点、补短板，两者的结合就能碰撞出火花、迸发出能量，推动应用腾飞；如果只是为了“蹭热点”“炒概念”“贴标签”，对业务本身和区块链技术都会产生伤害。

(2) 不能将区块链与虚拟币划等号，并不是有链必有币。实际上，去币化、去金融化是区块链应用的重要类型。只有从虚拟币的狭隘视野中跳出来，才会豁然开朗，看到区块链领域的广阔空间。但虚拟币（代币）也不是洪水猛兽，系统运行需要时可以充分利用其激励机制、交易功能等，物尽其用。

（3）区块链技术的运用不是非壹即零的生硬关系，许多时候也许无法用区块链替代其他技术实现整体应用，但可以在系统局部发挥其作用和优势，例如只为重要数据提供分布式存储和保全功能、或只在决策阶段提供共识表决功能等。在重要环节发挥关键作用，才是应用区块链技术的正确思路。

11.3.1　区块链 Dapp 系统结构

以区块链技术和系统为基础构造的应用系统称为区块链应用或去中心化/分布式应用（decentralized/distributed application，简称 Dapp）。

传统的网络应用系统一般基于集中式、中心化的 C/S、B/S 架构，例如互联网 Web 网站访问依赖 WWW 服务器、电子邮件传输通过 SMTP 服务器、流媒体点播源自视频服务器、智能手机 APP 客户端后台是应用服务器等，Dapp 则是一种网络应用系统的全新技术架构，如图 11－19 所示，可称为钱包/区块链（wallet/blockchain，W/BC）架构。之所以把区块链客户端称为钱包，是因为早期区块链应用主要用于虚拟币支付、转账等业务，而对于非虚拟币应用，如果将链上存证信息视为用户资产，用户操作客户端同样可以称之为钱包。基于区块链网络，Dapp 客户端获取数据、功能服务等不需要通过单点的中央服务器或平台，而是直接与对等节点通信，Dapp 客户端本身就是区块链网络中的一个节点（轻量化节点）。

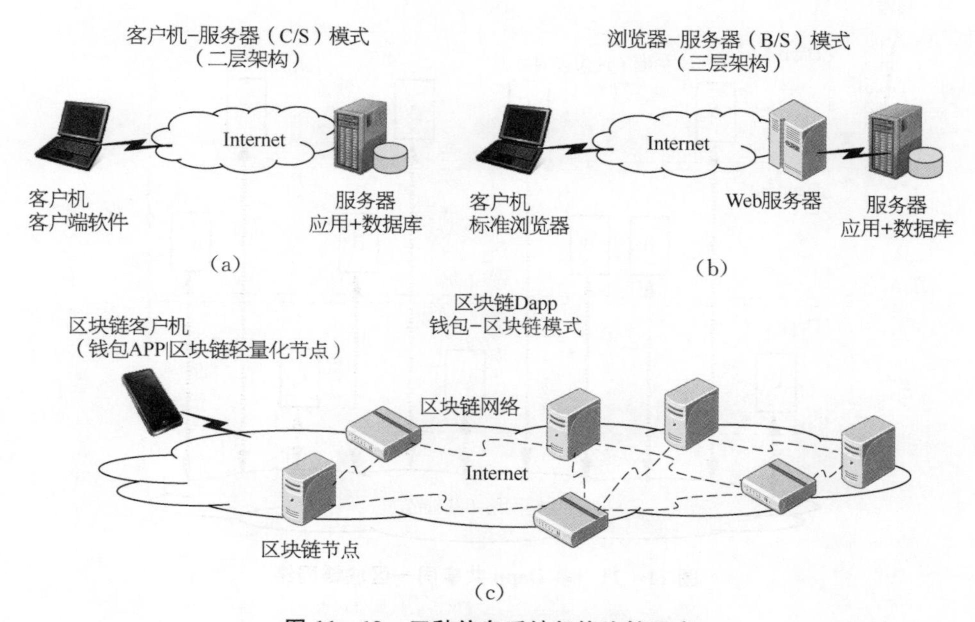

图 11－19　三种信息系统架构比较示意

区块链 Dapp 钱包客户端的系统结构如图 11－20 所示。区块链 Dapp 避免了集中式服务器普遍具有的单点故障，系统可靠性大大增强，而且数据分布式、冗余性保存在各个节点上，数据可靠性也得到极大保障，再结合全网共识机制，确保了数据一致性和可信度。

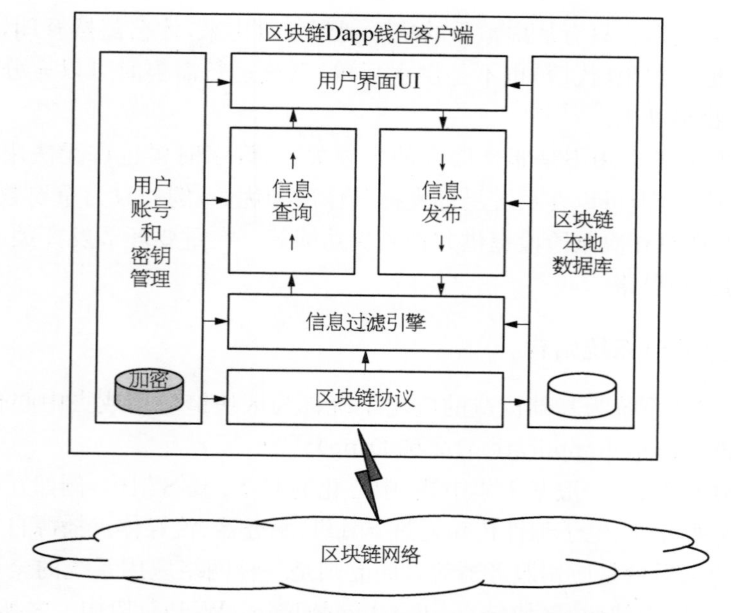

图 11－20　区块链 Dapp 钱包客户端系统结构示意

将区块链钱包替换为数据上链网关，提供服务 API 接口、智能合约开发支持等功能，则可以实现传统信息系统与区块链网络对接，为信息系统提供数据存证、业务流转、金融服务等功能。如图 11－21 所示，一个区块链网络可以同时为多个 Dapp 系统提供支撑。

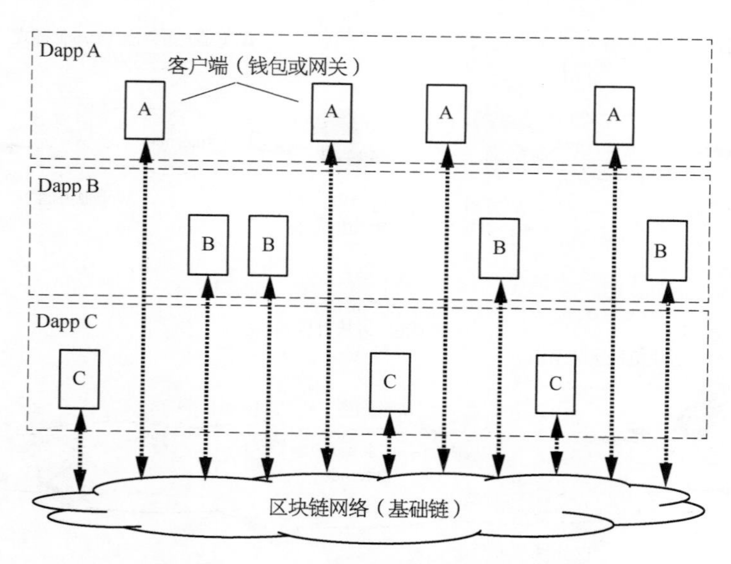

图 11－21　多 Dapp 共享同一区块链网络

11.3.2　区块链与数据隐私计算

区块链可提供多种数据隐私计算能力，如匿名持有资产、零知识证明交易验证、链下数据数字指纹存证、无记名投票表决等。

综合智能合约与多签技术，可利用区块链实现多种类型的资产合伙管理，同时可隐藏用户身份。例如：运用 $n-of-m$ 多签验证机制，共同持有资产的 m 个合伙人各持有一个私钥，事先商议确定对资产的使用规则，并用智能合约进行资产锁定，以 $n-of-3$ 为例，即有 3 名合伙人，假定权益(股份)相同，对于不同的 n 可以实现三种不同的应用场景：

(1) 当 $n=1$，表示 3 个私钥中只需有任意一个私钥提供的证明经验证通过，即可使用该资产，比如是 3 人共同拥有并随意使用的一笔交通费。

(2) 当 $n=2$，要求必须有 2 人以上提供签名认可才能生效，相当于需要多数票同意，比较适合股东会、董事会表决来决定公司资产的使用或做出重大决定。

(3) 当 $n=3$，意味着 3 人必须全部同意才能动用资产，可用于不动产等核心资产处置。

安全多方计算(secure multi-party computation，简称 MPC)是针对无可信第三方的情况下，如何安全地计算一个约定函数的问题，并且保证每一方仅获取自己的计算结果，无法通过计算过程中的交互数据推测出其他任意一方的输入数据。MPC 可扩展为无可信中心或需要排除中心系统的情况下，多个参与者如何安全地计算一个特定结果的问题。这里安全既是指计算行为必须由各方本人实施，其余人无法代替其完成，又是指输入的隐私数据及计算中间结果都不可泄露。显而易见，MPC 与区块链架构有天然联系，两者往往结合应用，如上述 $n-of-m$ 多签验证例子。

类似地，区块链与联邦机器学习(federated machine learning)技术也可紧密结合，实现数据隐私计算。在人工智能机器学习领域，运用联邦机器学习的基本思路是：将计算模型分解为多个子任务，由数据拥有者各自在数据集中执行，然后汇总计算结果(结果也可以为加密的)，最终达到机器学习的目标。在这一过程中，原始数据并不需要汇集或流通，可满足用户隐私保护、数据安全保障及政策法律法规的要求，而区块链可以成为多方对等互连、密钥传递、任务分配、中间结果可信交换的有效途径。

11.3.3　链改

链改是指运用区块链技术支撑业务功能和性能的改进，推动业务流程优化、再造，实现业务数字化转型升级及业务创新。

数字人民币(e-CNY)即数字货币/电子支付(digital currency/electronic payment，简称 DC/EP)体系，是部分采用区块链技术对人民币主权货币的链改。数字人民币由中国人民银行以数字形式发行，属于法定货币，由银行等指定机构参与运营并向公众发行和兑换，支持银行账户松耦合绑定，定位于纸钞硬币等价的 M_0，具有法偿性，支持可控匿名。

与基于银行账户的人民币电子支付、网上支付不同，数字人民币可实现双方直接支付，与区块链用户点对点转账一致，不需要中介机构参与，甚至可以支持在极端条件下的离线支付。运用区块链技术，数字人民币还可实现无第三方(如 Swift)的跨境支付和结算。

链改并不只有一种模式，也不必追求一步到位，可依据内在需求和客观条件等因素循序渐进，逐步逼近和达到较为理想、完美的模式。以用户跨行转账为例，其痛点是转账速度较慢(特别是跨境转账)，那么区块链技术及其链上代币的合理运用就可以提升效率，如图 11-22(a)、(b)、(c)所示，具体可分为不断深化递进三种链改模式：

(1) 轻度链改——保持原有业务流程，运用区块链提升应用效果。

跨行转账涉及银行间结算，有的还需通过第三方清算机构，有时候到账时间以工作日

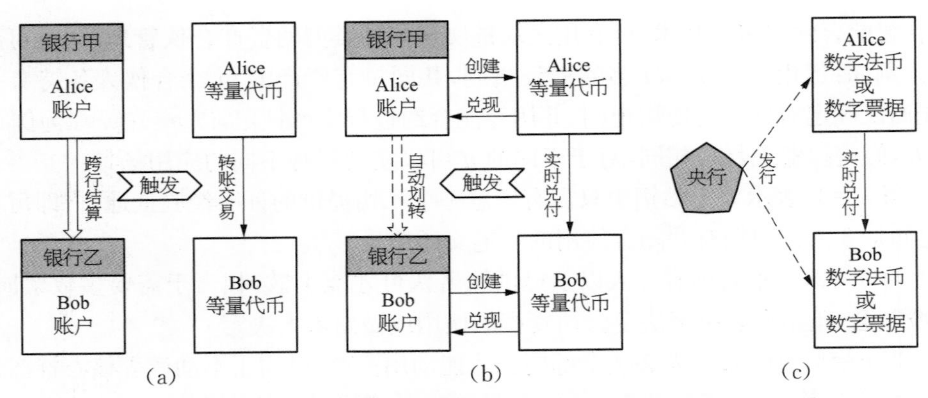

图 11－22　区块链支撑业务链改的三种模式示意

计。在业务流程难以更改情况下，可利用区块链代币，由转账事务触发生成区块链上等量代币的转账交易。虽然代币快速从 A 到 B 并不意味着转账已到达收款账户，但是收款方一旦观察到交易上链，说明资金已经在途，可以立即发起后续业务流程，效率事实上得到提升。

(2) 中度链改——利用区块链实现业务流程优化，进一步提升应用效果。

改进转账操作流程，付款行在区块链上创建等量代币并生成转账交易，交易上链后触发收款行将链上代币兑现为账户资金。由于区块链参与业务流程，转账速度几乎等同于区块链交易确认速度，只要银行加入区块链即可实现，并且不须依赖第三方清算机构。

(3) 重度链改——基于区块链的业务流程彻底重构，创建新业务模式。

如果采用央行发现的数字人民币，转账成为基于区块链的直接的点对点操作，在这种模式下，不仅没有额外延迟，而且没有中间环节(成本也因此减少)，甚至不需要银行参与，成为一种全新的业务模式。

11.4　区块链与数据资产

11.4.1　数据存证与溯源

数据要素是数字经济的基石，数据的真实性至关重要。

在网络空间，身份、属性、关系、知识、技术、财产、图像、声音、资源、工具、行为、状态、环境等一切都是以数据的形式存在和变化。假如无法保证数据真实，那么欺骗攻击就有机可乘、虚假信息就肆意妄行、人为干预就随心所欲、恶意侵犯就有恃无恐。最终网络空间必然真假难辨，将完全丧失可信度。

因此，从数据生成与采集，到清洗与治理，再到处理与利用，应在全过程各个环节对数据真实性进行保障，关键在以下两个方面：

(1) 数据保全——数据完整性检验，包括数据及其属性(创建者或引用者、使用者、时间戳、地理位置等)的及时存证，且不可被伪造(插入)、篡改(修改)、假冒(替换)、毁灭(删除)、混淆(乱序)，确保数据的原生性、客观性，对虚假数据可感知发现。以物联网采集数据为例，应在采集端第一时间自动存证，全程不给“人工处理”留下缝隙，即使是去除毛刺或插值，也是在数据清洗阶段由机器完成，并打上相应标签。

(2) 数据溯源——数据继承性检验，如图 11－23 所示，从原创数据出发，后续数据不论是否有修改、补充或交叉组合，都能呈现清晰的相关性传递关系。这样，包括对错误数据的合法修订(版本迭代)在内，任何数据都可通过这些继承关系路径进行逆向追溯，直达源头。以网络谣言为例，所谓谣言起于源、终于溯源，如果对转发消息来源清楚留痕，则很容易顺藤摸瓜定位到造谣者，形成强大的威慑力。一旦虚假信息源头被堵住，数据真实性就有了充分的保障。

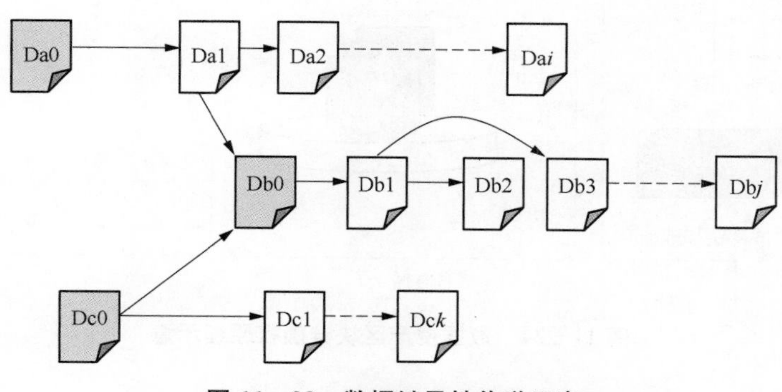

图 11－23　数据继承性传递示意

数据防伪造、防篡改、可追溯，正是区块链技术具备的独特能力。通过区块链与大数据、物联网、人工智能等技术结合，数据及其来源关系上链存证，达成全网共识，数据及其发展脉络由分布式账本固化下来，夯实了可信计算基础。

11.4.2　数据资产确权与流通

在数字经济时代，数据蕴含价值、数据就是财产，成为拥有数据的实体(个人或法人)的数据资产，理应得到法律上的保护，同时对数据资产的处置也要受到法律的限制。

当把数据作为一种资产时，首先需要完成数据资产的确权。

资产(财产)权力亦称所有者的权力，是人们占有、使用和处分财产的权力，具体可包括：所有权、债务权、使用权、修改权、交易权、继承权等。财产权利贯穿社会生产、交换的各个阶段，并最终通过分配来体现。数据还是一种特殊的财产，因其可以很容易被复制、修改、删除，也具有动态变化、不断更新的特性，从而应进行更为精细化的确权。

数字签名是提出数据所有权声明的可行、必要的手段，但不够充分。一方面，数据与数字签名是可分离的，换言之，任何人都可以对某个数据签名以宣示所有权；另一方面，数字签名不带时间戳(时间可任意设定)，无法证明先后关系。因此，在现实生活中就需要依靠具有公信力的第三方机构(如公证处)进行认定。

数字空间的海量、变化的数据资产确权显然不能采用常规的中心化机构认证方式，效率、安全、成本等方面都难以保证。实现分布式可信账本的区块链技术是数据资产确权的解决方案之一。

如图 11－24 所示，数据所有权人掌握私钥，并生成可公开的公钥和公钥地址。当需要对数据资产进行确权时，使用哈希算法生成数据指纹与公钥地址、当前时间组合为锁定交易，发布到区块链网络经共识予以确认。当需要进行数据资产确权验证(例如要使用数据资

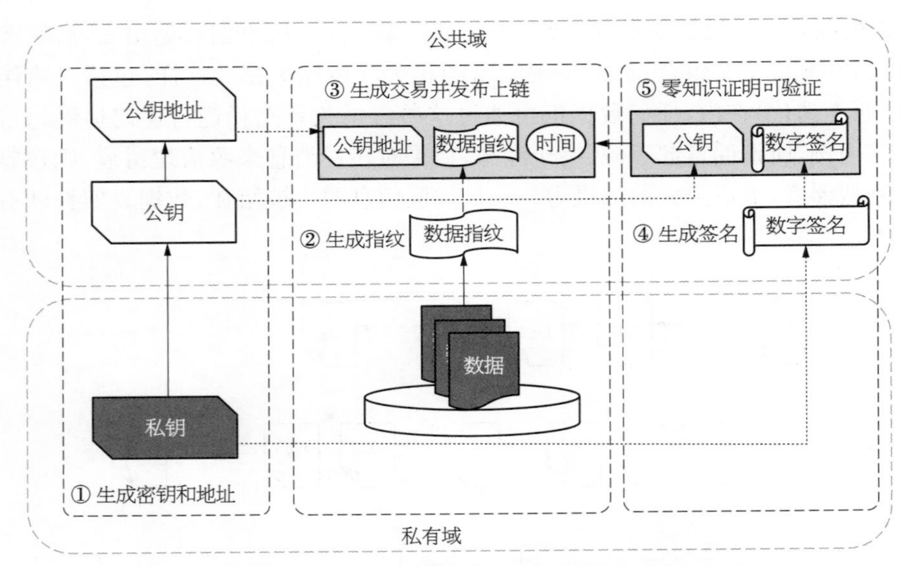

图 11－24 数据资产区块链确权原理示意

产)时,资产所有权人只需提供公钥与数字签名,结合确权交易中的公钥地址,即可由区块链节点进行检验,而不掌握私钥者无法提供正确的证明信息。在整个过程中,私钥与数据均留存在安全的私有域中,隐私得到保护。确权声明不必暴露用户身份信息,当然如果需要也可以选择性披露。

运用区块链实现数据资产确权可由数据拥有者自主完成,而其他方即使获取到相同数据资产然后发布确权声明,但由于在区块链存证的时间序列中无法超越真正的所有权人,因而很容易鉴定真伪。在某些应用场景中,数字签名可以使用环签名、盲签名算法。

数据资产还需要进行流通,如共享、交换、抵押、销售等,本质上是一种数据资产权属关系的转移。可以仅向受让方转移部分权力,例如使用权,也可以是全部权力;可以为有偿或无偿转移;可以预设有效期限、使用范围等条件;可以在多个成员间实施转移。不管怎样,数据资产的流通都应以可验证交易的形式在区块链上发布和存证,并可持续进行,形成完整的交易链条。例如可基于区块链技术建立合法合规的数据资产交易平台。

11.4.3 资产数字化与数字化资产

区块链实现资产的确权和流通,为资产数字化提供了有力支撑,包括数据、系统、资本、品牌、知识产权等虚拟化资产,也可包括固定资产、生产资料、劳动力、产品(商品)等物理化资产。经过资产数字化,所有资产即可统一为数字化资产(可等同于数字资产),便于进行全面的信息化管理和经营。

区块链领域 NFT(non-fungible token)即非同质化代币是一项典型的资产数字化及数字资产确权和交易的技术。众所周知,代币或货币具有同质性、可分割性,即所有人持有的一元钱都能买到同样的商品而且可以线性分割为更小的角和分。但使用区块链代币与某一数字资产及其所有者绑定后,代币的性质就发生了变化,成为非同质化的、唯一性的资产,且不可进行分割。比如一幅照片的 NFT、一个藏品的 NFT 或一辆汽车的 NFT,通过区块链这些资产得以确权,也可通过区块链进行交易。

但是 NFT 及资产数字化都需要关注一种风险，即承载的区块链系统的选择问题。如果同一对象分别可能由不同区块链系统生成 NFT，则无法保证资产唯一性。

11.4.4　元宇宙与区块链

元宇宙是未来数字空间的一种理想模型。对元宇宙的构想可以仁者见仁智者见智，是采用穿戴设备的扩展现实 XR(extended reality)形态还是脑机接口的连接方式可以有待探索，但基本的共识是：元宇宙不同于虚拟角色、虚幻场景、有固定剧本、以娱乐为目的的网络游戏，元宇宙是数字空间与现实空间的有机融合体，应满足以下核心要求：

(1) 虚拟空间的人是现实世界真实的人的数字化身，包括社会关系及行为。

(2) 虚拟空间的所有变化是所有参与者共同演绎的结果，没有预设剧本。

(3) 虚拟空间展现的场景和环境是现实世界的城市或大自然的数字孪生。

(4) 每个人在虚拟空间和现实世界拥有同一份可跨界使用的数字资产(财产)。

(5) 创造新的数字经济价值是虚拟空间存在的重要目的之一。

(6) 每个人在虚拟空间同样要遵守法律法规，违法犯罪也要受到惩罚。

这样，每个人可以自由在虚拟空间和现实世界穿梭，并不会产生分裂感、陌生感，也不易导致引发复杂的伦理问题、道德问题。

可见，区块链对元宇宙具有不可或缺的支撑作用，包括唯一性数字身份及认证、家庭与社会关系(身份间关联)、行为存证及其追溯、数字资产确权和流通等。然而区块链的价值不仅限于此。试想，假如未来元宇宙系统来自于一家超级公司，那么这家公司就拥有超越元宇宙的权力，人们有理由担心整个元宇宙乃至全人类都会被这家公司所胁迫和控制。

因此，元宇宙必然不能构建在中心化系统之上，而应当像人类社会一样，是独立、平等的个体的组合，通过全体共识来做出决策，即区块链 DAO 架构，只有这样，任何人或机构才无法凌驾于元宇宙之上，元宇宙才能更为稳固并伴随人类社会持续进步。

第12章
数据产品生产

数据产业是网络空间数据资源开发利用所形成的产业,其产业链主要包括:获取数据并进行整合形成数据资源、加工和生产数据产品、数据产品流通交易、相关的法律和其他咨询服务。数据产业具备第一产业的资源性、第二产业的加工性和第三产业的服务性,是新兴战略性产业。在大数据时代,任何经济形式都需要大数据的支持,大数据在创造新产业的同时,也在促进传统产业的转型升级。本章介绍数据产业的主要支持技术,包括数据资产化、数据产品形态、数据产品质量、数据产品生产等。

12.1 数据资产化

数据资产化是发挥数据要素价值、培育数据要素市场的必经之路。数据资产化就是要将数据资源进行适当的处理,使其满足数据资产的条件,从而转化成为数据资产。数据资产具有以往的各类资产所没有的特性,因此要对数据资产有充分认识后,才能更好地开展数据资产化及相应的资产管理工作。

12.1.1 数据资产定义

数据可以被记录在纸质媒介或电子媒介中,但二者存在很大差异,特别是在记录数据的规模和流通模式上存在本质区别。例如,1 PB规模的数据集就相当于30个国家图书馆的数据量,而1 PB级别的数据量是大数据所常见的数据规模。当前,有关数据资产化的问题更多的是大数据相关的问题,因此有必要将“数据”界定在网络空间中,而不考虑纸质形式或其他非网络空间的数据资源。

网络空间的数据具有物理属性、存在属性、信息属性等特有属性[1-2]。数据在存储介质中以二进制的形式存在,占用存储介质的物理空间,并可以度量,体现了数据的物理属性;物理存在的数据通过I/O设备等以日常的形式展现出来,能被人类所感知、认识,体现了数据的存在属性;感知到的数据通过知识体系、技术手段等的支持可以从中解析出其含义(数据界中存在没有含义的数据),从而获得有用的信息,体现了数据的信息属性。

数据积累到一定规模后就形成了数据资源[3]。数据资源是在实施和推进信息化过程中逐步形成的,是一种新型基础性战略资源。总的来说,数据资源能够给会计主体带来经济利益，可以为会计主体拥有或控制，可以由会计主体过去的交易或事项形成，是符合资产的定义和基本特征；同时已有部分数据资源的成本或价值能被可靠地计量，满足资产的确认条件，可以被作为资产来对待。特别地，对于暂时不能带来经济利益的数据资源，暂时还不能被可靠计量的数据，可以暂时不将其作为资产。

结合数据属性，数据资产定义如下：拥有数据权属（勘探权、使用权、所有权等）、有价值、可计量、可读取的网络空间中的数据集[4]。该定义所指的数据是网络空间的数据，传统图书馆、档案馆等纸质形式的数据资产不在此定义所涉及范围内。会计主体享有数据集的所有权或者相关数据权属（如勘探权、使用权等），从而使得数据集能被会计主体拥有或者控制，从而使得会计主体能够排他性地从数据资产中获取经济利益。可计量是资产化的必要条件，由于网络空间中数据的多样性和复杂度给数据计量带来困难和挑战，当前已有一些数据可以被计量，但也有一些数据暂时还未找到合适的计量方法；在实践中把已能计量的数据先进行资产化处理是可行的，因此将“可计量”纳入到定义中。根据定义，并不是所有数据集都是资产，例如没有价值的数据集、垃圾数据集、没有数据权属的数据集、不可计量的数据集、不可读取的数据集等都不是资产。

数据资产是由数据组成的，和数据一样，数据资产也具有物理属性、存在属性和信息属性[4-5]。数据资产在存储介质中以二进制形式占用物理空间；在大数据背景下，1 PB 的数据集是经常出现的，通常 1 PB 的数据集将会占用 3 PB 的存储空间，因此需要专门准备一个保存数据资产的实物形态的仓库（如物理存储设备、机房等），这体现了数据资产的物理属性，是有形的。数据资产只有可被读取，才有可能对其进行处理和价值挖掘实现，若数据资产不可读取就意味着资产不可见、价值不可实现，这体现了数据资产的存在属性。数据资产的价值在于其所包含的有用信息，而这个信息的价值取决于数据资产的挖掘使用方，很难有统一的价值标准，这体现了数据资产的信息属性。其中，数据资产的物理属性加上存在属性就形成了数据资产的物理存在，表现出有形资产的特性；而数据资产的信息属性以及数据勘探权、使用权等则表现出无形资产的特性，即数据资产兼有无形资产和有形资产的特征。此外，数据极易复制，一份数据可以被复制成为多份数据质量毫无差异的副本，且数据的复制成本远低于生产成本，使得数据资产的流动性极好，可以在一个会计年度（通常是指一年或一个经营周期）内随意流通和使用，具备流动资产的特性；同时数据的使用不易发生损耗，数据资产可以长期存在并使用，具备长期资产的特性。因此，数据资产兼有无形资产和有形资产、流动资产和长期资产的特征，是一种新的资产类别。

12.1.2　数据资产化框架

数据资产作为一类全新的资产类别，拥有不同于以往各类资产的特性，这使得其在资产化过程中，不能简单套用已有的会计体系来处理数据资产，也不能将传统的资产标准运用到数据资产领域。

不是所有的数据都可以作为数据资产，可资产化的数据需满足一定的条件。首先，可资产化的数据集相应的数据权属应该是被经济主体所拥有的；其次，可资产化的数据集应该有价值的；再次，可资产化的数据集其成本或价值应该能够被可靠地计量；最后，可资产化的数据集应该是可被机读的。对于一个经济主体，在判定一个数据集是否可资产化时，一个数据集是否对其有价值、是否可以利用相关技术手段将其读取出来，这两个必要条件是相对容易甄别和实现的;其难点在于数据权属和数据集的可计量这两个必要条件的甄别和实现。

数据集被认为数据资产后,还需要对其开展相应的管理工作。良好的数据资产管理能更好地发挥数据资产的价值,因此还需要对数据资产化附加一些管理方面的条件。首先,数据资产要有良好的数据质量;其次,数据资产要有合理的货币计价与评估方法;最后,数据资产要有折旧和增值规则。

综上所述,一个数据集若满足 4 个必要条件(拥有数据集的数据权属、数据集有价值、数据集的成本或价值能够被可靠地计量、数据集是可被机读),那么就可以认为该数据集是某个经济主体的数据资产;若还满足 3 个附加条件(数据集要具有良好的数据质量、合理的货币计价与评估方法、数据资产折旧和增值规则),那么这个经济主体就可以管理和运行这些数据资产。鉴于以上条件中,数据集是否有价值、是否可被机读相对容易界定和满足的,因此,在数据资产化过程中不需要对这两个条件设计专门的工作流程,而只重点设计其他 5 个条件数据资产化步骤,给出一个数据资产化的基本框架[6]。

(1) 数据资源确权。数据资产化的第一步是数据资源确权,这也是保护相关数据主体权益不受侵害的关键步骤。数据资源确权主要解决数据权属问题,经济主体要将一个数据集作为其数据资产,首先要持有这个数据集一定的数据权属。数据权属可以是数据集的所有权、使用权、用益权、勘探权等相关数据权利。有关合理界定数据的权属问题,在法律和规制上都还未给出解决办法。关于数据资源确权,当前实践工作中有可满足数据资源确权的实例,如市场上已运行和流通的典型数据产品以及科学数据出版的数据等;这些能满足数据权属的数据资源可以先进行资产化。

(2) 数据价值确认与质量管控。完成数据资源确权,确定经济主体拥有数据集一定的数据权属后,就可以对这个数据集进行价值确认,并确保该数据集具有一定的数据质量。数据价值确认不仅要判断数据集是否有价值,还需要判定数据集具有多少价值。一般来说,判断一个数据集是否有价值相对比较容易,但要判定其价值大小就存在一定难度。高质量的数据才能产生好的价值,因此需要通过各种技术和管理手段对数据资源的质量问题开展识别、度量、监控、预警等系列工作,通过建设数据质量管控团队、建立和优化流程,以及采用各种技术等来对数据质量进行管控。

(3) 数据装盒入库。在数据资产化过程中,对于完成数据资源确权、确认了数据价值并开展了数据质量管控的有用数据集,下一步工作是要将其进行规范化整理,按相关规定将一定规模大小的副本以“数据盒”为单位对数据进行灌装,从而形成标准的计件单位。有了计量单位后,就可以对数据资产进行合适的计量计价,也就具备了被计入资产负债表的可能。接着建立资产管理目录,开展对数据资产的入库管理,即所谓“装盒入库”。

(4) 货币计价与评估。数据装盒入库后,就有了计量单位,就可以结合数据资产获取方式,根据数据资产的特性、类型、质量等具体情况,结合生产成本、管理成本、市场需求等因素,采用合适的方法或模型对其进行货币计价与评估,以确定数据资产的价格和价值。合理的货币计价与评估能使数据资产的价值得以显化,是对数据资产价值的货币测算和体现,提供了一个衡量资源计划投入与经济利益产出关系的依据。

(5) 数据资产折旧和增值的管理。在进行数据资产管理时,对于确定了价格和价值的数据资产,需要考虑它的折旧和增值情况。由于数据的特殊属性,网络空间中的数据自身不会老化或耗损,数据质量也不会下降,数据的价值可能会降低,也可能随着数据积累的越来越多，带来新的业务增长点，甚至形成新的业态，使得数据价值变得越来越高。数据资产增值的可能性备受关注，而数据资产管理和存储都是有成本的，作为数据资产拥有者或管理者需要综合考虑数据成本和产出之间的问题，在数据资产管理过程中要处理好数据资产折旧和增值的关系。

12.1.3　数据资产管理

数据资产管理是发挥数据资产价值和获得收益的保障，是数据资产化的重要环节，没有管理的数据资产难以流通和增值。当前，关于数据资产管理的研究工作，如数据质量管理、数据安全管理、数据价值管理、数据资产运营管理等[36]，以及数据资产目录管理、评估、审计等数据资产管理标准研究[9]等方面都已有所开展，但总体都还处于探索实践阶段，正在逐步构建和完善，相关内容还需进一步加强，有待形成体系化。

数据资产的特有属性使得开展数据资产管理时，沿用和发展先前数据管理的方法之外，更因从数据作为资产的视角出发考虑采用更有针对性的管理方法来控制和降低数据资产的成本和折旧率，提高和增加数据资产的价值和收益率，最大限度地实现数据价值。

本小节介绍数据资产管理的几个方面，主要包括数据资产目录、数据资产入库、数据资产折旧、数据资产增值等[5]。

（1）数据资产目录。数据资产目录是实现数据资产管理的基础，是开展数据资产识别、盘点、使用、变更等工作的依据。数据资产目录描述了数据资产的必备信息，用于明确数据资产类别、登记资产名目、界定管理范围，从而提高数据资产管理效率与精细化水平。数据资产目录需要满足一定的标准要求，在特定范围（某一行业、某一组织等）内遵循统一的规范[10]，在数据资产目录编制中实现格式统一、名称通用。

（2）数据资产入库。数据资产管理目录建立后，就可以开展数据资产的规范化整理工作，对数据资产进行入库管理。数据资产入库不仅需要将数据资产存储到网络空间中并进行容灾备份，还需要开展数据安全管理和数据资产持续入库工作。数据安全管理主要是防止数据泄露和窃取，从而保证经济主体的利益。数据资产持续入库的操作在一些时效性数据资产中比较常见，要对数据资产进行阶段性入库操作。数据资产管理软件作为管理工具，能更好地保证对入库数据的持续性接收、入库存储、拼接指定文件等，有助于入库管理相关工作的开展。

（3）数据资产折旧。数据资产的折旧通常不是数据不能被使用，而是数据的时效性出现问题，这主要是由于数据本身不会老化造成的。有些具有时间效力的数据——时效性数据，其某方面的价值会随时间推移而出现减损的情况；有些数据在使用过程中，其用途会随时间推移逐步降低，甚至出现数据完全无用或者不再被人使用的情况；这些情况都会导致数据价值出现减损，进而造成数据资产的折旧。此外，数据资产管理成本会随时间持续产生并累积，这也会造成数据资产的折旧，甚至会出现管理成本超出其价值的情况。

（4）数据资产增值。数据资产除了会出现折旧的情况，还需要考虑其增值的可能，并通过科学的管理手段来实现其增值。随着时间的推移，数据持续入库会带来数据的累积，进而使得数据的完整性得到提升，将更有利于挖掘和掌握事物发展规律，提升数据价值；亦或数据累积到一定规模，伴随着新技术、新需求的出现，数据新用途、新场景的发现发掘，从而带来新的业务增长点，甚至形成新业态，使得数据价值大幅提升。此外，随着存储技术的发展和单位存储成本的下降，也会带来数据的存储管理成本的下降，进而出现数据价值相对增值的情况。

12.2 数据产品形态

数据产品在数据市场上的有效流通是数字经济持续健康发展的重要标志。当前，数据产品（特别是一般意义上的大数据产品）由于其非标准化、产品形态难以界定等原因造成流通面临困难和障碍。如果能设计出一个可计量的标准数据产品形态，那么数据产品的生产、流通、监管等都将变得更有效率。

12.2.1 数据产品形态问题

数据产品作为一类新型产品，想要实现在数据市场中的有效流通和交易，也需要与其他产品一样能开展可靠地计量，而可用可见的数据产品形态是数据产品计量计价的前提和基础。

数据产品的生产方式主要有通过数字化实物产品形成数据产品，以及直接加工有关数据形成数据产品两种方式[5]。组成数据产品的数据来自不同的仪器设备、不同行业场景，格式类别多样，可以是整数、小数等数值型数据，也可以是符号、字符、日期等数据，还可以是文本、音频、图像、照片和视频等类别的数据[11-12]。这些数据难以有统一的标准，给数据产品形态设计带来包括形式统一困难和规模统一困难等两方面的难度。

（1）数据产品形式统一困难。数据产品在形式上难以统一，有单一类别数据组成的数据产品形式，亦有多种不同类别的数据构成的数据产品形式。例如，一个音乐数据产品可以是由统一的数据形式组成；而一个电子病历的数据产品就包含有检疫检验数据和医生、医嘱、治疗方案数据等多种不同类别的数据形式；等等。对不同类型的数据进行统一管理是一个难题，而这个难题在数据库领域就已存在多年。

（2）数据产品规模统一困难。数据产品在规模上难以统一，这主要是由于数据产品的数据类别形式多样且复杂造成的，使得数据产品在规模上难以有固定大小的基本量。例如，一个音乐数据产品的规模通常在 MB 级；而一个用于某类疾病大数据研究的电子病历数据产品，一般要有数万份该类疾病的电子病历才能达到研究的要求，其数据规模通常会在 GB 级甚至以上等。数据产品规模的衡量标准到底是多大的数据规模量，这也是一个极具挑战的难题。

正是由于上述数据产品形式和规模方面至今未能给出合适的统一方法，从而导致数据产品标准化工作困难多、挑战大，数据产品形态难以界定和明确。数据产品形态不能明确，特别是一般意义上的大数据产品在形态上尚未形成共识，要对数据产品进行可靠计量计价是一个技术难题。没有一个合适的数据产品计量计价方式，数据产品就不能很好地流通和交易，也不能顺利地作为资产计入会计报表。

12.2.2 盒装数据产品

基于当前数据市场数据产品流通所遇到的困境和障碍，需要探索和研究一种标准化的数据产品形态。针对数据产品形态问题的有关内容，从传统图书形态上获得启示。传统图书将文字、图片、图表等非电子数据汇聚在一起形成了一种标准化的非电子数据产品，设有基础页码量、基本外形要求、版权规则，以“本/册”作为其计量单位，图书的形态主要包括正文主体内容和相关配套内容两大部分，是经过长时间的发展和实践所形成，具有很好的参考和借鉴意义[13]。

类似图书容纳文字那样，数据盒可被看作一种能够容纳数据的容器。数据盒是数据集标准化的一个框架模型[14]。数据盒自带自主程序单元，封装在盒中的数据集只能通过单元接口进行受控访问，能有效维护数据拥有方的权益，同时保证数据使用的便利性，即数据盒外部可见、可理解、可编程，内部可控、可跟踪和可撤销[12]。

参考传统图书形态，设计用数据盒模型包装多种类型的数据，从而形成一个数据产品的基础标准形态——盒装数据，一个标准盒装数据的基础数据规模认定为 1 GB。盒装数据主要由盒内数据与盒外包装两部分组成。盒内数据是“时间＋空间＋内容”三维度的数据立方体组织，一般包括图像、图形、视频、音频、文本、结构化数据等多种数据类型。盒外包装主要包括产品登记证书、产品说明书、质量证书、合规证书等内容，如图 12－1 所示。[15]

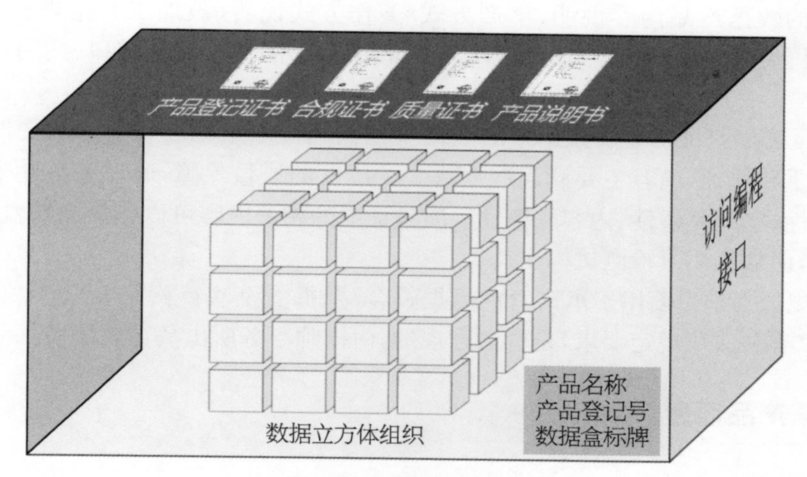

图 12－1　盒装数据产品

1）数据集的三维特征

通常情况下，一般的数据集都具有三维特征，特别是单一类型数据产品（如表格、点集、照片集等等），很容易用内容维度、时间维度和空间维度来进行表达和描述。

（1）内容维度：是数据集中每个数据对象的内容，即数据对象有哪些属性，这些属性描述了数据对象的完整内容，使得数据对象作为实体独立存在，属性可以是一个或多个。

（2）时间维度：是指每个数据对象的时间覆盖范围，即数据对象在不同时间上的值。由于很多数据产品描述了一段时间的事物或行为的变化，因此数据产品会有一个时间维度来描述每个数据对象在不同时间上的具体值。数据产品需要描述其数据对象具体的时间段和时间粒度。

（3）空间维度：是指符合数据产品描述的数据对象的空间覆盖范围，即满足数据产品描述的数据对象全体。需要可区分、可甄别、可检验地描述出数据产品所含数据对象的范围。对于一个数据集应当明确指明其对象空间应覆盖的范围。

当然,也存在像照片数据集等这样没有时间维度的数据集,但内容维度和空间维度是必须要有的。内容维度是数据对象的描述,空间维度是数据对象的全体。对于一个数据集而言,需先按内容维度、时间维度、空间维度进行整理后,方可作为盒装数据产品的盒内数据,将其装入数据盒中即可成为盒装数据产品。对于多类型的数据集,可以用数据盒的组合形式来搭建,即将多个数据盒装入一个大的数据盒中,形成复合型盒装数据产品。

2) 盒装数据的外部形态

盒装数据外部形态(又称盒外包装)包括产品登记证书、产品说明书、质量证书、合规证书等。

(1) 产品登记证书是拥有者对相关数据产品权属的声明,是对盒内数据的概述性介绍,由专门的数据产品登记主管部门审核发放。产品登记证书主要包含数据产品名称、数据产品登记号、数据盒标牌、生产商/著作权人、数据量、访问编程接口、权利等,此外还包括产品说明书、质量证书、合规证书等附件内容。

(2) 产品说明书是让购买者在购买前掌握和了解是什么数据、如何使用等。产品说明书提供详细的数据产品内容说明、生产方式/著作方式说明(被加工数据来源的合法性证明),以及使用说明等内容;其中使用说明详细介绍了使用环境、使用接口、使用举例、接口代码等内容。

(3) 质量证书是证明盒装数据中的数据集达到相应质量标准和要求的文件,是其开展交易流通的重要凭证,内容主要涵盖数据集 3 个维度的质量保障,通过完整性来进行表达,即时间完整性、空间完整性、内容完整性。质量证书的相关内容可以作为判断盒装数据价值高低的依据,由数据质量检测机构出具。

(4) 合规证书是主要用于承诺盒内数据符合《数据安全法》《网络安全法》《个人信息保护法》等国家有关法律规定要求,是合法合规的,由律师事务所出具合规证书。

12.3 数据产品质量

数据产品在数据市场中交易流通需满足一定的质量标准、规范和要求。数据从之前的自用为主到以产品形式在市场上流通,使得在数据的质量需求上也从之前的“自用需要”向“他用需求”“监管需求”转变。鉴于需求的改变,需要有一套全新的适用于数据产品的质量体系框架及评估模型。

12.3.1 数据产品质量需求

随着数据要素市场的建设与发展,数据从满足企业自身信息系统运行到以数据产品形式在市场上流通,使得对数据质量的关注点也从原始数据质量变为数据产品质量、从对内部数据质量控制转变为对外部数据质量检测。数据产品质量的需求主要包括数据使用者需求和监管者需求。

数据产品质量的使用者需求是指数据使用者(购买者)在使用数据产品时有关数据质量方面的要求和检测内容,体现了数据的“他用需求”。主要包括:①数据量充裕,表征了在某一应用场景下,数据产品购买者对数据产品所涵盖数据集的广度和深度的要求;②数据来源权威,数据产品购买者对提供数据产品机构的权威性,或数据产品采集、处理、实现和发布过程中参与人员的权威性和专业度，以及比对的标杆的来源权威性等的要求[16]；③数据产品准确性，与数据产品可信度成正比，是数据产品购买者关注的质量需求之一，其衡量比较困难，当有标准数据集或参考数据集时可以通过对比予以确定，若没有只能在一定误差范围内给予确定；④数据之间的一致性，数据产品中的数据对象都有一些属性或者字段，有些属性之间会存在一定的关联关系或者映射关系，这些关系一致程度越高，数据产品质量越好；⑤数据产品的时效性，一些应用场景下，关于数据产品的发布时间、更新时间等有明确要求，有时甚至要求提供近乎实时的数据；⑥获取方式，数据产品的获取方式多种多样，数据产品获取方式的难易程度是购买者所关注一个质量需求；⑦数据产品质量反馈，有助于为新购买者判断产品是否符合需求、是否值得购买提供依据；⑧元数据信息，有助于购买者理解数据产品的各种信息和真实语义。

数据产品质量的监管需求是指数据市场监管者在监管数据产品时有关数据质量方面的要求和进行检测内容，体现了数据的“监管需求”。主要包括：①数据产品的合规性，确定数据产品的数据对象符合国家的法律法规，数据市场监管者需要对数据来源的合法性展开调查并对潜在的各种风险进行评估、做出判断；②有效的数据产品质量标准，为数据产品生产、检验和评定质量提供技术依据，对于数据要素市场的发展提供强有力的服务保障，数据产品上市交易前需通过相应的质量检测；③数据产品的可溯源性，利用标记、数字指纹等方式，实现对数据产品整个生命周期内所经历的全部操作及变换信息的描述，确保由原始数据衍生的数据产品的真实可靠，是建立信任和实现责任制的重要基础；④应用场景明确，能帮助数据市场监管者判断数据产品的合规性，能为实际管理和应用需求提供切合的数据产品和业务应用。

12.3.2　数据产品质量体系框架

鉴于数据产品的使用者需求和监管者需求，蔡莉、朱扬勇等[17]创新性地提出了一个数据产品质量体系框架，主要由应用场景确认、数据产品管理、质量需求描述、质量维度选择、评估模型建立和数据产品质量监控六个部分构成。

(1) 应用场景确认。鉴于数据自身的特殊性，使得数据产品对于不同使用者、不同使用场景的价值不同，因此为了便于市场监管方对数据产品开展评估及核查，避免违法违规，及被禁止交易或不宜交易的数据产品流入数据市场，数据产品提供者需明确数据产品的使用场景。

(2) 数据产品管理。数据产品根据呈现形式和使用方式不同，可分为数据资源类、数据服务类、数据咨询/决策类等三种类型，在质量维度选择和评估模型建设方面存在较大差异。数据产品管理是将相同或者类似的产品按照应用场景进行归类和存储，以便后续的质量评估和监测。

(3) 数据产品质量需求描述。数据产品质量的需求主要来自对数据产品应用的要求和数据产品监管的目标两方面。数据产品质量需求因涉及范围和影响程度有所不同，对其描述也不一，如涉及以数据集中的数据对象为单位的需求，所涉范围较小，处理方式较简单，而涉及整个数据集等需求，所涉范围大，难度也较大，需要对数据来源进行剖析甚至包括采集方式和业务规则的调整等。

(4) 质量维度选择。数据产品质量需求描述明确后，可以选择相应的质量维度以便质量评测,质量维度的选择主要由数据产品质量标准来确定,当前可以依据数据产品质量需求、国家相关的法律法规以及应用场景来予以确定。实际应用到评估模型时,还需要对数据类型、数据格式、数据属性值域分布等进行分析,以建立各维度下的具体评估指标。

(5) 评估模型及方法建立。选定了质量维度及其评估指标,根据各类数据特征的分析结果,建立评估模型,并确定评估方法及其详细过程。评估方法有定性评估、定量评估或者综合评估方法[18]等可供选择。

(6) 数据产品质量监控。对数据产品交易的全流程进行监控,并对其进行质量监管和检验,包括数据产品登记、数据产品合规审查、数据产品溯源、数据产品质量评估、质量报告生成、数据产品交易追踪和数据产品质量反馈等任务内容。

12.3.3 数据产品质量评估模型

盒装数据产品是一种数据产品的基础标准形态,因此本小节以盒装数据产品为例,介绍和讨论数据产品质量评估模型。数据产品质量评估模型建立之前需要选定相应质量维度及评估指标。

盒装数据产品的质量维度主要从时间维度、空间维度、内容维度来进行评测并以完整性来加以表达,每个维度细分有 2～5 个质量指标。时间完整性维度划分为时间覆盖率、时效性和可追溯性 3 个指标,空间完整性维度划分为空间覆盖率和空间一致性 2 个指标,而内容完整性维度划分为属性覆盖率、准确性、一致性、可获取性和权威性 5 个指标。这些指标对盒装数据产品的质量进行定量评估。

盒装数据产品各质量维度评估模型建立如下:

1) 时间完整性评估模型

$$\text{时间完整性} = w_1 \times PT_{COV} + w_2 \times PT_{TL} + w_3 \times PT_{PRO}$$

式中,w_1 至 w_3 表示权重,$w_1 + w_2 + w_3 = 1$,可以根据实际需求或者评测指标的重要性确定权重的取值。PT_{COV}、PT_{TL} 和 PT_{PRO} 分别表示时间覆盖率、时效性和可溯源性的评估结果。

时间覆盖率评估模型为 $PT_{COV} = \frac{\sum_{i=1,\cdots,N,\ j=1,\cdots,K} F(oT_{ij})}{N \times K}$,函数 $F(oT_{ij})$ 表示数据对象在某个时间点上是否存在,$0 < PT_{COV} < 1$,取值越接近 1,表示数据产品的时间覆盖率越好;反之,则越差。

时效性评估模型为 $PT_{TL} = 1 - \frac{t - t_P}{t}$,$t_P$ 表示数据产品 P 的创建或提供时间,$0 < PT_{TL} < 1$,取值越接近于 1,表示数据产品的时效性越好。

可溯源性评估模型主要以定性评估为主,可将需要溯源的信息设计为打分项,然后检查数据产品中各溯源要素是否由提供者提供。如果提供,则获得相应的分值;否则,该项分值为 0;最后,将所得分值相加即为最终的评测结果。

2) 空间完整性评测模型

$$\text{空间完整性} = w_1 \times PS_{COV} + w_2 \times PS_{CON}$$

式中，w_1 和 w_2 表示权重，$w_1+w_2=1$，权重的取值由评估者确定；PS_{COV} 和 PS_{CON} 分别表示空间覆盖率和空间一致性的评估结果。

空间覆盖率评估模型为 $PS_{COV}=\begin{cases}\dfrac{\text{count}(P)}{N}, & 0<\text{count}(P)\leqslant N\\ 1-\dfrac{\text{count}(P)-N}{N}, & \text{count}(P)>N\\ 0, & \text{count}(P)\geqslant 2N\end{cases}$，函数 count$(P)$表示对数据产品 P 计数，当 $PS_{COV}=1$ 说明数据对象没有缺失或者多余；PS_{COV} 的值越接近于 1，则说明数据对象有缺失或者多余的情况较少；PS_{COV} 的值越接近 0，则说明数据对象有缺失或多余的情况较为明显。

空间一致性评估模型为 $PS_{CON}=\dfrac{\sum_{i,\,j=1,\,\cdots,\,LN,\,k,\,l=1,\,\cdots,\,N}C(o_{ik},\,o_{jl})}{\sum_{i=1,\,2,\,\cdots,\,LN;\,j=1,\,2,\,\cdots,\,LN}tf_{ij}^{w}}$，函数 $C(o_{ik},o_{jl})$为映射函数，tf_{ij}^{w} 表示在层 L_i 和层 L_j 上拥有拓扑观测关系中某种类型 w 的邻域对象对 o_{ik} 和 o_{jl} 的数目。

3）内容完整性评估模型

内容完整性 $=w_1\times PV_{COV}+w_2\times PV_{ACC}+w_3\times PV_{CON}+w_4\times PV_{AC}+w_5\times PV_{AU}$

其中，w_1 至 w_5 表示权重，$w_1+\cdots+w_5=1$，权重的取值也由评估者确定。PV_{COV}、PV_{ACC}、PV_{CON}、PV_{AC} 和 PV_{AU} 分别代表属性覆盖率、内容准确性、内容一致性、可获取性和权威性的评估结果。

属性覆盖率评估模型为 $PV_{COV}=\dfrac{\sum_{i=1,\,\cdots,\,N,\,j=1,\,\cdots,\,M}Y(oA_{ij})}{N\times M}$，函数 $Y(oA_{ij})$为判断第 i 个数据对象的第 j 个属性取值是否非空的映射函数，$Y(oA_{ij})$的取值为 0 或 1。当属性取值非空时，$Y(oA_{ij})$的值为 1，否则为 0。

内容准确性评估模型 $PV_{ACC}(D_i)=\dfrac{\sum_{i=1,\,\cdots,\,N;\,j=1,\,\cdots,\,M}\varphi(o_{ij})}{N\times M}$，$0\leqslant PV_{ACC}\leqslant 1$，当 $PV_{ACC}=0$ 时，数据对象的准确性很低，当 $PV_{ACC}=1$ 时，则表示数据对象的准确性很低。

内容一致性评估模型 $PV_{CON}=\dfrac{\sum_{i=1,\,\cdots,\,N;\,k,\,l=1,\,\cdots,\,Cc(M)}\mu(oVal_{ik},\,oVal_{il})}{N\times Cc(M)}$，函数 $Cc(M)$用来统计属性集 A 中存在属性一致性的数量。

可获取性评估模型 $PV_{AC}=\dfrac{N-UN}{N}$，UN 表示不能访问的数据对象。

权威性评估模型 $PV_{AU}=\begin{cases}(0.9,\,1.0]\text{，国家行政机构}\\ (0.8,\,0.9]\text{，知名企业及公司}\\ (0.7,\,0.8]\text{，领域专家及学者}\\ (0.6,\,0.7]\text{，行业网站及机构}\\ [0,\,0.6]\text{，其他(自媒体等)}\end{cases}$，依据数据来源的实际情况，采用定性方法确认数据产品权威性，来自国家行政机构的数据权威性最高；其次，知名企业及公司、领域专家及学者、行业网站及机构、自媒体营销号等权威性依次降低。

12.4 数据产品生产(数据出版)

数据产品由数据生产或再生产而来，是对数据资源掌控、获取、开发能力和力量的综合体现，势必会形成一种全新的竞争格局。数据产品不同于以往的产品，其原材料、半成品、成品都是数据，而数据的再生产、再再生产的结果也都还是数据，这使得数据产品生产等经济活动的内涵有所不同。

12.4.1 合法合规

合法合规生产的数据产品才有可能成为数据交易标的进入数据市场进行交易流通。数据产品是数据生产再生产的结果。数据生产主要通过将现实事物信息化以及直接在网络空间中创造数据等方式获得数据资源或数据的初级产品；数据再生产则运用数据技术对已有的数据(数据资源或数据的初级产品)进行再生产得到更高级别的数据产品或数据服务[19]。

数据产品生产开发前需要先确定并拥有相应的数据生产权和数据邻接权等数据权利。

数据生产权是指对数据(包括涉及国家安全、市场秩序、个人隐私等数据)的生产采集的权利。对于生产数据初级产品来说，涉及国家安全、市场秩序、个人隐私等可能会造成国家、企业、个人利益损害的数据生产是不被允许的，若确因某种需要而必须生产的一定要获得相关部门的授权许可，即获得相应数据的生产采集权利；对于生产高级别的数据产品，是以数据初级产品为原材料，相应的数据生产权利则更为复杂，十分有必要出台相关政策而通过一定的措施来限制一些数据的生产再生产活动或限制一些数据生产再生产行为人[12]。数据生产权应由政府依照我国的《数据安全法》《个人信息保护法》等相关法律法规的规定给出允许数据生产的正面清单，给数据产品生产商发放数据生产资格证(许可证)。

数据邻接权是指与著作权邻近的权利，是指数据处理者或传播者在其处理、传播数据产品(如数据作品等)过程中做出的创造性劳动和投资所享有的权利。通过数据技术和手段开展数据产品相关推广的周边劳动工作是数据产品生产的重要组成及衍生；围绕数据产品开展创造性生产劳动及投资活动，形成具有独创性的新的数据产品属于数据再生产范畴；二者都应该使其生产者享有相应的数据财产权[20]。数据邻接权需要通过制定相应的法律法规来进行自然授予。

开展数据生产确权和登记管理工作是确保数据产品合法的重要措施。数据产品生产确权的方式主要是政府部门发放数据生产资格许可证，并编制《数据产品生产的负面清单(或正面清单)》等。在数据产品进入数据市场交易前，数据交易中介机构负责对数据产品的合规性进行检查和测试，其只需基于相关正负面清单及是否具有数据生产资格许可证等开展对数据生产的合规检查和数据合格测试等。数据产品的登记是拥有者对数据产品权属的宣称和主张，是对数据产品所有权的确认。只有登记后的数据产品才合法合规，才可以确认权属，才可以在数据交易市场上进行流通和交易，并受法律保护。只有达到一定数据质量要求的数据产品才允许被登记。[21]

新型数据技术支撑和实现数据合法合规，包括但不限于如隐私计算、数据安全技术、数据自治等。隐私计算是指在保护数据自身不对外泄露的前提下实现数据分析计算的一类信息技术[22]，以多方安全计算、可信执行环境等为代表。多方安全计算主要基于密码学原理以特殊的加密算法和协议，非信任主体在加密数据上直接进行高效融合计算的技术，用于解决主体间信息不对称、风险难识别等问题；可信执行环境主要是以可信硬件隔离构建封闭、独立的运行环境，用于隐私数据计算的技术，主要保障提供安全性高、封闭性强的计算存储空间[23-24]。数据安全技术主要涉及对隐私数据安全保护、主体内部数据安全治理、主体间的数据传输共享等方面的技术方法，其中隐私数据保护的主要安全技术方法有数据发布匿名保护技术、社交网络匿名保护技术、数字水印技术、数据溯源技术、数据的确定性删除技术、保护隐私的密文搜索技术、保护隐私的大数据存储完整性审计技术等[25]。数据自治是数据拥有者始终掌握数据所有权(除非自行放弃)，在法律框架下自行管理、自行制定数据开放规则，将数据开放给使用者使用，而数据不能传播只能供使用者本人使用，从而保障数据稀缺性的不丧失，确保数据不流失、确保隐私不泄漏、确保安全不泄密、确保利益得以实现，在技术上主要解决如何控制数据使用者传播或滥用数据的问题[26]。

12.4.2　质量控制

数据质量的高低直接影响数据产品价值的大小，在数据产品生产过程中要对数据质量进行管控。数据质量主要是指数据的好坏，包括数据是否准确和正确、数据是否完整等。

数据质量问题可能发生在数据生产再生产的每一个阶段。在数据初级生产阶段，会出现如测量和实验等数据录入、传感器等获取感知数据、将纸质资料扫描数字化时的拼写错误、信息缺失和其他的一些非法数据等问题；在数据再生产阶段，会出现如数据整合错误、数据加工错误等问题；在数据管理阶段，会出现数据约束条件设计错误、元数据错误、主键错误等问题；在数据存储阶段，会出现存在介质出错等问题。

数据质量问题有些与数据模式相关、有些与数据实例相关。数据模式方面的数据质量问题可以通过改进模式设计来解决。数据实例方面的数据质量问题涉及实际数据内容上的错误和不一致，这些在模式层面上是不可见的，只能通过数据清洁的方式解决。实例层的数据清洁方法通常有拼写错误处理、空缺值的处理、重复数据处理、噪声数据处理、数据一致化等[27]。

数据产品生产过程中需要专门搭建一支数据质量管控工作的专业团队，主要负责数据产品生产过程中各类数据质量的管控工作，主要包括数据质量标准设定、数据质量知识库的建立和更新、数据剖析、数据质量评估、数据质量监控和报告等。

数据质量管控的流程主要包括分析数据质量的过程和根据分析结果进行优化的过程。首先，要剖析和识别数据，并对数据质量进行量化；其次，给出数据质量的规则和目标；再次，通过集成流程提高数据产品的价值；从次，检测异常，对照目标开展一些监控工作，从而评估是否已达成目标；最后，决定是否需要开展数据质量提升，并将数据交付给负责数据产品生产的相关人员使用[28]。

(1) 对已确权的数据集开展数据剖析和识别工作，掌握数据集的基本情况及可能存在的问题。

(2) 根据数据剖析和识别的结果，对数据质量的标准进行设定，对目标进行量化，给出数据质量的维度、评估指标和度量方法，以便开展后续的数据质量评估工作。

(3) 明确数据质量规则，并对数据集的规则符合度进行监控，如果发现数据集不满足要求，则及时向负责数据产品生产的部门和人员发出数据质量问题的警示。建立缺陷数据纠错机制，完善和实施数据质量规则，以达到最好的预期。

(4) 通过数据集成流程来集成数据质量规则和活动（剖析、清洗/匹配、自动纠正和管理），这对提高数据产品的准确度和价值至关重要。

(5) 检查、分析数据质量的异常情况，并对规则进行验证，确定、评估数据质量的服务水平，根据评估结果完善规则。

(6) 对照目标，监测数据质量，并形成报告。管理监控数据质量，与预设目标进行对比，并形成数据质量报告，让相应的数据产品生产的负责人员及时掌握数据的质量水平。

12.4.3 数据产品定价

生产的数据产品进入市场前需要对其进行定价，即对数据产品进行货币形式计量以体现其价值。数据产品定价受多种因素影响，如成本因素、市场结构因素、需求因素、竞争因素以及其他因素等都会对数据产品定价造成影响。

(1) 成本因素。数据产品定价时，需要考虑其成本因素，包括生产成本和管理成本。数据产品流动性和传播性较好，是高固定成本低变动成本，因此容易形成规模效应。数据产品可以根据需要不断复制，复制的单位成本极低，使得生产方在定价策略得当时可以获得高毛利率[29]。

(2) 市场结构因素。市场结构决定卖者的定价自由度[30]。市场结构主要划分为完全竞争、完全垄断、寡头垄断、垄断竞争等四种基本类型，对于数据产品而言，完全竞争的市场结构几乎是不可能的，寡头垄断和垄断竞争的市场结构比较多见，而完全垄断也多有出现。

(3) 需求因素。数据产品只有满足用户需求，用户有支付意愿，才能卖出去且有个好价钱。用户需求一方面是指数据产品能满足用户需求，另一方面用户对数据产品的价值有感知，这样才有支付意愿。

(4) 竞争因素。市场上若有同等竞争性的数据产品，其战略、成本、价格和服务等都可以用来判断数据产品定价的依据和参考。数据产品初期可以定价很高，但由于边际成本很低，在市场竞争情况下，同质化的数据产品价格会出现快速下降甚至出现可能免费的情况。

(5) 其他因素。数据产品价格制定时，还需要考虑如政策因素、环境因素、组织因素等相关其他因素的影响。

基于定价因素，数据产品定价方可以采用不同的策略来对数据产品开展价格制定，以保证其利益最大化。通常情况下，价格区间会被设置在生产成本和用户价值感知这两个极端的价格水平之间，依据一些外部因素来最后给出价格。数据产品生产成本限制了价格的下限，用户对数据产品的价值感知限制了价格的上限。数据产品基本定价策略有成本导向定价、竞争导向定价和顾客价值导向定价。此外，基于数据产品价值而采用的定价策略有个性化定价、版本定价及群体定价。其中，个性化定价是指针对每位用户以不同的价格出售数据产品；版本划分是指对同一数据产品进行版本划分，并给出不同版本的价格；群体定价是指针对不同消费群体设置数据产品不同的价格。当数据产品在市场上不具有独特性时，定价方可以以低价格方式利用数据的规模效应来占有更多的市场份额，以便快速占领市场，形成市场领先优势；当数据产品较稀缺甚至是处于垄断地位时，可采用短期非合作策略，以巩固其在市场上领先优势。

数据产品的定价策略还有很多，如基于未来收益的不确定性，双方可以采用协商价、销售分成等协议定价策略;有实力的数据产品生产方可采用市场撇脂定价法,通过高昂的初始价格和一段时间后的降价,逐层获取市场收益;还有采用非合作博弈、斯塔克尔伯格博弈、讨价还价博弈等博弈论的定价模型等。当前,市场上流通的数据产品运营模式多采用两阶段授权模式[31],数据产品在每阶段授权时都有个定价,平台授权阶段时多采用协议定价方式,而终端授权阶段由于终端用户数众多、协议定价手续麻烦且不同的协议价会扰乱市场故更多地采用明码标价的方式。

12.4.4 数据产品出版

数据产品出版是指将生产的数据产品进行出版的一种活动,是数据产品进入市场流通的主要形式。

数据产品出版是数据确权的一个有效的方式。数据生产再生产的数据达到一定规范要求,形成一定规模,以出版数据产品的形式更便于使用和流通。通过一系列保障措施、环节步骤和技术支持,数据产品出版较好地实现了对数据权益的保护,从而实现了对数据生产者和拥有者的信誉及合法权益的保障,提高了数据重用的价值[32]。

出版的数据产品需要满足一定的条件,吴娜达等人[33]对此做了讨论,即数据权属能够确定、数据内容无害、数据标准规范、数据质量优良、数据具有可读性。

(1) 数据权属能够确定。数据产品需要是合法生产的:若组成数据产品的数据是由一个主体独自生产的,其权属界定相对比较容易;若是由多个主体生产的,则各个主体间需要以协议形式,协商明确该数据权属是公共拥有还是由某个主体所持有。

(2) 数据内容无害。出版的数据产品,其数据将能被使用者访问读取,因此若可能涉及国家秘密、危害社会和个人安全(如涉及个人隐私等)的数据是不被允许出版的。

(3) 数据标准规范。出版的数据需满足一定的规模、一定的格式、内容完整、版权标识、访问标识等条件,方可生产成为数据产品进行出版发布。此外,还须对相应的数据产品内容进行描述和说明,以便数据产品使用者使用。

(4) 数据质量优良。出版的数据产品其质量必须是要有保证的。只有数据的可信度、准确性、完整性、可理解性、可利用性、安全性等方面都达到了一定的标准和要求,才能进行生产出版。

(5) 数据具有可读性。出版的数据产品必须要能被相应的通用或专用阅读器读取才能被查询、阅读、编译、利用和二次开发,从而实现其价值。

此外,按照规定或者政府要求公开的数据,包括政府数据、科学数据和公共数据等,能够相对容易地从现实世界采集的数据,数据拥有者自愿公开的数据等,是需要将其生产再生产为数据产品的形式进行出版发行。

数据产品出版需要有一套完善的出版体系来给予支撑和保障(图 12-2)。数据产品出版相关法律法规的构建是前提和基础;有了相关法律法规依据和规定,有数据产品需要出版时,便可以提交给数据出版机构进行审核,审核一般包括数据合法合规性、存储机制、数据引用规范、元数据标准、数据质量要求、评审机制等方面。若未通过评审,出版机构会将数据产品及结果退回给申请者;若通过评审的则由出版机构向数据权属登记机构对该数据进行登记并申请数据版权标识符,获取数据市场流通通行证,正式出版发行。数据产品使用者通过专门的数据阅读器读取出版的数据产品,根据使用规范进行操作,并接受数据产品使用监管。

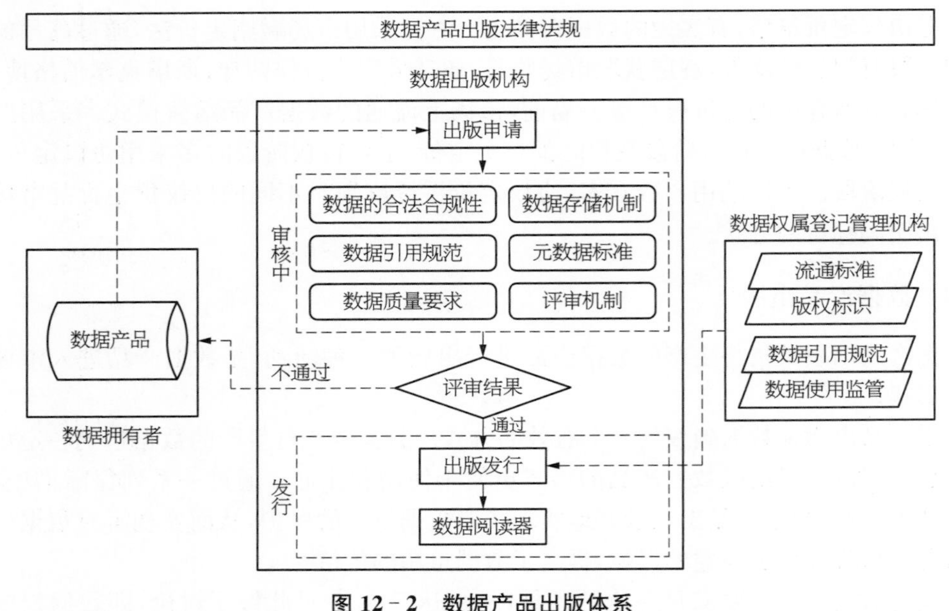

图 12－2　数据产品出版体系

(1) 评审机制：是对出版数据质量进行控制的重要一环。在评审过程中对数据规范性、质量、真实性等进行衡量。

(2) 数据引用规范：与传统出版物类似，数据产品出版引用需要一定的规范标准，制定引用规范时需要考虑数据产品生产者、数据产品名称、数据产品版本、出版机构、数据论文、唯一标识符分配、数据获取方式等因素。

(3) 元数据标准：元数据是描述出版数据产品的数据，是让使用者能快速了解数据产品的说明。元数据标准需要对元数据内容的结构、格式、语义、语法等方面进行规范。

(4) 版权标识：实现数据产品的零售出版需建立标准化的标识体系和质量体系，同时需建立具备权威性的管理机构。

(5) 出版机构：为数据产品出版提供公开发行管理服务的机构，除了具备传统出版社的能力之外还需拥有较强大的数据存储和管理能力，包括存储数据库、平台系统等。

(6) 数据阅读器：通过专用设备或软件系统对出版的数据产品进行阅读、持久阅读。其中，机读数据阅读器实际上是一个软件开发环境，供使用者开发或上载数据应用程序，从而实现对数据产品的使用。

(7) 数据使用监管：对出版的数据产品进行使用方面合规性等方面的监督管理，规范数据产品使用方法和方式，预防使用时出现侵权行为，对侵权行为设立等级由各相关部门协同给予及时惩处。

12.5 小结

数据产业从技术上需要开展对数据资源的合理开发使其转化为数据资产，对数据资产进行有效管理，生产数据产品并对其进行商品化等。本章从数据的技术实现和技术属性出发，界定数据资产定义、设计数据资产化框架、介绍数据资产管理；参考传统图书形态，用数据盒模型包装多种类型的数据，形成了一个数据产品的基础标准形态——盒装数据；数据产品质量需求已从“自用需要”转变为“他用需求”“监管需求”，并基于盒装数据产品给出了一套全新的数据产品质量评估体系框架及评估模型；从合法合规、质量控制、产品定价、数据出版等方面讨论了数据产品生产的相关内容。

参◇考◇文◇献

[1] ZHU Y Y, ZHONG N, XIONG Y. Data explosion, data nature and dataology [C]//The 2009 International Conference on Brain Informatics, October 22 - 24, 2009, Beijing, China. Heidelberg: Springer, 2009:147 - 158.

[2] 朱扬勇，熊赟. 数据学[M]. 上海：复旦大学出版社，2009.

[3] 朱扬勇，熊赟. 数据资源保护与开发利用. 专家论城市信息化，上海科学技术文献出版社，2008：133 - 137.

[4] 朱扬勇，叶雅珍. 从数据的属性看数据资产[J]. 大数据，2018，4(6)：65 - 76.

[5] 叶雅珍，朱扬勇. 数据资产[M]. 北京：人民邮电出版社，2021.

[6] 叶雅珍，刘国华，朱扬勇. 数据资产化框架初探[J]. 大数据，2020，6(3)：3 - 12.

[7] FLECKENSTEIN M, FELLOWS L, FERRANTE K. Modern data strategy [M]. Berlin: Springer International Publishing, 2018.

[8] CCSA TC601 大数据技术标准推进委员会，中国信息通信研究院云计算与大数据研究所. 数据资产管理实践白皮书(5.0 版)[R]. 2021.

[9] 全国信息技术标准化技术委员会信息技术服务分会. 信息技术服务数据资产管理要求：GB/T40685 - 2021[S]. 2021.

[10] 全国信息技术标准化技术委员会. 政务信息资源目录体系　第 1 部分：总体框架：GB/T 21063. 1 - 2007[S]. 2007.

[11] 朱扬勇. 旖旎数据：100 分钟读懂大数据[M]. 上海：上海科学技术出版社，2018.

[12] 朱扬勇. 数据自治[M]. 北京：人民邮电出版社，2020.

[13] YE Y Z, ZHANG Y, ZHU YY. Exploring the form of big data products and the supporting systems [J]. Journal of Big Data, 2022, 9(1):1 - 14.

[14] 熊贇，朱扬勇. 面向数据自治开放的数据盒模型[J]. 大数据，2018，4(2)：21 - 30.

[15] 叶雅珍，朱扬勇. 盒装数据：一种基于数据盒的数据产品形态[J]. 大数据，2022，8(3)：15 - 25.

[16] 闫鑫，黄国彬. 科学数据分类研究述评[J]. 图书馆论坛，2020，40(5)：45 - 54.

[17] 蔡莉，朱扬勇. 从数据质量到数据产品质量[J]. 大数据，2022，8(3)：26 - 39.

[18] 蔡莉，梁宇，朱扬勇，等. 数据质量的历史沿革和发展趋势[J]. 计算机科学，2018，45(4)：1 - 10.

[19] 朱扬勇，熊贇. 数据的经济活动及其所需要的权利[J]. 大数据，2020，6(6)：140 - 150.

[20] 陶乾. 论著作权法对人工智能生成成果的保护：作为邻接权的数据处理者权之证立[J]. 法学，2018(4)：3 - 15.

[21] 汤奇峰，邵志清，叶雅珍. 数据交易中的权利确认和授予体系[J]. 大数据，2022，8(3)：40 - 53.

[22] 闫树，吕艾临. 隐私计算发展综述[J]. 信息通信计算与政策，2021(6)：1 - 11.

[23] LI FH, LI H, NIU B, et al. Privacy Computing: Concept, Computing Framework, and Future Development Trends [J]. Engineering, 2019, 5(6):1179 - 1192.

[24] 唐林垚. 数据合规科技的风险规制及法理构建[J]. 东方法学，2022(1)：79 - 93.

[25] 张绍华,潘蓉,宗宇伟. 大数据治理与服务[M]. 上海:上海科学技术出版社,2016.
[26] 朱扬勇,熊贇,廖志成,等. 数据自治开放模式[J]. 大数据,2018,4(2):3-13.
[27] 蔡莉,朱扬勇. 大数据质量[M]. 上海:上海科学技术出版社,2017.
[28] 朱扬勇. 大数据资源[M]. 上海:上海科学技术出版社,2018.
[29] SHAPIRO C, VARIAN H R. Information rules: a strategic guide to the network economy [M]. Boston: Harvard Business School Press, 1998.
[30] KOTLER P, ARMSTRONG G. 市场营销:原理与实践[M]. 楼尊译. 北京:中国人民大学出版社,2015.
[31] 叶雅珍,刘国华,朱扬勇. 数据产品流通的两阶段授权模式[J]. 计算机科学,2021,48(1):119-124.
[32] 涂志芳. 科学数据出版的基础问题综述与关键问题识别[J]. 图书馆,2018(6):86-92,100.
[33] 吴娜达,叶雅珍,朱扬勇. 大数据时代的数据出版[J]. 编辑之友,2020(11):31-38.